U0936718

普通高等教育“十一五”国家级规划教材

电动力学

及其计算机辅助教学

主编　陈义成
编委　李　梅　程正则

科学出版社
北京

内 容 简 介

本书系统地阐述了经典电动力学的基本概念、基本规律和基本方法. 全书共分 7 章，内容包括：经典电动力学的理论基础、静电场、静磁场、电磁波的传播、狭义相对论与相对论物理学、电磁波的辐射、带电粒子和电磁场的相互作用. 书中习题丰富，书末还附有矢量分析及张量计算初步等 4 个附录. 本书力图做到简洁、明了，以使学生掌握电磁理论的基本内容，同时又尽量地将基础理论知识与相关的前沿进展有机地联系起来.

本书可作为高等学校物理类各专业的教材，亦可供电信专业师生参考、使用. 鉴于随书配有全程动态电子教案，本书亦可作为自学者的参考用书.

图书在版编目(CIP)数据

电动力学及其计算机辅助教学/陈义成主编. —北京：科学出版社，2007
普通高等教育“十一五”国家级规划教材

ISBN 978-7-03-019145-8

Ⅰ. 电… Ⅱ. 陈… Ⅲ. 电动力学-计算机辅助教学-高等学校-教材 Ⅳ. O442

中国版本图书馆 CIP 数据核字(2007)第 111450 号

责任编辑：昌 盛 贾 杨/责任校对：赵燕珍
责任印制：徐晓晨/封面设计：耕者设计工作室

科 学 出 版 社出版
北京东黄城根北街 16 号
邮政编码：100717
http://www.sciencep.com
北京虎彩文化传播有限公司 印刷
科学出版社发行 各地新华书店经销
*
2007 年 8 月第 一 版 开本：B5 (720×1000)
2018 年 9 月第七次印刷 印张：18 1/2
字数：348 000

定价：49.00 元(含光盘)

(如有印装质量问题，我社负责调换)

前 言

本书是作者在多年来讲授电动力学的基础上，根据学科的发展和教学实践的需要编写而成.

电动力学的研究对象是电磁场的运动规律、基本属性以及它和带电物质之间的相互作用. 本书在电磁学的基础上系统阐述电磁场的基本理论.

电磁场是物质世界的重要组成部分之一. 在生产实践和科学技术领域内，存在着大量和电磁场有关的领域. 例如电力系统、凝聚态物理、天体物理、粒子加速器等，都涉及不少宏观电磁场的理论. 在迅变情况下，电磁场以电磁波的形式存在，其应用更为广泛. 无线电波、热辐射、光波、X 射线和 γ 射线等都是在不同波长范围内的电磁波，它们都有共同的规律. 电磁现象和电磁场在当代已广泛而深刻地影响着国民生产和生活，如果说在电磁场理论发展的初期人们对电磁场有某种神秘感的话，现在则随着大量家用电器和通信、影视设备进入寻常人家，就连普通百姓也实实在在地感受到了电磁场的存在了. 因此，掌握电磁场的基本理论对于生产实践和科学实验都有重大的意义.

电动力学理论上发展成熟、应用广泛，几乎向一切学科渗透. 限于教学时数，课堂教学只可能讲授本学科最基础的内容. 实践证明，科学技术发展到今天，不管是对于实验工作者还是理论工作者，要在日后的研究工作中直接用到大学教科书中现成的公式或求解方法的机会是很少的，很多基础理论知识要在日后的工作中根据需要来拓宽. 当今科学技术进展之迅猛不是教科书能追赶得上的，教育改革发展到今天，试图将一本教科书编写得“大而全”是不合时宜的，而且在某种程度上也是资源的一种浪费；而对于那些学有余力的学生来说，总是会参考其他书籍的，很多很好的中、外教科书已经为他们作好了准备. 在高等教育大众化的形势下，只要打好基础，扎实地练好基本功，日后再进一步深造是容易做到的. 尽管如此，我们在讨论有关内容时，尽可能地联系现代物理学的较前沿的成就，如磁单极子、光子的静质量、超导磁体、超导悬浮、SQUID、HTSSE-Ⅱ、PSTM、激光加速器……这些将作为一个桥梁，把读者导入现代物理学的前沿领域；同时，也展示了如何用数学物理方法、电动力学知识来处理现代物理学的前沿问题.

基于以上目的，作者编写了这本以基本内容为重点的教科书；并且为了方便教师教、方便学生学，作者结合自己的教学，几年来就电动力学课程的基础知识自己亲手制作了一套“全程动态电子教案”.“动态”说的是电子教案中有信息的流动，让运动进入电子教案，所有公式、定理和定律有推导和演算的过程. 教学实践表明学生喜欢这种形式的教案，尽管电动力学这门课程理论性很强，但按照学生的说法，却有那种“点开课件一看，顿时恍然大悟”的感觉！

与通常的电子教案大不相同，与本教材配套的电子教案的特色是：它并不是那种简单的教材搬家，而是按照非线性的格式，将教学内容一步步地呈现出来，公式、定律具有推导、演算过程. 屏幕上显示过的信息随时擦掉，只留下还需要保留的信息，并将其移动到合适的地方，或用“气泡”技术来显示前面已经讨论过的信息. 这样，屏幕上没有文字、公式的堆积现象，令人感到轻松；并且，前后的联系用箭头表示，将已展现的内容移到目前的位置来完成推导演算过程，模拟动画融合于电子教案之中，一些不能或不便用实验演示的物理内容用计算机编程来进行模拟演示，拓宽了物理内涵.

恐怕大家都有这种体会：当自学某一课程时，如果有一个教师在身边，对于一时弄不懂的内容加以指点，那自学的进度将会快得多. 正好，我们的这种人性化的电子课件符合课堂教学的规律，学生预习和复习时，就如有半个教师在身边. 因而教师方便教，学生方便学. 这对启迪学生的思维，打牢基础，自主学习，培养分析问题和解决问题的能力有着直接的作用. 因此，本教案是那些欲自学成才的学生的好帮手.

制作这种电子教案是很费时费力的，算得上是一项“大工程”，与科学研究相比，做这种工作需要有相当的耐心！ 然而，在当今课时紧张，教师和学生负担都很重的情况下，用本电子教案呈现教学内容的这种方式来辅助教学，方便了教师，协助了同学，提高了教学质量，缩短了学生的学习过程，应该是一项意义深远的工作！

电子教案分教师和学生版，学生版随书发行；教师版制作更为精细，可复制到电脑里运行，且功能齐全，并给出了书中习题的详细解答，这对于时间宝贵的教师来说，免除了满世界找题解的烦恼，若以本教材作为教学用书，可免费赠送.

我们在第 1 章中采用较为简洁的方式导出电磁场的规律和相应的特性. 同时，还将电磁势的讨论放在了第 1 章. 这一方面是因为电磁势也是经典电动力学的理论基础，另一方面也是为了通篇能方便地用统一的思想来进行论述.

与有些电动力学教材一样，本教程把狭义相对论放得稍后，把所有有关电磁场的辐射问题作为一个整体而成为一章，而把带电粒子与场的相互作用放在最后. 这样做便于更灵活地控制学时数；教学中感到学时紧张时，可在讲完相对论的基本理论和电偶极辐射后，视情况适当的结束课程，而不至于影响本课程的完整性.

如果学时不足，书中标有“ * ”号的章节可以不讲，这不会影响后面的学习. 同时，在讲授电动力学之前，用六个学时讲授附录Ⅱ“矢量分析及张量计算初步”将会取到“砍柴磨刀”的作用，这一部分内容在随书光盘中可找到相应的电子教案.

在本教材的编写、出版工作中得到了科学出版社、华中师范大学教务处、物理学院的领导以及师长和同事们多方面的支持和鼓励. 在此，我们向关心、支持、鼓励本书编写、出版的各个部门以及有关人员表示衷心的感谢.

作者由衷地感谢我们的老师，武汉理工大学理学院王继春教授，他仔细审阅了书稿的全文，并与作者进行了讨论，提出了许多宝贵的意见和建议，使我们能对书稿作进一步的修改、补充和完善. 我的两名研究生吴能芝、杨薇参加了本书的有关部分编写工作，编选和演算了部分习题，编写了有关计算机程序；湖北大学物电学院的李梅老师和湖北咸宁学院物理系程正则也参加了部分工作，在此一并表示衷心感谢！书中插图由作者本人绘制.

本书后附有参考书目. 这些书都是各有自己特色的好书，作者在教学和编写本书的过程中曾从这些参考书中得到许多启发和帮助，在此也对这些参考书的作者表示感谢.

由于作者时间仓促，水平有限，书中的谬误和疏漏也肯定不少，恳请广大读者批评指正.

陈义成

2007 年元旦于武昌桂子山

目　　录

第 1 章 经典电动力学的理论基础

在本章中，我们将从电磁现象得到的实验定律，总结、提高为电磁场的普遍规律.

我们先分析静电场和静磁场的库仑定律和毕奥-萨伐尔定律，得到静电场和静磁场的散度和旋度方程；其次，再研究变动情况下的实验定律，由此总结出麦克斯韦方程组和洛伦兹力公式，其中包括讨论介质极化和磁化所产生的宏观电荷和电流分布，以及它们激发电磁场的规律，从而得出介质中的场方程. 在两种介质分界面上，积分形式的场方程仍然可用，其呈现形式是矢量代数形式的电磁场的边值关系. 值得注意，用电磁势来描述电磁场有时是很方便的，因而在这一章我们还讨论了电磁势及其微分方程. 最后，作为电磁场的物质性的体现，我们讨论了电磁场的能量和动量问题. 所有这些是宏观电磁场论的理论基础，在以后各章中将应用它们来解决各种与电磁场有关的问题.

1.1 静电现象的基本规律

1.1.1 库仑定律

库仑(C. A. de Coulomb)定律是静电现象的基本实验定律，定律指出：真空中静止点电荷 Q 对另一个静止点电荷 Q' 的作用力 $\boldsymbol{F}$ 为

$$\boldsymbol{F}=\frac{QQ'}{4\pi\varepsilon_0 r^3}\boldsymbol{r} \tag{1-1-1}$$

式中 $\boldsymbol{r}$ 为由 Q 到 Q' 的径矢，ε_0 是真空电容率(真空介电常量)，实验定出的值为 $\varepsilon_0=8.854187818(71)\times10^{-12}\mathrm{C^2\cdot N^{-1}\cdot m^{-2}}$.

库仑定律只是从现象上给出两电荷之间作用力的大小和方向，它本身并不涉及电力的传递机制，没有解决这作用力的物理本质问题. 但是人们今天已确切知道，带电体周围存在**电场**，而电荷间的作用是通过电场实现的. 因此，让我们直接用电场的概念来阐述库仑定律的含义.

对库仑定律(1-1-1)不能理解为两电荷之间的作用力是超距作用，实际上相互作用是通过场来传递的. 在运动电荷的情况下，特别是在电荷分布发生迅变的情况下，实践证明通过场来传递相互作用的观点是正确的. 场概念的引入在电动力学发展史上起着重要的作用，在现代物理学中关于场的物质形态的研究也占有重要地位. 通过本课程的学习，我们将会不断加深对场的认识，并逐步认识电磁场的物

质性，这是本课程的主要任务之一.

事实上在电荷周围的空间中存在着一种特殊的物质，称为电场. 当另一电荷处于该电场内，就要受到电场的作用力. 对电荷有作用力是电场的特征性质，我们就利用这性质来描述该点上的电场. 由库仑定律可知，既然处于电场内的电荷 Q' 所受的力与 Q' 成正比，我们就用一个单位试验电荷在场中所受的力来定义该电荷所在点 $\boldsymbol{x}$ 上的**电场强度** $\boldsymbol{E}(\boldsymbol{x})$. 由库仑定律式(1-1-1)，一个静止点电荷 Q 所激发的电场强度为

$$\boldsymbol{E}=\frac{Q\boldsymbol{r}}{4\pi\varepsilon_0 r^3} \tag{1-1-2}$$

由实验知道，力具有**叠加性**，因而电场亦具有叠加性，即多个电荷所激发的电场等于每个电荷所激发的电场的矢量和. 设第 i 个电荷 Q_i 到 P 点的位矢为 $\boldsymbol{r}_i$，则 P 点上的总电场强度 $\boldsymbol{E}$ 为

$$\boldsymbol{E}=\sum_i \frac{Q_i\boldsymbol{r}_i}{4\pi\varepsilon_0 r_i^3} \tag{1-1-3}$$

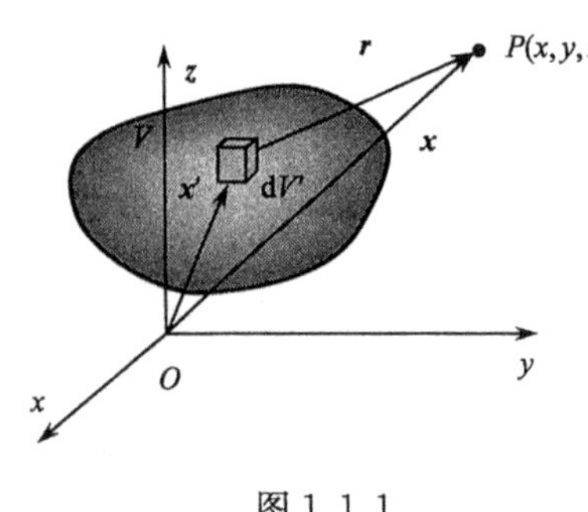

图 1.1.1

如图 1.1.1，当电荷连续分布于某一区域 V 内时，可在 V 内某点 $\boldsymbol{x}'$ 上取一个体积元 $\mathrm{d}V'$，在 $\mathrm{d}V'$ 内所含的电荷 $\mathrm{d}Q$ 为

$$\mathrm{d}Q=\rho(\boldsymbol{x}')\mathrm{d}V'$$

设由源点 $\boldsymbol{x}'$ 到场点 $\boldsymbol{x}$ 的位置径矢为 $\boldsymbol{r}$，则 P 点上的电场强度 $\boldsymbol{E}$ 为

$$\boldsymbol{E}(\boldsymbol{x})=\iiint_V \frac{\rho(\boldsymbol{x}')\boldsymbol{r}}{4\pi\varepsilon_0 r^3}\mathrm{d}V' \tag{1-1-4}$$

式中积分遍及电荷分布区域. (1-1-4)式是静电场的电场强度分布的积分形式.

值得注意，电场服从**叠加原理**，它是库仑定律作为经验规律的一部分. 从物理上讲，叠加原理意味着任一源电荷产生的电场与是否有其他源电荷存在无关，即各个源电荷对总电荷的贡献是独立的. 这性质并不是任一种物理场所必然或必须具备的. 因此我们强调，静电场满足叠加原理是实验证实的结果. 在数学上，这性质暗示了电场强度应满足线性的偏微分方程. 下面即将看到这一结果.

事实上，要唯一确定一个矢量场，我们必须同时知道它的**散度**和**旋度**. 这一点我们在后面再作详细说明. 下面我们通过库仑定律来分析这些规律性.

1.1.2　高斯定理与电场的散度

由电磁学可知，一个电荷系统 Q 发出的电通量 Φ 正比于 Q，与附近有没有其他电荷存在无关. 设 S 表示包围着电荷 Q 的一个闭合曲面，$\mathrm{d}\boldsymbol{S}$ 为 S 上的定向面

元,以外法线方向为正方向. 通过闭合曲面 S(高斯面)的**电通量**由下述高斯(Gauss)定理描述.

1. 高斯定理

通过任意闭合曲面 S 的电通量等于该面内全部电荷的代数和除以 ε_0,与面外的电荷无关.

高斯定理的数学表述为

$$\oint\!\!\!\oint_S \boldsymbol{E} \cdot \mathrm{d}\boldsymbol{S} = \frac{Q}{\varepsilon_0} \tag{1-1-5}$$

式中 Q 为闭合曲面内的总电荷.

2. 证明

如图 1.1.2,设曲面内有一点电荷 Q,位于 O 点处,其电场通过 $\mathrm{d}\boldsymbol{S}$ 的元通量为

$$\mathrm{d}\Phi = \boldsymbol{E} \cdot \mathrm{d}\boldsymbol{S} = \frac{Q}{4\pi\varepsilon_0 r^2}\cos\theta \mathrm{d}S$$

式中 θ 为 $\mathrm{d}\boldsymbol{S}$ 与 $\boldsymbol{r}$ 的夹角,$\mathrm{d}S\cos\theta$ 为面元投影到以 r 为半径的球面上的面积 $\mathrm{d}S'$. $\cos\theta\mathrm{d}S/r^2$ 为面元 $\mathrm{d}\boldsymbol{S}$(或 $\mathrm{d}\boldsymbol{S}'$)对电荷 Q 所张开的立体角元 $\mathrm{d}\Omega$. 因此,$\boldsymbol{E}$ 对闭合曲面 S 的通量为

$$\oint\!\!\!\oint_S \boldsymbol{E} \cdot \mathrm{d}\boldsymbol{S} = \frac{Q}{4\pi\varepsilon_0}\oint\!\!\!\oint_S \mathrm{d}\Omega = \frac{Q}{\varepsilon_0} \tag{1-1-6}$$

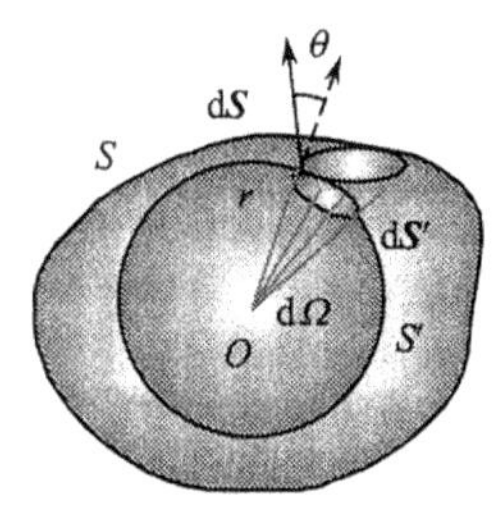

图 1.1.2

由此结果可见,电通量是标量. 若 $Q>0$,此标量为正,表明穿出闭合曲面 S 的电通量为正;若 $Q<0$,则穿入闭合曲面 S 的电通量为负.

如果电荷在闭合曲面外,则它发出的电力线穿入该曲面后再穿出来,电通量一负一正,因而对该闭合曲面的电通量没有贡献. 在一般情况下,设空间有多个点电荷 Q_i,则 $\boldsymbol{E}$ 通过任一闭合曲面 S 的总电通量等于 S 内的总电荷除以 ε_0,而与 S 外的电荷无关

$$\oint\!\!\!\oint_S \boldsymbol{E} \cdot \mathrm{d}\boldsymbol{S} = \frac{1}{\varepsilon_0}\sum_i Q_i \quad (Q_i \text{ 在 } S \text{ 内}) \tag{1-1-7}$$

如果电荷系统的电荷连续分布于某一体积内,电荷密度为 $\rho(\boldsymbol{x})$,这时在该系统内任取一体积元 $\mathrm{d}V$,体积元内的电荷相当于点电荷,于是可将上式右边的作和改为积分,得 $\boldsymbol{E}$ 对闭合曲面 S 的通量为

$$\oint\!\!\!\oint_S \boldsymbol{E} \cdot \mathrm{d}\boldsymbol{S} = \frac{1}{\varepsilon_0}\iiint_V \rho \mathrm{d}V \tag{1-1-8}$$

式中 V 为 S 所包围的体积. 上式右边的积分是 V 内的总电荷，与 V 外的电荷分布无关. 式(1-1-7)或式(1-1-8)是**高斯定理的积分形式**.

下面讨论**高斯定理的微分形式**. 依散度定义

$$\nabla \cdot \boldsymbol{E} = \lim_{\Delta V \to 0} \frac{\oint\!\!\!\oint_S \boldsymbol{E} \cdot \mathrm{d}\boldsymbol{S}}{\Delta V}$$

当 $\Delta V \to 0$ 时，式(1-1-8)左边趋于 $\nabla \cdot \boldsymbol{E}\Delta V$；右边趋于 $\frac{1}{\varepsilon_0}\rho\Delta V$，由此有微分形式

$$\nabla \cdot \boldsymbol{E} = \rho/\varepsilon_0 \tag{1-1-9}$$

这就是高斯定理的微分形式，它是电场的一个基本微分方程. 此式指出，在 $\rho(\boldsymbol{x}) \neq 0$ 处，$\nabla \cdot \boldsymbol{E} \neq 0$，该处是电场的**源头或尾闾**，电荷是电场的源，电场线从正电荷出发而中止于负电荷；在没有电荷分布的地点，$\rho(\boldsymbol{x}) = 0$，因而在该点上 $\nabla \cdot \boldsymbol{E} = 0$，表示在该处既没有电场线发出，也没有电场线终止，但是可以有电场线通过；$\nabla \cdot \boldsymbol{E} = \rho/\varepsilon_0$ 是一个点方程，$\boldsymbol{E}$ 和 ρ 是同一点的物理量，空间某点处场的散度只和该点上的电荷密度有关，而和其他点的电荷密度无关，某一点的电荷只激发这一点邻近的场，而远处的场则通过场的内部作用传递出去. 在静电情况下，远处的场以库仑定律形式表示，而对于运动电荷，远处的场不能以库仑定律形式表示，但实验证明基本的微分关系式(1-1-9)却仍然成立.

【例】 电荷 Q 均匀分布于半径为 a 的球体内，求各点的电场强度，并由此直接计算电场的散度.

【解】 作半径为 r 的同心球面作为高斯面. 由对称性，在球面上各点的电场强度有相同的数值，并沿径向. 当 $r > a$ 时，球面所围的总电荷为 Q，由高斯定理得

$$\oint\!\!\!\oint_S \boldsymbol{E} \cdot \mathrm{d}\boldsymbol{S} = 4\pi r^2 E = \frac{Q}{\varepsilon_0}$$

因而可得电场的矢量式为

$$\boldsymbol{E} = \frac{Q\boldsymbol{r}}{4\pi\varepsilon_0 r^3} \quad (r > a) \tag{1-1-10}$$

若 $r < a$，则球面所围电荷为

$$\frac{4}{3}\pi r^3 \rho = \frac{4}{3}\pi r^3 \frac{Q}{4\pi a^3/3} = \frac{Qr^3}{a^3}$$

应用高斯定理得

$$\oint\!\!\!\oint_S \boldsymbol{E} \cdot \mathrm{d}\boldsymbol{S} = 4\pi r^2 E = \frac{Qr^3}{\varepsilon_0 a^3}$$

由此得

$$\boldsymbol{E} = \frac{Q\boldsymbol{r}}{4\pi\varepsilon_0 a^3} \quad (r < a) \tag{1-1-11}$$

现在计算电场的散度. 当 $r>a$ 时 $\boldsymbol{E}$ 取式(1-1-10)，在这区域内 $r\neq0$，由于 $\nabla\cdot\frac{\boldsymbol{r}}{r^3}=0(r\neq0)$，因而

$$\nabla\cdot\boldsymbol{E}=\frac{Q}{4\pi\varepsilon_0}\nabla\cdot\frac{\boldsymbol{r}}{r^3}=0\quad(r>a)$$

当 $r<a$ 时 $\boldsymbol{E}$ 取式(1-1-11)，由直接计算得

$$\nabla\cdot\boldsymbol{E}=\frac{Q}{4\pi\varepsilon_0 a^3}\nabla\cdot\boldsymbol{r}=\frac{3Q}{4\pi\varepsilon_0 a^3}=\frac{\rho}{\varepsilon_0}\quad(r<a)$$

这个例子表明了散度概念的局域性质. 虽然对任一个包围着电荷的曲面都有电通量，但是散度只存在于有电荷分布的区域内，在没有电荷分布的空间中电场的散度为零.

1.1.3 静电场的旋度

散度是矢量场性质的一个方面，要确定一个矢量场，还需要给出其旋度. 旋度所反映的是场的环流性质，从直观图像来看，静电场的电力线分布没有涡旋状结构，因而静电场应该是**无旋场**. 下面我们来证明这一点.

先计算一个点电荷 Q 所激发的电场 $\boldsymbol{E}$ 对任意闭合回路 L 的环量 $\oint_L\boldsymbol{E}\cdot\mathrm{d}\boldsymbol{l}$，式中 $\mathrm{d}\boldsymbol{l}$ 为 L 上的线元. 由点电荷的电场表达式得

$$\oint\boldsymbol{E}\cdot\mathrm{d}\boldsymbol{l}=\frac{Q}{4\pi\varepsilon_0}\oint\frac{\boldsymbol{r}}{r^3}\cdot\mathrm{d}\boldsymbol{l}$$

如图 1.1.3，设 $\mathrm{d}\boldsymbol{l}$ 与 $\boldsymbol{r}$ 的夹角为 θ，则 $\boldsymbol{r}\cdot\mathrm{d}\boldsymbol{l}=r\cos\theta\mathrm{d}l=r\mathrm{d}r$，因而上式化为

$$\oint\boldsymbol{E}\cdot\mathrm{d}\boldsymbol{l}=\frac{Q}{4\pi\varepsilon_0}\oint\frac{\mathrm{d}r}{r^2}=-\frac{Q}{4\pi\varepsilon_0}\oint\mathrm{d}\left(\frac{1}{r}\right)$$

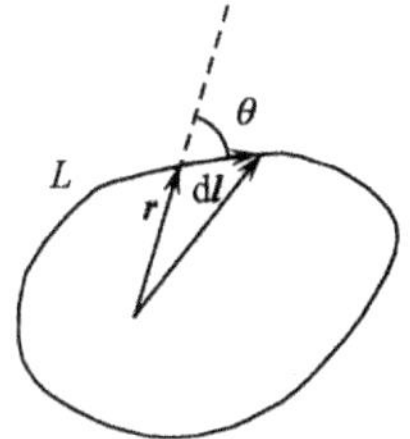

图 1.1.3

右边被积函数是一个全微分. 从任意闭合回路 L 的任一点开始，绕 L 一周之后回到原地点，函数 $1/r$ 的积分上、下限相同，因而 $\mathrm{d}(1/r)$ 的回路积分为零. 由此得

$$\oint_L\boldsymbol{E}\cdot\mathrm{d}\boldsymbol{l}\equiv0\tag{1-1-12}$$

以上证明了一个点电荷的电场环量为零. 对于一般的静止电荷分布，每一个电荷元所激发的电场环量都为零，由场的叠加性，总电场 $\boldsymbol{E}$ 对任一回路的环量恒为零，即式(1-1-12)对任意静电场和任一闭合回路都成立.

现在讨论式(1-1-12)的微分形式. 依旋度定义

$$(\nabla\times\boldsymbol{E})_n=\lim_{\Delta S\to0}\frac{1}{\Delta S}\oint_L\boldsymbol{E}\cdot\mathrm{d}\boldsymbol{l}$$

$\Delta S \to 0$ 时,式(1-1-12)左边趋于$(\nabla \times \boldsymbol{E}) \cdot \Delta \boldsymbol{S}=0$,由 ΔS 的任意性,得

$$\nabla \times \boldsymbol{E} = 0 \tag{1-1-13}$$

此式说明,静电场的电力线没有涡旋状结构,静电场是无旋场. 实践表明,无旋性只在静电情况下成立. 在一般情况下电场是有旋的,在 1.3 节我们再说明一般情况下电场的旋度. 无旋场又称为**纵场**. 因此,静电场的基本规律为

$$\nabla \cdot \boldsymbol{E} = \rho/\varepsilon_0, \quad \nabla \times \boldsymbol{E} = 0$$

1.1.4 高斯定理与库仑定律的关系

我们从库仑定律及叠加原理出发,得到了电场强度 $\boldsymbol{E}$ 的表达式,并进一步导出了高斯定理. 应当强调的是,高斯定理得以成立,是由于库仑定律是距离平方反比定律的结果. 假如我们设想库仑定律是下面形式:

$$F \propto \frac{1}{r^{2+\Delta}}$$

其中 Δ 是任意小量. 则有

$$E \propto F \propto \frac{1}{r^{2+\Delta}} \tag{1-1-14}$$

对于点电荷 q,以它为球心,作半径为 r 的球面,取其球面为高斯面,那么

$$\begin{aligned} \Phi_E &= \oiint_S \boldsymbol{E} \cdot \mathrm{d}\boldsymbol{S} = \frac{1}{4\pi\varepsilon_0}\oiint_S \frac{q}{r^{2+\Delta}}\mathrm{d}S \\ &= \frac{1}{4\pi\varepsilon_0}\oiint_S \frac{q}{r^{\Delta}}\sin\theta\mathrm{d}\theta\mathrm{d}\phi = \frac{q}{\varepsilon_0 r^{\Delta}} \end{aligned} \tag{1-1-15}$$

如果 $\Delta>0$,则当 $r\to\infty$ 时,$\Phi_E(\infty)=0$. 这样高斯定理就不能成立了! 所以,至今不少物理学家通过检验高斯定理的正确性,来证明平方反比定律的精确度. 1785 年,库仑本人的结果是 $\Delta<4\times10^{-2}$;后人意识到需要有更高精度的检验,1873 年,麦克斯韦得到了 $\Delta<4.9\times10^{-5}$ 的结果. 进入 20 世纪后,检验仍在继续,但动机有了转移,光速的不变性要求光子的静质量为零,这就意味着静电场须严格遵守平方反比律. 这样,实验精度又提高了十几个量级,人们至今还没有发现与反比律的偏离.

高斯定理出自于库仑定律,它对静电场成立. 以后我们将会看到,它对随时间变化的电场也成立. 从这种意义上讲,高斯定理适用的范围更广,也更基本. 它源于静电场这一特殊事物,却反映着一般电场的普遍性质.

1.2 静磁现象的基本规律

本节讨论磁场的基本规律. 今天,物体的微观结构已被弄清,人们已确切地知道,所有磁场均由电流产生,磁场是和电流相互作用的,因此,在讨论磁场之前,先

说明电流分布的规律性.

1.2.1 电荷守恒定律

在中学我们就已知,导线上的电流用通过导线截面的**电流强度 I** 描述. 很多情况下,我们还要知道电流在导体内是怎样分布的. 因此,我们必须引入电流密度来描述电流的分布情况.

定义空间某一点处的**电流密度矢量 $\boldsymbol{J}$**,它的方向沿着该点上的电流方向,它的数值等于单位时间垂直通过单位面积的电量. 如图 1.2.1,设 $\mathrm{d}\boldsymbol{S}$ 为某曲面上的一个面元,它与该点上的电流方向有夹角 θ. 让 $\mathrm{d}\boldsymbol{S}_0$ 是 $\mathrm{d}\boldsymbol{S}$ 在 $\boldsymbol{J}$ 方向上的投影,从而通过面元 $\mathrm{d}\boldsymbol{S}$ 的电流 $\mathrm{d}I$ 为

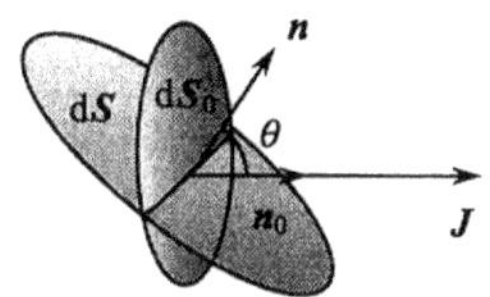

图 1.2.1

$$\mathrm{d}I = J\mathrm{d}S_0 = J\mathrm{d}S\cos\theta = \boldsymbol{J}\cdot\mathrm{d}\boldsymbol{S} \tag{1-2-1}$$

故而通过任一曲面 S 的电流强度为

$$I = \iint_S \boldsymbol{J}\cdot\mathrm{d}\boldsymbol{S} \tag{1-2-2}$$

如果电流由一种运动带电粒子构成,设带电粒子的电荷密度为 ρ,平均速度为 $\boldsymbol{v}$,则电流密度为

$$\boldsymbol{J} = \rho\boldsymbol{v} \tag{1-2-3a}$$

如果有几种带电粒子,其电荷密度分别为 ρ_i,平均速度为 $\boldsymbol{v}_i$,则有

$$\boldsymbol{J} = \sum_i \rho_i\boldsymbol{v}_i \tag{1-2-3b}$$

我们知道,物体所带的电荷是构成物体粒子的一个属性,不论发生任何变化过程,如化学反应、原子核反应甚至粒子的转化,一个系统的总电荷严格保持不变. 这是到目前为止人们所知道的自然界精确规律之一.

考虑空间中一确定区域 V,其边界为闭合曲面 S. 当物质运动时,可能有电荷进入或流出该区域. 但是由于电荷不可能产生或消灭,如果有电荷从该区域流出的话,区域 V 内的电荷必然减小. 单位时间从闭合曲面 S 流出的电荷为 $\oiint_S \boldsymbol{J}\cdot\mathrm{d}\boldsymbol{S}$,而闭合曲面 S 所围的体积 V 内电荷减小量为 $-\frac{\mathrm{d}}{\mathrm{d}t}\iiint_V \rho\mathrm{d}V$, 这里的“—”号是由于 $\frac{\mathrm{d}}{\mathrm{d}t}\iiint_V \rho\mathrm{d}V$ 本身为负. 于是,**电荷守恒定律**可表示为

$$\oiint_S \boldsymbol{J}\cdot\mathrm{d}\boldsymbol{S} = -\iiint_V \frac{\partial\rho}{\partial t}\mathrm{d}V \tag{1-2-4}$$

这是电荷守恒定律的积分形式. 应用数学上的高斯定理把面积分变为体积分

$$\oiint_S \boldsymbol{J} \cdot d\boldsymbol{S} = \iiint_V \nabla \cdot \boldsymbol{J} dV$$

此式右边与式(1-2-4) 右边相等,因积分域 V 是任意选取的,由此可得微分形式

$$\nabla \cdot \boldsymbol{J} + \frac{\partial \rho}{\partial t} = 0 \tag{1-2-5}$$

上式称为**电流连续性方程**,它是电荷守恒定律的微分形式.

以上公式是对任意变化电流成立的.在恒定电流情况下,一切物理量不随时间而变,因而$\frac{\partial \rho}{\partial t}=0$,因此由式(1-2-5)得

$$\nabla \cdot \boldsymbol{J} = 0 \tag{1-2-6}$$

此式表示恒定电流的连续性特征:恒定电流分布是无源的,其流线必为闭合曲线,没有发源点和终止点.换句话说,恒定电流只能够在闭合回路中通过,电路一断,直流电就不能通过.

1.2.2 磁感应强度 毕奥-萨伐尔定律

现在研究电流和磁场的相互作用.实验测出两个电流之间有作用力.和静电作用一样,这种作用力也需要通过一种物质作为介质来传递,这种特殊物质称为**磁场**.电流激发磁场,另一个电流处于该磁场中时,就受到磁场对它的作用力.实验指出,一个电流元 $I d\boldsymbol{l}$ 在磁场中所受的力可以表为

$$d\boldsymbol{F} = I d\boldsymbol{l} \times \boldsymbol{B} \tag{1-2-7}$$

矢量 $\boldsymbol{B}$ 描述电流元所在点上磁场的性质,称为**磁感应强度**.

恒定电流激发磁场的规律由毕奥-萨伐尔(Biot-Savart)定律给出.设 $\boldsymbol{J}(\boldsymbol{x}')$ 为源点 $\boldsymbol{x}'$ 上的电流密度,$\boldsymbol{r}$ 为由 $\boldsymbol{x}'$ 点到场点 $\boldsymbol{x}$ 的位矢,则场点上的磁感应强度为

$$\boldsymbol{B}(\boldsymbol{x}) = \frac{\mu_0}{4\pi} \iiint_V \frac{\boldsymbol{J}(\boldsymbol{x}') \times \boldsymbol{r}}{r^3} dV' \tag{1-2-8a}$$

积分遍及电流分布区域 V.式中 μ_0 为**真空磁导率**,其实验值 $\mu_0=4\pi\times10^{-7}\mathrm{N\cdot A^{-2}}$.

如果电流集中于细导线上,以 $d\boldsymbol{l}$ 表示闭合导线回路 L 上的线元,ΔS_n 为导线横截面元,则电流元 $\boldsymbol{J}dV' = \boldsymbol{J}\Delta S_n dl = J\Delta S_n d\boldsymbol{l} = I d\boldsymbol{l}$.将式(1-2-8a)中的电流元 $\boldsymbol{J}dV'$ 代以 $I d\boldsymbol{l}$,体积分换成沿闭合导线的闭合线积分,可得细导线上恒定电流激发磁场的毕奥-萨伐尔定律为

$$\boldsymbol{B}(\boldsymbol{x}) = \frac{\mu_0}{4\pi} \oint_L \frac{I d\boldsymbol{l} \times \boldsymbol{r}}{r^3} \tag{1-2-8b}$$

基于同样的理由,我们还须再深入一步,找出磁场规律的微分形式,这就是磁场的散度和旋度公式.

1.2.3 磁场的散度

由电流所激发的磁场都是无源的.但是,自然界中是否存在与电荷相对应的**磁荷**作为磁场的源呢?电荷作为电场的源,有$\nabla \cdot \boldsymbol{E}=\rho/\varepsilon_0$;如果磁荷存在的话,磁荷也作为磁场的源,这时一般来说$\nabla \cdot \boldsymbol{B}\neq 0$.近年来对于**磁单极子**(孤立的磁荷)存在的可能性有不少讨论,实验上也一直在寻找带有磁荷的粒子.但是,到现在还没有任何关于磁单极子存在的确实证据.因此,在假定磁荷不存在的前提下,我们可以认为

$$\nabla \cdot \boldsymbol{B} = 0 \tag{1-2-9}$$

其积分形式为

$$\oiint_S \boldsymbol{B} \cdot \mathrm{d}\boldsymbol{S} = 0$$

这表明磁感应线总是闭合曲线,和实验结果一致.磁感应强度 $\boldsymbol{B}$ 是无源场,这是磁场的一条基本规律.这些在电磁学中都作过详细讨论.

现在我们用毕奥-萨伐尔定律来计算磁场的散度,用以证明式(1-2-9)与毕奥-萨伐尔定律的一致性.

由式(1-2-8a)得

$$\boldsymbol{B}(\boldsymbol{x}) = \frac{\mu_0}{4\pi}\iiint_V \frac{\boldsymbol{J}(\boldsymbol{x}')\times \boldsymbol{r}}{r^3}\mathrm{d}V' = -\frac{\mu_0}{4\pi}\iiint_V \boldsymbol{J}(\boldsymbol{x}')\times \nabla \frac{1}{r}\mathrm{d}V'$$

注意算符∇是对 $\boldsymbol{x}$ 起作用的微分算符,与 $\boldsymbol{x}'$无关,由附录(Ⅰ.27)式可得

$$\nabla \times \left[\frac{\boldsymbol{J}(\boldsymbol{x}')}{r}\right] = \left(\nabla \frac{1}{r}\right)\times \boldsymbol{J}(\boldsymbol{x}')$$

将此式代入上式,并利用算符∇与积分变量无关而提出积分号外,得

$$\boldsymbol{B}(\boldsymbol{x}) = \frac{\mu_0}{4\pi}\nabla \times \iiint_V \frac{\boldsymbol{J}(\boldsymbol{x}')}{r}\mathrm{d}V' \tag{1-2-10}$$

在式(1-2-10)中,令

$$\boldsymbol{A}(\boldsymbol{x}) \equiv \frac{\mu_0}{4\pi}\iiint_V \frac{\boldsymbol{J}(\boldsymbol{x}')\mathrm{d}V'}{r} \tag{1-2-11}$$

则式(1-2-10)成为

$$\boldsymbol{B}(\boldsymbol{x}) = \nabla \times \boldsymbol{A}(\boldsymbol{x}) \tag{1-2-12}$$

$\boldsymbol{A}(\boldsymbol{x})$称为磁场的矢势,其物理意义我们以后再讨论.由附录(Ⅰ.32)式,

$$\nabla \cdot \boldsymbol{B} = \nabla \cdot (\nabla \times \boldsymbol{A}) = 0$$

这是磁感应强度 $\boldsymbol{B}$ 所满足的一个基本微分方程.与静电场不同,磁场是**无源场**,磁感线是闭合的.利用数学上的高斯定理还可得到

$$\oiint_S \boldsymbol{B}\cdot \mathrm{d}\boldsymbol{S}=\iiint_V \nabla\cdot \boldsymbol{B}\mathrm{d}V=0$$

这表明,穿过任一闭合曲面的磁通量为零. 至此,我们证明了式(1-2-9)与毕奥-萨伐尔定律是一致的.

1.2.4　磁场的旋度

由式(1-2-12)和附录(Ⅰ.34)式,有

$$\nabla\times\boldsymbol{B}=\nabla\times(\nabla\times\boldsymbol{A})=\nabla(\nabla\cdot\boldsymbol{A})-\nabla^2\boldsymbol{A}\qquad(1\text{-}2\text{-}13)$$

现在先来计算 $\nabla\cdot\boldsymbol{A}$. 由式(1-2-11)和附录(Ⅰ.26)式,注意对于∇算符,函数$\boldsymbol{J}(\boldsymbol{x}')$相当于常数,得

$$\nabla\cdot\boldsymbol{A}=\frac{\mu_0}{4\pi}\iiint_V \nabla\cdot\left[\frac{\boldsymbol{J}(\boldsymbol{x}')}{r}\right]\mathrm{d}V'=\frac{\mu_0}{4\pi}\iiint_V \boldsymbol{J}(\boldsymbol{x}')\cdot\nabla\frac{1}{r}\mathrm{d}V'$$

由于 $r=|\boldsymbol{x}-\boldsymbol{x}'|=\sqrt{(x-x')^2+(y-y')^2+(z-z')^2}$,因而对 r 的函数而言,对 $\boldsymbol{x}$ 微分与对 $\boldsymbol{x}'$微分仅差一负号,因此上式可写为

$$\nabla\cdot\boldsymbol{A}=-\frac{\mu_0}{4\pi}\iiint_V \boldsymbol{J}(\boldsymbol{x}')\cdot\nabla'\frac{1}{r}\mathrm{d}V'$$

用附录(Ⅰ.26)式得

$$\nabla\cdot\boldsymbol{A}=-\frac{\mu_0}{4\pi}\iiint_V \nabla'\cdot\left[\boldsymbol{J}(\boldsymbol{x}')\frac{1}{r}\right]\mathrm{d}V'+\frac{\mu_0}{4\pi}\iiint_V \frac{1}{r}\nabla'\cdot\boldsymbol{J}(\boldsymbol{x}')\mathrm{d}V'$$

由数学上的高斯定理,上式右边第一项可以化为闭合面积分,由于积分区域 V 包括所有电流在内,没有电流通过区域的界面 S,因而这面积分为零. 在右边第二项中,由恒定电流的连续性有$\nabla'\cdot\boldsymbol{J}(\boldsymbol{x}')=0$,因此这一积分亦等于零. 因此,

$$\nabla\cdot\boldsymbol{A}=0\qquad(1\text{-}2\text{-}14)$$

再计算$\nabla^2\boldsymbol{A}$. 由式(1-2-11)得

$$\nabla^2\boldsymbol{A}=\frac{\mu_0}{4\pi}\iiint_V \boldsymbol{J}(\boldsymbol{x}')\nabla^2\frac{1}{r}\mathrm{d}V'=-\frac{\mu_0}{4\pi}\iiint_V \boldsymbol{J}(\boldsymbol{x}')\nabla\cdot\frac{\boldsymbol{r}}{r^3}\mathrm{d}V'$$

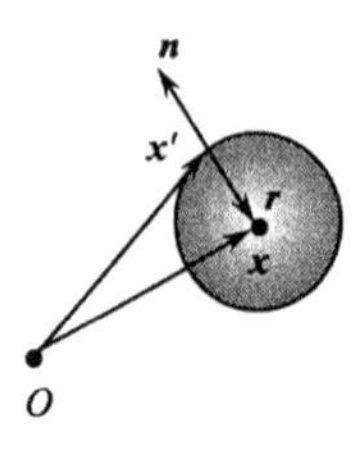

图 1.2.2

由直接计算得,当 $r\neq0$ 时,$\nabla\cdot\dfrac{\boldsymbol{r}}{r^3}=0$,因此上式的被积函数只可能在 $\boldsymbol{x}'=\boldsymbol{x}$ 点上不为零. 由于 $\boldsymbol{x}$ 为定点,$\boldsymbol{x}'$为积分变量,因而体积分仅需对包围 $\boldsymbol{x}$ 点的小球积分(如图 1.2.2 所示),这时可取 $\boldsymbol{J}(\boldsymbol{x}')=\boldsymbol{J}(\boldsymbol{x})$,抽出积分号外. 而

$$\iiint_V \nabla\cdot\frac{\boldsymbol{r}}{r^3}\mathrm{d}V'=-\iiint_V \nabla'\cdot\frac{\boldsymbol{r}}{r^3}\mathrm{d}V'=-\oiint_S \frac{\boldsymbol{r}}{r^3}\cdot\mathrm{d}\boldsymbol{S}'$$

注意 $\boldsymbol{r}$ 是由源点 $\boldsymbol{x}'$指向场点 $\boldsymbol{x}$ 的径矢,它和面元 $\mathrm{d}S'$反向,因

此上式为

$$-\oiint_S \frac{\boldsymbol{r}}{r^3}\cdot \mathrm{d}S' = \oiint_S \frac{1}{r^2}\mathrm{d}S' = \oiint_S \mathrm{d}\Omega = 4\pi$$

因此，

$$\nabla^2 \boldsymbol{A} = -\mu_0 \boldsymbol{J} \tag{1-2-15}$$

把式(1-2-14)和式(1-2-15)代入式(1-2-13)得

$$\nabla\times\boldsymbol{B} = \mu_0\boldsymbol{J} \tag{1-2-16}$$

这是磁感应强度 $\boldsymbol{B}$ 所满足的另一个基本微分方程. 这表明，电流作为磁场的源，它与磁感应强度 $\boldsymbol{B}$ 的旋度成正比. 由**斯托克斯定理**还可得到

$$\oint_L \boldsymbol{B}\cdot\mathrm{d}\boldsymbol{l} = \iint_S \nabla\times\boldsymbol{B}\cdot\mathrm{d}\boldsymbol{S} = \iint_S \mu_0\boldsymbol{J}\cdot\mathrm{d}\boldsymbol{S} = \mu_0 I$$

这就是**安培环路定理**.

由以上推导可见，磁场的微分方程式(1-2-9)和式(1-2-16)是毕奥-萨伐尔定律的推论，它们构成一组完备的线性偏微分方程组，这方程组既是下面讨论静磁问题的依据，又是我们寻求电磁学一般规律的出发点之一.

【例】 设电流 I 均匀分布于半径为 a 的无穷长直导线内，求空间各点的磁感应强度，并由此计算磁场的旋度.

【解】 在与导线垂直的平面上作一半径为 r 的圆，圆心在导线轴上. 由对称性，在圆周各点的磁感强度数值相同，并沿圆周切线方向. 当 $r>a$ 时，通过圆内的总电流为 I，用安培环路定律得

$$\oint_L \boldsymbol{B}\cdot\mathrm{d}\boldsymbol{l} = 2\pi rB = \mu_0 I$$

由此可得磁场的矢量式表示

$$\boldsymbol{B} = \frac{\mu_0 I}{2\pi r}\boldsymbol{e}_\theta \quad (r>a) \tag{1-2-17}$$

式中 $\boldsymbol{e}_\theta$ 为沿圆周切线方向、且与电流 I 成右手螺旋关系的单位矢量.

当 $r<a$ 时，则通过圆内的总电流为

$$\pi r^2 J = \pi r^2 \frac{I}{\pi a^2} = \frac{r^2}{a^2}I$$

由安培环路定律，有

$$\oint_L \boldsymbol{B}\cdot\mathrm{d}\boldsymbol{l} = 2\pi rB = \frac{\mu_0 I r^2}{a^2}$$

由此可得

$$\boldsymbol{B} = \frac{\mu_0 I r}{2\pi a^2}\boldsymbol{e}_\theta \quad (r<a) \tag{1-2-18}$$

在柱坐标系中，由附录(Ⅰ.16)式求 $\boldsymbol{B}$ 的旋度，当 $r>a$ 时由式(1-2-17)得

$$\nabla\times\boldsymbol{B}=-\frac{\partial B_\theta}{\partial z}\boldsymbol{e}_r+\frac{1}{r}\frac{\partial}{\partial r}(rB_\theta)\,\boldsymbol{e}_z=0\quad(r>a)$$

当 $r<a$ 时由式(1-2-18)得

$$\nabla\times\boldsymbol{B}=\frac{\mu_0 I}{\pi a^2}\boldsymbol{e}_z=\mu_0\boldsymbol{J}\quad(r<a)\qquad(1\text{-}2\text{-}19)$$

由本例的计算可见，虽然对任何包围着导线的回路都有磁场环量，但是磁场的旋度只存在于有电流分布的导线内部，而在周围空间中磁场的旋度为零，即空间某一点磁场的旋度只由该点的电流密度决定.

1.3　麦克斯韦方程组　洛伦兹力公式

以上两节由实验定律出发总结了静电场和静磁场的基本规律，这时，两者没有联系. 随着交变电流的研究和广泛应用，人们对电磁场的认识有了一个飞跃. 由实验发现不但电荷激发电场，电流激发磁场，而且变化着的电场和磁场可以互相激发. 本节将寻找在普遍情况下，电磁场所满足的基本方程.

本节所要讨论的是，变化电磁场所呈现出的新规律：(1)变化的磁场激发电场(法拉第电磁感应定律)；(2)变化的电场激发磁场(麦克斯韦位移电流假设).

为此，这里首先介绍法拉第电磁感应定律、麦克斯韦位移电流假设，并在此基础上建立电磁场的基本方程组——麦克斯韦方程组. 最后，归纳经验的电力和磁力公式为洛伦兹力公式. 下面分别讨论这些问题.

1.3.1　法拉第电磁感应定律

自从发现了电流的磁效应(1821 年)之后，人们按照辩证思维研究相反的效应，即磁场能否产生电流？开始人们企图探测处于恒定磁场中的固定线圈上的**感应电流**，但这些尝试都失败了，最后于 1831 年**法拉第**(M . Faraday)发现当磁场发生变化时，附近闭合线圈中有电流通过，并由此总结出**电磁感应定律**.

如图 1.3.1，设 L 为闭合线圈，S 为 L 所围的一个曲面，d$\boldsymbol{S}$ 为 S 上的一个面元. 按照约定，我们规定 L 的绕行方向与 d$\boldsymbol{S}$ 的法线方向成右手螺旋关系. 实验指出，当通过 S 的磁通量增加时，在线圈 L 上的感应电动势与我们规定的 L 绕行方向相反，因此用负号表示. 这时，电磁感应定律表述为

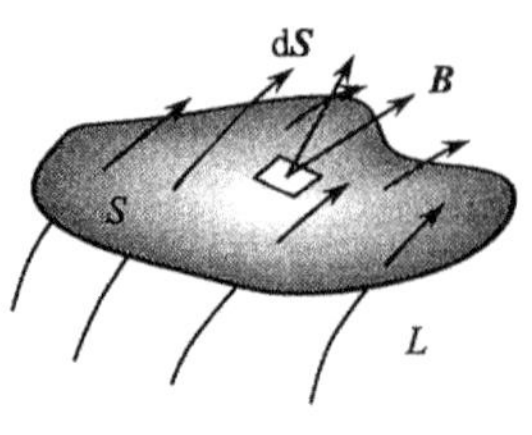

图 1.3.1

$$\mathscr{E}=-\frac{\mathrm{d}}{\mathrm{d}t}\iint_S\boldsymbol{B}\cdot\mathrm{d}\boldsymbol{S}\qquad(1\text{-}3\text{-}1)$$

线圈导体中的电荷是直接受到该处电场作用而运动的,线圈中有感应电流就表明空间中存在着电场.当然,只要磁场发生变化就会产生电场,与空间是否放置导体回路无关,此处的导体回路只是一种检测装置.电子感应加速器就是依靠变化的磁场所激发的电场来加速电子的.因此,电磁感应现象的实质是变化的磁场在其周围空间中激发了电场,这是电场和磁场内部相互作用的一个方面.

电磁学的知识告诉我们,**感应电动势**是电场强度沿闭合回路的线积分,因此电磁感应定律式(1-3-1)又可写为

$$\oint_L \boldsymbol{E} \cdot \mathrm{d}\boldsymbol{l} = -\frac{\mathrm{d}}{\mathrm{d}t}\iint_S \boldsymbol{B} \cdot \mathrm{d}\boldsymbol{S} \tag{1-3-2}$$

将上式右边对坐标的积分和对时间 t 的微分对换,有

$$\oint_L \boldsymbol{E} \cdot \mathrm{d}\boldsymbol{l} = -\iint_S \frac{\partial \boldsymbol{B}}{\partial t} \cdot \mathrm{d}\boldsymbol{S}$$

利用斯托克斯定理将上式左边化为面积分,得

$$\iint_S \nabla \times \boldsymbol{E} \cdot \mathrm{d}\boldsymbol{S} = -\iint_S \frac{\partial \boldsymbol{B}}{\partial t} \cdot \mathrm{d}\boldsymbol{S}$$

由 S 的任意性,即得电磁感应定律的微分形式

$$\nabla \times \boldsymbol{E} = -\frac{\partial \boldsymbol{B}}{\partial t} \tag{1-3-3}$$

这表明,变化的磁场能激发电场,这种电场称为**感应电场**,它是**涡旋场**而不是势场,这一点与静电场有本质上的不同.因此在一般情况下,表示静电场无旋性的式(1-1-13)必须代以更普遍的式(1-3-3).

1.3.2 位移电流假说 麦克斯韦方程组

19 世纪中叶,当**麦克斯韦**(J. C. Maxwell)准备从理论上探索电磁场变化的一般规律时,前人已为他留下了四个在一定条件下适用的电磁场方程

$$\nabla \cdot \boldsymbol{E} = \frac{\rho}{\varepsilon_0} \tag{1-3-4}$$

$$\nabla \times \boldsymbol{E} = -\frac{\partial \boldsymbol{B}}{\partial t} \tag{1-3-5}$$

$$\nabla \cdot \boldsymbol{B} = 0 \tag{1-3-6}$$

$$\nabla \times \boldsymbol{B} = \mu_0 \boldsymbol{J} \tag{1-3-7}$$

这些方程中的电荷密度 ρ 和电流密度 $\boldsymbol{J}$ 由电荷守恒定律联系着

$$\nabla \cdot \boldsymbol{J} = -\frac{\partial \rho}{\partial t} \tag{1-3-8}$$

在理论上，一般地成立的电磁场方程组的内部，以及它们与电荷守恒定律之间应当自洽，即彼此没有矛盾.为此，我们来对上述五个方程进行讨论.

式(1-3-4)为电场的高斯定理，是根据静电场的实验事实总结出来的.麦克斯韦在分析之后把它不加修改地推广到了非稳恒情况.

关于式(1-3-5)，我们曾在上面作过分析，它是经麦克斯韦改写后的法拉第电磁感应定律，其中引入了涡旋电场的概念.该式将作为静电场的环路定理向非稳恒情况的推广形式.

式(1-3-6)为静磁场的高斯定理，那么在磁场变化的条件下是否仍然成立呢？为回答这一问题，在式(1-3-5)两边取散度，考虑到矢量场的旋度是无源场，则有

$$0 \equiv \nabla \cdot (\nabla \times \boldsymbol{E}) = -\nabla \cdot \frac{\partial \boldsymbol{B}}{\partial t} = -\frac{\partial}{\partial t}(\nabla \cdot \boldsymbol{B})$$

此式表明$\nabla \cdot \boldsymbol{B}$不随时间变化.因此，只要某一时刻没有磁场或只有稳恒磁场，就有$\nabla \cdot \boldsymbol{B}=0$，此后任何时刻均有$\nabla \cdot \boldsymbol{B}=0$.所以，式(1-3-6)也可推广为普遍规律.

现在我们来分析式(1-3-7)，该式是静磁场的安培环路定理，对其两边求散度，则因$\nabla \cdot (\nabla \times \boldsymbol{B}) \equiv 0$而推出$\nabla \cdot \boldsymbol{J}=0$.但在一般情况下，由电荷守恒定律，$\nabla \cdot \boldsymbol{J} = -\partial \rho / \partial t \neq 0$，这说明当电荷有变化时这方程必不成立.然而，式(1-3-8)是一个实验定律，它的正确性是不容置疑的，因而安培环路定理式(1-3-7)需要修改.麦克斯韦正是从这一点入手引入了**位移电流**.

为了与电荷守恒定律兼容，设想式(1-3-7)应修改为

$$\nabla \times \boldsymbol{B} = \mu_0 (\boldsymbol{J} + \boldsymbol{J}_D) \tag{1-3-9}$$

其中$\boldsymbol{J}_D$就是设想中的位移电流.那么应该如何定义$\boldsymbol{J}_D$呢？对式(1-3-9)两边求散度后我们看到

$$\nabla \cdot (\boldsymbol{J} + \boldsymbol{J}_D) = 0 \tag{1-3-10}$$

为与电荷守恒定律不矛盾，当考虑到式(1-3-4)总是成立时，应当有

$$\nabla \cdot \boldsymbol{J}_D = -\nabla \cdot \boldsymbol{J} = \frac{\partial \rho}{\partial t} = \varepsilon_0 \nabla \cdot \frac{\partial \boldsymbol{E}}{\partial t} \tag{1-3-11}$$

由此，麦克斯韦把位移电流定义为

$$\boldsymbol{J}_D = \varepsilon_0 \frac{\partial \boldsymbol{E}}{\partial t} \tag{1-3-12}$$

从数学上来说，单由条件式(1-3-11)是不能唯一确定$\boldsymbol{J}_D$的.从物理上考虑，式(1-3-12)是满足条件式(1-3-10)的最简单的物理量，而且既然变化磁场能激发电场，则变化电场激发磁场也是比较合理的假设.由式(1-3-12)，位移电流实质上是电场的变化率，它是麦克斯韦首先引入的.位移电流假设的正确性由以后关于电磁波的广泛实践所证明.

如此修改之后，我们就得到了一组著名的方程

$$\nabla \cdot \boldsymbol{E} = \frac{\rho}{\varepsilon_0} \tag{1-3-13}$$

$$\nabla \times \boldsymbol{E} = -\frac{\partial \boldsymbol{B}}{\partial t} \tag{1-3-14}$$

$$\nabla \cdot \boldsymbol{B} = 0 \tag{1-3-15}$$

$$\nabla \times \boldsymbol{B} = \mu_0 \boldsymbol{J} + \varepsilon_0 \mu_0 \frac{\partial \boldsymbol{E}}{\partial t} \tag{1-3-16}$$

现在看来,在这组方程内部,以及与电荷守恒定律之间,在理论上已没有矛盾了.这就是今天被人们广泛接受的**麦克斯韦方程组**.

这组方程反映一般情况下电荷电流激发电磁场以及电磁场内部运动的规律.在 ρ 和 $\boldsymbol{J}$ 为零的区域,电场和磁场通过本身的互相激发而运动传播.电磁场的相互激发是它存在和运动的主要因素,而电荷和电流则以一定形式作用于电磁场.

值得强调,方程组的无矛盾性只是理论正确的必要条件,但它并不能保证这方程是正确的.今天人们把麦克斯韦方程作为电磁理论的一般规律来接受,不是因为它有无矛盾性的论证,而是因为它的推论已为后来的大量实践所证实.当初,麦克斯韦方程预言了电磁辐射的存在,后来赫兹用实验证实了它.这是人们接受这方程组的决定性因素.本课程中要讨论的正是麦克斯韦方程在各种电磁问题上的推断.我们在这里对这方程的理论内涵作一些说明.

位移电流的引入无疑是建立麦克斯韦方程的关键.从其定义式看,位移电流本质上并不是电荷的流动,而是电场的变化.它说明,与磁场的变化会感应产生电场一样,电场的变化也必然会感应产生磁场.这一点在当时并没有实验依据,因此它是麦克斯韦电磁理论的一个重要预言.在研究电磁波时将看到,正是由于电场与磁场的相互感应,才使得变化的电磁场一定以波的形式传播.所以说,**电磁波**的存在是位移电流的关键性佐证.

从形式上看,麦克斯韦对电磁场方程的修改只是引入了位移电流,而其他三个方程都原样地保留了下来.且被当作一般的电磁规律,这实际上给没有改动过的方程也赋予了新的含义.

先看方程式(1-3-13)和式(1-3-14).现在把它们作为一般规律的一部分,它们包含了若干原来不具有的内涵.首先,它表明电场分布只取决于电荷的分布和磁场的变化,电场不再有别的产生方式.其次,在电荷密度有变化的情况下,电场强度的散度仍与当时当地的电荷密度成正比,而感应电场是无散的,这些都是新的结论.再看磁场的规律.麦克斯韦方程表明:(1)磁场也只有两种产生方式,即由电流产生和由变化电场感应产生;(2)这两种方式产生的磁场都是涡旋场;(3)磁场的无散性与电流是否稳定无关.因而,从一方面讲,这些结果的正确性是需要新的实践来证实的.从另一方面讲,这些新结果也加深了人们对电磁场的认识.

麦克斯韦方程组最重要的特点是它揭示了电磁场的内部作用和运动. 不仅电荷和电流可以激发电磁场,而且变化的电场和磁场也可以互相激发. 因此,只要某处发生电磁扰动,由于电磁场互相激发,它就在空间中运动传播,形成电磁波. 麦克斯韦首先从此方程组出发在理论上导出了电磁场的**波动方程**(见后面 4.1 节)

$$\nabla^2 \boldsymbol{E} - \frac{1}{c^2}\frac{\partial^2 \boldsymbol{E}}{\partial t^2} = 0$$

$$\nabla^2 \boldsymbol{B} - \frac{1}{c^2}\frac{\partial^2 \boldsymbol{B}}{\partial t^2} = 0$$

这组方程预言了电磁波的存在,并指出光波就是一种电磁波. 以后的**赫兹**(Hertz)实验和近代无线电的广泛实践完全证实了麦克斯韦方程组的正确性.

麦克斯韦方程组不仅揭示了电磁场的运动规律,更揭示了电磁场可以独立于电荷、电流之外而存在,这样就加深了我们对电磁场**物质性**的认识. 以后我们还将讨论电磁场的物质属性,逐步丰富对电磁场物质性的认识.

1.3.3　洛伦兹力公式

麦克斯韦方程组反映了电荷激发场以及场内部运动的方面,至于场反过来对电荷体系的作用,在前面的讨论中已有所反映:静止电荷Q受到静电场作用力 $\boldsymbol{F}=Q\boldsymbol{E}$,恒定电流元 $\boldsymbol{J}\mathrm{d}V$ 受到磁场作用力 $\mathrm{d}\boldsymbol{F}=\boldsymbol{J}\times\boldsymbol{B}\mathrm{d}V$. 这些只是局部的零碎的. 若电荷为连续分布,其密度为 ρ,电流密度为 $\boldsymbol{J}$,则电荷、电流系统单位体积所受电磁场的**力密度** $\boldsymbol{f}$ 为

$$\boldsymbol{f} = \rho\boldsymbol{E} + \boldsymbol{J}\times\boldsymbol{B} \tag{1-3-17}$$

洛伦兹(Lorentz)把这结果推广为普遍情况下场对电荷系统的作用力,因此上式称为**洛伦兹力密度公式**. 对于带电粒子系统来说,若粒子电荷为 e,速度为 $\boldsymbol{v}$,则 $\boldsymbol{J}$ 等于单位体积内 $e\boldsymbol{v}$ 之和. 把电磁作用力公式应用到一个粒子上,得到一个带电粒子所受电磁场的作用力为

$$\boldsymbol{F} = e\boldsymbol{E} + e\boldsymbol{v}\times\boldsymbol{B} \tag{1-3-18}$$

这公式称为**洛伦兹力公式**. 洛伦兹假设这公式适用于任意运动的带电粒子. 近代物理学实践证实了洛伦兹公式对任意运动速度的带电粒子都是适用的. 现代带电粒子加速器、电子光学设备等都是以麦克斯韦方程组和洛伦兹力公式作为设计的理论基础的. 电荷守恒定律、麦克斯韦方程组和洛伦兹力公式,称为**经典电动力学**的三个基本定律,它们与牛顿第二定律一起,成为描述电荷系统与电磁场运动的基本方程.

1.4　介质的电磁性质　介质中的麦克斯韦方程组

前面几节研究的是真空中电磁场的运动规律，当空间存在介质时，则情形大不一样. 介质可看成是电子和核分布在真空中的电荷、电流系统，当没有外场存在时，由于分子的无规热运动，介质中不会出现宏观的电荷、电流分布；当存在外场时，介质将发生极化和磁化，介质中就会出现宏观的电荷、电流分布. 同时，这些电荷、电流分布又反过来激发附加的电磁场而叠加在原有的电磁场上.

本节依次讨论介质的极化和磁化、介质中的麦克斯韦方程组和介质的电磁性质方程.

1.4.1　电介质的极化

这里首先研究**电介质**，即**绝缘体**的情况.

为了了解介质**极化**的原因和极化的规律，就必须从介质的微观结构入手. 电介质是由许多电中性的原子或分子组成的. 自然界中组成电介质的分子按电性质分有两种类型：一种是**电偶极矩** $\boldsymbol{p}=0$ 的分子，这类分子称为**无极分子**；另一种是电偶极矩 $\boldsymbol{p}\neq 0$ 的分子，它们被称为**有极分子**. 为了便于理解，可以设想每个分子中，正、负电荷分别有自己的"中心"，$\boldsymbol{p}$ 这个量正表示了这两个"中心"分离所产生的电偶极矩. 这里应该说明的是，所谓电荷分布和其"中心"都是对时间的一种平均.

两个氢原子组成的氢分子，其每个分子的负电荷对称地分布在正电荷周围，电偶极矩为零，属于无极分子. 此外，O_2、N_2、CH_4 等气体的分子也是无极分子. 当有外电场作用时，无极分子中正、负电荷的中心发生相对位移，产生了电偶极矩，见图 1.4.1(a). 这引起两个后果：

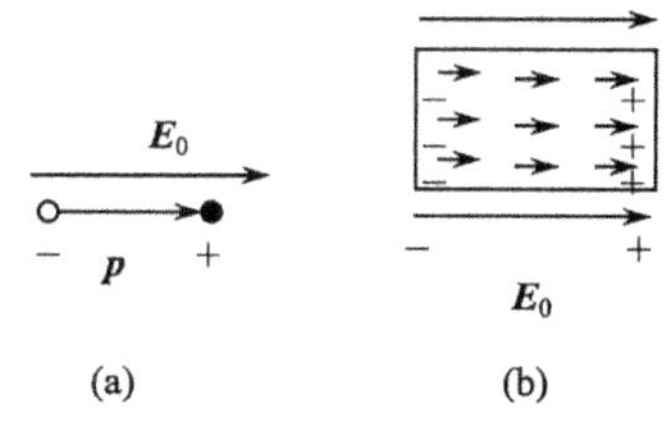

图 1.4.1

(1) 每个分子的偶极矩都尽量沿着外电场的方向，结果在和外电场垂直的电介质的两个表面上，分别出现了未被抵消的正、负电荷(图 1.4.1(b))，这就是**极化电荷**. 它与导体中的自由电荷不一样. 它既不能离开电介质而转移到其他物体上去，又不能在电介质内自由运动，它是**束缚电荷**微观运动的宏观结果.

(2) 该极化电荷在电介质中产生的电场对外场起抵消作用，使介质中实际电场减弱. 无极分子的极化又称为**位移极化**.

另一类有极分子，例如 H_2O，NH_3，CH_3OH 等的分子，由于它们的分子内部结构上的特点，其分子内正、负电荷中心不重合，具有电偶极矩. 在无外场时，由于分子不规则的热运动，分子的电矩的方向是混乱的，如图 1.4.2(a)所示，电介质中所有分子的电矩平均来看相消，即 $\sum \boldsymbol{p}_{分子}=0$ ，不产生电场. 如果加上外电场 $\boldsymbol{E}_0$，则每个分子的电矩都受到力矩作用，如图 1.4.2(b)所示，电矩方向有转向外电场 $\boldsymbol{E}_0$ 方向的趋势，导致 $\sum \boldsymbol{p}_{分子}\neq 0$ ，见图 1.4.2(c). 当外场 $\boldsymbol{E}_0$ 越强，分子偶极矩排列得就越整齐，其结果与无极分子极化结果相同：极化形成的等效偶极子对外产生电场，与外电场垂直的电介质表面上出现极化电荷. 这种有极分子的极化又称为**取向极化**. 应该指出，有极分子在出现取向极化的同时，也存在位移极化，只是取向极化的效应比位移极化强得多，约大一个数量级. 所以，对有极分子的电介质一般只考虑取向极化.

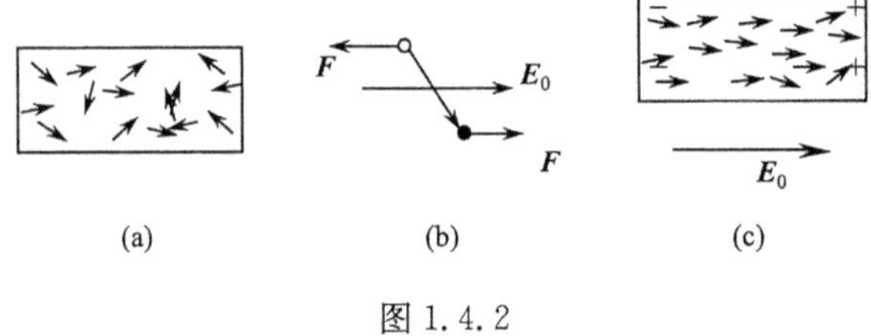

图 1.4.2

1. 极化强度

如何定量地描述电介质内的极化情况呢？事实上，电介质极化的实质是，在其内部任意一宏观体积元 ΔV 内，$\sum \boldsymbol{p}_{分子}\neq 0$. 于是，我们引入一个矢量 $\boldsymbol{P}$，定义为单位体积内分子的电偶极矩的矢量和，即

$$\boldsymbol{P}=\lim_{\Delta V\to 0}\frac{\sum \boldsymbol{p}_{分子}}{\Delta V} \tag{1-4-1}$$

用来表述电介质极化的方向和强弱的程度，$\boldsymbol{P}$ 称为**极化强度**.

如果电介质中，处处 $\boldsymbol{P}$ 都相同，则说介质为均匀极化，否则为非均匀极化. 极化的宏观表现是产生极化电荷，而极化电荷的出现会削弱外场. 下面分两步来研究这种电场和电介质之间的相互作用.

2. 极化电荷

为了讨论简便，我们研究位移极化的情况. 设在外场中，每个分子由于极化形成分子电偶极矩 $\boldsymbol{p}_{分子}=q\boldsymbol{l}$(此处的 $\boldsymbol{p}_{分子}$ 显然具有平均的意义)，每单位体积内分子的数目为 n(数密度). 则根据定义式(1-4-1) 有 $\boldsymbol{P}=n\boldsymbol{p}_{分子}=nq\boldsymbol{l}$. 现在进一步分析，由于介质极化，在介质内部以闭合曲面 S 为边界的体积 V 中究竟有多少**极化电荷**. 显然，由图 1.4.3 可见，正、负电荷的中心全部处于 S 内或 S 外的分子对 V 中的净极化电荷没有贡献，只有那些正、负电荷中心分居 S 面两侧，即横跨 S

面的分子才有贡献. 考虑 S 上的面元 $\mathrm{d}S$，该处的极化强度 $\boldsymbol{P}$ 和面元外法向单位矢量 $\boldsymbol{n}$ 的夹角为 θ. 每个横跨 $\mathrm{d}S$ 的分子电偶极子将在 V 中贡献极化电荷 $-q$. 这些负电荷处于底面积为 $\mathrm{d}S$、长度为 l 的斜柱体中，如图 1.4.4 所示，该斜柱体的体积为 $l\mathrm{d}S\cos\theta$，由图可见，这些分子的中心(用三角形表示)均处于图中用点表示的斜柱体之中，这个斜柱体的体积也为 $l\mathrm{d}S\cos\theta$，我们认为上述分子就处于该斜柱体之中，总分子数为 $n\cdot l\mathrm{d}S\cos\theta$. 因此，它们在体积 V 中贡献的极化电荷为 $-nql\mathrm{d}S\cos\theta=-\boldsymbol{P}\cdot\mathrm{d}\boldsymbol{S}$. 这样，横跨 S 的全部分子对 V 中极化电荷的总贡献应为

$$Q_{\mathrm{P}}=-\oint\!\!\!\oint_S \boldsymbol{P}\cdot\mathrm{d}\boldsymbol{S} \tag{1-4-2}$$

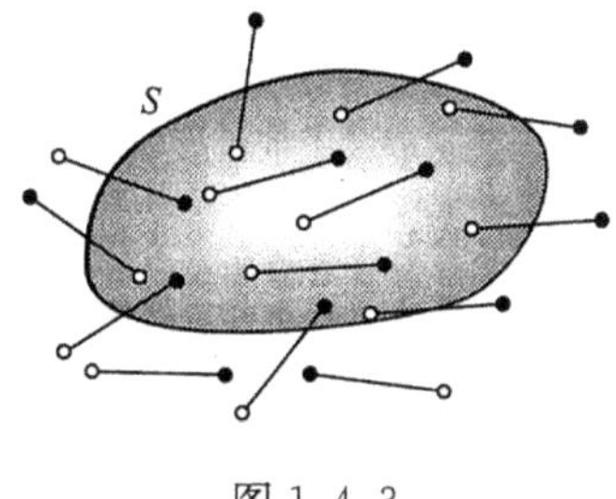

图 1.4.3

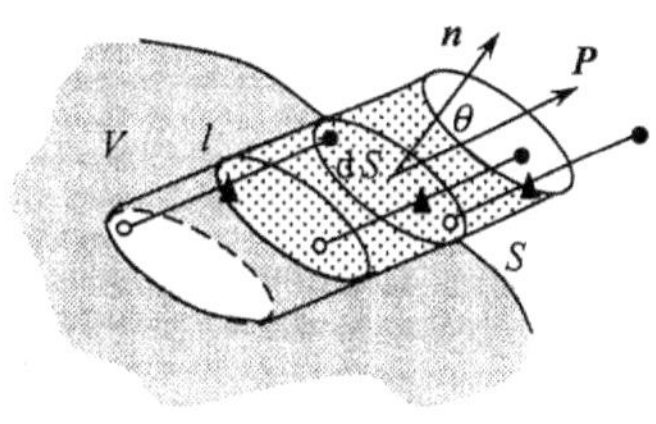

图 1.4.4

令 ρ_{P} 为上述 S 面所围体积 V 内的**极化电荷密度**，则有

$$Q_{\mathrm{P}}=\iiint_V \rho_{\mathrm{P}}\mathrm{d}V \tag{1-4-3}$$

由式(1-4-2)和式(1-4-3)得

$$-\oint\!\!\!\oint_S \boldsymbol{P}\cdot\mathrm{d}\boldsymbol{S}=\iiint_V \rho_{\mathrm{P}}\mathrm{d}V \tag{1-4-4}$$

利用数学中的高斯定理，式(1-4-4)变成

$$\iiint_V \nabla\cdot\boldsymbol{P}\mathrm{d}V=-\iiint_V \rho_{\mathrm{P}}\mathrm{d}V \tag{1-4-5}$$

对电介质内任意闭合曲面 S 及所围的体积 V，式(1-4-5)都成立，所以，

$$\rho_{\mathrm{P}}=-\nabla\cdot\boldsymbol{P} \tag{1-4-6}$$

式(1-4-4)是 $\boldsymbol{P}$ 与极化体电荷的积分关系，而式(1-4-6)是其微分关系. 由式(1-4-6)可知，对于均匀极化介质，$\boldsymbol{P}=$恒量，定有 $\rho_{\mathrm{P}}=0$. 这说明均匀极化的电介质体内无极化体电荷，极化体电荷的出现是与介质极化的非均匀性相关联的.

作为非均匀极化的极端情况是两种电介质界面的情况，在界面上会出现极化面电荷. 在介质 1 和介质 2 的分界面上取一面元 ΔS，过 ΔS 作一扁盒状的高斯面，其两底分别位于界面两侧并与界面平行，如图 1.4.5 所示. 图中 $\boldsymbol{n}$ 为面元 ΔS 的单位法向矢量，由介质 1 指向介质 2；$\boldsymbol{P}_1$ 和 $\boldsymbol{P}_2$ 分别表示介质1、2中的极化强度矢量.

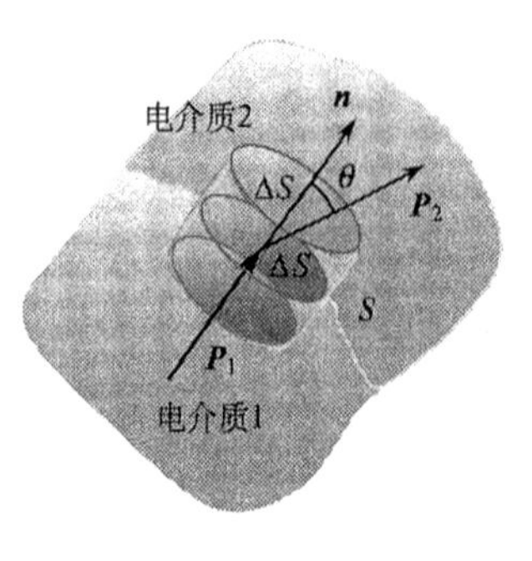

图 1.4.5

对上述高斯面应用式 (1-4-2)，令扁盒的厚度趋于零，可得

$$\sigma_P \Delta S = -(\boldsymbol{P}_2 - \boldsymbol{P}_1) \cdot \boldsymbol{n} \Delta S$$

式中 σ_P 为 ΔS 处的**极化电荷面密度**. 因此，

$$\sigma_P = -(\boldsymbol{P}_2 - \boldsymbol{P}_1) \cdot \boldsymbol{n} \qquad (1\text{-}4\text{-}7)$$

这就是电介质界面上的极化面电荷密度与界面两侧极化强度的关系. 特别当 $\boldsymbol{P}_1 = \boldsymbol{P}, \boldsymbol{P}_2 = 0$ (即电介质 2 为真空)时，由式(2-4-7)，得

$$\sigma_P = \boldsymbol{P} \cdot \boldsymbol{n} = P_n \qquad (1\text{-}4\text{-}8)$$

上式表示处于真空中的电介质表面的极化电荷面密度与介质极化强度的关系.

3. 电介质的极化规律

电介质内任一点的 $\boldsymbol{P}$ 是由在该点的总电场 $\boldsymbol{E} = \boldsymbol{E}_0 + \boldsymbol{E}'$ 决定的，$\boldsymbol{P}$ 与 $\boldsymbol{E}$ 的关系就是极化规律. 不同的电介质，极化规律不同，可由实验来测定. 对于一般各向同性线性介质，体内 $\boldsymbol{P}$ 与 $\boldsymbol{E}$ 正方向相同，并且有简单的正比关系

$$\boldsymbol{P} = \chi_e \varepsilon_0 \boldsymbol{E} \qquad (1\text{-}4\text{-}9)$$

式中比例系数 χ_e 叫做**电极化率**，由电介质的性质决定. 例如氢气、氧气、氮气、水、氨、液态苯等电介质都属于这种.

4. 电介质中的高斯定理

电介质的特点是在外场中会极化，于是出现极化电荷，从而产生附加电场 $\boldsymbol{E}'$. 由此可见，从静电学角度分析，介质的作用就是其极化电荷 σ_P、ρ_P的作用，这时，只见极化电荷，不见电介质. 这样，在真空中的高斯定理可以很容易推广到电介质中来. 令 ρ 为总电荷密度

$$\rho = \rho_f + \rho_P \qquad (1\text{-}4\text{-}10)$$

总电场强度为

$$\boldsymbol{E} = \boldsymbol{E}_0 + \boldsymbol{E}' \qquad (1\text{-}4\text{-}11)$$

则介质中的高斯定理为

$$\oint\!\!\!\oint_S \boldsymbol{E} \cdot d\boldsymbol{S} = \frac{1}{\varepsilon_0} \iiint_V (\rho_f + \rho_P) dV \qquad (1\text{-}4\text{-}12)$$

其微分表达式为

$$\nabla \cdot \boldsymbol{E} = \frac{1}{\varepsilon_0} \rho = \frac{1}{\varepsilon_0} (\rho_f + \rho_P) \qquad (1\text{-}4\text{-}13)$$

将式(1-4-4)代入式(1-4-12)可得

$$\oiint_S \boldsymbol{E} \cdot \mathrm{d}\boldsymbol{S} = \frac{1}{\varepsilon_0}\iiint_V \rho_\mathrm{f} \mathrm{d}V - \frac{1}{\varepsilon_0}\oiint_S \boldsymbol{P} \cdot \mathrm{d}\boldsymbol{S}$$

经整理得

$$\oiint_S (\varepsilon_0 \boldsymbol{E} + \boldsymbol{P}) \cdot \mathrm{d}\boldsymbol{S} = \iiint_V \rho_\mathrm{f} \mathrm{d}V \tag{1-4-14}$$

引入**辅助矢量**

$$\boldsymbol{D} \equiv \varepsilon_0 \boldsymbol{E} + \boldsymbol{P} \tag{1-4-15}$$

称 $\boldsymbol{D}$ 为**电位移矢量**. 于是式(1-4-14)可写成

$$\oiint_S \boldsymbol{D} \cdot \mathrm{d}\boldsymbol{S} = \iiint_V \rho_\mathrm{f} \mathrm{d}V = Q_\mathrm{f} \tag{1-4-16}$$

上式就是电介质中的高斯定理,注意式中不显含极化电荷. 式(1-4-16)的微分形式为

$$\nabla \cdot \boldsymbol{D} = \rho_\mathrm{f} \tag{1-4-17}$$

对各向同性介质,式(1-4-9)成立,将它代入式(1-4-15)得

$$\boldsymbol{D} = \varepsilon_\mathrm{r} \varepsilon_0 \boldsymbol{E} = \varepsilon \boldsymbol{E} \tag{1-4-18}$$

式中

$$\varepsilon = \varepsilon_\mathrm{r} \varepsilon_0$$

称为**介电常量**或**电容率**.

注意,真正描写电场的物理量仍是 $\boldsymbol{E}$,不是 $\boldsymbol{D}$. 从式(1-4-16)和式(1-4-17)可见,引进辅助量 $\boldsymbol{D}$ 的好处是,$\boldsymbol{D}$ 只由自由电荷 ρ_f 决定,绕过了考虑极化电荷的复杂问题. 算出了 $\boldsymbol{D}$,接着利用式(1-4-18)和(1-4-15)解出 $\boldsymbol{E}$ 和 $\boldsymbol{P}$. 而有了 $\boldsymbol{P}$ 可进一步计算极化电荷的分布.

1.4.2 磁介质的磁化

能够在磁场中磁化的物质称为**磁介质**. 按照经典的看法,介质原子内部的电子绕原子核沿圆或椭圆的轨道运动,由于电子带电,电子的轨道运动犹如一闭合的圆电流,因而具有一定的磁矩,因而由原子组成的分子就有一个等效的磁矩 $\boldsymbol{m}_{分子}$. 由于分子电流取向的无规性,无外磁场时一般不出现宏观电流;有外磁场作用时,分子电流出现有规则取向,形成宏观电流密度 $\boldsymbol{J}_\mathrm{M}$. 正是由于分子、原子内的微观带电粒子的运动而形成分子电流,因此,磁铁具有磁性的根源是电流的磁效应. 这称为安培假说. 根据这一假说,很容易解释一块磁铁的两个磁极 N 和 S 为什么总是无法分离的原因. 因为每个微观小磁体的两个磁极对应于同一个分子电流所围平面的正反两面,显然同一平面的正反两面哪能单独分离呢?

1. 磁化强度

根据**安培分子电流假说**，已磁化物质的磁性来源于物质内部有规则排列的**分子电流**，用 $\sum \boldsymbol{m}_{分子}$ 表示体积元 ΔV 中所有分子磁矩的矢量和，则定义

$$\boldsymbol{M} = \lim_{\Delta V \to 0} \frac{\sum \boldsymbol{m}_{分子}}{\Delta V} \tag{1-4-19}$$

为**磁化强度**. 磁化强度为矢量，其方向代表磁化的方向，其大小代表磁化的程度. 在非磁化状态下，或分子固有磁矩为零，或分子磁矩的取向杂乱无章，以至 $\sum \boldsymbol{m}_{分子} = 0$. 于是，$\boldsymbol{M}=0$ 表示磁介质处于非磁化态. 在磁化状态下，$\boldsymbol{M}$ 代表单位体积的宏观磁矩，其值越大，与外磁场的相互作用也就越强，相应物质的磁性越强.

2. 磁化电流

在磁化状态下，由于分子电流的有序排列，磁介质中将出现宏观电流，称为**磁化电流**. 磁化电流的产生不伴随电荷的宏观位移，故磁化电流又称为束缚电流. 相反，凡伴随电荷的宏观位移的电流称为传导电流，例如载流导体中的电流.

既然磁化电流的出现是物质磁化的结果，它和磁化强度之间应该存在一定关系. 为分析这种关系，我们引入分子平均磁矩 $\boldsymbol{m}_a$，其定义如下

$$\boldsymbol{m}_a = \frac{\sum \boldsymbol{m}_{分子}}{n \Delta V} \tag{1-4-20}$$

式中 n 为分子数密度. 这样，式(1-4-19)变成

$$\boldsymbol{M} = n\,\boldsymbol{m}_a \tag{1-4-21}$$

进一步设 $\boldsymbol{m}_a$ 由一等效分子电流所产生，其电流强度为 I_a，面积矢量为 $\boldsymbol{S}_a$，则

$$\boldsymbol{m}_a = I_a \boldsymbol{S}_a \tag{1-4-22}$$

在以下分析中，我们假定 ΔV 中全部分子具有同一磁矩 $\boldsymbol{m}_a$.

考虑磁介质中任一闭合回路 L 和以它为周线的曲面 S，通过 S 的总磁化电流设为 $\sum I_{\mathrm{m}}$，其正向与回路 L 的绕行方向满足右手定则[图 1.4.6(a)]. 显然，只有那些从 S 内穿过并在 S 外闭合的分子电流才对 $\sum I_{\mathrm{m}}$ 有净贡献，即与 S 的边线 L 有环链关系的分子电流，才对 $\sum I_{\mathrm{m}}$ 有净贡献. 其他分子电流，或者来回穿过 S，或者根本不与 S 相交，对 $\sum I_{\mathrm{m}}$ 的净贡献为零. 考虑 L 上一段弧元 $\mathrm{d}\boldsymbol{l}$，其方向沿回路绕行方向，如图 1.4.6(b). 设在 $\mathrm{d}\boldsymbol{l}$ 处磁化强度 $\boldsymbol{M}$ 与 $\mathrm{d}\boldsymbol{l}$ 的夹角为 θ. 不难看出，对 $\sum I_{\mathrm{m}}$ 有贡献的分子的中心应位于以 $\mathrm{d}\boldsymbol{l}$ 为轴、$S_a\cos\theta$ 为底、$\mathrm{d}\boldsymbol{l}$ 为高的圆柱体中，其总数为$nS_a\cos\theta\mathrm{d}\boldsymbol{l}$，对 $\sum I_{\mathrm{m}}$ 的贡献为

$$I_a n S_a \cos\theta \mathrm{d}\boldsymbol{l} = n\,\boldsymbol{m}_a \cdot \mathrm{d}\boldsymbol{l} = \boldsymbol{M} \cdot \mathrm{d}\boldsymbol{l}$$

将上式沿 L 积分,得穿过曲面 S 的总磁化电流

$$\sum I_{\mathrm{m}} = \oint_L \boldsymbol{M} \cdot \mathrm{d}\boldsymbol{l} \tag{1-4-23}$$

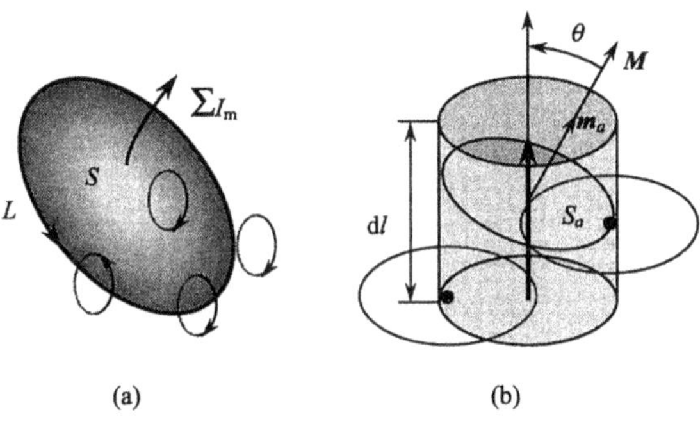

图 1.4.6

此式反映了磁介质中磁化电流和磁化强度的积分关系. 令 $\boldsymbol{J}_{\mathrm{M}}$ 是磁化电流体密度,则

$$\sum I_{\mathrm{m}} = \iint_S \boldsymbol{J}_{\mathrm{M}} \cdot \mathrm{d}\boldsymbol{S} \tag{1-4-24}$$

式中 S 是回路 L 所围曲面,利用斯托克斯定理

$$\oint_L \boldsymbol{M} \cdot \mathrm{d}\boldsymbol{l} = \iint_S (\nabla \times \boldsymbol{M}) \cdot \mathrm{d}\boldsymbol{S} \tag{1-4-25}$$

由于 S 是磁介质内的任意曲面,所以根据式(1-4-25)和(1-4-24)有

$$\boldsymbol{J}_{\mathrm{M}} = \nabla \times \boldsymbol{M} \tag{1-4-26}$$

此式反映了磁介质中磁化电流和磁化强度的微分关系.

如果介质均匀磁化,即 $\boldsymbol{M}$=常矢量,则

$$\boldsymbol{J}_{\mathrm{M}} = \nabla \times \boldsymbol{M} = 0$$

即均匀磁化介质内,磁化电流为零. 因此磁化电流应出现在介质非均匀磁化的地方,自然在介质的分界面上应有磁化面电流. 下面分析它与磁化强度之间的关系.

磁化电流和磁化强度的积分关系不仅对介质内部的回路成立,而且对跨过介质界面的回路也成立. 考虑介质表面上任一面元,设其内侧磁化强度为 $\boldsymbol{M}$;外侧为真空,磁化强度为零. 取直角坐标系 $Oxyz$,使 yOz 平面与所考虑的面元相切,x 轴指向面元外法线方向[图 1.4.7(a)]. 如图 1.4.7(b)所示,在 xOz 平面内作一矩形回路 $abcd$,使之横跨 z 轴, $\overline{ab}$边位于介质内, $\overline{cd}$边位于介质外,并规定其绕行方向与 y 轴方向满足右手定则. 取$\overline{ad} \ll \overline{ab}$,则由式(1-4-23)有

$$\oint_L \boldsymbol{M} \cdot \mathrm{d}\boldsymbol{l} = \int_a^b \boldsymbol{M} \cdot \mathrm{d}\boldsymbol{l} + \int_b^c \boldsymbol{M} \cdot \mathrm{d}\boldsymbol{l} + \int_c^d \boldsymbol{M} \cdot \mathrm{d}\boldsymbol{l} + \int_d^a \boldsymbol{M} \cdot \mathrm{d}\boldsymbol{l}$$

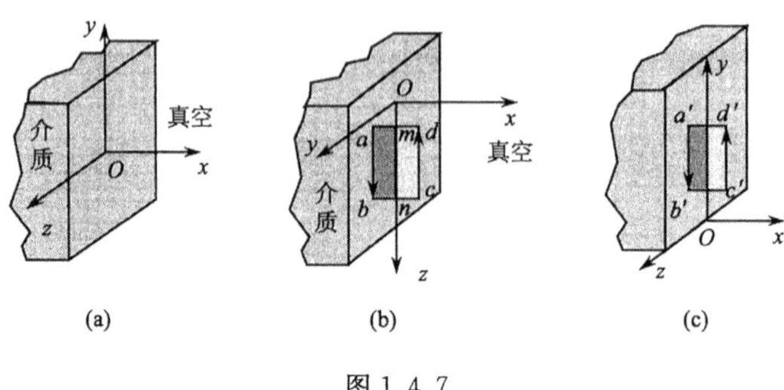

图 1.4.7

其中 $\int_a^b \boldsymbol{M}\cdot\mathrm{d}\boldsymbol{l}=M_z\overline{ab}$，$\overline{cd}$ 边在真空中，真空中的 $\boldsymbol{M}=0$，因而 $\int_c^d \boldsymbol{M}\cdot\mathrm{d}\boldsymbol{l}=0$，又 $\overline{bc}=\overline{da}\ll\overline{ab}$，于是 $\overline{bc}$ 边和 $\overline{da}$ 边上的积分 $\int_b^c \boldsymbol{M}\cdot\mathrm{d}\boldsymbol{l}$ 和 $\int_d^a \boldsymbol{M}\cdot\mathrm{d}\boldsymbol{l}$ 可忽略，故 $\oint_L \boldsymbol{M}\cdot\mathrm{d}\boldsymbol{l}=M_z\overline{ab}$；另外，$\sum I_\mathrm{m}=\iint_{S'}\boldsymbol{J}_\mathrm{M}\cdot\mathrm{d}\boldsymbol{S}'$，$S'$ 为回路 $abcd$ 所围成的面积. 当 $\overline{ab}$ 边和 $\overline{cd}$ 边靠近 z 轴时，体电流密度 $\boldsymbol{J}_\mathrm{M}$ 应变为面电流密度 $\boldsymbol{i}_\mathrm{m}$；在 $\mathrm{d}\boldsymbol{S}'$ 上的面积分应变为沿在 z 轴的线段 $\overline{mn}$ 上的线积分. 由于 $\mathrm{d}\boldsymbol{S}'$ 的方向沿 y 轴，积分 $\iint_{S'}J_\mathrm{M}\cdot\mathrm{d}\boldsymbol{S}'$ 应等于面电流密度 $\boldsymbol{i}_\mathrm{m}$ 的 y 分量在 $\overline{mn}$ 上的积分：$i_\mathrm{my}\overline{\mathrm{m}n}=i_\mathrm{my}\overline{ab}$. 于是由上述两方面的讨论，有

$$M_z\overline{ab}=i_\mathrm{my}\overline{ab},\quad 即\ i_\mathrm{my}=M_z$$

进一步如图 1.4.7c 所示，在 xOy 平面内作一矩形回路 $a'b'c'd'$，使之横跨 y 轴，$\overline{a'b'}$ 边位于介质内，$\overline{c'b'}$ 边位于介质外，且规定其绕行方向与 z 轴方向满足右手定则. 取 $\overline{a'd'}\ll\overline{a'b'}$，则由式(1-4-23)有

$$-M_y\overline{a'b'}=i_\mathrm{mz}\overline{a'b'},\quad 即\ i_\mathrm{mz}=-M_y$$

上述磁化面电流和表面磁化强度之间的分量关系可归纳为如下矢量关系：

$$\boldsymbol{i}_\mathrm{m}=\boldsymbol{M}\times\boldsymbol{n}\tag{1-4-27}$$

式中 $\boldsymbol{n}$ 为介质表面外法向单位矢量，即图 1-4-7 中沿 x 轴的单位矢量.

3. 介质中的安培环路定理

如果已知磁介质的磁化强度分布，由式(1-4-23)和(1-4-27)就可以确定介质内和介质表面的磁化电流分布. 设由传导电流和磁化电流产生的磁感应强度分别为 $\boldsymbol{B}_0$ 和 $\boldsymbol{B}'$，则总磁感应强度为二者之和

$$\boldsymbol{B}=\boldsymbol{B}_0+\boldsymbol{B}'\tag{1-4-28}$$

无论 $\boldsymbol{B}_0$ 还是 $\boldsymbol{B}'$，都由真空中的毕奥-萨伐尔定律所决定，好像磁介质不存在一样，

这时,磁介质的作用就体现在 $\boldsymbol{B}'$ 上,故而不应再考虑磁介质的作用.磁介质的全部作用在于提供磁化电流作为附加场源.显然,总磁感强度理应满足真空中静磁场的高斯定理和安培环路定理

$$\oiint_S \boldsymbol{B} \cdot \mathrm{d}\boldsymbol{S} = 0 \tag{1-4-29}$$

$$\oint_L \boldsymbol{B} \cdot \mathrm{d}\boldsymbol{l} = \mu_0 \sum I = \mu_0 \sum I_{\mathrm{f}} + \mu_0 \sum I_{\mathrm{m}} \tag{1-4-30}$$

只要已知传导电流 I_{f} 和磁化电流 I_{m} 分布,就可根据式(1-4-28)、(1-4-29)和(1-4-30)来决定磁介质内、外的静磁场.

磁介质在外磁场中会磁化,磁化后的介质又会改变空间的磁场分布,并反过来影响磁介质的磁化状态.这种相互牵制的关系使我们难以自洽地决定介质的磁化强度或磁化电流的分布.对于磁介质中的静磁场,也可以通过引入一个辅助矢量来消除安培环路定理(1-4-30)中出现的磁化电流.由式(1-4-23)和(1-4-30)有

$$\oint_L \left(\frac{\boldsymbol{B}}{\mu_0} - \boldsymbol{M}\right) \cdot \mathrm{d}\boldsymbol{l} = \sum I_{\mathrm{f}}$$

引入辅助矢量 $\boldsymbol{H}$,令

$$\boldsymbol{H} \equiv \frac{\boldsymbol{B}}{\mu_0} - \boldsymbol{M} \tag{1-4-31}$$

则上式成为

$$\oint_L \boldsymbol{H} \cdot \mathrm{d}\boldsymbol{l} = \sum I_{\mathrm{f}} \tag{1-4-32}$$

$\boldsymbol{H}$ 称为**磁场强度**.

不过,式(1-4-29)和(1-4-32)涉及两个物理量 $\boldsymbol{B}$ 和 $\boldsymbol{H}$,还必须讨论 $\boldsymbol{B}$ 和 $\boldsymbol{H}$ 之间的关系.下面我们来分析这一关系,这就是磁介质的磁化规律.

4. 介质的磁化规律

在电磁学中,$\boldsymbol{M}$ 和 $\boldsymbol{B}$ 的关系通过实验决定.实验表明,对非铁磁性各向同性磁介质,$\boldsymbol{M}$ 和 $\boldsymbol{B}$ 之间满足线性关系.由于历史的原因,人们常用 $\boldsymbol{M}$ 和 $\boldsymbol{H}$ (而不是 $\boldsymbol{M}$ 和 $\boldsymbol{B}$)之间的线性关系来表述介质的磁化规律,实验表明

$$\boldsymbol{M} = \chi_{\mathrm{m}} \boldsymbol{H} \tag{1-4-33}$$

将上式代入式(1-4-31)求得磁介质的性能方程

$$\boldsymbol{B} = \mu_{\mathrm{r}} \mu_0 \boldsymbol{H} = \mu \boldsymbol{H} \tag{1-4-34}$$

式中

$$\mu_{\mathrm{r}} = 1 + \chi_{\mathrm{m}} \tag{1-4-35}$$

χ_{m} 称为**磁化率**,μ_{r} 称为相对磁导率,而 $\mu = \mu_{\mathrm{r}} \mu_0$ 称为**磁导率**.

1.4.3 介质中的麦克斯韦方程组

到此为止,我们已经知道产生势场的只有自由电荷和极化电荷,这体现在方程 $\nabla \cdot \boldsymbol{D}=\rho_{\mathrm{f}}$ 之中;那么产生磁场的电流除了传导电流 $\boldsymbol{J}_{\mathrm{f}}$、磁化电流 $\boldsymbol{J}_{\mathrm{M}}$ 和位移电流 $\boldsymbol{J}_{\mathrm{D}}$ 之外,还有没有其他电流呢?显然,当极化随时间变化时,束缚电荷必定有宏观的定向运动,相应的等效电流称为极化诱导电流,用 $\boldsymbol{J}_{\mathrm{P}}$ 表示.从极化电荷的守恒性有

$$\nabla \cdot \boldsymbol{J}_{\mathrm{P}} = -\frac{\partial \rho_{\mathrm{P}}}{\partial t} \tag{1-4-36}$$

与式(1-4-6)比较,可得

$$\boldsymbol{J}_{\mathrm{P}} = \frac{\partial \boldsymbol{P}}{\partial t} \tag{1-4-37}$$

这样,由式(1-4-26)和式(1-4-37),真空中的麦克斯韦方程(1-3-13)和(1-3-16)相应地应修改为

$$\nabla \cdot \boldsymbol{E} = \frac{1}{\varepsilon_0}(\rho_{\mathrm{f}} + \rho_{\mathrm{P}}) = \frac{\rho_{\mathrm{f}}}{\varepsilon_0} - \frac{1}{\varepsilon_0}\nabla \cdot \boldsymbol{P} \tag{1-4-38}$$

$$\begin{aligned}\nabla \times \boldsymbol{B} &= \mu_0(\boldsymbol{J}_{\mathrm{f}} + \boldsymbol{J}_{\mathrm{M}} + \boldsymbol{J}_{\mathrm{P}}) + \varepsilon_0\mu_0\frac{\partial \boldsymbol{E}}{\partial t} \\ &= \mu_0\boldsymbol{J}_{\mathrm{f}} + \mu_0\nabla \times \boldsymbol{M} + \mu_0\frac{\partial \boldsymbol{P}}{\partial t} + \varepsilon_0\mu_0\frac{\partial \boldsymbol{E}}{\partial t}\end{aligned} \tag{1-4-39}$$

考虑到式(1-4-15)和式(1-4-31),式(1-4-38)和式(1-4-39)可改写成

$$\nabla \cdot \boldsymbol{D} = \rho_{\mathrm{f}}$$

$$\nabla \times \boldsymbol{H} = \boldsymbol{J}_{\mathrm{f}} + \frac{\partial \boldsymbol{D}}{\partial t}$$

于是,介质中的麦克斯韦方程组为

$$\begin{aligned}&\nabla \times \boldsymbol{E} = -\frac{\partial \boldsymbol{B}}{\partial t} \\ &\nabla \times \boldsymbol{H} = \boldsymbol{J}_{\mathrm{f}} + \frac{\partial \boldsymbol{D}}{\partial t} \\ &\nabla \cdot \boldsymbol{D} = \rho_{\mathrm{f}} \\ &\nabla \cdot \boldsymbol{B} = 0\end{aligned} \tag{1-4-40}$$

其中第二和第三式已在上面讨论过.至于第一和第四式,它们本来就是电磁场内部的规律,两式中只出现总电场和总磁场,与电荷电流没有直接关系,因此在介质中仍然成立.

解实际问题时，除了这组基本方程外，还必须引入关于**介质电磁性质方程**，这就是前面曾经讨论过的如下实验关系

$$\boldsymbol{D}=\varepsilon\boldsymbol{E} \tag{1-4-41}$$

$$\boldsymbol{B}=\mu\boldsymbol{H} \tag{1-4-42}$$

在导电物质中还有**欧姆定律**

$$\boldsymbol{J}_{\mathrm{f}}=\sigma\boldsymbol{E} \tag{1-4-43}$$

这些方程反映了介质的宏观电磁性质.

1.5　电磁场边值关系

在两介质分界面上，由于一般会出现面电荷和面电流分布，这使得电磁场量在界面两侧发生跃变，微分形式的麦克斯韦方程组不再适用. 因此，在介质分界面上，我们要利用麦克斯韦方程组的积分形式找出介质分界面两侧场量与界面上电荷、电流之间的关系.

如图 1.5.1 所示的介质与真空分界的情形，在外场 $\boldsymbol{E}_0$ 作用下，介质界面上产生面束缚电荷，这些束缚电荷本身激发的电场 $\boldsymbol{E}'$ 在介质内与 $\boldsymbol{E}_0$ 反向，在真空中与 $\boldsymbol{E}_0$ 同向. 在界面两边束缚电荷激发的场 $\boldsymbol{E}'$ 与外场 $\boldsymbol{E}_0$ 叠加后得到的总电场 $\boldsymbol{E}_1$ 和 $\boldsymbol{E}_2$ 在界面上发生跃变. 这使得麦克斯韦方程组的微分形式失去意义，必须利用麦克斯韦方程组的积分形式寻找介质分界面两侧场量与界面上电荷电流的关系，这称为“电磁场的**边值关系**”. 它们作为求解电磁场的定解条件，在解决实际问题时非常重要.

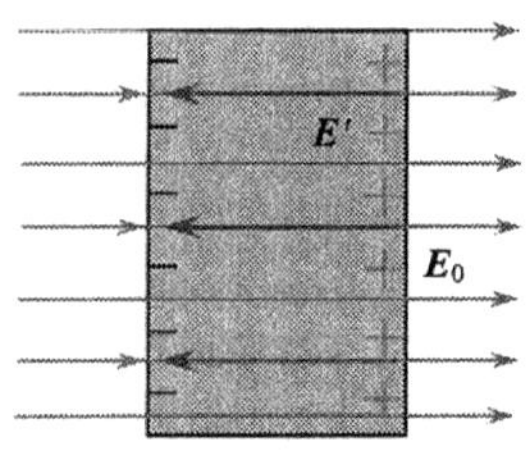

图 1.5.1

1.5.1　法向分量的跃变

我们先把总电场所满足的高斯定理

$$\varepsilon_0\oiint_S \boldsymbol{E}\cdot\mathrm{d}\boldsymbol{S}=Q_{\mathrm{f}}+Q_{\mathrm{P}} \tag{1-5-1}$$

应用到两介质边界上的一个扁平状柱体(图 1.5.2). 由于我们探求界面两侧场量的关系，柱体的厚度应该趋于零. 上式左边的面积分遍及柱体的上、下底面和侧面，Q_{f} 和 Q_{P} 分别为柱体内的总自由电荷和总束缚电荷，当柱体的厚度趋于零时，它们等于相应的电荷面密度 σ_{f} 和 σ_{P} 乘以底面积 ΔS，而侧面的积分趋于零，对上、下底面积分得 $(E_{2n}-E_{1n})\Delta S$. 由

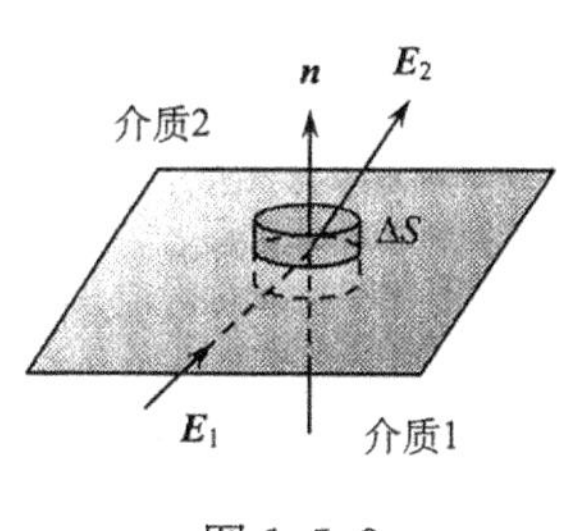

图 1.5.2

式(1-5-1)得

$$\varepsilon_0(E_{2n}-E_{1n})=\sigma_f+\sigma_P \tag{1-5-2}$$

由式(1-4-7)有

$$P_{2n}-P_{1n}=-\sigma_P \tag{1-5-3}$$

两式相加，利用 $D_{1n}=\varepsilon_0 E_{1n}+P_{1n}$，$D_{2n}=\varepsilon_0 E_{2n}+P_{2n}$，得

$$D_{2n}-D_{1n}=\sigma_f \tag{1-5-4}$$

由式(1-5-2)～(1-5-4)看出，极化矢量的跃变与束缚电荷面密度相关，D_n 的跃变与自由电荷面密度相关，E_n 的跃变与总电荷面密度相关.

由于在通常情形下只给出自由电荷，因此实际上主要应用到边值关系式(1-5-4)，即 D_n 的跃变式. D_n 的跃变式可以较简单地由麦克斯韦方程的积分形式直接得出. 把 $\oiint_S \boldsymbol{D}\cdot d\boldsymbol{S}=Q_f$ 直接用到图 1.5.2 的扁平状闭合曲面上，由于侧面的积分趋于零，得

$$(D_{2n}-D_{1n})\Delta S=\sigma_f\Delta S$$

由此立刻可得式(1-5-4).

对于磁场，把 $\oiint_S \boldsymbol{B}\cdot d\boldsymbol{S}=0$ 应用到上述边界上的扁平状曲面上，重复以上推导可以得到

$$B_{2n}=B_{1n} \tag{1-5-5}$$

1.5.2　切向分量的跃变

面电荷分布使界面两侧电场法向分量发生跃变. 下面我们将会知道面电流分布使界面两侧磁场切向分量发生跃变. 为此，先说明表面电流分布的概念.

表面电流分布的一个典型的例子是高频电流的趋肤效应. 根据所研究问题性质的不同，对这种电流分布可以有两种不同的描述方法：一种是对它作比较细致的描述，即把它作为体电流分布 $\boldsymbol{J}$ 而研究它如何在薄层内变化；另一种描述是对它作整体的描述，即不讨论它如何在薄层内分布，而把电流所在的薄层看作几何面，把薄层内流过的体电流看作集中在几何面上的**面电流**.

设想薄层的厚度趋于零，则通过电流的横截面变为横截线. 定义**电流线密度矢量** $\boldsymbol{\alpha}_f$，其大小等于垂直通过单位横截线的电流，即 $\alpha_f=\Delta I_f/\Delta l$，其方向即为该处电流的方向. 图 1.5.3 表示界面的一部分，其上有面电流，电流线密度为 $\boldsymbol{\alpha}_f$，Δl 为横截线. 根据 $\boldsymbol{\alpha}_f$ 的定义，垂直流过 Δl 段的电流为

$$I_f=\alpha_f\Delta l \tag{1-5-6}$$

在界面两侧取一狭长形回路 L，回路的两长边分别在两不同介质之中，长边 Δl 与 $\boldsymbol{\alpha}_f$ 正交，并且让面电流完全通过回路所围面积. 将方程 $\oint_L \boldsymbol{H}\cdot d\boldsymbol{l}=$

$I_f + \frac{d}{dt}\iint_S \boldsymbol{D} \cdot d\boldsymbol{S}$ 应用到狭长形回路 L 上，由于回路短边可看作趋于零，于是有

$$\oint_L \boldsymbol{H} \cdot d\boldsymbol{l} = (H_{2t} - H_{1t})\Delta l$$

另一方面，回路所围面积→0，而$\frac{\partial \boldsymbol{D}}{\partial t}$有限，因而$\frac{d}{dt}\iint_S \boldsymbol{D} \cdot d\boldsymbol{S} \to 0$. 将上式与式(1-5-6)一同考虑，得边界附近磁场切向分量所满足的表达式

$$(H_{2t} - H_{1t}) = \alpha_f \qquad (1\text{-}5\text{-}7)$$

式(1-5-7)也可用矢量式表示. 如图 1.5.4，在界面上过任一点 P 沿任意切线方向取一有向线段 $\Delta \boldsymbol{l}$，$\boldsymbol{t}$ 为 $\Delta \boldsymbol{l}$ 上的单位矢量，$\boldsymbol{n}$ 为过点 P 的界面法向单位矢量，由介质 1 指向介质 2. 引入单位矢量 $\boldsymbol{N}$，满足

$$\boldsymbol{N} = \boldsymbol{n} \times \boldsymbol{t} \qquad (1\text{-}5\text{-}8)$$

过 $\boldsymbol{n}$ 和 $\boldsymbol{t}$ 作一平面，与图 1.5.3 类似，在此平面上取一边长分别为 Δl 和 Δh 的狭长形回路($\Delta l \gg \Delta h$)，回路的两长边分别在介质 1 和介质 2 中.

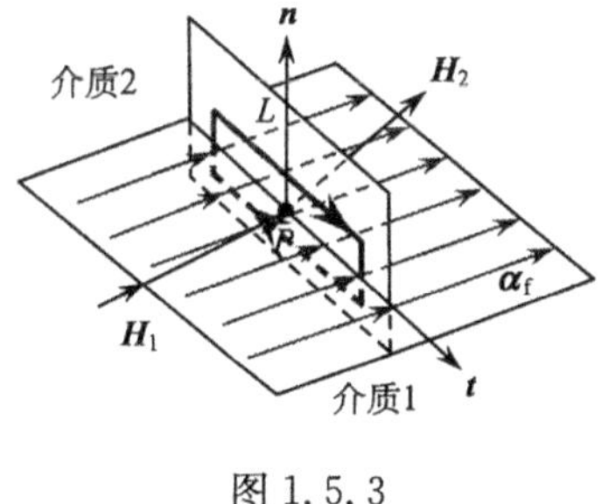

图 1.5.3

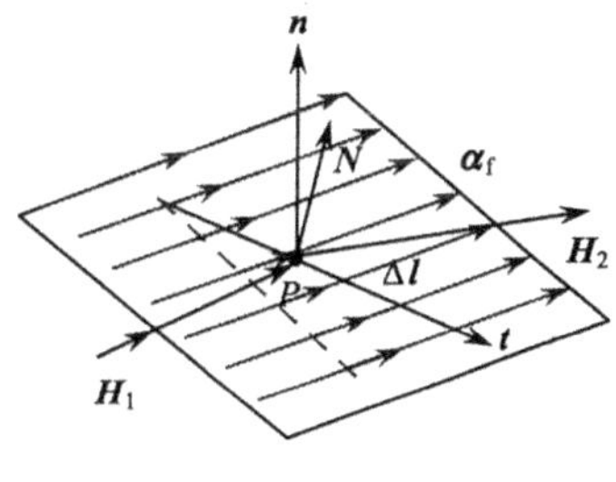

图 1.5.4

首先计算沿界面流过 $\Delta \boldsymbol{l}$ 的电流. 尽管 $\boldsymbol{\alpha}_f$ 与 $\boldsymbol{N}$ 共面，但不一定同向，故流过 $\Delta \boldsymbol{l}$ 的自由电流为

$$I_f = \boldsymbol{\alpha}_f \cdot \boldsymbol{N}\Delta l$$

利用式(1-5-8)，有

$$I_f = \boldsymbol{\alpha}_f \cdot \boldsymbol{N}\Delta l = \boldsymbol{\alpha}_f \cdot \boldsymbol{n} \times \boldsymbol{t}\Delta l = \boldsymbol{\alpha}_f \cdot \boldsymbol{n} \times \Delta \boldsymbol{l} = \boldsymbol{\alpha}_f \times \boldsymbol{n} \cdot \Delta \boldsymbol{l}$$

对狭长形回路用$\oint_L \boldsymbol{H} \cdot d\boldsymbol{l} = I_f + \frac{d}{dt}\iint_S \boldsymbol{D} \cdot d\boldsymbol{S}$ 得

$$\oint_L \boldsymbol{H} \cdot d\boldsymbol{l} = (\boldsymbol{H}_2 - \boldsymbol{H}_1) \cdot \Delta \boldsymbol{l} = I_f = \boldsymbol{\alpha}_f \times \boldsymbol{n} \cdot \Delta \boldsymbol{l}$$

由于 $\Delta \boldsymbol{l}$ 为界面上任一矢量，矢量 $\boldsymbol{\alpha}_f \times \boldsymbol{n}$ 亦在界面上，因此有

$$(\boldsymbol{H}_2 - \boldsymbol{H}_1)_{/\!/} = \boldsymbol{\alpha}_f \times \boldsymbol{n}$$

式中$/\!/$表示$(\boldsymbol{H}_2 - \boldsymbol{H}_1)$投射到界面上的矢量. 此式说明只有矢量$(\boldsymbol{H}_2 - \boldsymbol{H}_1)$在界面上的分量才与 $\boldsymbol{\alpha}_f \times \boldsymbol{n}$ 相等. 上式再用 $\boldsymbol{n}$ 矢乘，注意到 $\boldsymbol{n}$ 平行于$(\boldsymbol{H}_2 - \boldsymbol{H}_1)_\perp$，所以

$$\boldsymbol{n} \times (\boldsymbol{H}_2 - \boldsymbol{H}_1)_{/\!/} = \boldsymbol{n} \times (\boldsymbol{H}_2 - \boldsymbol{H}_1)_{/\!/} + \boldsymbol{n} \times (\boldsymbol{H}_2 - \boldsymbol{H}_1)_\perp = \boldsymbol{n} \times (\boldsymbol{H}_2 - \boldsymbol{H}_1)$$

而且在

$$\boldsymbol{n}\times(\boldsymbol{\alpha}_f\times\boldsymbol{n})=(\boldsymbol{n}\cdot\boldsymbol{n})\boldsymbol{\alpha}_f-(\boldsymbol{n}\cdot\boldsymbol{\alpha}_f)\boldsymbol{n}$$

中，$\boldsymbol{n}\cdot\boldsymbol{\alpha}_f=0$．于是得

$$\boldsymbol{n}\times(\boldsymbol{H}_2-\boldsymbol{H}_1)=\boldsymbol{\alpha}_f \tag{1-5-9}$$

这就是磁场切向分量的边值关系.

同理，由$\oint_L \boldsymbol{E}\cdot d\boldsymbol{l}=-\frac{d}{dt}\iint_S \boldsymbol{B}\cdot d\boldsymbol{S}$可得电场切向分量的边值关系

$$\boldsymbol{n}\times(\boldsymbol{E}_2-\boldsymbol{E}_1)=0 \tag{1-5-10}$$

此式表示界面两侧$\boldsymbol{E}$的切向分量连续.

总括我们得到的边值关系为

$$\begin{aligned}&\boldsymbol{n}\times(\boldsymbol{E}_2-\boldsymbol{E}_1)=0\\&\boldsymbol{n}\times(\boldsymbol{H}_2-\boldsymbol{H}_1)=\boldsymbol{\alpha}_f\\&\boldsymbol{n}\cdot(\boldsymbol{D}_2-\boldsymbol{D}_1)=\sigma_f\\&\boldsymbol{n}\cdot(\boldsymbol{B}_2-\boldsymbol{B}_1)=0\end{aligned} \tag{1-5-11}$$

边值关系表示界面两侧的场以及界面上电荷电流的制约关系，它们实质上是边界上的场方程. 由于实际问题中往往含有几种介质以及导体在内，因此，边值关系的具体应用对于解决实际问题是十分必要的.

1.5.3　边值关系的综合和推广

微分形式的方程	相应物理量的边值关系
$\nabla\times\boldsymbol{E}=-\frac{\partial\boldsymbol{B}}{\partial t}$	$\boldsymbol{n}\times(\boldsymbol{E}_2-\boldsymbol{E}_1)=0$
$\nabla\times\boldsymbol{H}=\boldsymbol{J}_f+\frac{\partial\boldsymbol{D}}{\partial t}$	$\boldsymbol{n}\times(\boldsymbol{H}_2-\boldsymbol{H}_1)=\boldsymbol{\alpha}_f$
$\nabla\times\boldsymbol{M}=\boldsymbol{J}_M$	$\boldsymbol{n}\times(\boldsymbol{M}_2-\boldsymbol{M}_1)=\boldsymbol{\alpha}_M$
$\nabla\cdot\boldsymbol{D}=\rho_f$	$\boldsymbol{n}\cdot(\boldsymbol{D}_2-\boldsymbol{D}_1)=\sigma_f$
$\nabla\cdot\boldsymbol{B}=0$	$\boldsymbol{n}\cdot(\boldsymbol{B}_2-\boldsymbol{B}_1)=0$
$\nabla\cdot\boldsymbol{P}=-\rho_P$	$\boldsymbol{n}\cdot(\boldsymbol{P}_2-\boldsymbol{P}_1)=-\sigma_P$
$\nabla\cdot\boldsymbol{J}_f=-\frac{\partial\rho_f}{\partial t}$	$\boldsymbol{n}\cdot(\boldsymbol{J}_{f2}-\boldsymbol{J}_{f1})=-\frac{\partial\sigma_f}{\partial t}$

由此处的列表可以看出，某场量的微分方程中的叉乘符号或点乘符号对应着该物理量边值关系的叉乘或点乘；体密度对应着同一物理量的面密度；具有旋度运算的微分方程中对时间的导数项在相应的边值关系中不出现.

【例】　如图 1.5.5 所示，无穷大平行板电容器内有两层介质，极板上面电荷

密度为$\pm\sigma_f$,求电容器内的电场和束缚电荷分布.

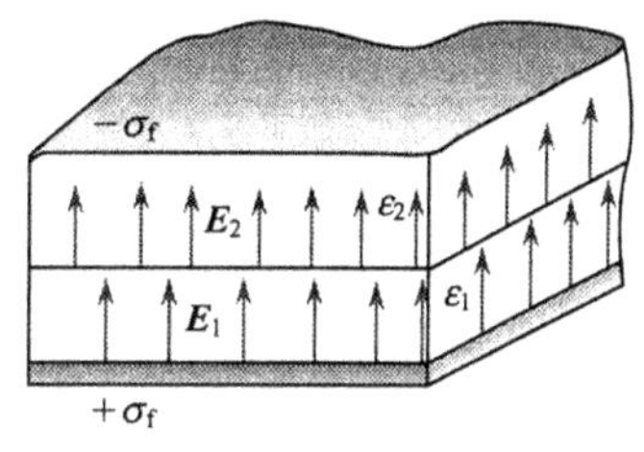

图 1.5.5

【解】 如图 1.5.5 所示,由对称性可知电场沿垂直于平板的方向向上.把式(1-5-4)应用于下板与介质 1 界面上,注意式(1-5-4)中场量的下脚标"1"和"2"是相对于界面的法线矢量 $\boldsymbol{n}$ 而标的,与此处图中"1"、"2"区域不对应.因导体内场强为零,故得

$$D_1=\sigma_f$$

同样,把式(1-5-4)应用到上板与介质 2 界面上得

$$D_2=\sigma_f$$

由这两式得

$$E_1=\frac{\sigma_f}{\varepsilon_1},\quad E_2=\frac{\sigma_f}{\varepsilon_2}$$

在两介质界面处,$\sigma_f=0$,由式(1-5-2),得束缚电荷分布

$$\sigma_P=\varepsilon_0(E_2-E_1)=\left(\frac{\varepsilon_0}{\varepsilon_2}-\frac{\varepsilon_0}{\varepsilon_1}\right)\sigma_f$$

在介质 1 与下板分界处,由式(1-5-2),得束缚电荷分布

$$\sigma'_P=-\sigma_f+\varepsilon_0E_1=-\sigma_f\left(1-\frac{\varepsilon_0}{\varepsilon_1}\right)$$

同样,在介质 2 与上板分界处,束缚电荷分布

$$\sigma''_P=\sigma_f-\varepsilon_0E_2=\sigma_f\left(1-\frac{\varepsilon_0}{\varepsilon_2}\right)$$

容易验证,$\sigma_P+\sigma'_P+\sigma''_P=0$,介质整体是电中性的.

1.6 电磁势及其微分方程

在很多情况下,用势来描述电磁场将为讨论问题提供很多方便,所得到的结果也很简洁、对称.此时的势以及势所满足的微分方程是麦克斯韦方程组的另一种表现形式,因而同样构成讨论电磁场的理论基础.

1.6.1 用势描述电磁场

为简单起见,我们从真空中的麦克斯韦方程组的下述两个方程:

$$\nabla\times\boldsymbol{E}=-\frac{\partial\boldsymbol{B}}{\partial t}\tag{1-6-1}$$

$$\nabla\cdot\boldsymbol{B}=0 \tag{1-6-2}$$

出发,引进**标势** φ 和**矢势** $\boldsymbol{A}$.

由式(1-6-2) $\boldsymbol{B}$ 的无源性引入矢势 $\boldsymbol{A}$,使

$$\boldsymbol{B}=\nabla\times\boldsymbol{A} \tag{1-6-3}$$

由于 $\nabla\cdot\boldsymbol{B}=0$ 是普适的,所以式(1-6-3)也是普适的.

为了看出矢势 $\boldsymbol{A}$ 的意义,我们将式(1-6-3)在任意曲面 S 上积分,并利用斯托克斯定理

$$\iint_S\boldsymbol{B}\cdot\mathrm{d}\boldsymbol{S}=\iint_S\nabla\times\boldsymbol{A}\cdot\mathrm{d}\boldsymbol{S}=\oint_L\boldsymbol{A}\cdot\mathrm{d}\boldsymbol{l}$$

由此可见,矢势 $\boldsymbol{A}$ 的物理意义是它沿任一闭合回路的环量代表通过以该回路为边界的任一曲面的磁通量. 这即是说,$\boldsymbol{A}$ 本身没有直接的物理意义,只有其环量才有物理意义. 然而,值得注意,矢势 $\boldsymbol{A}$ 本身在量子力学中却有直接的物理意义!

在变化的情况中,电场 $\boldsymbol{E}$ 的特性与静电场不同. 由式(1-3-13)和式(1-3-14)可知,电场 $\boldsymbol{E}$ 一方面受到电荷的激发,另一方面也受到变化磁场的激发,后者所激发的电场是有旋的. 因此,在一般情况下,电场是有源和有旋的场. 把式(1-6-3)代入式(1-6-1),得到 $\nabla\times\left(\boldsymbol{E}+\dfrac{\partial\boldsymbol{A}}{\partial t}\right)=0$. 此式表示矢量 $\boldsymbol{E}+\dfrac{\partial\boldsymbol{A}}{\partial t}$ 是无旋场,因此它可以用标势 φ 描述. 由 $\nabla\times\nabla\varphi\equiv0$,得

$$\boldsymbol{E}+\frac{\partial\boldsymbol{A}}{\partial t}=-\nabla\varphi$$

因此,一般情况下电场的表示式为

$$\boldsymbol{E}=-\nabla\varphi-\frac{\partial\boldsymbol{A}}{\partial t} \tag{1-6-4}$$

现在,电场 $\boldsymbol{E}$ 由标势 φ 和矢势 $\boldsymbol{A}$ 共同决定,因此一般地电场 $\boldsymbol{E}$ 不是保守力场. 在变化场中,磁场和电场是相互作用着的整体,必须把矢势和标势作为一个整体来描述电磁场.

1.6.2 规范变换和规范不变性

事实上,用矢势 $\boldsymbol{A}$ 和标势 φ 描述电磁场不是唯一的,即多个 $\boldsymbol{A}$ 和 φ 对应于同一个 $\boldsymbol{E}$ 和 $\boldsymbol{B}$.

设 ψ 为任意时空函数,作变换

$$\left.\begin{aligned}&\boldsymbol{A}\to\boldsymbol{A}'=\boldsymbol{A}+\nabla\psi\\&\varphi\to\varphi'=\varphi-\frac{\partial\psi}{\partial t}\end{aligned}\right\} \tag{1-6-5}$$

则有

$$\nabla \times \boldsymbol{A}' = \nabla \times \boldsymbol{A} = \boldsymbol{B}$$

即 $\boldsymbol{A}'$和 $\boldsymbol{A}$ 描述同一磁场 $\boldsymbol{B}$. 同样地

$$-\nabla\varphi' - \frac{\partial \boldsymbol{A}'}{\partial t} = -\nabla\varphi - \frac{\partial \boldsymbol{A}}{\partial t} = \boldsymbol{E}$$

即 $(\boldsymbol{A}',\varphi')$与$(\boldsymbol{A},\varphi)$ 描述同一电场 $\boldsymbol{E}$. 变换式(1-6-5)称为势的**规范变换**. 每一组$(\boldsymbol{A},\varphi)$称为一种规范,而$(\boldsymbol{A},\varphi)$有无穷多组.

在经典电动力学中,由于表示电磁场客观属性的可测量的物理量为 $\boldsymbol{E}$ 和 $\boldsymbol{B}$,而不同规范又对应着同一的 $\boldsymbol{E}$ 和 $\boldsymbol{B}$,因此,如果用势来描述电磁场,客观规律应该与势的各种规范选择无关. 当势作规范变换时,所有物理量和物理规律都应该保持不变,这种不变性称为**规范不变性**.

现在已经清楚,不仅在电磁相互作用中,而且在包括弱相互作用和强相互作用中,规范不变性是决定相互作用形式的一条基本原理. 传递这些相互作用的场称为规范场. 电磁场是人们最熟知的一种规范场. 在量子力学中 $\boldsymbol{A}$ 和 φ 的地位也比在经典电动力学中重要得多. 因此我们要熟悉用势描述电磁场的方法.

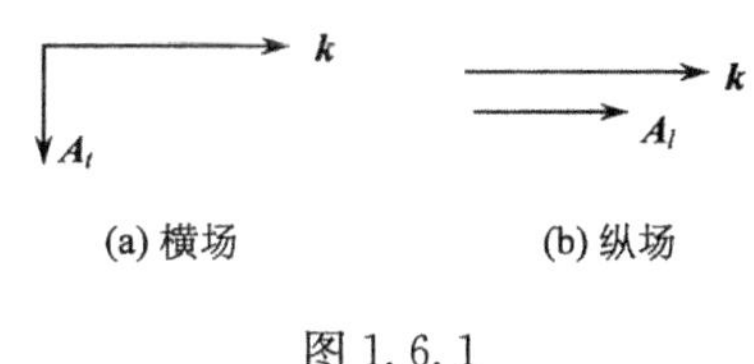

图 1.6.1

如图 1.6.1 所示,对于任意矢量场有横场和纵场之分. 满足$\nabla \cdot \boldsymbol{A}=0$ 的场 $\boldsymbol{A}$ 称为**横场**,设 $\boldsymbol{k}$ 为波矢量,其方向沿电磁波的传播方向,这时由第 4 章的讨论可知,$\boldsymbol{A}$ 中含有因子 $e^{i(\boldsymbol{k}\cdot\boldsymbol{x}-\omega t)}$,$\nabla \cdot \boldsymbol{A}=0$ 意味着 $\boldsymbol{k}\cdot\boldsymbol{A}=0$,此即 $\boldsymbol{A}\perp\boldsymbol{k}$,即矢量 $\boldsymbol{A}$ 沿着横向,横场 $\boldsymbol{A}$ 用 $\boldsymbol{A}_t$ 表示,显然横场是无源场. 满足$\nabla\times\boldsymbol{A}=0$ 的场 $\boldsymbol{A}$ 称为**纵场**,这时有 $\boldsymbol{k}\times\boldsymbol{A}=0$,$\boldsymbol{A}/\!/\boldsymbol{k}$,即矢量 $\boldsymbol{A}$ 沿着纵向,纵场 $\boldsymbol{A}$ 用 $\boldsymbol{A}_l$ 表示,显然纵场是无旋场.

任意矢量 $\boldsymbol{A}$ 可分解为横场与纵场的矢量和 $\boldsymbol{A}=\boldsymbol{A}_t+\boldsymbol{A}_l$. 由于任何 $\boldsymbol{A}_t$ 的 $\nabla\cdot\boldsymbol{A}_t=0$,所以

$$\nabla\cdot\boldsymbol{A} = \nabla\cdot(\boldsymbol{A}_t+\boldsymbol{A}_l) = \nabla\cdot\boldsymbol{A}_l \tag{1-6-6}$$

此式只确定 $\boldsymbol{A}_l$,不能确定 $\boldsymbol{A}_t$. 同样,任何 $\boldsymbol{A}_l$ 的$\nabla\times\boldsymbol{A}_l=0$,有

$$\nabla\times\boldsymbol{A} = \nabla\times(\boldsymbol{A}_t+\boldsymbol{A}_l) = \nabla\times\boldsymbol{A}_t \tag{1-6-7}$$

此式恰好相反,只确定 $\boldsymbol{A}_t$,不能确定 $\boldsymbol{A}_l$. 因此要完全确定矢量 $\boldsymbol{A}$,必须同时给定 $\boldsymbol{A}$ 的散度$\nabla\cdot\boldsymbol{A}$ 和旋度$\nabla\times\boldsymbol{A}$.

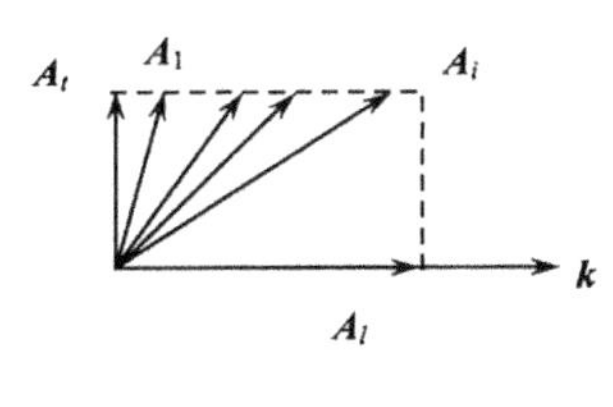

图 1.6.2

这样,对于由矢势 $\boldsymbol{A}$ 描述的磁场

$$\boldsymbol{B} = \nabla\times\boldsymbol{A} = \nabla\times\boldsymbol{A}_t$$

$\boldsymbol{A}$ 的横向部分可唯一地确定磁场 $\boldsymbol{B}$:$\boldsymbol{B}=\nabla\times\boldsymbol{A}_t$;如图 1.6.2,而对于确定的磁场 $\boldsymbol{B}$,可以有很多的 $\boldsymbol{A}$ 满足$\boldsymbol{B}=\nabla\times\boldsymbol{A}$.

1.6.3　辅助条件

从数学上来说，之所以有这种规范变换自由度的存在是由于在势的定义式中，只给出矢势 $\boldsymbol{A}$ 的旋度，而没有给出 $\boldsymbol{A}$ 的散度. 而要确定一个矢量场，必须同时给出它的旋度和散度. 为了确定 $\boldsymbol{A}$，还必须给定它的散度. 电磁场 $\boldsymbol{E}$ 和 $\boldsymbol{B}$ 本身对 $\boldsymbol{A}$ 的散度没有任何限制. 由于 $\nabla\cdot\boldsymbol{A}=\nabla\cdot\boldsymbol{A}_l=$ 任意值时，$\boldsymbol{A}_l$ 也任意，图 1.6.2 中 $\boldsymbol{A}_l$ 任意不影响磁场 $\boldsymbol{B}$. 因此，作为确定势的辅助条件，我们可以选取 $\nabla\cdot\boldsymbol{A}$ 为任意的值.

每一种选择就对应一种规范. 采用适当的辅助条件可以使基本方程和计算简化，而且物理意义也很明确. 为计算方便，在不同问题中可以采用不同的**辅助条件**. 应用最广的是以下两种规范条件.

1. 库仑规范

辅助条件为

$$\nabla\cdot\boldsymbol{A}=0 \tag{1-6-8}$$

在这规范中，$\boldsymbol{A}_l=0$，$\boldsymbol{A}=\boldsymbol{A}_t$，$\boldsymbol{A}$ 为无源场，因而电场表示式

$$\boldsymbol{E}=-\nabla\varphi-\frac{\partial\boldsymbol{A}}{\partial t}$$

中，因为 $\nabla\times\nabla\varphi\equiv0$，$\nabla\varphi$ 为无旋场(纵场)，所以 $-\nabla\varphi$ 项对应于库仑场：$-\nabla\varphi=\boldsymbol{E}_l$；式中的第二项，因为 $\nabla\cdot\boldsymbol{A}=0$，所以 $\frac{\partial\boldsymbol{A}}{\partial t}$ 是无散场(横场)，$-\frac{\partial\boldsymbol{A}}{\partial t}$ 项对应于感应电场：$-\frac{\partial\boldsymbol{A}}{\partial t}=\boldsymbol{E}_t$.

2. 洛伦兹规范

辅助条件为

$$\nabla\cdot\boldsymbol{A}+\frac{1}{c^2}\frac{\partial\varphi}{\partial t}=0 \tag{1-6-9}$$

由下面的推导结果看出，采用这种规范的特点是势的基本方程化为特别简单的对称形式，其物理意义也特别明确.

1.6.4　达朗贝尔方程

我们已经由麦克斯韦方程组的一对方程(1-6-1)和(1-6-2)得到电磁势(1-6-3)和(1-6-4)，现在由麦克斯韦方程组的另一对方程

$$\nabla\times\boldsymbol{B}=\mu_0\boldsymbol{J}_f+\mu_0\varepsilon_0\frac{\partial\boldsymbol{E}}{\partial t} \tag{1-6-10}$$

$$\nabla \cdot \boldsymbol{E} = \frac{\rho_{\mathrm{f}}}{\varepsilon_0} \tag{1-6-11}$$

推导势 $\boldsymbol{A}$ 和 φ 所满足的基本方程. 由式(1-6-10)和式(1-6-3),得

$$\nabla \times (\nabla \times \boldsymbol{A}) = \mu_0 \boldsymbol{J}_{\mathrm{f}} - \mu_0 \varepsilon_0 \frac{\partial}{\partial t} \nabla \varphi - \mu_0 \varepsilon_0 \frac{\partial^2 \boldsymbol{A}}{\partial t^2}$$

$$-\nabla^2 \varphi - \frac{\partial}{\partial t} \nabla \cdot \boldsymbol{A} = \frac{\rho_{\mathrm{f}}}{\varepsilon_0}$$

应用 $\mu_0 \varepsilon_0 = 1/c^2$ 和附录(Ⅰ.34),此两式成为

$$\nabla^2 \boldsymbol{A} - \frac{1}{c^2} \frac{\partial^2 \boldsymbol{A}}{\partial t^2} - \nabla \left(\nabla \cdot \boldsymbol{A} + \frac{1}{c^2} \frac{\partial \varphi}{\partial t} \right) = -\mu_0 \boldsymbol{J}_{\mathrm{f}} \tag{1-6-12}$$

$$-\nabla^2 \varphi - \frac{\partial}{\partial t} \nabla \cdot \boldsymbol{A} = \frac{\rho_{\mathrm{f}}}{\varepsilon_0} \tag{1-6-13}$$

这是适用于任何规范的方程组.

1. 洛伦兹规范下电磁势方程——达朗贝尔方程

将式(1-6-13)改写成

$$\nabla^2 \varphi - \frac{1}{c^2} \frac{\partial^2 \varphi}{\partial t^2} + \frac{\partial}{\partial t} \left(\nabla \cdot \boldsymbol{A} + \frac{1}{c^2} \frac{\partial \varphi}{\partial t} \right) = -\frac{\rho_{\mathrm{f}}}{\varepsilon_0} \tag{1-6-14}$$

取洛伦兹规范式(1-6-9),由式(1-6-12)和(1-6-14),得

$$\nabla^2 \boldsymbol{A} - \frac{1}{c^2} \frac{\partial^2 \boldsymbol{A}}{\partial t^2} = -\mu_0 \boldsymbol{J}_{\mathrm{f}} \tag{1-6-15}$$

$$\nabla^2 \varphi - \frac{1}{c^2} \frac{\partial^2 \varphi}{\partial t^2} = -\frac{\rho_{\mathrm{f}}}{\varepsilon_0} \tag{1-6-16}$$

$$\left(\nabla \cdot \boldsymbol{A} + \frac{1}{c^2} \frac{\partial \varphi}{\partial t} = 0 \right)$$

方程组(1-6-15)和(1-6-16)就是在洛伦兹规范下电磁势所满足的**达朗贝尔**(d'Alembert)方程. 这组方程的特点:(1)$\boldsymbol{A}$ 和 φ 的方程具有相同形式,它是非齐次的波动方程;(2)电荷产生标势波动,电流产生矢势波动;(3)离开电荷电流分布区域后,矢势和标势都以波动形式在空间中传播.

2. 库仑规范下的电磁势方程

在库仑规范下,式(1-6-12)和(1-6-13)成为

$$\nabla^2 \boldsymbol{A} - \frac{1}{c^2} \frac{\partial^2 \boldsymbol{A}}{\partial t^2} - \frac{1}{c^2} \frac{\partial}{\partial t} \nabla \varphi = -\mu_0 \boldsymbol{J}_{\mathrm{f}} \tag{1-6-17}$$

$$\nabla^2\varphi = -\frac{\rho_f}{\varepsilon_0} \tag{1-6-18}$$

$$(\nabla \cdot \boldsymbol{A} = 0)$$

由后面 2.1 节的讨论可知，这种规范的特点是标势 φ 所满足的方程与静电场情形相同，其解是库仑势. 解出 φ 后代入式(1-6-17)可解出 $\boldsymbol{A}$，因而可以确定电磁场.

1.7　电磁场的能量和能流密度矢量

物质都是在运动着，而又通过相互作用，使得运动形式发生转化. 关于物质运动形式的转化，有两条基本的守恒定律——能量守恒定律和动量守恒定律.

电磁场是一种物质，它具有内部运动，因而电磁场同样具有能量. 电磁场运动和其他物质运动形式之间能够互相转化，我们对电磁场这种新的运动形态的认识正是通过它和已知的运动形态的能量守恒定律来得到的. 本节我们将通过电磁场和带电体相互作用过程中，电磁场的能量和带电体运动的机械能相互转化来求出电磁场的能量和能流表达式.

1.7.1　电磁作用下能量守恒定律的一般形式

电磁场能量是按一定方式分布于场内的，而且由于场在运动着，能量不是固定地分布于空间中，而是随着场的运动在空间中传播. 为叙述方便，我们需要引入两个物理量来描述电磁场的能量：

(1) 场的**能量密度** $w(\boldsymbol{x},t)$ ：空间位置 $\boldsymbol{x}$ 处、t 时刻场内单位体积的能量；

(2) 场的**能流密度矢量** $\boldsymbol{S}(\boldsymbol{x},t)$：在数值上等于单位时间垂直流过单位横截面的能量，其方向代表能量传输方向. 它描述能量在场内的转移.

电磁场和电荷相互作用时，场对电荷要做功，能量就在场和电荷之间转移. 这样，场和电荷之间，场的一区域与另一区域之间，都可能发生能量转移. 在转移过程中总能量是守恒的.

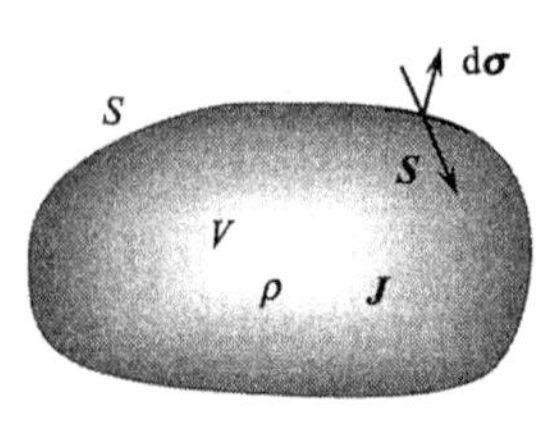

图 1.7.1

考虑空间某区域 V，其界面为 S，如图 1.7.1. 设 V 内有电荷电流分布 ρ 和 $\boldsymbol{J}$. 通过界面 S 上的面元 $\mathrm{d}\boldsymbol{\sigma}$ 流入 V 内的能量为 $-\boldsymbol{S}\cdot\mathrm{d}\boldsymbol{\sigma}$，这里的负号表示 $\boldsymbol{S}\cdot\mathrm{d}\boldsymbol{\sigma}<0$ ，因而 $-\boldsymbol{S}\cdot\mathrm{d}\boldsymbol{\sigma}$ 为正；通过界面 S 流入 V 内的能量为 $-\oiint_S \boldsymbol{S}\cdot\mathrm{d}\boldsymbol{\sigma}$. 根据电磁作用下的**能量守恒定律**，单位时间通过界面 S 流入 V 内的能量 $-\oiint_S \boldsymbol{S}\cdot\mathrm{d}\boldsymbol{\sigma}$ 等

于场对 V 内电荷做功的功率 $\iiint_V \boldsymbol{f} \cdot \boldsymbol{v}\mathrm{d}V$ 与 V 内电磁场能量变化率 $\frac{\mathrm{d}}{\mathrm{d}t}\iiint_V w\mathrm{d}V$ 之和．其积分形式是

$$-\oiint_S \boldsymbol{S} \cdot \mathrm{d}\boldsymbol{\sigma} = \iiint_V \boldsymbol{f} \cdot \boldsymbol{v}\mathrm{d}V + \frac{\mathrm{d}}{\mathrm{d}t}\iiint_V w\mathrm{d}V \tag{1-7-1}$$

由数学上的高斯定理 $\oiint_S \boldsymbol{S} \cdot \mathrm{d}\boldsymbol{\sigma} = \iiint_V \nabla \cdot \boldsymbol{S}\mathrm{d}V$，代入上式并移项得

$$-\iiint_V \boldsymbol{f} \cdot \boldsymbol{v}\mathrm{d}V = \iiint_V \nabla \cdot \boldsymbol{S}\mathrm{d}V + \frac{\mathrm{d}}{\mathrm{d}t}\iiint_V w\mathrm{d}V$$

$$= \iiint_V \left(\nabla \cdot \boldsymbol{S} + \frac{\partial w}{\partial t}\right)\mathrm{d}V$$

由闭曲面 S 的任意性，得相应的微分形式为

$$\nabla \cdot \boldsymbol{S} + \frac{\partial w}{\partial t} = -\boldsymbol{f} \cdot \boldsymbol{v} \tag{1-7-2}$$

若 V 包括整个有电磁场存在的空间，则通过无限远界面的能量应为零．这时式(1-7-1)左边的面积分为零，因而

$$\iiint_\infty \boldsymbol{f} \cdot \boldsymbol{v}\mathrm{d}V = -\frac{\mathrm{d}}{\mathrm{d}t}\iiint_\infty w\mathrm{d}V \tag{1-7-3}$$

此式表示场对电荷所做的总功率等于场的总能量减小率，因此场和电荷的总能量守恒．

1.7.2 电磁场能量密度和能流密度表示式

1. 电磁场能量密度和能流密度表示式

既然是寻找场的能量密度和能流密度表示式，我们就应该用电磁场量来表示上述能量守恒定律，这可由麦克斯韦方程组和洛伦兹力公式来得到．

式(1-7-2)中有 $\boldsymbol{f} \cdot \boldsymbol{v}$ 一项，为此，将洛伦兹力公式点乘 $\boldsymbol{v}$，得

$$\boldsymbol{f} \cdot \boldsymbol{v} = (\rho\boldsymbol{E} + \rho\boldsymbol{v} \times \boldsymbol{B}) \cdot \boldsymbol{v} = \rho\boldsymbol{v} \cdot \boldsymbol{E} = \boldsymbol{J} \cdot \boldsymbol{E} \tag{1-7-4}$$

现在用麦克斯韦方程把 $\boldsymbol{J} \cdot \boldsymbol{E}$ 全部用场量表示出来．由麦克斯韦方程(1-4-40)的第二式，有

$$\boldsymbol{J} = \nabla \times \boldsymbol{H} - \frac{\partial \boldsymbol{D}}{\partial t}$$

可得

$$\boldsymbol{J} \cdot \boldsymbol{E} = \boldsymbol{E} \cdot (\nabla \times \boldsymbol{H}) - \boldsymbol{E} \cdot \frac{\partial \boldsymbol{D}}{\partial t} \tag{1-7-5}$$

用矢量分析公式[附录(Ⅰ.29)式]，有

$$\nabla\cdot(\boldsymbol{E}\times\boldsymbol{H})=(\nabla\times\boldsymbol{E})\cdot\boldsymbol{H}-\boldsymbol{E}\cdot(\nabla\times\boldsymbol{H})$$

移项并利用麦克斯韦方程(1-4-40)的第一式,得

$$\boldsymbol{E}\cdot(\nabla\times\boldsymbol{H})=-\nabla\cdot(\boldsymbol{E}\times\boldsymbol{H})+\boldsymbol{H}\cdot(\nabla\times\boldsymbol{E})=-\nabla\cdot(\boldsymbol{E}\times\boldsymbol{H})-\boldsymbol{H}\cdot\frac{\partial\boldsymbol{B}}{\partial t}$$

代入式(1-7-5),得

$$\boldsymbol{J}\cdot\boldsymbol{E}=-\nabla\cdot(\boldsymbol{E}\times\boldsymbol{H})-\boldsymbol{E}\cdot\frac{\partial\boldsymbol{D}}{\partial t}-\boldsymbol{H}\cdot\frac{\partial\boldsymbol{B}}{\partial t}=\boldsymbol{f}\cdot\boldsymbol{v}$$

和能量守恒的微分形式(1-7-2)比较得能流密度 $\boldsymbol{S}$ 为

$$\boldsymbol{S}=\boldsymbol{E}\times\boldsymbol{H}\tag{1-7-6}$$

$\boldsymbol{S}$ 也称为坡印亭(Poynting)矢量;能量密度变化率$\partial w/\partial t$ 为

$$\frac{\partial w}{\partial t}=\boldsymbol{E}\cdot\frac{\partial\boldsymbol{D}}{\partial t}+\boldsymbol{H}\cdot\frac{\partial\boldsymbol{B}}{\partial t}\tag{1-7-7}$$

对上述结果我们作如下讨论.

2. 介质内的电磁能量和能流

对于各向同性线性介质,$\boldsymbol{D}=\varepsilon\boldsymbol{E}$,$\boldsymbol{B}=\mu\boldsymbol{H}$,代入式(1-7-6)可得

$$\boldsymbol{S}=\boldsymbol{E}\times\frac{\boldsymbol{B}}{\mu}=\frac{1}{\mu}\boldsymbol{E}\times\boldsymbol{B}\tag{1-7-8}$$

而代入式(1-7-7),得

$$\frac{\partial w}{\partial t}=\boldsymbol{E}\cdot\varepsilon\frac{\partial\boldsymbol{E}}{\partial t}+\frac{\boldsymbol{B}}{\mu}\cdot\frac{\partial\boldsymbol{B}}{\partial t}=\frac{1}{2}\frac{\partial}{\partial t}\left(\varepsilon E^2+\frac{1}{\mu}B^2\right)$$

故

$$w=\frac{1}{2}(\boldsymbol{E}\cdot\boldsymbol{D}+\boldsymbol{H}\cdot\boldsymbol{B})\tag{1-7-9}$$

式(1-7-9)是从物理学的角度考虑得到的.

3. 真空中电磁能量和能流

在真空中,只要将 $\varepsilon=\varepsilon_0$,$\mu=\mu_0$ 代入式(1-7-8)和式(1-7-9)中即有

$$\boldsymbol{S}=\boldsymbol{E}\times\frac{\boldsymbol{B}}{\mu_0}=\frac{1}{\mu_0}\boldsymbol{E}\times\boldsymbol{B}\tag{1-7-10}$$

$$w=\frac{1}{2}\left(\varepsilon_0E^2+\frac{1}{\mu_0}B^2\right)\tag{1-7-11}$$

1.7.3 电磁能量的传输

对于电磁波,能量在场中传播的实质一般是容易理解的.但是在恒定电流或低频交流电情况下,由于通常只需解电路方程,不必直接研究电磁场量,人们往往忽视能量在场中传播的实质.事实上在这情形下电磁能量也是在场中传输的.

我们先看电子运动的动能. 导线内的电流密度为 $\boldsymbol{J}=\sum e\bar{\boldsymbol{v}}=ne\bar{\boldsymbol{v}}$，式中 $\sum$ 号表示对单位体积内自由电子求和，n 为单位体积自由电子数，$\bar{\boldsymbol{v}}$ 为电子平均运动速度.

一般金属导体内有 $n\sim10^{23}/\text{cm}^3$，对于 1A/mm^2 的电流密度来说，$\boldsymbol{J}=10^6\text{A/m}^2$，电子电荷 $e\sim1.6\times10^{-19}\text{C}$，把这些数值代入上式得 $\boldsymbol{v}\sim6\times10^{-5}\text{m/s}$. 由此可见，导体内自由电子的平均速度是很小的，相应的动能也很小. 因此，电子运动的能量并不是供给负载上消耗的能量. 在负载上以及在导线上消耗的能量完全是在场中传输的. 下面举一例说明恒定情况下的电磁能量传输问题.

【例】 如图 1.7.2 所示，同轴传输线内导线半径为 a，外导线半径为 b，两导线间为均匀绝缘介质. 导线载有电流 I，两导线间的电压为 U.

(1) 在理想状态下，忽略导线的电阻，计算介质中的能流 $\boldsymbol{S}$ 和传输功率；

(2) 考虑到实际情况，内导线的电导率是有限的，计算通过内导线表面进入导线内的能流，证明它等于导线的损耗功率.

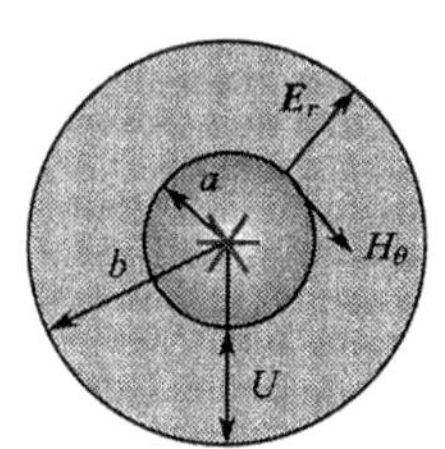

图 1.7.2

【解】 (1) 以对称轴为中心轴 r 为半径作一圆柱面，让 $a<r<b$，应用安培环路定律 $\oint_L \boldsymbol{H}\cdot\mathrm{d}\boldsymbol{l}=\sum I$，由对称性得 $2\pi r\boldsymbol{H}_\theta=I$，因而

$$H_\theta=\frac{I}{2\pi r}$$

导线表面上一般带有电荷，设内导线的电荷线密度为 τ（τ 为未知函数），取如图 1.7.3 所示的高斯面，应用高斯定理 $\oiint_S \boldsymbol{D}\cdot\mathrm{d}\boldsymbol{S}=\boldsymbol{Q}$，由对称性得

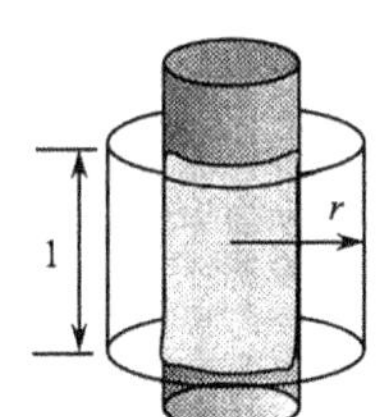

图 1.7.3

$$E_r=\frac{\tau}{2\pi\varepsilon r}$$

对于内导线，忽略电阻时，$\sigma\to\infty$，$E_z=E_{导}=J/\sigma\to0$，于是两导线间的介质中有能流密度

$$\boldsymbol{S}=\boldsymbol{E}\times\boldsymbol{H}=E_rH_\theta\boldsymbol{e}_z=\frac{I\tau}{4\pi^2\varepsilon r^2}\boldsymbol{e}_z$$

式中 $\boldsymbol{e}_z$ 为沿导线轴向且与电流 I 同心的单位矢量. 两导线间的电压为

$$U=\int_a^b E_r\mathrm{d}r=\int_a^b\frac{\tau}{2\pi\varepsilon r}\mathrm{d}r=\frac{\tau}{2\pi\varepsilon}\ln\frac{b}{a}$$

由此求出 $\tau=\dfrac{2\pi\varepsilon U}{\ln(b/a)}$ 代入 $\boldsymbol{S}$ 中，得

$$\boldsymbol{S}=\frac{UI}{2\pi\ln b/a}\frac{1}{r^2}\boldsymbol{e}_z$$

由此可知,能量是从两导线间的介质中传过去的,如图 1.7.4 所示.

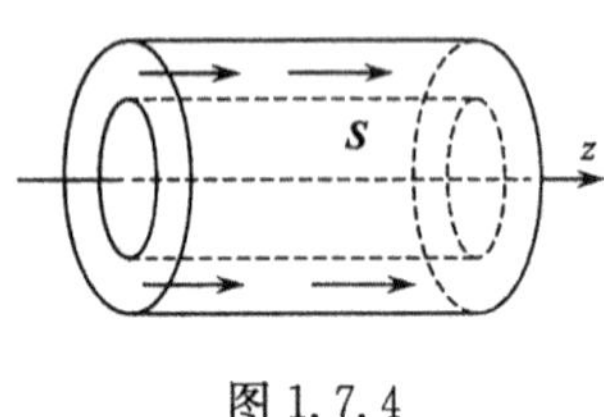

图 1.7.4

把 $\boldsymbol{S}$ 对两导线间圆环状截面积分得传输功率

$$P=\iint_S \boldsymbol{S}\cdot \mathrm{d}\boldsymbol{\sigma}=\int_a^b \boldsymbol{S}\cdot 2\pi r\mathrm{d}r=\int_a^b \frac{UI}{\ln b/a}\frac{\mathrm{d}r}{r}=UI$$

UI 即为通常在电路问题中的传输功率表示式,其功率是在场中传输的.

(2) 设内导线的电导率为 σ,由欧姆定律,在导线内部有

$$\boldsymbol{E}_{\text{导}}=\frac{\boldsymbol{J}}{\sigma}=\frac{I}{\pi a^2\sigma}\boldsymbol{e}_z$$

由边值关系式(1-5-10),电场切向分量是连续的,因此在紧贴内导线表面的介质内,电场除有径向分量 E_r 外,还有切向分量

$$E_z\Big|_{r=a}=E_{\text{导}}=\frac{I}{\pi a^2\sigma}$$

因此,能流 $\boldsymbol{S}$ 除有沿 z 轴传输的分量 S_z 外,还有沿径向进入导线内的分量 $-S_r$

$$\boldsymbol{S}_r\big|_{r=a}=\boldsymbol{E}_z\times\boldsymbol{H}_\theta\Big|_{r=a}=-E_zH_\theta\boldsymbol{e}_r=-\frac{I^2}{2\pi^2a^3\sigma}\boldsymbol{e}_r$$

流进长度为 Δl 的导线内部的功率为

$$S_r\cdot 2\pi a\Delta l=I^2\frac{\Delta l}{\pi a^2\sigma}=I^2R$$

式中 R 为该段导线的电阻,I^2R 正是该段导线内的损耗功率. 在有损耗的同轴线芯线附近能流如图 1.7.5 所示.

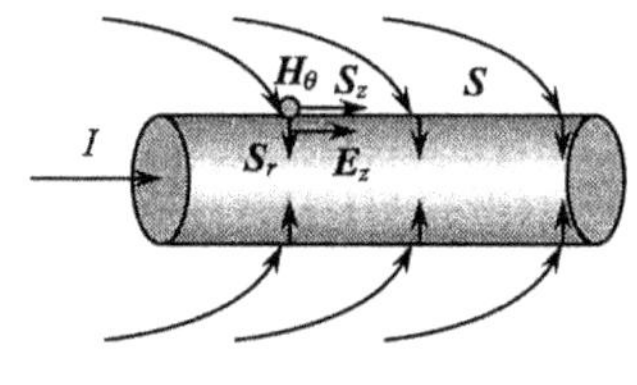

图 1.7.5

1.8 电磁场的动量和动量流密度张量

在上一节中讨论了电磁场的能量问题,现在我们来研究电磁场的动量及其转移.

与上一节类似,我们考察在电磁场与带电体的相互作用过程中,电磁场与带电体机械动量的相互转化过程,得出电磁场动量守恒定律的数学表达式. 同样地,利用麦克斯韦方程组和洛伦兹力公式,导出电磁场动量密度和动量流密度张量的表达式.

为了说明电磁场具有动量,我们分析一个具体例子. 设有一列平面电磁波,垂直投射在一块金属板上,于是,一部分电磁波被反射,一部分透入金属内部. 由 4.1

节的讨论可知,若入射波沿 z 方向传播,其电矢量 $\boldsymbol{E}$ 沿 x 方向,磁矢量 $\boldsymbol{B}$ 则沿 y 方向.金属中的自由电子在 $\boldsymbol{E}$ 的作用下,沿 x 轴运动,从而形成传导电流.由于电子定向运动的方向与电磁波的传播方向垂直,因而它受到洛伦兹力 $\boldsymbol{f}=q\boldsymbol{v}\times\boldsymbol{B}$ 作用,力的方向与入射波传播的方向相同.自由电子受该力作用后,z 方向动量增加,最后通过与晶格的碰撞,把动量传递给金属板,使金属板获得沿 z 方向的动量.显然,金属板的动量来自电磁场.这表明电磁场自身具有动量,是它把动量传给了金属板.

辐射压力是电磁场具有动量的实验证据.下面我们从电磁场与带电物质的相互作用规律导出电磁场动量密度表示式.

考虑空间某一区域 V,其内有电荷分布 ρ.如上所述,区域内的场和电荷之间由于相互作用而发生动量转移.另一方面,区域内的场和区域外的场也通过界面发生动量交换.

由于动量守恒,单位时间从区域外通过界面 S 传入区域 V 内的动量应等于 V 内电荷的动量变化率加上 V 内电磁场的动量变化率.

1. 出发点

我们知道,动量的时间变化率是作用力 $\boldsymbol{f}=\frac{\mathrm{d}}{\mathrm{d}t}\boldsymbol{p}$,而电荷受电磁场的作用力密度

$$\boldsymbol{f}=\rho\boldsymbol{E}+\boldsymbol{J}\times\boldsymbol{B} \tag{1-8-1}$$

电荷系统受力作用后,它的动量发生变化.由动量守恒定律,这个变化是以电磁场动量的相应变化为代价的.因此,上式左边的力密度就等于电荷系统的动量密度变化率,因而右边应该可以化为含有电磁场动量密度变化率和表示场内动量转移的一些量.

2. 推导

在真空中,与源量 ρ,$\boldsymbol{J}$ 联系的场量是 $\boldsymbol{E}$、$\boldsymbol{B}$:

$$\rho=\varepsilon_0\nabla\cdot\boldsymbol{E} \tag{1-8-2}$$

$$\boldsymbol{J}=\frac{1}{\mu_0}\nabla\times\boldsymbol{B}-\varepsilon_0\frac{\partial\boldsymbol{E}}{\partial t} \tag{1-8-3}$$

于是方程(1-8-1)化为

$$\boldsymbol{f}=\varepsilon_0(\nabla\cdot\boldsymbol{E})\boldsymbol{E}+\frac{1}{\mu_0}(\nabla\times\boldsymbol{B})\times\boldsymbol{B}-\varepsilon_0\frac{\partial\boldsymbol{E}}{\partial t}\times\boldsymbol{B} \tag{1-8-4}$$

由麦克斯韦方程组中的另外两个方程

$$\nabla \cdot \boldsymbol{B} = 0, \quad \nabla \times \boldsymbol{E} = -\frac{\partial \boldsymbol{B}}{\partial t}$$

得

$$\frac{1}{\mu_0}(\nabla \cdot \boldsymbol{B})\boldsymbol{B} = 0$$

以及

$$\varepsilon_0(\nabla \times \boldsymbol{E}) \times \boldsymbol{E} = -\varepsilon_0 \frac{\partial \boldsymbol{B}}{\partial t} \times \boldsymbol{E}$$

将这两式代入式(1-8-4),可以把式(1-8-4)写成对 $\boldsymbol{E}$ 和 $\boldsymbol{B}$ 对称的形式

$$\boldsymbol{f} = \left[\varepsilon_0(\nabla \cdot \boldsymbol{E})\boldsymbol{E} + \frac{1}{\mu_0}(\nabla \cdot \boldsymbol{B})\boldsymbol{B} + \frac{1}{\mu_0}(\nabla \times \boldsymbol{B}) \times \boldsymbol{B} + \varepsilon_0(\nabla \times \boldsymbol{E}) \times \boldsymbol{E}\right] - \varepsilon_0 \frac{\partial}{\partial t}(\boldsymbol{E} \times \boldsymbol{B}) \tag{1-8-5}$$

由于 $\boldsymbol{f}$ 等于电荷系统的动量密度变化率,因此,如果此变化率为正,则电荷系统的动量增加,由**动量守恒定律**,电磁场的动量必减少,其变化率为负,所以式(1-8-5)右边最后一项去掉负号后应该代表电磁场的动量密度变化率.因此电磁场的**动量密度** $\boldsymbol{g}$ 应该为

$$\boldsymbol{g} = \varepsilon_0 \boldsymbol{E} \times \boldsymbol{B} \tag{1-8-6}$$

式(1-8-5)中方括号部分既不是电荷系统的动量密度变化率,也不是电磁场的动量密度变化率,它只能表示电磁场内部的动量转移量.

现在我们来讨论这一点.

我们先把方括号部分变为一个张量的散度.为此,由矢量公式

$$(\nabla \times \boldsymbol{E}) \times \boldsymbol{E} = (\boldsymbol{E} \cdot \nabla)\boldsymbol{E} - \frac{1}{2}\nabla E^2$$

得

$$\begin{aligned}
&(\nabla \cdot \boldsymbol{E})E + (\nabla \times E) \times E \\
&= (\nabla \cdot \boldsymbol{E})\boldsymbol{E} + (\boldsymbol{E} \cdot \nabla)\boldsymbol{E} - \frac{1}{2}\nabla E^2 \\
&= \nabla \cdot (\boldsymbol{E}\boldsymbol{E}) - \frac{1}{2}\nabla \cdot (\overleftrightarrow{\mathcal{I}} E^2) \\
&= \nabla \cdot \left(\boldsymbol{E}\boldsymbol{E} - \frac{1}{2}\overleftrightarrow{\mathcal{I}} E^2\right)
\end{aligned}$$

式中 $\overleftrightarrow{\mathcal{I}}$ 是单位张量.同理

$$(\nabla \cdot \boldsymbol{B})\boldsymbol{B} + (\nabla \times \boldsymbol{B}) \times \boldsymbol{B} = \nabla \cdot \left(\boldsymbol{B}\boldsymbol{B} - \frac{1}{2}\overleftrightarrow{\mathcal{I}} B^2\right)$$

因此,方括号部分为

$$\nabla\cdot\left(\varepsilon_0\boldsymbol{EE}-\frac{1}{2}\ \overset{\leftrightarrow}{\mathscr{I}}\varepsilon_0E^2\right)+\nabla\cdot\left(\frac{1}{\mu_0}\boldsymbol{BB}-\frac{1}{2}\ \overset{\leftrightarrow}{\mathscr{I}}\frac{1}{\mu_0}B^2\right)$$

$$=\nabla\cdot\left[\varepsilon_0\boldsymbol{EE}+\frac{1}{\mu_0}\boldsymbol{BB}-\frac{1}{2}\ \overset{\leftrightarrow}{\mathscr{I}}\left(\varepsilon_0E^2+\frac{1}{\mu_0}B^2\right)\right]=-\nabla\cdot\overset{\leftrightarrow}{\mathscr{T}}$$

其中张量

$$\overset{\leftrightarrow}{\mathscr{T}}\equiv-\varepsilon_0\boldsymbol{EE}-\frac{1}{\mu_0}\boldsymbol{BB}+\frac{1}{2}\ \overset{\leftrightarrow}{\mathscr{I}}\left(\varepsilon_0E^2+\frac{1}{\mu_0}B^2\right) \tag{1-8-7}$$

这样一来,由上面的讨论,式(1-8-5)可写为

$$\boldsymbol{f}+\frac{\partial\boldsymbol{g}}{\partial t}=-\nabla\cdot\overset{\leftrightarrow}{\mathscr{T}} \tag{1-8-8}$$

这是电磁场动量守恒定律的微分形式.

3. 物理意义

把式(1-8-8)对区域 V 积分,并利用数学上的高斯定理,得

$$\iiint_V\boldsymbol{f}\,\mathrm{d}V+\frac{\mathrm{d}}{\mathrm{d}t}\iiint_V\boldsymbol{g}\,\mathrm{d}V=-\iiint_V\nabla\cdot\overset{\leftrightarrow}{\mathscr{T}}\,\mathrm{d}V=-\oiint_S\mathrm{d}\boldsymbol{S}\cdot\overset{\leftrightarrow}{\mathscr{T}} \tag{1-8-9}$$

这是动量守恒律的积分形式.

式(1-8-9)左边是 V 内电荷系统和电磁场的总动量变化率,因此右边表示由 V 外通过界面 S 流进 V 内的动量流.因此张量 $\overset{\leftrightarrow}{\mathscr{T}}$ 称为电磁场的**动量流密度张量**,或称为**电磁场应力张量**.

若区域 V 为全空间,则面积分趋于零,因此式(1-8-9)成为

$$\iiint_V\boldsymbol{f}\,\mathrm{d}V+\frac{\mathrm{d}}{\mathrm{d}t}\iiint_V\boldsymbol{g}\,\mathrm{d}V=0$$

此式表示电磁场和电荷系统的总动量变化率等于零,这就是动量守恒定律.

4. 电磁场的动量密度 $\boldsymbol{g}$ 和能流密度 $\boldsymbol{S}$ 之间的关系

由式(1-8-6)和式(1-7-6),得

$$\boldsymbol{g}=\varepsilon_0\boldsymbol{E}\times\boldsymbol{B}=\mu_0\varepsilon_0\boldsymbol{E}\times\boldsymbol{H}=\frac{1}{c^2}\boldsymbol{S}=\frac{cw\boldsymbol{n}}{c^2}=\frac{w}{c}\boldsymbol{n} \tag{1-8-10}$$

5. 动量流密度张量 $\overset{\leftrightarrow}{\mathscr{T}}$ 的物理意义

如图 1.8.1,由三个基矢 $\boldsymbol{e}_i$、$\boldsymbol{e}_j$ 和 $\boldsymbol{e}_k$ 所张成的直角坐标系,将 $\overset{\leftrightarrow}{\mathscr{T}}$ 投影到 $\boldsymbol{e}_i$ 方向的单位面积上,看看得到什么结果?

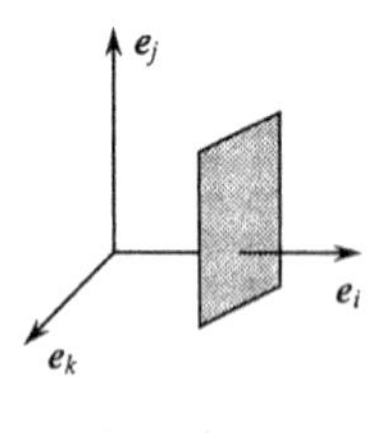

图 1.8.1

$$e_i \cdot \overleftrightarrow{\mathcal{T}} = e_i \cdot \sum_{jk} T_{jk} e_j e_k = \sum_{jk} T_{jk} \delta_{ij} e_k = \sum_k T_{ik} e_k$$

与矢量 $\boldsymbol{A}=\sum_k A_k \boldsymbol{e}_k$ 类似:A_k 是 $\boldsymbol{A}$ 的 k 分量;$\boldsymbol{e}_i \cdot \overleftrightarrow{\mathcal{T}}$为矢量,其 k 分量为 T_{ik},于是,类比得到:张量 $\overleftrightarrow{\mathcal{T}}$的分量 T_{ik} 是动量通过垂直于 i 轴的单位面积流过的 k 分量(表明动量方向与其流动方向不一致).

习　题

1.1　根据算符∇的微分性质和矢量性质,推导下列公式:

(1) $\nabla(\boldsymbol{A}\cdot\boldsymbol{B})=\boldsymbol{B}\times(\nabla\times\boldsymbol{A})+(\boldsymbol{B}\cdot\nabla)\boldsymbol{A}+\boldsymbol{A}\times(\nabla\times\boldsymbol{B})+(\boldsymbol{A}\cdot\nabla)\boldsymbol{B}$;

(2) $\boldsymbol{A}\times(\nabla\times\boldsymbol{A})=\frac{1}{2}\nabla\boldsymbol{A}^2-(\boldsymbol{A}\cdot\nabla)\boldsymbol{A}$.

1.2　设 u 是空间坐标 x、y、z 的函数,证明

$$\nabla f(u) = \frac{\mathrm{d}f}{\mathrm{d}u}\nabla u,\quad \nabla\cdot\boldsymbol{A}(u) = \nabla u\cdot\frac{\mathrm{d}\boldsymbol{A}}{\mathrm{d}u},\quad \nabla\times\boldsymbol{A}(u) = \nabla u\times\frac{\mathrm{d}\boldsymbol{A}}{\mathrm{d}u}$$

1.3　设 $r=\sqrt{(x-x')^2+(y-y')^2+(z-z')^2}$为源点 $\boldsymbol{x}'$到场点 $\boldsymbol{x}$ 的距离,$\boldsymbol{r}$ 的方向规定为从源点指向场点.

(1) 证明下列结果,并体会对源变数求微商($\nabla'=\boldsymbol{e}_x\frac{\partial}{\partial x'}+\boldsymbol{e}_y\frac{\partial}{\partial y'}+\boldsymbol{e}_z\frac{\partial}{\partial z'}$) 与对场变数求微商($\nabla=\boldsymbol{e}_x\frac{\partial}{\partial x}+\boldsymbol{e}_y\frac{\partial}{\partial y}+\boldsymbol{e}_z\frac{\partial}{\partial z}$)的关系.

$$\nabla r=-\nabla' r=\frac{\boldsymbol{r}}{r},\quad \nabla\times\frac{\boldsymbol{r}}{r^3}=0,\quad \nabla\cdot\frac{\boldsymbol{r}}{r^3}=-\nabla'\cdot\frac{\boldsymbol{r}}{r^3}=0\quad (r\neq 0)$$

(2) 计算$\nabla\cdot\boldsymbol{r}$, $\nabla\times\boldsymbol{r}$,其中 $\boldsymbol{r}$ 为位置矢量.

答案:$\nabla\cdot\boldsymbol{r}=3$,$\nabla\times\boldsymbol{r}=0$.

1.4　已知$\overleftrightarrow{\mathcal{T}}=\varepsilon_0\left(\boldsymbol{EE}-\frac{1}{2}E^2\overleftrightarrow{\mathcal{I}}\right)$,其中$\overleftrightarrow{\mathcal{I}}$为单位张量,试证明

$$\nabla\cdot\overleftrightarrow{\mathcal{T}}=\varepsilon_0[\boldsymbol{E}(\nabla\cdot\boldsymbol{E})-\boldsymbol{E}\times(\nabla\times\boldsymbol{E})]$$

1.5　已知一个电荷系统的电偶极矩定义为

$$\boldsymbol{p}(t)=\iiint_V \rho(\boldsymbol{x}',t)\boldsymbol{x}'\mathrm{d}V'$$

试利用电荷守恒定律证明 $\boldsymbol{p}$ 的变化率为

$$\frac{\mathrm{d}\boldsymbol{p}}{\mathrm{d}t}=\iiint_V \boldsymbol{J}(\boldsymbol{x}',t)\mathrm{d}V'$$

1.6　若 $\boldsymbol{m}$ 为常矢量,证明除 $\boldsymbol{R}=0$ 点外,矢量 $\boldsymbol{A}=\frac{\boldsymbol{m}\times\boldsymbol{R}}{R^3}$的旋度等于标量 $\varphi=\frac{\boldsymbol{m}\cdot\boldsymbol{R}}{R^3}$的梯度的负值,即$\nabla\times\boldsymbol{A}=-\nabla\varphi$,其中 $\boldsymbol{R}$ 为坐标原点到场点的位置矢径,方向由原点指向场点.

1.7 半径为 R_0 的均匀带电球,电量为 q_0. 试从球内、外电场的表达式计算电场的散度和旋度,并说明结果的物理意义.

答案:带电球内:$\nabla \cdot \boldsymbol{E}_1=\frac{\rho}{\varepsilon_0}$,$\nabla \times \boldsymbol{E}_1=0$;带电球外:$\nabla \cdot \boldsymbol{E}_2=0$,$\nabla \times \boldsymbol{E}_2=0$.

物理意义:从计算结果可看出,无论是球内或者是球外,电场的旋度都为零,这说明静电场是无旋的,故可引进电势的概念.

球外没有电荷存在,场强散度为零,球内有电荷存在,场强散度不为零,可见电荷是电场的源.

1.8 按照库仑定律,静电场 $\boldsymbol{E}(\boldsymbol{x})=\frac{1}{4\pi\varepsilon_0}\iiint_V \frac{\rho(\boldsymbol{x}')\boldsymbol{r}}{r^3}\mathrm{d}V'$,证明它的散度和旋度分别为

$$\nabla \cdot \boldsymbol{E}(\boldsymbol{x}) = \frac{\rho}{\varepsilon_0}, \quad \nabla \times \boldsymbol{E}(\boldsymbol{x}) = 0$$

1.9 在无介质的空间中写下麦克斯韦方程组,(a)假如所有源电荷符号同时变化,问 $\boldsymbol{E}$ 和 $\boldsymbol{B}$ 将如何改变?(b)假如系统的空间坐标反号:$\boldsymbol{x}\to\boldsymbol{x}'=-\boldsymbol{x}$,问电荷密度、电流密度和 $\boldsymbol{E}$、$\boldsymbol{B}$ 将如何变化?(c)倘若系统的时间反演一下:$t\to t'=-t$,问 ρ、$\boldsymbol{j}$、$\boldsymbol{E}$、$\boldsymbol{B}$ 将如何变化?

答案:(a)$\boldsymbol{E}'(\boldsymbol{r},t)=-\boldsymbol{E}(\boldsymbol{r},t)$, $\boldsymbol{B}'(\boldsymbol{r},t)=-\boldsymbol{B}(\boldsymbol{r},t)$;

(b) $\rho(\boldsymbol{r},t)\to\rho'(\boldsymbol{r},t)=\rho$, $\boldsymbol{j}\to\boldsymbol{j}'=-\boldsymbol{j}$, $\boldsymbol{E}'(\boldsymbol{r},t)=-\boldsymbol{E}(\boldsymbol{r},t)$,$\boldsymbol{B}'(\boldsymbol{r},t)=\boldsymbol{B}(\boldsymbol{r},t)$;

(c) $\rho'=\rho$, $\boldsymbol{j}'=-\boldsymbol{j}$, $\boldsymbol{E}'(\boldsymbol{r},t)=\boldsymbol{E}(\boldsymbol{r},t)$, $\boldsymbol{B}'(\boldsymbol{r},t)=-\boldsymbol{B}(\boldsymbol{r},t)$.

1.10 一个半径为 R_0,介电常量为 ε 的介质球置于均匀外电场 $\boldsymbol{E}_0$ 中,证明感应面电荷密度为

$$\sigma(\theta) = \frac{\varepsilon-\varepsilon_0}{\varepsilon+2\varepsilon_0}3\varepsilon_0 E_0\cos\theta$$

假如该球以角速度 ω 绕 $\boldsymbol{E}_0$ 方向旋转,问是否产生磁场?若不能,说明什么?若能,画出磁力线.

答案:介质球的总电偶极矩

$$\boldsymbol{p} = \frac{4\pi\varepsilon_0(\varepsilon-\varepsilon_0)}{\varepsilon+2\varepsilon_0}R_0^3\boldsymbol{E}_0$$

$\boldsymbol{p}$ 与 $\boldsymbol{E}_0$ 同向,因此介质球绕 $\boldsymbol{E}_0$ 方向旋转,不会引起 $\boldsymbol{p}$ 的变化,从而不会产生极化电流,故不会激发磁场.

1.11 有一内外半径分别为 r_1 和 r_2 的空心介质球,介质的电容率为 ε. 介质内均匀带静止自由电荷 ρ_f,求

(1) 空间各点的电场;

(2) 极化体电荷和极化面电荷分布.

答案:

$$\boldsymbol{E} = \begin{cases} \dfrac{(r_2^3-r_1^3)\rho_f}{3\varepsilon_0 r^3}\boldsymbol{r} & (r>r_2) \\ \dfrac{(r^3-r_1^3)\rho_f}{3\varepsilon r^3}\boldsymbol{r} & (r_1<r<r_2) \\ 0 & (r<r_1) \end{cases}$$

$$\rho_P = -\left(1 - \frac{\varepsilon_0}{\varepsilon}\right)\rho_f \qquad (r_1 < r < r_2)$$

$$\sigma_P = \frac{r_2^3 - r_1^3}{3r_2^2}\left(1 - \frac{\varepsilon_0}{\varepsilon}\right)\rho_f \qquad (r = r_2)$$

$$\sigma_P = 0 \qquad (r = r_1)$$

1.12 半径为 R 的不带电的导电球浮于水面上，其质量为 m. 液体介电常量为 ε，密度为 τ. 导体有 3/4 体积浸没在液体中. 若要使导体球有一半体积浸没在液体中，求必须对导体球加多大的电势 φ_0.

答案：

$$\varphi_0 = \sqrt{\frac{2}{3} \cdot \frac{\tau R^3 g}{\varepsilon - \varepsilon_0}}$$

1.13 内外半径分别为 r_1 和 r_2 的无穷长中空导体圆柱，沿轴向流有恒定均匀自由电流 $\boldsymbol{J}_f$，导体的磁导率为 μ. 求磁感应强度和磁化电流.

答案：

$$\boldsymbol{B} = \begin{cases} \dfrac{\mu_0(r_2^2 - r_1^2)}{2r^2}\boldsymbol{J}_f \times \boldsymbol{r} & (r > r_2) \\ \dfrac{\mu(r^2 - r_1^2)}{2r^2}\boldsymbol{J}_f \times \boldsymbol{r} & (r_1 < r < r_2) \\ 0 & (r < r_1) \end{cases}$$

$$\boldsymbol{J}_M = \left(\frac{\mu}{\mu_0} - 1\right)\boldsymbol{J}_f \qquad (r_1 < r < r_2)$$

$$\boldsymbol{\alpha}_M = -\left(\frac{\mu}{\mu_0} - 1\right)\frac{r_2^2 - r_1^2}{2r_2}\boldsymbol{J}_f \qquad (r = r_2)$$

$$\boldsymbol{\alpha}_M = 0 \qquad (r = r_1)$$

1.14 证明两个闭合的恒定电流之间的相互作用力大小相等，方向相反(但两个电流元之间的相互作用力一般并不服从牛顿第三定律).

1.15 证明：(1) 当两种绝缘介质的分界面上无面自由电荷时，电场线的弯折满足

$$\frac{\tan\theta_2}{\tan\theta_1} = \frac{\varepsilon_2}{\varepsilon_1}$$

其中 ε_1 和 ε_2 分别为两种介质的介电常量，θ_1 和 θ_2 分别为界面两侧电场线与法线的夹角.

(2)当两种导电介质内流有恒定电流时，分界面上电场线弯折满足

$$\frac{\tan\theta_2}{\tan\theta_1} = \frac{\sigma_2}{\sigma_1}$$

其中 σ_1 和 σ_2 分别为两种介质的电导率.

1.16 试用边值关系证明：在绝缘介质与导体的分界面上，在静电情况下，导体外的电场线总是垂直于导体表面；在恒定电流情况下，导体内电场线总是平行于导体表面.

1.17 一均匀磁化的铁球半径为 R，通过一根绝缘线悬挂在被抽空的大金属室的顶板上. 磁铁球的北极向上南极向下. 球被充电，它相对于金属室壁的电压为 3000V. (1)这个静系统有没有角动量? (2)电子沿极轴径向射进金属室内，中和了铁球一部分电荷，这时球将发生什么变化?

答案：(1)这个系统有角动量；

(2) 球会绕极轴转动,转动方向与极轴成右手螺旋关系,转动角速度为

$$\omega=-\frac{\Delta J}{I}=-\frac{\mu_0 m\Delta Q}{6\pi RI}=-\frac{2m\Delta V}{3C^2 I}$$

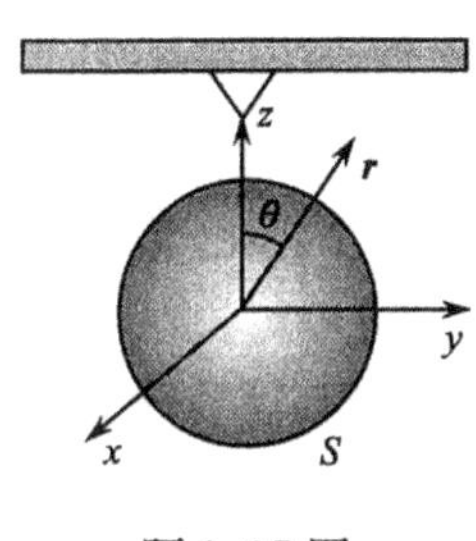

题 1.17 图

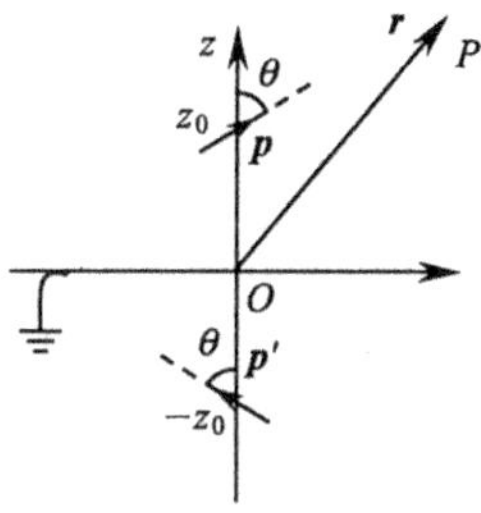

题 1.18 图

1.18　一个电矩为 $\boldsymbol{p}$ 的电偶极子,假定此电偶极子于 z 轴被固定在 z_0 处,且方向与 z 轴成 θ 角. 设 xy 平面是一个电势为零的导体,求电偶极子在导体上感生的电荷密度.

答案:

$$\sigma=\frac{-p\cos\theta}{2\pi(x^2+y^2+z_0^2)^{3/2}}+\frac{3\ pz_0(-x\sin\theta+z_0\cos\theta)}{2\pi(x^2+y^2+z_0^2)^{5/2}}$$

第2章　静　电　场

上一章已从实验定律出发，主要讨论了经典电动力学的理论基础，这是求解电磁问题及与之相关的工程技术问题的基础. 在掌握了这些基本理论之后，我们将对电磁学一些重要领域中的问题进行具体的讨论，介绍一些常用的求解方法. 事实上，静电和静磁问题不仅在理论上有重要意义，而且在工程技术上也有广泛应用，如电子显微镜、许多电子仪表、电子器件，都要处理与静电和静磁有关的问题.

2.1　静电标势及其边值问题

2.1.1　静电场的标势

本章主要讨论均匀各向同性线性介质中的静电场问题. 在静电情况下，没有磁场，麦克斯韦方程组的电场部分为

$$\nabla \times \boldsymbol{E} = 0 \tag{2-1-1}$$

$$\nabla \cdot \boldsymbol{D} = \rho_{\mathrm{f}} \tag{2-1-2}$$

与介质的电磁性能方程

$$\boldsymbol{D} = \varepsilon \boldsymbol{E} \tag{2-1-3}$$

一起构成解决静电问题的基础.

1. 标势的引入

在稳恒情况下，由式(1-6-4)，有

$$\boldsymbol{E} = -\nabla \varphi \tag{2-1-4}$$

这里的负号表示 $\boldsymbol{E}$ 指向电势减得最快的方向. 于是用矢量 $\boldsymbol{E}$ 表示静电场就转化为用标量 φ 表示静电场，使得所求解的问题简化.

$\boldsymbol{E}$ 沿任意方向 $\boldsymbol{l}$ 上的分量为

$$E_l = -\frac{\partial \varphi}{\partial l} \tag{2-1-5}$$

无限接近的两点间的电势差为

$$\mathrm{d}\varphi = -\boldsymbol{E} \cdot \mathrm{d}\boldsymbol{l} \tag{2-1-6}$$

相隔一有限距离的两点 P_2 与 P_1 间的电势差为

$$\varphi(P_2)-\varphi(P_1)=-\int_{P_1}^{P_2}\boldsymbol{E}\cdot\mathrm{d}\boldsymbol{l} \tag{2-1-7}$$

2. 电势参考点的选择

(1) 电荷有限分布时，定 $\varphi(\infty)=0$，由 $\varphi(P)-\varphi(\infty)=\int_P^{\infty}\boldsymbol{E}\cdot\mathrm{d}\boldsymbol{l}$，得

$$\varphi(P)=\int_P^{\infty}\boldsymbol{E}\cdot\mathrm{d}\boldsymbol{l}=-\int_{\infty}^{P}\boldsymbol{E}\cdot\mathrm{d}\boldsymbol{l} \tag{2-1-8}$$

(2) 电荷无限分布时，$\varphi(\infty)\neq0$，需定 $\varphi|_{\text{有限远点}}=0$.

【例】 均匀带电的无限长直导线的电荷线密度为 τ，求电势.

【解】 方法一

如图 2.1.1，因电荷无限分布，取 $\varphi(P_0)=0$，由高斯定理，$\oiint_S\boldsymbol{E}\cdot\mathrm{d}\boldsymbol{S}=\dfrac{Q}{\varepsilon_0}$，即 $E\cdot2\pi R=\dfrac{\tau}{\varepsilon_0}$，由此可得 $\boldsymbol{E}=\dfrac{\tau\boldsymbol{R}}{2\pi\varepsilon_0R^2}$，故

$$\varphi(P)=\int_R^{R_0}\boldsymbol{E}\cdot\mathrm{d}\boldsymbol{R}=\int_R^{R_0}\frac{\tau R\,\mathrm{d}R}{2\pi\varepsilon_0R^2}=\frac{\tau}{2\pi\varepsilon_0}\ln\frac{R_0}{R}$$

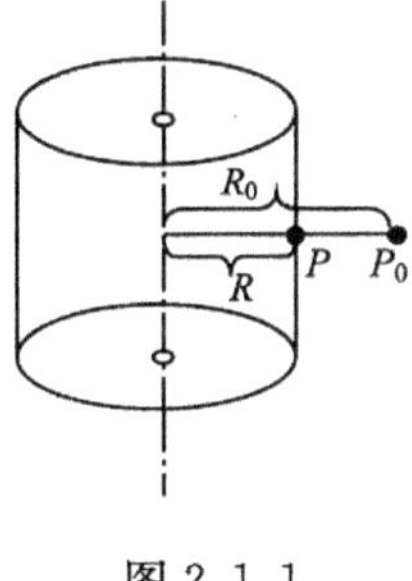

图 2.1.1

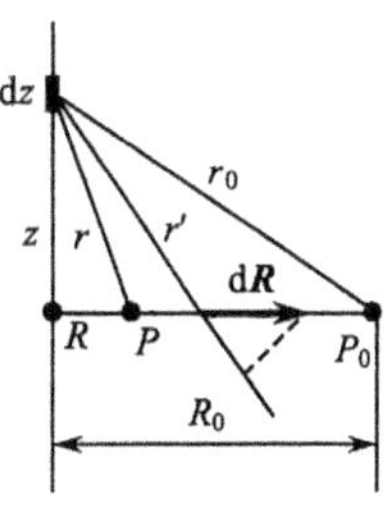

图 2.1.2

方法二

由电势叠加原理求解，定 $\varphi(P_0)=0$.

如图 2.1.2 所示，先来求坐标 z 处的电荷元 $\mathrm{d}q=\tau\mathrm{d}z$ 在 P 点的电势. 由于不满足 $\varphi(\infty)=0$，所以点电荷的电势公式不能用，$\mathrm{d}q$ 在 P 点的势必需重新计算. $\mathrm{d}q$ 在 P 点的电势的增量 $\mathrm{d}[\varphi(P)]$（相对于 P_0 点）为

$$\mathrm{d}[\varphi(P)]=\int_P^{P_0}\boldsymbol{E}\cdot\mathrm{d}\boldsymbol{R}=\int_P^{P_0}\frac{\mathrm{d}q\boldsymbol{r}'}{4\pi\varepsilon_0r'^3}\cdot\mathrm{d}\boldsymbol{R}$$

$$=\int_r^{r_0}\frac{\mathrm{d}qr'\mathrm{d}r'}{4\pi\varepsilon_0r'^3}=\frac{\mathrm{d}q}{4\pi\varepsilon_0}\left(\frac{1}{r}-\frac{1}{r_0}\right)$$

由于 $r=\sqrt{z^2+R^2}$，$r_0=\sqrt{z^2+R_0^2}$，所以所有电荷在 P 点的电势为

$$\varphi(P)=\frac{1}{4\pi\varepsilon_0}\int_{-\infty}^{\infty}\left(\frac{1}{r}-\frac{1}{r_0}\right)\mathrm{d}q=\frac{\tau}{4\pi\varepsilon_0}\int_{-\infty}^{\infty}\left(\frac{1}{\sqrt{z^2+R^2}}-\frac{1}{\sqrt{z^2+R_0^2}}\right)\mathrm{d}z$$

$$=\lim_{M\to\infty}\frac{\tau}{4\pi\varepsilon_0}\left[\ln(z+\sqrt{z^2+R^2})\ \Big|_{-M}^{M}-\ln(z+\sqrt{z^2+R_0^2})\ \Big|_{-M}^{M}\right]$$

$$=\frac{\tau}{2\pi\varepsilon_0}\ln\left(\frac{R_0}{R}\right)$$

即

$$\varphi(R)=-\frac{\tau}{2\pi\varepsilon_0}\ln\frac{R}{R_0}$$

在柱坐标系中，由 $\boldsymbol{E}=-\nabla\varphi$，得

$$E_R=-\frac{\partial\varphi}{\partial R}=\frac{\tau}{2\pi\varepsilon_0 R},\quad E_\theta=E_z=0$$

这与用高斯定理所得出的结果相一致.

由此归纳可得求 φ 的一般方法：

(1) 由定义，先求电场 $\boldsymbol{E}$ 然后求电势 φ；

(2) 由叠加原理进行叠加或积分.

现有如下问题，一个电荷分布 $\rho(\boldsymbol{x})$ 已知的带电体附近有一导体，感应电荷分布如图 2.1.3 所示. 这些电荷分布没有什么对称性，因而用高斯定理不能求解；那么叠加原理

$$\varphi(\boldsymbol{x})=\iiint_V\frac{\rho(\boldsymbol{x}')\mathrm{d}V'}{4\pi\varepsilon_0 r}\tag{2-1-9}$$

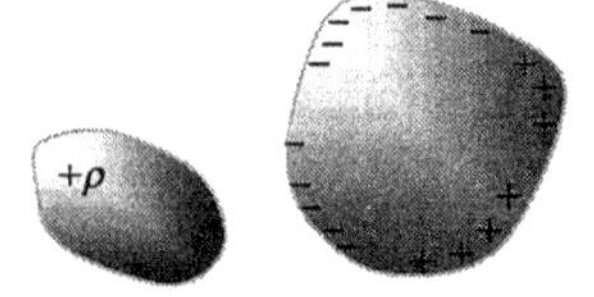

图 2.1.3

能解决问题吗？假如空间中所有电荷分布都给定，因而由上式电场就完全给定. 但是实际情况往往不是所有电荷分布都能够预先给定. 由于导体表面上的电荷分布是未知函数，因而就不能应用式(2-1-9)来计算空间中的电势和电场. 问题在于式(2-1-9)只反映电荷激发电场这一方面，而没有反映场对电荷作用的另一方面. 在这个问题中，实际上包括了下面一些物理过程：给定电荷激发了电场，电场作用到导体自由电子上，引起它们运动，使电荷在导体上重新分布，最后在总电场(包括给定电荷和导体上感应电荷激发的电场)作用下达到静电平衡状态. 在这平衡状态下，导体表面上的感应电荷有确定的分布密度，因而空间中的电场也同时确定.

由这例子看出，电荷和电场是互相制约着的. 一方面感应电荷的出现是由电场引起的，另一方面电场又受到感应电荷的影响. 我们要同时求出这问题中的电场和感应电荷密度，就必须再深入一步，研究一个电荷对它邻近的电场是怎样作用的，一点上的电场和它邻近的电场又是怎样联系的，即要找出电荷和电场相互作用规律的微分形式，而在导体表面或其他边界上场和电荷的相互关系则由边值关系或

边界条件反映出来.这种问题在数学上称为边值问题,即求微分方程的满足给定边界条件的解.下面我们来研究这一问题.

2.1.2 静电势的微分方程和边值关系

1. 泊松方程

电荷和电场相互作用规律的微分形式为$\nabla\cdot\boldsymbol{D}=\rho_f$,在均匀各向同性线性介质中,$\boldsymbol{D}=\varepsilon\boldsymbol{E}$,把$\boldsymbol{E}=-\nabla\varphi$代入其中得

$$\nabla^2\varphi=-\frac{\rho_f}{\varepsilon} \tag{2-1-10}$$

此式是静电势满足的基本微分方程,称为泊松(Poisson)方程.给出边界条件就可以确定电势φ的解.

2. φ的边值关系

1) 两介质分界面的边值关系

$$\varphi_1=\varphi_2 \tag{2-1-11}$$

$$\varepsilon_2\frac{\partial\varphi_2}{\partial n}-\varepsilon_1\frac{\partial\varphi_1}{\partial n}=-\sigma_f \tag{2-1-12}$$

证明 如图 2.1.4 所示,设$\boldsymbol{n}$是分界面上由介质 1 指向介质 2 的法向单位矢量,P_1和P_2是界面两侧相邻的两点,界面上自由电荷面密度为σ_f.

图 2.1.4　　图 2.1.5

(1) 由$\mathrm{d}\varphi=-\boldsymbol{E}\cdot\mathrm{d}\boldsymbol{l}$,因电场$\boldsymbol{E}$有限,如图 2.1.5,$\mathrm{d}\boldsymbol{l}=\overline{P_1P_2}\to0$,于是$\varphi_2-\varphi_1=\mathrm{d}\varphi=0$,即$\varphi_1=\varphi_2$,在界面上电势$\varphi$是连续的.

边值关系式(2-1-11)可代替边值关系式(1-5-10).因为,设P_1'和P_2'为边界两侧相邻的另外两点,由电势连续条件,对于P_1'和P_2'两点的电势,有$\varphi_1'=\varphi_2'$,因而$\varphi_1'-\varphi_1=\varphi_2'-\varphi_2$.设$P_1$和$P_1'$相距$\Delta\boldsymbol{l}'$,则$\varphi_1'-\varphi_1=-\boldsymbol{E}_1\cdot\Delta\boldsymbol{l}'$.同样,$\varphi_2'-\varphi_2=-\boldsymbol{E}_2\cdot\Delta\boldsymbol{l}'$,因此,

$$\boldsymbol{E}_1\cdot\Delta\boldsymbol{l}'=\boldsymbol{E}_2\cdot\Delta\boldsymbol{l}'$$

由于 $\Delta \boldsymbol{l}'$为界面上任一线元，上式表示界面两边电场的切向分量相等.

(2) 由 $\boldsymbol{n}\cdot(\boldsymbol{D}_2-\boldsymbol{D}_1)=\sigma_f$，有

$$\sigma_f=\boldsymbol{n}\cdot(\varepsilon_2\boldsymbol{E}_2-\varepsilon_1\boldsymbol{E}_1)=-\boldsymbol{n}\cdot(\varepsilon_2\nabla\varphi_2-\varepsilon_1\nabla\varphi_1)=-\left(\varepsilon_2\frac{\partial\varphi_2}{\partial n}-\varepsilon_1\frac{\partial\varphi_1}{\partial n}\right)$$

即

$$\varepsilon_2\frac{\partial\varphi_2}{\partial n}-\varepsilon_1\frac{\partial\varphi_1}{\partial n}=-\sigma_f$$

2）导体表面的边界条件

$$\varphi=\text{常数} \tag{2-1-13}$$

$$\varepsilon\frac{\partial\varphi}{\partial n}=-\sigma_f \tag{2-1-14}$$

$$\oiint_S\varepsilon\frac{\partial\varphi}{\partial n}\mathrm{d}S=-Q_f \tag{2-1-15}$$

其中 φ 是导体表面附近介质中的电势，Q_f 是导体上的自由电荷，单位法线矢量 $\boldsymbol{n}$ 由导体指向介质，如图2.1.6所示. 这里的边界条件是上面两介质分界面的边值关系的一则特例.

图 2.1.6　　图 2.1.7

3）导电介质的边值关系

$$\varphi_1=\varphi_2 \tag{2-1-16}$$

$$\sigma_1\frac{\partial\varphi_1}{\partial n}=\sigma_2\frac{\partial\varphi_2}{\partial n} \tag{2-1-17}$$

证明 如图 2.1.7 所示，这里的 σ_1、σ_2 分别是两种导电介质的电导率，$\boldsymbol{n}$ 的定义如前所述. $\varphi_1=\varphi_2$ 的证明如前. 对于恒定电流，有$\nabla\cdot\boldsymbol{J}=0$，具体用到边界上则有$J_{2n}=J_{1n}$. 由欧姆定律 $\boldsymbol{J}=\sigma\boldsymbol{E}$，上式可改写为 $\sigma_2E_{2n}=\sigma_1E_{1n}$，但 $E_{1n}=-\frac{\partial\varphi_1}{\partial n}$，$E_{2n}=-\frac{\partial\varphi_2}{\partial n}$，因此有

$$\sigma_1\frac{\partial\varphi_1}{\partial n}=\sigma_2\frac{\partial\varphi_2}{\partial n}$$

3. 电动力学求解这类问题的基本方程、边值关系和边界条件

(1) φ 满足的微分方程;

(2) φ 在导体或介质分界面上的边值关系;

(3) φ 在整个区域边界 S 上的边界条件(由题目给定).

这在数学物理方程中称为边值问题.

静电学的基本问题是求出在每个均匀区域内满足泊松方程,在所有分界面上满足边值关系和在所研究的整个区域边界上满足边界条件的电势的解. 在第二节中我们将证明,给定区域 V 内的电荷分布 ρ_f,给定区域边界 S 上的电势 $\varphi|_S$ 或作为区域边界的导体所带的总电荷,即能唯一地确定电场. 以后几节我们将具体讨论静电场边值问题的求解方法.

2.2 静电边值问题的唯一性定理

在上一节中我们说明了在静电场中引入标势的基本问题以及标势所满足的泊松方程和边值关系或边界条件. 本节我们来讨论,需要给出哪一些条件,静电场的解才能唯一地被确定.

2.2.1 唯一性定理的重要意义

静电场的唯一性定理对于解决实际问题有着重要的意义. 它首先告诉我们,要唯一正确地确定静电场的解,需要给出哪些条件,少一个不行,多一个没必要. 一旦这些充要条件找了出来,我们就可放心大胆地求解下去而不必担心做无用功. 这是唯一性定理的重要意义之一.

不仅如此,唯一性定理还可直接用来解题,而且解题的方法相对而言最简单. 当根据给定的条件作一定的分析后,就可以提出**尝试解**.

所谓尝试解实际上就是"猜". 当然不能毫无根据地乱猜,应对题目作充分透彻的分析,凭借一定的经验. 只要解满足所要求的条件,就是唯一正确的解. 这就是第二条重要意义.

对于猜得的解答,还得验证一下,看它是否满足泊松方程,是否满足边值关系,若满足,则解答既严格,又唯一正确.

下面我们就一般情况下和有导体存在的情况下证明唯一性定理.

2.2.2 介质分区均匀时的唯一性定理(介质是绝缘的,$\sigma_f=0$)

这时区域 V 分为若干个均匀子区域 V_i,每一子区域的电容率为 ε_i,如图 2.2.1 所示.

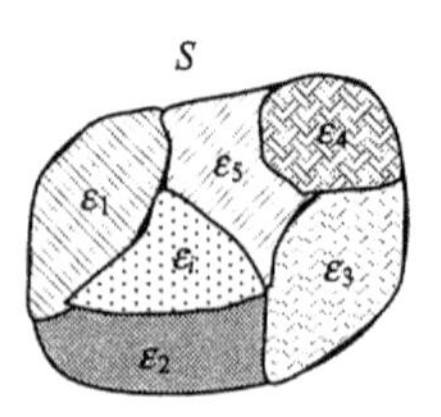

图 2.2.1

定理　在区域 V 内给定自由电荷分布 $\rho_f(\boldsymbol{x})$；在 V 的边界 S 上给定电势 $\varphi|_S$ 或电势的法向导数$\left.\frac{\partial\varphi}{\partial n}\right|_S$，则 V 内的电场唯一确定.

此定理意味着，如果给定了以上内容的一组条件，则 V 内就有一种确定的电势 φ_1；如果给定的是另外一组条件，则 V 内就有另一种确定的电势 φ_2. 但不管是在哪一组条件下，电势 φ 总是满足下面的要求：

(1) 在每个分区 V_i 内满足泊松方程

$$\nabla^2\varphi = -\rho_f(\boldsymbol{x})/\varepsilon_i \tag{2-2-1}$$

(2) 在相邻两区分界面上满足边值关系

$$\begin{gathered}\varphi_i = \varphi_j \\ \varepsilon_i\left(\frac{\partial\varphi}{\partial n}\right)_i = \varepsilon_j\left(\frac{\partial\varphi}{\partial n}\right)_j\end{gathered} \tag{2-2-2}$$

证明　既然定理的结论说电场是唯一的，我们就怀疑它不是唯一的，而有两个解满足上述条件. 例如假设 φ'和 φ''满足唯一性定理的条件，若能得到 $\varphi'-\varphi''=0$（或常数），则问题得证.

设有两组不同的解 φ'和 φ''满足唯一性定理的条件. 令

$$\Phi \equiv \varphi' - \varphi'' \tag{2-2-3}$$

下面首先导出 Φ 满足的方程、边值关系和边界条件.

在第 i 个子区域 V_i 内，由$\nabla^2\varphi' = -\rho_f/\varepsilon_i$，$\nabla^2\varphi'' = -\rho_f/\varepsilon_i$，得

$$\nabla^2\Phi = 0 \tag{2-2-4}$$

在 V_i、V_j 两子区域的公共界面上，因为 $\varphi_i' = \varphi_j'$，$\varphi_i'' = \varphi_j''$，所以

$$\Phi_i = \Phi_j \tag{2-2-5}$$

$$\varepsilon_i\left(\frac{\partial\Phi}{\partial n}\right)_i = \varepsilon_j\left(\frac{\partial\Phi}{\partial n}\right)_j \tag{2-2-6}$$

在整个区域 V 的边界 S 上

$$\Phi|_S = 0 \tag{2-2-7}$$

或

$$\left.\frac{\partial\Phi}{\partial n}\right|_S = 0 \tag{2-2-8}$$

考虑第 i 个子区域 V_i 的界面 S_i 上的如下积分

$$\oiint_{S_i}\varepsilon_i\Phi\nabla\Phi\cdot\mathrm{d}\boldsymbol{S}$$

由高斯定理以及附录(I.26),有

$$\oiint_{S_i} \varepsilon_i \Phi \nabla \Phi \cdot \mathrm{d}\boldsymbol{S} = \iiint_{V_i} \nabla \cdot (\varepsilon_i \Phi \nabla \Phi) \mathrm{d}V$$

$$= \iiint_{V_i} \varepsilon_i (\nabla \Phi)^2 + \iiint_{V_i} \Phi \varepsilon_i \nabla^2 \Phi \mathrm{d}V$$

由式(2-2-4),右边最后一项为零,于是得

$$\oiint_{S_i} \varepsilon_i \Phi \nabla \Phi \cdot \mathrm{d}\boldsymbol{S} = \iiint_{V_i} \varepsilon_i (\nabla \Phi)^2 \mathrm{d}V$$

将上式两边对所有子区域 V_i 求和

$$\sum_i \oiint_{S_i} \varepsilon_i \Phi \nabla \Phi \cdot \mathrm{d}\boldsymbol{S} = \sum_i \iiint_{V_i} \varepsilon_i (\nabla \Phi)^2 \mathrm{d}V \tag{2-2-9}$$

对于左边的求和,考虑整个区域中的任两个相邻的子区域 V_i 和 V_j,如图 2.2.2,在公共界面上,$\mathrm{d}\boldsymbol{S}_i = \boldsymbol{n}\mathrm{d}S$,$\mathrm{d}\boldsymbol{S}_j = -\boldsymbol{n}\mathrm{d}S$,所以 $\mathrm{d}\boldsymbol{S}_i = -\mathrm{d}\boldsymbol{S}_j$,因而有

$$\varepsilon_i \Phi_i \nabla \Phi_i \cdot \mathrm{d}\boldsymbol{S}_i = \varepsilon_i \Phi_i \left(\frac{\partial \Phi}{\partial n}\right)_i \mathrm{d}S$$

$$\varepsilon_j \Phi_j \nabla \Phi_j \cdot \mathrm{d}\boldsymbol{S}_j = -\varepsilon_j \Phi_j \left(\frac{\partial \Phi}{\partial n}\right)_j \mathrm{d}S$$

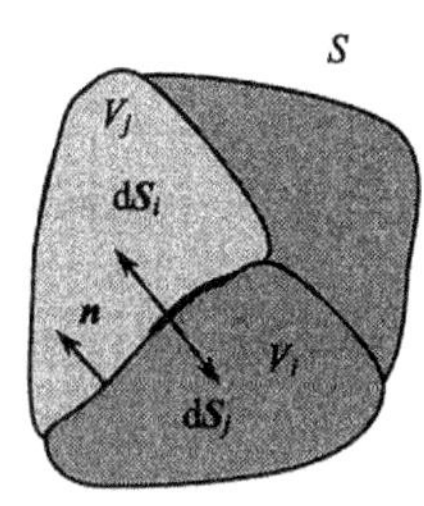

图 2.2.2

因此,由(2-2-5)和(2-2-6)两式,在式(2-2-9)左边的和式中,S_i、S_j 面上闭合积分的和在公共边界上互相抵消,只剩下边界面 S 上的积分;同样在其他两相邻子区域的公共边界上的积分也互相抵消,最后求和只剩下整个区域 V 的边界面 S 上的积分

$$\sum_i \oiint_{S_i} \varepsilon_i \Phi \nabla \Phi \cdot \mathrm{d}\boldsymbol{S} = \oiint_{S} \varepsilon_i \Phi \nabla \Phi \cdot \mathrm{d}\boldsymbol{S} \tag{2-2-10}$$

但在 S 上,由(2-2-7)和(2-2-8)两式,要么 $\Phi|_S = 0$,要么 $\partial \Phi / \partial n|_S = 0$,两情形下沿闭曲面 S 面积分都等于零,故 $\oiint_S \varepsilon_i \Phi \nabla \Phi \cdot \mathrm{d}\boldsymbol{S} = 0$,因此式(2-2-9)左边等于零,于是式(2-2-9)右边为

$$\sum_i \iiint_{V_i} \varepsilon_i (\nabla \Phi)^2 \mathrm{d}V = 0 \tag{2-2-11}$$

由于被积函数 $\varepsilon_i (\nabla \varphi)^2 \geqslant 0$,上式成立的条件是在 V 内各点上都有

$$\nabla \Phi = 0$$

即在 V 内

$$\Phi = \varphi' - \varphi'' = 常量 \tag{2-2-12}$$

φ' 和 φ'' 至多只能相差一个常量. 但电势的附加常量对电场没有影响,唯一性定理

证毕.

由上述证明可得如下推论:若论题给出 S 上一部分边界 S_1 上的电势 φ,给出余下部分边界 S_2 上的 $\partial\varphi/\partial n|_{S_2}$,同样有 $\oiint_S \varepsilon_i \Phi \nabla \Phi \cdot \mathrm{d}\boldsymbol{S}=0$,结论同样正确.

2.2.3 有导体存在时的唯一性定理

如图 2.2.3 所示,区域 V 内有一些导体 $V_1, V_2, \cdots$,边界分别为 $S_1, S_2, \cdots$. 为简单起见,设区域内导体以外区域含一种均匀介质(突出导体). 所讨论区域(除去导体以后的区域)称为 V'.

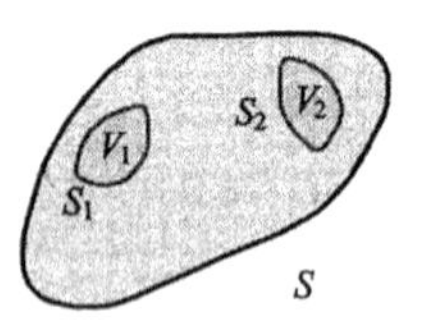

图 2.2.3

$$V' = V - V_1 - V_2 - \cdots$$

而 V' 的边界包括界面 S 以及每个导体的表面 S_i

$$S' = S + S_1 + S_2 + \cdots = S + \sum_i S_i$$

1. 第一类问题

定理　给定 V' 内的自由电荷分布 $\rho_f(\boldsymbol{x})$,给定各个导体上的电势 φ_i,给定 S 上的 $\varphi|_S$ 或 $\left.\frac{\partial\varphi}{\partial n}\right|_S$,则 V' 内的电场唯一地被确定.

这一类问题与上面所证明的问题无差异,即对于区域 V',$\rho_f(\boldsymbol{x})$ 已知;边界 $S' = S + \sum_i S_i$ 上 $\varphi|_{S'}$(边界 S 上的电势 $\varphi|_S$ 和各导体的表面 S_i 上的电势 φ_i)或 $\left.\frac{\partial\varphi}{\partial n}\right|_S$ 已知(各导体表面 S_i 上知电势 $\varphi|_i$、边界 S 上知 $\partial\varphi/\partial n|_S$ 亦可),则 V' 内的电场唯一地被确定.

2. 第二类问题

定理　给定 V' 内的自由电荷分布 $\rho_f(\boldsymbol{x})$,给定 S 上的 $\varphi|_S$ 或 $\left.\frac{\partial\varphi}{\partial n}\right|_S$,给定各个导体上的电荷 Q_i,则存在唯一的解,它在导体以外满足泊松方程

$$\nabla^2\varphi = -\rho_f/\varepsilon \tag{2-2-13}$$

在第 i 个导体上满足总电荷条件

$$-\oiint_{S_i} \frac{\partial\varphi}{\partial n}\mathrm{d}S = Q_i/\varepsilon \tag{2-2-14}$$

(式中 $\boldsymbol{n}$ 为导体面的外法线单位矢量)和等势面条件

$$\varphi|_{S_i} \equiv \varphi_i = \text{常数} \tag{2-2-15}$$

以及在 V 的边界 S 上

$$\varphi|_S \text{ 或 } \partial\varphi/\partial n|_S \text{ 之值给定} \tag{2-2-16}$$

证明 设有两个解 φ' 和 φ'' 满足上述条件，令

$$\Phi \equiv \varphi' - \varphi''$$

则 Φ 满足的方程为

$$\nabla^2 \Phi = 0(V' \text{ 内}) \tag{2-2-17}$$

由式(2-2-14)～(2-2-16)，边界条件为

$$-\oint_{S_i} \frac{\partial \Phi}{\partial n} dS = -\oint_{S_i} \frac{\partial \varphi'}{\partial n} dS + \oint_{S_i} \frac{\partial \varphi''}{\partial n} dS = 0 \tag{2-2-18}$$

$$\Phi|_{S_i} \equiv \Phi_i = \varphi'|_{S_i} - \varphi''|_{S_i} = \text{常数} \tag{2-2-19}$$

$$\Phi|_S = \varphi'|_S - \varphi''|_S = 0 \tag{2-2-20}$$

或

$$\left.\frac{\partial \Phi}{\partial n}\right|_S = \left.\frac{\partial \varphi'}{\partial n}\right|_S - \left.\frac{\partial \varphi''}{\partial n}\right|_S = 0 \tag{2-2-21}$$

在 S'(S'包括 S_i 和 S)上，由数学上的高斯定理和式(2-2-17)，有

$$\begin{aligned}\oint_{S'} \Phi \nabla \Phi \cdot d\boldsymbol{S} &= \iiint_{V_i} \nabla \cdot (\Phi \nabla \Phi) dV \\ &= \iiint_{V'} (\nabla \Phi)^2 dV + \iiint_{V'} \Phi \nabla^2 \Phi dV = \iiint_{V'} (\nabla \Phi)^2 dV \end{aligned} \tag{2-2-22}$$

如图 2.2.4 所示，导体表面 S_i 的单位法线矢量 $\boldsymbol{n}$ 指向导体的外部；而此 S_i 作为 V'的边界，S_i 的法线却应指向导体内部，所以 $d\boldsymbol{S} = -\boldsymbol{n} dS$，连同式(2-2-18)一起，有

$$\oint_{S_i} \Phi \nabla \Phi \cdot d\boldsymbol{S} = -\Phi_i \oint_{S_i} \frac{\partial \Phi}{\partial n} dS = 0 \tag{2-2-23}$$

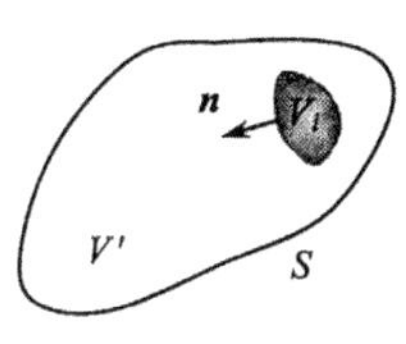

图 2.2.4

由式(2-2-21)，有

$$\oint_S \Phi \nabla \Phi \cdot d\boldsymbol{S} = 0 \tag{2-2-24}$$

所以式(2-2-22)左边

$$\oint_{S'} \Phi \nabla \Phi \cdot d\boldsymbol{S} = \oint_S \Phi \nabla \Phi \cdot d\boldsymbol{S} + \sum_i \oint_{S_i} \Phi \nabla \Phi \cdot d\boldsymbol{S} = 0 \tag{2-2-25}$$

因而右边

$$\iiint_{V'} (\nabla \Phi)^2 dV = 0 \tag{2-2-26}$$

由此得

$$\nabla \Phi = 0, \quad \Phi = \varphi' - \varphi'' = \text{常数}$$

即 φ'和 φ''至多只能相差一个常数，电场唯一确定.

3. 导体上的电荷分布

$$\sigma_f = -\varepsilon \frac{\partial \varphi}{\partial n}\bigg|_S \tag{2-2-27}$$

【例】 如图 2.2.5,两同心导体球壳之间充以两种介质,左半部电容率为 ε_1,右半部电容率为 ε_2. 设内球壳带总电荷 Q,外球壳接地,求电场和球壳上的电荷分布.

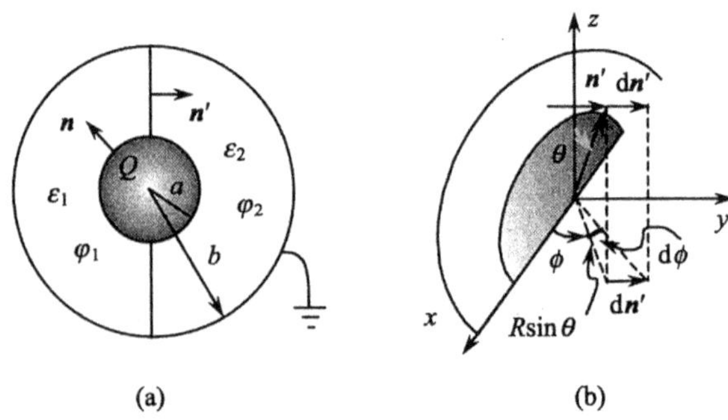

图 2.2.5

【解】 1) 定解问题:区域 $a<R<b$

方程

$$\nabla^2 \varphi = 0 \tag{2-2-28}$$

边界条件

$$R = b, \quad \varphi = 0 \tag{2-2-29}$$

$$R = a, \quad \begin{cases} \varphi = \text{常数} & (2\text{-}2\text{-}30) \\ \varepsilon_1 \dfrac{\partial \varphi}{\partial n}\bigg|_{R=a} = -\sigma_1(\text{左}) & (2\text{-}2\text{-}31) \\ \varepsilon_2 \dfrac{\partial \varphi}{\partial n}\bigg|_{R=a} = -\sigma_2(\text{右}) & (2\text{-}2\text{-}32) \end{cases}$$

边值关系

$$\phi = 0, \pi, \quad \begin{cases} \varphi_1 = \varphi_2 & (2\text{-}2\text{-}33) \\ \varepsilon_2 \dfrac{\partial \varphi_2}{\partial n'} - \varepsilon_1 \dfrac{\partial \varphi_1}{\partial n'} = 0 & (2\text{-}2\text{-}34) \end{cases}$$

由图 2.2.5(b),$dn' = R\sin\theta d\phi$,这时式(2-2-34)成为 $\varepsilon_2 \dfrac{\partial \varphi_2}{R\sin\theta \partial \phi} - \varepsilon_1 \dfrac{\partial \varphi_1}{R\sin\theta \partial \phi} = 0$,即

$$\varepsilon_2 \frac{\partial \varphi_2}{\partial \phi} - \varepsilon_1 \frac{\partial \varphi_1}{\partial \phi} = 0 \tag{2-2-35}$$

2) 尝试解

设电场保持球对称性

$$\varphi = \frac{c}{R} + d \tag{2-2-36}$$

c,d 为待定常数.

3) 验证(验证的过程即求待定常数的过程)

(1) 当 $R\neq 0$ 时,$\nabla^2\varphi=\nabla^2\left(\frac{c}{R}+d\right)=0$,方程满足;

(2) $R=b,\varphi=0$,即 $0=\frac{c}{b}+d$,所以

$$d = -\frac{c}{b} \tag{2-2-37}$$

(3) $R=a,\varphi=\frac{c}{a}+d=$常数,式(2-2-30)满足;

(4) 由式(2-2-31)、(2-2-32),对内球面积分

$$Q=\iint_{S_1}\sigma_1 \mathrm{d}S+\iint_{S_2}\sigma_2 \mathrm{d}S=\iint_{S_1}\left(-\varepsilon_1\frac{\partial\varphi_1}{\partial n}\right)\mathrm{d}S+\iint_{S_2}\left(-\varepsilon_2\frac{\partial\varphi_2}{\partial n}\right)\mathrm{d}S$$

注意到 $\boldsymbol{n}$ 由导体指向介质,所以 $\boldsymbol{n}/\!/\boldsymbol{R},\frac{\partial\varphi}{\partial n}=\frac{\partial\varphi}{\partial R}$,由此可得

$$c = \frac{Q}{2\pi(\varepsilon_1+\varepsilon_2)} \tag{2-2-38}$$

(5) $\varphi_1=\varphi_2=\frac{c}{R}+d$,式(2-2-33)满足;

(6) φ 与 ϕ 无关,$\varepsilon_2\frac{\partial\varphi_2}{\partial\phi}-\varepsilon_1\frac{\partial\varphi_1}{\partial\phi}=0$,式(2-2-35)满足;由式(2-2-36)~(2-2-38),电势为

$$\varphi = \frac{Q}{2\pi(\varepsilon_1+\varepsilon_2)}\left(\frac{1}{R}-\frac{1}{b}\right)$$

4) 求 $\boldsymbol{E},\sigma$

(1) $\boldsymbol{E}=-\nabla\varphi=-\frac{Q}{2\pi(\varepsilon_1+\varepsilon_2)}\nabla\left(\frac{1}{R}-\frac{1}{b}\right)=\frac{Q\boldsymbol{R}}{2\pi(\varepsilon_1+\varepsilon_2)R^3}$;

(2) 对于内球表面,$\frac{\partial\varphi}{\partial n}=\frac{\partial\varphi}{\partial R}$,由 $\sigma=-\varepsilon\left.\frac{\partial\varphi}{\partial n}\right|_S=-\varepsilon\left.\frac{\partial\varphi}{\partial R}\right|_S=\frac{\varepsilon Q}{2\pi(\varepsilon_1+\varepsilon_2)}\frac{1}{R^2}$,于是在 $R=a$ 的球面上

$$左边,\sigma_1=\frac{\varepsilon_1 Q}{2\pi(\varepsilon_1+\varepsilon_2)}\frac{1}{a^2};右边,\sigma_2=\frac{\varepsilon_2 Q}{2\pi(\varepsilon_1+\varepsilon_2)}\frac{1}{a^2}$$

外壳内表面,$\boldsymbol{n}$ 由导体指向介质,$\frac{\partial\varphi}{\partial n}=-\frac{\partial\varphi}{\partial R}$,在 $R=b$ 的球面上

$$左边,\sigma_1'=\frac{-\varepsilon_1 Q}{2\pi(\varepsilon_1+\varepsilon_2)}\frac{1}{b^2};右边,\sigma_2'=\frac{-\varepsilon_2 Q}{2\pi(\varepsilon_1+\varepsilon_2)}\frac{1}{b^2}$$

5) 讨论

导体面上的电荷面密度 σ 不具有球对称性. 但 $\boldsymbol{E}$ 却保持球对称性. 请解释这一点.

$\boldsymbol{E}$ 源于自由电荷和束缚电荷,还应求 σ_p. 由 $\sigma_p=-\boldsymbol{n}\cdot(\boldsymbol{P}_2-\boldsymbol{P}_1)$,$\boldsymbol{P}_1=\boldsymbol{D}_1-\varepsilon_0\boldsymbol{E}_1=(\varepsilon_1-\varepsilon_0)\boldsymbol{E}$,$\boldsymbol{P}_2=(\varepsilon_2-\varepsilon_0)\boldsymbol{E}$,得 $R=a$ 时

$$左边,\sigma_{1p}=-\boldsymbol{n}\cdot\boldsymbol{P}_1=-\frac{(\varepsilon_1-\varepsilon_0)Q}{2\pi(\varepsilon_1+\varepsilon_2)a^2};$$

$$右边,\sigma_{2p}=-\boldsymbol{n}\cdot\boldsymbol{P}_2=-\frac{(\varepsilon_2-\varepsilon_0)Q}{2\pi(\varepsilon_1+\varepsilon_2)a^2}.$$

总电荷面密度

$$左边:\sigma_1+\sigma_{1p}=\frac{\varepsilon_1 Q}{2\pi(\varepsilon_1+\varepsilon_2)}\frac{1}{a^2}-\frac{(\varepsilon_1-\varepsilon_0)Q}{2\pi(\varepsilon_1+\varepsilon_2)a^2}=\frac{\varepsilon_0 Q}{2\pi(\varepsilon_1+\varepsilon_2)a^2};$$

$$右边:\sigma_2+\sigma_{2p}=\frac{\varepsilon_2 Q}{2\pi(\varepsilon_1+\varepsilon_2)}\frac{1}{a^2}-\frac{(\varepsilon_2-\varepsilon_0)Q}{2\pi(\varepsilon_1+\varepsilon_2)a^2}=\frac{\varepsilon_0 Q}{2\pi(\varepsilon_1+\varepsilon_2)a^2}.$$

$\sigma_1+\sigma_{1p}=\sigma_2+\sigma_{2p}$,密度相等,故 $\boldsymbol{E}$ 对称.

2.3 拉普拉斯方程的分离变量法

在讨论了静电问题的一般公式,并说明静电学的基本问题是求满足给定边界条件的泊松方程的解之后,本节开始讨论具体求解静电边值问题的解析方法.

在许多实际问题中,静电场是由区域边界 S 上的电荷所产生,这些问题的特点是,电荷只出现在边界 S 上,区域 V 内 $\rho_f=0$. 电势 φ 满足拉普拉斯(Laplace)方程

$$\nabla^2\varphi=0 \tag{2-3-1}$$

而界面上的电荷作为边界条件处理.

如果区域 V 内 $\rho_f\neq0$,但此电荷的电场可直接写出为 $\varphi_{直}$,则空间电势 φ 应为 $\varphi_{直}$ 与感应电荷或极化电荷的电势 φ' 的叠加,

$$\varphi=\varphi_{直}+\varphi' \tag{2-3-2}$$

当介质极化均匀时,极化电荷只出现在界面上,φ' 满足拉普拉斯方程. 这里的两种情况都是求解拉普拉斯方程的边值问题.

2.3.1 通解的形式

根据问题的对称性选择通解的形式,本节均以球坐标系为例介绍分离变量法.

由分离变量法,设拉普拉斯方程中,

$$\varphi(R,\theta,\phi)=f(R)\Theta(\theta)\Phi(\phi) \tag{2-3-3}$$

于是拉普拉斯方程的通解为

$$\varphi(R,\theta,\phi)=\sum_{n,m}\left(a_{nm}R^n+\frac{b_{nm}}{R^{n+1}}\right)\mathrm{P}_n^m(\cos\theta)\cos m\phi+\sum_{n,m}\left(c_{nm}R^n+\frac{d_{nm}}{R^{n+1}}\right)\mathrm{P}_n^m(\cos\theta)\sin m\phi \tag{2-3-4}$$

式中 a_{nm},b_{nm},c_{nm}和 d_{nm} 均为待定常数,在具体问题中由边界条件定出. $\mathrm{P}_n^m(\cos\theta)$为关联勒让德(Legendre)函数.

若该问题具有轴对称性,取此轴为极轴,则电势 φ 不依赖于方位角 ϕ,这情形下通解为

$$\varphi=\sum_{n}\left(a_nR^n+\frac{b_n}{R^{n+1}}\right)\mathrm{P}_n(\cos\theta) \tag{2-3-5}$$

$\mathrm{P}_n(\cos\theta)$为勒让德函数,a_n 和 b_n 是待定常数,由边界条件确定.

若该问题具有球对称性,则通解为

$$\varphi=a+\frac{b}{R} \tag{2-3-6}$$

式中 a、b 是待定常数.

2.3.2 求解的具体方法

下面举一些具体例子说明解题的具体方法.

【例 1】 一个内径和外径分别为 R_2 和 R_3 的导体球壳,带电荷 Q,同心地包围着一半径为 R_1 的导体($R_1<R_2$),使这个导体球接地,如图2.3.1所示,求空间各点的电势和这个导体球的感应电荷.

【解】 1) 坐标系 选原点在球心的球坐标系,规定原点电势为 0:$\varphi|_{R=0}=0$.

2) 方程 因导体以外区域为真空,且 $\rho_f=0$,所以$\nabla^2\varphi=0$.

3) 通解 这问题有球对称性,导体壳内、外电势的通解分别为

$$\varphi_1=a+\frac{b}{R}\quad(R>R_3) \tag{2-3-7}$$

$$\varphi_2=c+\frac{d}{R}\quad(R_2>R>R_1) \tag{2-3-8}$$

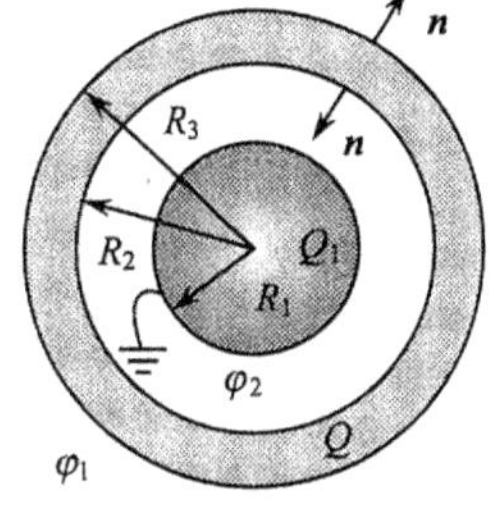

图 2.3.1

a,b,c,d 为待定常数.

4) 边值关系和边界条件

(1) 内导体球接地,因而有

$$\varphi_2|_{R=R_1}=\varphi_1|_{R\to\infty}=0 \tag{2-3-9}$$

(2) 整个导体球壳为等势体，故有

$$\varphi_2 \big|_{R=R_2} = \varphi_1 \big|_{R=R_3} \tag{2-3-10}$$

(3) 球壳带总电荷 Q，由 $\sigma=-\varepsilon\frac{\partial\varphi}{\partial n}$，由图可见，$\frac{\partial\varphi_1}{\partial n}=\frac{\partial\varphi_1}{\partial R}$，$\frac{\partial\varphi_2}{\partial n}=-\frac{\partial\varphi_2}{\partial R}$，因而

$$-\oiint_{R=R_3}\frac{\partial\varphi_1}{\partial R}R^2\mathrm{d}\Omega+\oiint_{R=R_2}\frac{\partial\varphi_2}{\partial R}R^2\mathrm{d}\Omega=\frac{Q}{\varepsilon_0} \tag{2-3-11}$$

5) 求解

把 φ_1 和 φ_2 代入式(2-3-9)，得

$$a=0, c=-d/R_1 \tag{2-3-12}$$

于是

$$\varphi_1=\frac{b}{R}, \varphi_2=\frac{d}{R}-\frac{d}{R_1} \tag{2-3-13}$$

由式(2-3-10)，得

$$b=R_3 d\left(\frac{1}{R_2}-\frac{1}{R_1}\right) \tag{2-3-14}$$

由式(2-3-13)，得

$$\frac{\partial\varphi_1}{\partial R}=-\frac{b}{R^2}, \frac{\partial\varphi_2}{\partial R}=-\frac{d}{R^2}$$

代入式(2-3-11)，得

$$b-d=\frac{Q}{4\pi\varepsilon_0} \tag{2-3-15}$$

由式(2-3-12)、(2-3-14)和式(2-3-15)可解得

$$d=\frac{Q_1}{4\pi\varepsilon_0}, \quad b=\frac{Q}{4\pi\varepsilon_0}+\frac{Q_1}{4\pi\varepsilon_0}, \quad c=-\frac{Q_1}{4\pi\varepsilon_0 R_1} \tag{2-3-16}$$

其中 $Q_1=-\frac{R_3^{-1}}{R_1^{-1}-R_2^{-1}+R_3^{-1}}Q<0$. 从而由式(2-3-13)，电势的解为

$$\begin{aligned}\varphi_1&=\frac{Q+Q_1}{4\pi\varepsilon_0 R} \quad (R>R_3)\\ \varphi_2&=\frac{Q_1}{4\pi\varepsilon_0}\left(\frac{1}{R}-\frac{1}{R_1}\right) \quad (R_2>R>R_1)\end{aligned} \tag{2-3-17}$$

导体球上的感应电荷为

$$-\varepsilon_0\oiint_{R=R_1}\frac{\partial\varphi_2}{\partial R}R^2\mathrm{d}\Omega=Q_1 \tag{2-3-18}$$

【例 2】 半径为 R，电容率为 ε 的均匀介质球置于均匀外电场 $\boldsymbol{E}_0$ 中，球外为真空，求电势.

【解】 介质球在外电场中被均匀极化，在它表面上产生**束缚电荷**，如图 2.3.2 所示. 这些束缚电荷激发的电场叠加在原外电场 $\boldsymbol{E}_0$ 上，得总电场 $\boldsymbol{E}$. 束缚电荷分布和总电场 $\boldsymbol{E}$ 互相制约，边界条件正确地反映这种制约关系.

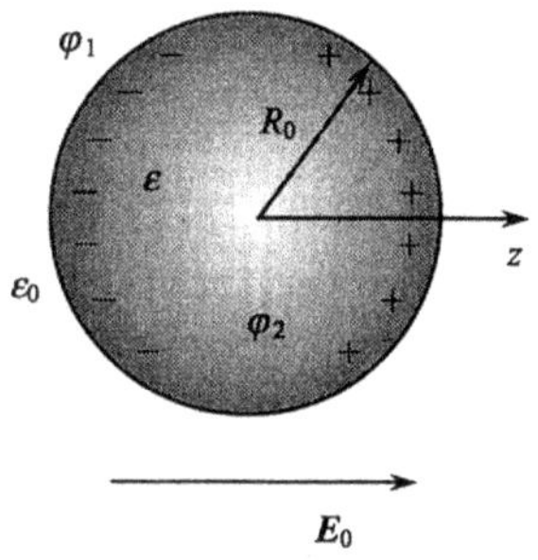

图 2.3.2

1）坐标系

选原点在球心的球坐标系. 规定介质球置入前坐标原点

$$\varphi\,|_{R=0}=0 \tag{2-3-19}$$

2）方程

$$介质分区均匀,\begin{cases}球外:\nabla^2\varphi_1=0\\ 球内:\nabla^2\varphi_2=0\end{cases} \tag{2-3-20}$$

3）通解

解具有轴对称性，选 z 轴沿 $\boldsymbol{E}_0$ 的方向，z 轴为对称轴.

$$球外:\varphi_1=\sum_n\left(a_nR^n+\frac{b_n}{R^{n+1}}\right)\mathrm{P}_n(\cos\theta) \tag{2-3-21}$$

$$球内:\varphi_2=\sum_n\left(c_nR^n+\frac{d_n}{R^{n+1}}\right)\mathrm{P}_n(\cos\theta) \tag{2-3-22}$$

其中 a_n,b_n,c_n,d_n 是待定常数.

4）边值关系和边界条件　求解

（1）$R\to\infty$ 时，$\boldsymbol{E}\to\boldsymbol{E}_0$，$\varphi_1(\boldsymbol{R})=\varphi_{外场}(\boldsymbol{R})+\varphi_{束}(\boldsymbol{R})$，这时，$\varphi_{束}\to 0$，所以 $\varphi_1(\boldsymbol{R})=\varphi_{外场}(\boldsymbol{R})$，由图 2.3.3 可见

$$\varphi_{外场}(\boldsymbol{R})-\varphi_{外场}(0)=-\int_0^R\boldsymbol{E}_0\cdot\mathrm{d}\boldsymbol{R}=-\boldsymbol{E}_0\cdot\boldsymbol{R}=-E_0R\cos\theta$$

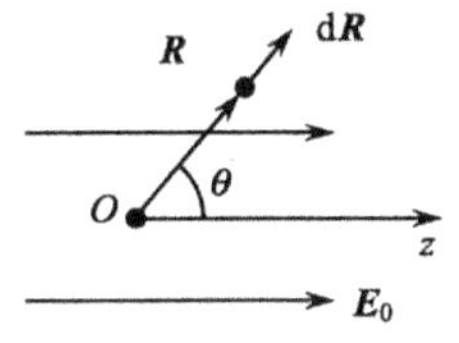

图 2.3.3

我们规定导体球置入前，球心电势为零的理由就在于选上面的 $\varphi_{外场}(0)=0$. 所以

$$\varphi_1(\boldsymbol{R})=-E_0R\cos\theta=-E_0R\mathrm{P}_1(\cos\theta)$$

代入通解(2-3-21)，当 $R\to\infty$ 时，

$$\varphi_1(\infty)=\sum_n a_nR^n\mathrm{P}_n(\cos\theta)=-E_0R\mathrm{P}_1(\cos\theta)$$

比较等式两边 $\mathrm{P}_n(\cos\theta)$ 的系数，得

$$a_1=-E_0,a_n=0(n\neq 1) \tag{2-3-23}$$

于是，式(2-3-21)为

$$\varphi_1=-E_0R\mathrm{P}_1(\cos\theta)+\sum_n\frac{b_n}{R^{n+1}}\mathrm{P}_n(\cos\theta) \tag{2-3-24}$$

(2) $R=0$ 处,φ_2 应为有限值,因此 $d_n=0$,式(2-3-22)为

$$\varphi_2=\sum_n c_n R^n \mathrm{P}_n(\cos\theta) \tag{2-3-25}$$

(3) 在介质球面上,$\varphi_1|_{R=R_0}=\varphi_2|_{R=R_0}$,即

$$-E_0R_0\mathrm{P}_1(\cos\theta)+\sum_n\frac{b_n}{R_0^{n+1}}\mathrm{P}_n(\cos\theta)=\sum_n c_nR_0^n\mathrm{P}_n(\cos\theta) \tag{2-3-26}$$

(4) 在介质球面上,$\varepsilon_0\left.\dfrac{\partial\varphi_1}{\partial R}\right|_{R=R_0}=\varepsilon\left.\dfrac{\partial\varphi_2}{\partial R}\right|_{R=R_0}$,即

$$-E_0\mathrm{P}_1(\cos\theta)-\sum_n\frac{(n+1)b_n}{R_0^{n+2}}\mathrm{P}_n(\cos\theta)=\frac{\varepsilon}{\varepsilon_0}\sum_n nc_nR_0^{n-1}\mathrm{P}_n(\cos\theta) \tag{2-3-27}$$

比较式(2-3-26)和式(2-3-27)中 P_1 的系数得

$$\begin{cases}-E_0R_0+\dfrac{b_1}{R_0^2}=c_1R_0\\[2ex]-E_0-\dfrac{2b_1}{R_0^3}=\dfrac{\varepsilon}{\varepsilon_0}c_1\end{cases}$$

由此解得

$$b_1=\frac{\varepsilon-\varepsilon_0}{\varepsilon+2\varepsilon_0}E_0R_0^3,\quad c_1=-\frac{3\varepsilon_0}{\varepsilon+2\varepsilon_0}E_0 \tag{2-3-28}$$

比较式(2-3-26)和式(2-3-27)中其他 P_n 项的系数可得

$$\begin{cases}\dfrac{b_n}{R_0^{n+1}}=c_nR_0^n & \text{(a)}\\[2ex]-\dfrac{(n+1)b_n}{R_0^{n+2}}=\dfrac{\varepsilon}{\varepsilon_0}nc_nR_0^{n-1} & \text{(b)}\end{cases}$$

这里可以以 c_n、b_n 为轴作一直角坐标系如图 2.3.4,两方程在此坐标系中是两条交点在坐标原点的直线,由两直线的交点得

$$b_n=c_n=0,\quad n\neq 1 \tag{2-3-29}$$

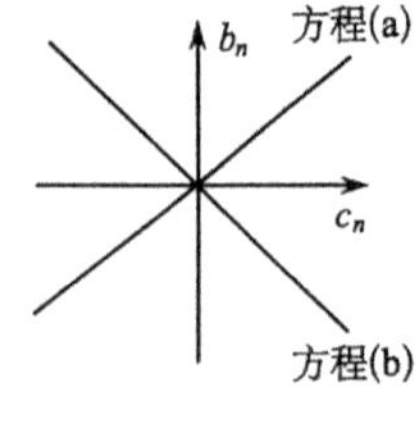

图 2.3.4

于是,由式(2-3-24)和式(2-3-25)得本问题的解为

$$\varphi_1=-E_0R\cos\theta+\frac{\varepsilon-\varepsilon_0}{\varepsilon+2\varepsilon_0}\frac{E_0R_0^3\cos\theta}{R^2}$$

$$\varphi_2=-\frac{3\varepsilon_0}{\varepsilon+2\varepsilon_0}E_0R\cos\theta$$

5) 解的物理意义

(1) 球内电场为

$$\boldsymbol{E}_2=-\nabla\varphi_2=\frac{3\varepsilon_0}{\varepsilon+2\varepsilon_0}E_0\nabla z=\frac{3\varepsilon_0}{\varepsilon+2\varepsilon_0}\boldsymbol{E}_0<\boldsymbol{E}_0 \tag{2-3-30}$$

这是由于介质球极化后在右半球面上产生正束缚电荷，在左半球面上产生负束缚电荷，因而在球内束缚电荷激发的场与原外场反向，使总电场减弱. 由 $\boldsymbol{E}_2=\boldsymbol{E}_0+\boldsymbol{E}_{束}$，得

$$\boldsymbol{E}_{束}=\boldsymbol{E}_2-\boldsymbol{E}_0=-\frac{\varepsilon-\varepsilon_0}{\varepsilon+2\varepsilon_0}\boldsymbol{E}_0 \tag{2-3-31}$$

（2）在球内总电场作用下，介质的极化强度为

$$\boldsymbol{P}=\chi_e\varepsilon_0\boldsymbol{E}_2=(\varepsilon-\varepsilon_0)\boldsymbol{E}_2=\frac{\varepsilon-\varepsilon_0}{\varepsilon+2\varepsilon_0}3\varepsilon_0\boldsymbol{E}_0 \tag{2-3-32}$$

介质球的总电偶极矩为

$$\boldsymbol{p}=\frac{4\pi}{3}R_0^3\boldsymbol{P}=\frac{\varepsilon-\varepsilon_0}{\varepsilon+2\varepsilon_0}4\pi\varepsilon_0R_0^3\boldsymbol{E}_0 \tag{2-3-33}$$

此电偶极矩所产生的电势

$$\varphi_{束}=\frac{1}{4\pi\varepsilon_0}\frac{\boldsymbol{p}\cdot\boldsymbol{R}}{R^3}=\frac{\varepsilon-\varepsilon_0}{\varepsilon+2\varepsilon_0}\frac{E_0R_0^3}{R^2}\cos\theta \tag{2-3-34}$$

φ_1 中的第二项正是这个电偶极矩所产生的电势.

2.4 静电镜像法

在很多情形下，求解电场的区域内有电荷，这时则不能简单地利用上一节所介绍的分离变量法. 一种重要的特殊情形是区域内只有一个或几个点电荷，区域边界是规则的导体或介质界面. 现在介绍解这类问题的一种特殊方法.

2.4.1 求解的基本思想

如图 2.4.1 所示，导体外有一点电荷 Q. 我们希望求出导体外面空间中的电场，这电场包括点电荷 Q 所激发的电场和导体上感应电荷所激发的电场. 但是，感应电荷的分布及其所激发的电场不易计算. 那么，能否在导体内部引入某个或某几个假想的点电荷来代替导体面上的感应电荷对空间中电场的影响呢？当然，按照唯一性定理，引入的假想电荷不能影响泊松方程，由此所求得的解还得满足边界条件. 如果用这代换确实能够满足边界条件，根据唯一性定理，则我们所设想的假想电荷就可以用来代替导体面上的感应电荷分布，从而问题的解可以简单地表示出来.

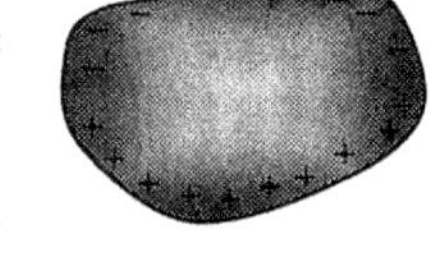

图 2.4.1

因此，这里求解的基本思想是：引进一些假想电荷（**像电荷**）来代替感应（或极化）电荷的作用. 也即是说，把求解区域的电势看作为原电荷的电势 $\varphi_{原}$ 和像电荷的电势 $\varphi_{像}$ 的叠加.

$$\varphi=\varphi_{原}+\varphi_{像}$$

用这样的模型求解静电问题的方法就称为**静电镜像法**.

2.4.2 求解的具体方法

下面以例子说明像电荷引入的原则和求解方法.

【例 1】 接地无限大平面导体板附近有一点电荷 Q,到导体板的距离为 a,求空间中的电场.

【解】 1) 选直角坐标系,规定电势参考点

$$\varphi\Big|_{R\to\infty}=0 \tag{2-4-1}$$

2) 分析电场线分布,引入像电荷

从物理上分析,在点电荷 Q 的电场作用下,导体板上出现感应电荷分布. 若 Q 为正,则感应电荷为负. 空间中的电场是由给定的点电荷 Q 以及导体面上的感应电荷共同激发,而另一方面感应电荷分布又是在总电场作用下达到平衡的结果. 平衡的条件就是导体的静电条件,即导体表面为一等势面. 所以这问题的边界条件是

$$\varphi=\text{常数(导体面上)} \tag{2-4-2}$$

或者说,电场线必须与导体平板垂直.

问题的关键是怎样才能满足这一边界条件!

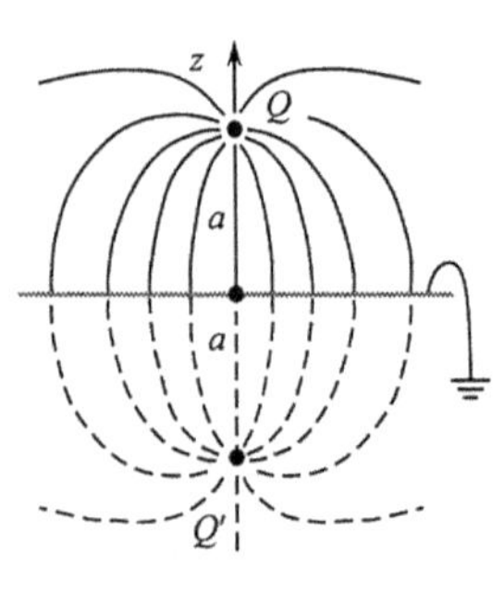

图 2.4.2

我们设想,感应电荷对空间电场的作用可用一个假想电荷来代替. 如图 2.4.2,设想在导体板下方与电荷 Q 对称的位置上放一个假想电荷 Q'. 既然 Q' 代替了感应电荷的作用,则导体板连同感应电荷不应再存在. 若 $Q'=-Q$,则假想电荷 Q' 与给定电荷 Q 激发的总电场如图所示,由对称性容易看出,在原导体板平面上,电场线处处与它正交,因而边界条件得到满足. 因此,导体板上的感应电荷确实可以用板下方一个假想电荷 Q' 代替. Q' 称为 Q 的镜像电荷(简称像电荷).

3) 用唯一性定理判断解的正确性

考虑原电荷和像电荷的共同作用而提出一个尝试解,看看是否满足泊松方程和边界条件. 如能满足,根据唯一性定理,这个解就是唯一正确的.

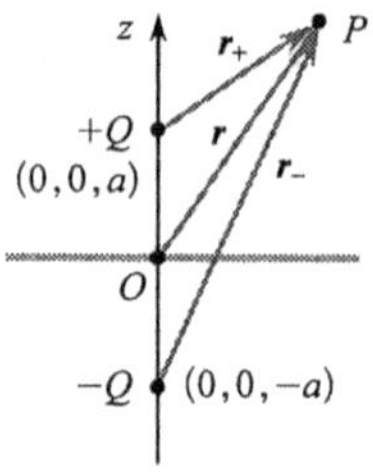

如图 2.4.3,在 $z>0$ 区域

(1) 定解问题

$$\text{方程:}\nabla^2\varphi=-\frac{Q}{\varepsilon_0}\delta^3(x-0,y-0,z-a)$$

$$=-\frac{Q}{\varepsilon_0}\delta^3(\boldsymbol{r}_+) \tag{2-4-3}$$

图 2.4.3

边界条件：
$$\varphi|_{z=0}=0 \tag{2-4-4}$$
$$\varphi|_{R\to\infty}=0 \tag{2-4-5}$$

(2) 按电像法写出尝试解

$$\varphi(P)=\frac{1}{4\pi\varepsilon_0}\left(\frac{Q}{r_+}+\frac{-Q}{r_-}\right) \tag{2-4-6}$$

式中 $r_+=\sqrt{x^2+y^2+(z-a)^2}$，$r_-=\sqrt{x^2+y^2+(z+a)^2}$.

(3) 验证：利用三维 δ 函数，当 $r_+\geqslant 0$ 时，$\delta^3(\boldsymbol{r}_+)=-\dfrac{1}{4\pi}\nabla^2\dfrac{1}{r_+}$.

(i) 将式(2-4-6)代入式(2-4-3)，场点 P 是上半平面中的任意点，这时 $r_-\neq 0$，$\nabla^2\dfrac{1}{r_-}=0$；而 $r_+\geqslant 0$，$\nabla^2\dfrac{1}{r_+}=-4\pi\delta^3(\boldsymbol{r}_+)$. 故

$$\begin{aligned}\nabla^2\varphi(P)&=\frac{Q}{4\pi\varepsilon_0}\left(\nabla^2\frac{1}{r_+}-\nabla^2\frac{1}{r_-}\right)=\frac{Q}{4\pi\varepsilon_0}[-4\pi\delta^3(\boldsymbol{r}_+)]\\&=-\frac{Q}{\varepsilon_0}\delta^3(\boldsymbol{r}_+)\end{aligned}$$

方程得到满足.

方程得到满足是由于像电荷$-Q$在求解区域之外. 因此在求解区域之外引入像电荷不破坏泊松方程.

(ii) $\varphi|_{z=0}=\dfrac{1}{4\pi\varepsilon_0}\left(\dfrac{Q}{\sqrt{x^2+y^2+(z-a)^2}}+\dfrac{-Q}{\sqrt{x^2+y^2+(z+a)^2}}\right)\Bigg|_{z=0}=0$

边界条件式(2-4-4)得到满足. 这一点可直接从图中看出. 这一类的边界条件从图中观察很解决问题.

(iii) $\varphi|_{R\to\infty}=0$.

至此可知尝试解既满足方程又满足所有的边界条件，由唯一性定理，它是唯一正确的解. 这说明用像电荷代替感应电荷的贡献是行得通的.

4) 引进像电荷的原则

通过上述讨论，我们发现，如何引入像电荷是电像法的关键所在. 通过这个例子我们总结出引进原则之一：①像电荷必须在求解区域之外引入.

但仅仅满足原则①是不够的，还必须考虑所引入的像电荷不破坏边界条件，由此得第二条原则.

②像电荷的位置与大小要根据边界条件由电场线的汇聚情况来决定.

下面以另一例题来说明这一点.

【例 2】 真空中有一半径为 R_0 的接地导体球，距球心为 $a(a>R_0)$ 的 A 点有一点电荷 Q，求空间各点的电势(图 2.4.4).

【解】 1) 选原点在球心的球坐标系，规定电势参考点

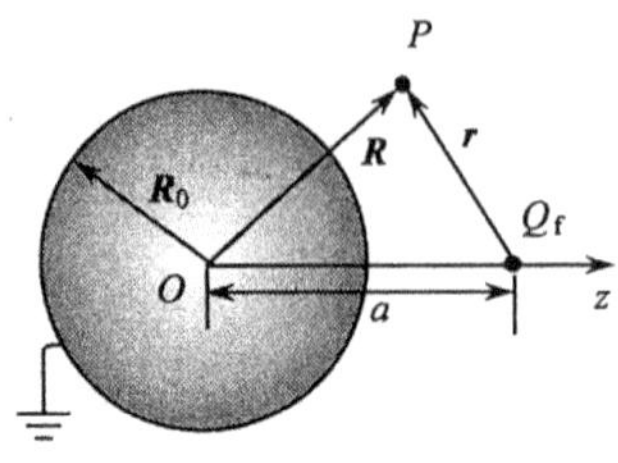

图 2.4.4

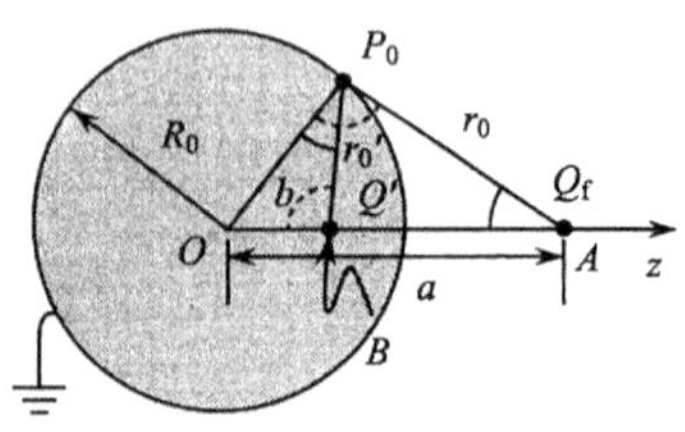

图 2.4.5

$$\varphi|_{R\to\infty}=0 \tag{2-4-7}$$

2）定解问题

球外区域

$$\nabla^2\varphi=-\frac{Q}{\varepsilon_0}\delta^3(x-0,y-0,z-a) \tag{2-4-8}$$

$$\varphi|_{R\to\infty}=0 \tag{2-4-9}$$

$$\varphi|_{R=R_0}=0 \tag{2-4-10}$$

3）引进像电荷，提出尝试解

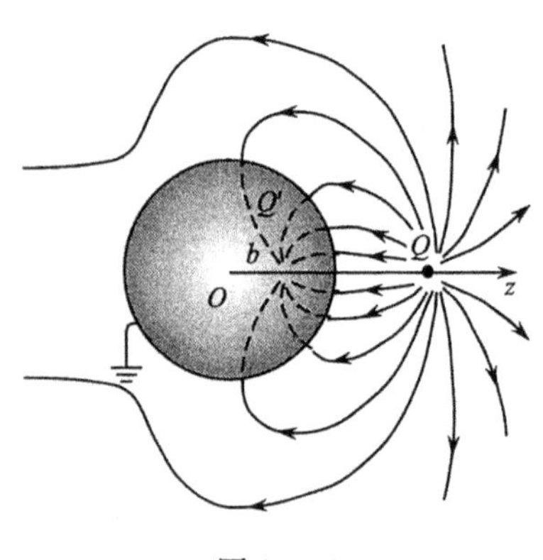

图 2.4.6

如图 2.4.6 所示，按照电场线的汇聚情况，我们在球内 z 轴上距原点 O 距离为 b 的 B 处引入像电荷 Q'（图 2.4.5）. 如此引入像电荷不会破坏求解区域的泊松方程（2-4-8），满足式（2-4-9）是不成问题的. 为了满足式（2-4-10），我们将 Q' 和 b 作为待定参数，选择适当的 Q' 和 b，使式（2-4-10）得到满足. 换句话说，利用式（2-4-10）来确定 Q' 和 b.

尝试解为

$$\varphi=\frac{Q}{4\pi\varepsilon_0 r}+\frac{Q'}{4\pi\varepsilon_0 r'} \tag{2-4-11}$$

4）将尝试解代入定解条件式（2-4-10），确定待定参数 Q' 和 b

如图 2.4.5 所示，考虑球面上任一点 P_0，边界条件要求

$$\varphi_0=\frac{Q}{4\pi\varepsilon_0 r_0}+\frac{Q'}{4\pi\varepsilon_0 r_0'}=0,\text{即}\frac{Q}{r_0}+\frac{Q'}{r_0'}=0$$

因为 Q,Q' 是常数，所以 $\frac{r_0'}{r_0}=-\frac{Q'}{Q}=$ 常数. 关键是能否找到一点 B，使得 $\frac{r_0'}{r_0}=$ 常数.

事实上，只要选点 B 的位置使 $\triangle OBP_0\sim\triangle OP_0A$，则 $\frac{BP_0}{P_0A}=\frac{OB}{OP_0}=\frac{OP_0}{OA}$，即 $\frac{r_0'}{r_0}=\frac{b}{r_0}=$

$\frac{R_0}{a}$=常数. 于是可得

$$b=\frac{R_0^2}{a},\quad Q'=-\frac{R_0}{a}Q \tag{2-4-12}$$

这就是像电荷 Q'的位置和大小. 由此可得球外任一点 P 的电势为

$$\begin{aligned}\varphi&=\frac{Q}{4\pi\varepsilon_0 r}+\frac{Q'}{4\pi\varepsilon_0 r'}=\frac{1}{4\pi\varepsilon_0}\left(\frac{Q}{r}-\frac{R_0Q}{ar'}\right)\\&=\frac{1}{4\pi\varepsilon_0}\left(\frac{Q}{\sqrt{R^2+a^2-2Ra\cos\theta}}-\frac{R_0Q/a}{\sqrt{R^2+b^2-2Rb\cos\theta}}\right)\end{aligned} \tag{2-4-13}$$

式中 r 为由 A 到 P 点的距离,r'为由 B 到 P 点的距离,R 为由球心 O 到 P 点的距离,θ 为$\overline{OP}$与 z 轴的夹角.

【例 3】 如上例,但导体球不接地且带电荷 Q_0,求球外电势,并求电荷 Q 所受的力.

【解】 1) 选球坐标系,定电势参考点(图 2.4.7)

$$\varphi\big|_{R\to\infty}=0 \tag{2-4-14}$$

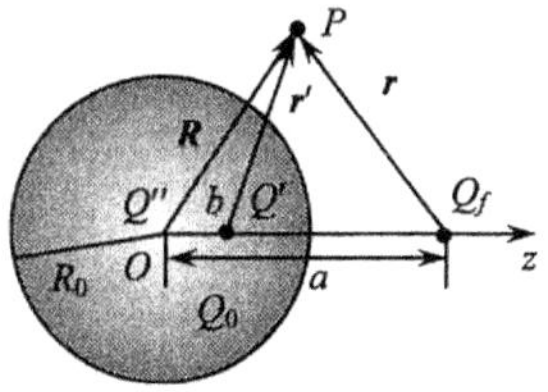

2) 定解问题

$$\nabla^2\varphi=-\frac{Q}{\varepsilon_0}\delta^3(x-0,y-0,z-a) \tag{2-4-15}$$

$$\varphi\big|_{R\to\infty}=0 \tag{2-4-16}$$

$$\oiint_S-\varepsilon_0\frac{\partial\varphi}{\partial R}\mathrm{d}S=Q_0 \tag{2-4-17}$$

$$\varphi\big|_{R=R_0}=常数\neq 0 \tag{2-4-18}$$

图 2.4.7

3) 引入像电荷

(1) 引入 Q': 在图 2.4.7 中,如上例所述,如果仍在 $b=\frac{R_0^2}{a}$处引入$Q'=-\frac{R_0}{a}Q$,则式(2-4-15)和式(2-4-16)满足,式(2-4-18)部分满足,此时式(2-4-18)中$\varphi|_{R=R_0}=0$;但式(2-4-17)满足不了,因引入 Q'时球面电荷为 $\oiint_S-\varepsilon_0\frac{\partial\varphi}{\partial R}\mathrm{d}S=Q'$,而不是 Q_0.

(2) 引入 Q'':为了保证 $\oiint_S-\varepsilon_0\frac{\partial\varphi}{\partial R}\mathrm{d}S=Q_0$,引入一个像电荷 Q'是不解决问题的,还得另找一个像电荷 Q'',令 $Q'+Q''=Q_0$,于是

(i) $\oiint_S-\varepsilon_0\frac{\partial\varphi}{\partial R}\mathrm{d}S=Q_0$,式(2-4-17)满足;

(ii) Q''的位置在球内不破坏式(2-4-15),它是点电荷不会破坏式(2-4-16),要求不破坏式(2-4-18),即是说引入 Q''后球面仍应为等势面(但此时不是上面的$\varphi|_{R=R_0}=0$),Q''只能在球心,其真实意义是 Q''均匀分布于球面.

至此,定解问题都得到了满足,因而可提出尝试解.

4) 尝试解

$$\varphi=\frac{1}{4\pi\varepsilon_0}\left(\frac{Q}{r}+\frac{Q'}{r'}+\frac{Q''}{R}\right) \tag{2-4-19}$$

其中 $r=\sqrt{R^2+a^2-2Ra\cos\theta}$, $r'=\sqrt{R^2+b^2-2Rb\cos\theta}$, $b=\frac{R_0^2}{a}$, $Q'=-\frac{R_0}{a}Q$, $Q''=Q_0-Q'=Q_0+\frac{R_0}{a}Q$.

5) 求作用力 F

Q 所受的力相当于 Q' 和 Q'' 对 Q 的作用力. 由库仑定律

$$4\pi\varepsilon_0 F=\frac{Q(Q_0-Q')}{a^2}+\frac{QQ'}{(a-b)^2} \tag{2-4-20}$$

式中第二项是吸引力,而且当 $a\to R_0$ 时这项的数值大于第一项,由此可见,即使 Q 与 Q_0 同号,只要 Q 距球面足够近,它就可能受到导体球的吸引力. 这是由于感应作用,虽然整个导体的总电荷是正的,但在靠近 Q 的球面部分的感应负电荷的作用力超过了其他地方正电荷的作用力.

【例 4】 如图 2.4.8 所示,设有两种各充满半无穷空间的均匀各向同性介质,两者的分界面为一平面,有自由点电荷 q 位于介质 1 中,求电势分布.

【解】 1) 坐标系和方程

如图 2.4.8 所示,取分界面为 $z=0$ 平面,点电荷 q 的坐标为 $(0,0,a)$,于是泊松方程为

$$\nabla^2\varphi=-\frac{q}{\varepsilon_1}\delta^3(x-0,y-0,z-a) \tag{2-4-21}$$

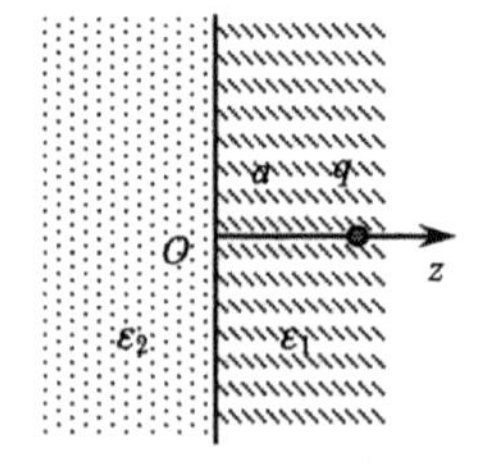

图 2.4.8

2) 边界条件

在 $z=0$ 的界面上, $\varphi_1|_{z=0}=\varphi_2|_{z=0}$ (2-4-22)

$$\varepsilon_1\left(\frac{\partial\varphi}{\partial z}\right)\bigg|_1=\varepsilon_2\left(\frac{\partial\varphi}{\partial z}\right)\bigg|_2 \tag{2-4-23}$$

因电荷分布有限,所以

$$\varphi|_{R\to\infty}=0 \tag{2-4-24}$$

3) 尝试解

如图 2.4.9(a),对于 $z>0$ 区域,像电荷 q' 在 $(0,0,-a')$,现在像电荷 q' 代替了介质 ε_2 的作用,使用了像电荷 q',则整个空间应视为充满介质 ε_1,所以电势为

$$\varphi_1=\frac{q}{4\pi\varepsilon_1\sqrt{x^2+y^2+(z-a)^2}}+\frac{q'}{4\pi\varepsilon_1\sqrt{x^2+y^2+(z+a')^2}} \tag{2-4-25}$$

如图 2.4.9(b),对于 $z<0$ 区域,由于界面为平面,根据对称性的考虑,如

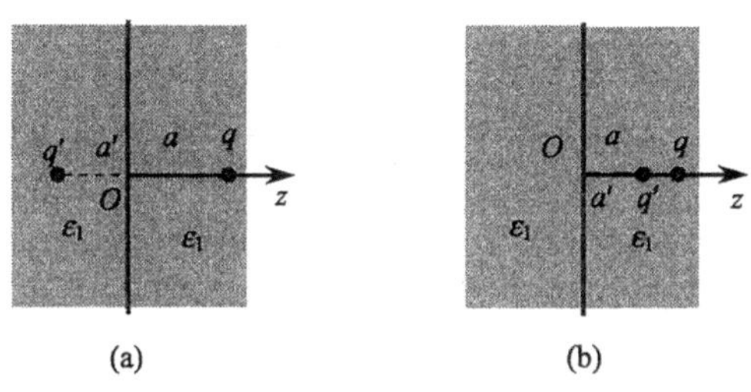

图 2.4.9

图 2.4.9(b),束缚电荷的贡献就相当于$(0,0,a')$处的点电荷q'的贡献

$$\varphi_2=\frac{q}{4\pi\varepsilon_1\sqrt{x^2+y^2+(z-a)^2}}+\frac{q'}{4\pi\varepsilon_1\sqrt{x^2+y^2+(z-a')^2}} \tag{2-4-26}$$

4) 验证 定系数

φ_1,φ_2满足式(2-4-21)和(2-4-24)是显然的. 将φ_1,φ_2代入式(2-4-22)和(2-4-23),让其得到满足可定出待定系数q'和a'.

由式(2-4-22),可得一恒等式,仅由此式得不出什么积极结果. 为方便,令$a'=a$. 由式(2-4-23)可得

$$q'=\frac{\varepsilon_1-\varepsilon_2}{\varepsilon_1+\varepsilon_2}q \tag{2-4-27}$$

根据唯一性定理,得到此问题的解为

$$\varphi_1=\frac{1}{4\pi\varepsilon_1}\left(\frac{q}{\sqrt{x^2+y^2+(z-a)^2}}+\frac{\varepsilon_1-\varepsilon_2}{\varepsilon_1+\varepsilon_2}\frac{q}{\sqrt{x^2+y^2+(z+a)^2}}\right) \tag{2-4-28}$$

$$\varphi_2=\frac{1}{2\pi(\varepsilon_1+\varepsilon_2)}\frac{q}{\sqrt{x^2+y^2+(z-a)^2}} \tag{2-4-29}$$

5) 讨论

(1) 当$\varepsilon_2\gg\varepsilon_1$时,

$$q'\simeq -q \tag{2-4-30}$$

$$\varphi_1\simeq\frac{1}{4\pi\varepsilon_1}\left(\frac{q}{\sqrt{x^2+y^2+(z-a)^2}}-\frac{q}{\sqrt{x^2+y^2+(z+a)^2}}\right) \tag{2-4-31}$$

$$\begin{aligned}\varphi_2&=\frac{1}{2\pi\varepsilon_1(1+\varepsilon_2/\varepsilon_1)}\frac{q}{\sqrt{x^2+y^2+(z-a)^2}}\\&\simeq\frac{1}{\varepsilon_2/\varepsilon_1}\frac{q}{2\pi\varepsilon_1\sqrt{x^2+y^2+(z-a)^2}}\simeq 0\end{aligned} \tag{2-4-32}$$

若$\varepsilon_1=\varepsilon_0$为真空,则

$$\varphi_1 \simeq \frac{1}{4\pi\varepsilon_0}\left(\frac{q}{\sqrt{x^2+y^2+(z-a)^2}}-\frac{q}{\sqrt{x^2+y^2+(z+a)^2}}\right) \tag{2-4-33}$$

与电像法中的例 1 完全一样，说明当绝缘介质的介电常量 ε(此题的 ε_2)→∞时，其效果相当于导体；

(2) 当 $\varepsilon_2 \ll \varepsilon_1$ 时，

$$q' \simeq q \tag{2-4-34}$$

像电荷与原电荷符号相同. 这时

$$\varphi_1 \simeq \frac{1}{4\pi\varepsilon_1}\left(\frac{q}{\sqrt{x^2+y^2+(z-a)^2}}+\frac{q}{\sqrt{x^2+y^2+(z+a)^2}}\right) \tag{2-4-35}$$

$$\varphi_2 \simeq \frac{1}{2\pi\varepsilon_1}\frac{q}{\sqrt{x^2+y^2+(z-a)^2}} \tag{2-4-36}$$

在 $z=0$ 平面

$$\left.\frac{\partial\varphi_1}{\partial n}\right|_{z=0}=\left.\frac{\partial\varphi_1}{\partial z}\right|_{z=0}=0 \tag{2-4-37}$$

这时电场 $\boldsymbol{E}$ 无法向分量，电场线与界面平行！下一例题正要用到这一结论.

【例 5】 设有两平面围成的直角形无穷容器，其内充满电导率为 σ 的液体. 如图 2.4.10，取该容器的两平面为 xz 面和 yz 面，在(x_0, y_0, z_0)和$(x_0, y_0, -z_0)$两点分别置正负电极并通以电流 I，求导电液体中的电势.

【解】 液体中电场由正、负电极所带电荷产生，以(x_0, y_0, z_0)为球心作一球形高斯面包围正电极，则 $\oint\!\!\!\oint_S \boldsymbol{E}\cdot d\boldsymbol{S}=\frac{Q_+}{\varepsilon_0}$，其中 Q_+ 是正电极上所带的自由电荷. 但

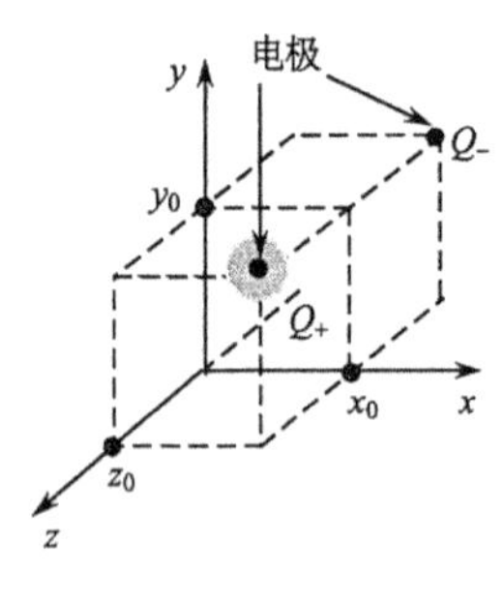

图 2.4.10

$$\begin{aligned}\oint\!\!\!\oint_S \boldsymbol{E}\cdot d\boldsymbol{S} &= \oint\!\!\!\oint_{S_{液}} \boldsymbol{E}_{液}\cdot d\boldsymbol{S}_{液}+\iint_{S_{导线}} \boldsymbol{E}_{导线}\cdot d\boldsymbol{S}_{导线}\\ &= \iint_{S_{液}} \frac{\boldsymbol{J}_{液}\cdot d\boldsymbol{S}_{液}}{\sigma}+\iint_{S_{导线}} \frac{\boldsymbol{J}_{导线}\cdot d\boldsymbol{S}_{导线}}{\sigma_{导线}}\\ &\simeq \iint_{S_{液}} \frac{\boldsymbol{J}_{液}\cdot d\boldsymbol{S}_{液}}{\sigma}=\frac{I}{\sigma}\ (\sigma_{导线}\to\infty)\end{aligned}$$

由此可得

$$Q_+=\varepsilon_0\frac{I}{\sigma} \tag{2-4-38}$$

同理，在负电极上所带的自由电荷为

$$Q_-=-\varepsilon_0\frac{I}{\sigma} \tag{2-4-39}$$

电势 φ 所满足的方程为

$$\nabla^2\varphi = -\frac{1}{\varepsilon_0}[Q_+\,\delta^3(x-x_0, y-y_0, z-z_0) + Q_-\,\delta^3(x-x_0, y-y_0, z+z_0)]$$

将式(2-4-38)和(2-4-39)代入即得

$$\nabla^2\varphi = -\frac{I}{\sigma}[\delta^3(x-x_0, y-y_0, z-z_0) - \delta^3(x-x_0, y-y_0, z+z_0)] \tag{2-4-40}$$

在 $x=0, y=0$ 界面上，$J_n=0=\sigma E_n=-\sigma\left.\frac{\partial\varphi}{\partial n}\right|_{\substack{x=0,\\y=0}}=0$，即

$$\left.\frac{\partial\varphi}{\partial n}\right|_{y=0}=0, \left.\frac{\partial\varphi}{\partial n}\right|_{x=0}=0 \quad \text{或} \quad E_n|_{y=0}=0, E_n|_{x=0}=0 \tag{2-4-41}$$

这说明电场没有法向分量．由上一题的讨论结果可知，这时像电荷与原电荷符号必须相同，为满足此边界条件，应引入如下六个像电荷

$$Q_+(-x_0, y_0, z_0), Q_+(-x_0, -y_0, z_0), Q_+(x_0, -y_0, z_0)$$

$$Q_-(-x_0, y_0, -z_0), Q_-(-x_0, -y_0, -z_0), Q_-(x_0, -y_0, -z_0) \tag{2-4-42}$$

求出了像电荷的位置和大小，余下的问题则不难解决，这些留给读者来完成．

电像法解题步骤

(1) 选坐标系，定电势参考点．

(2) 分区写出定解问题．

(3) 由电场线会聚情况的分析引入像电荷，原则是

① 像电荷在求解区域之外引入，不改变泊松方程；

② 像电荷的位置和大小可包含待定参数，由边界条件确定．

(4) 以像电荷代替感应电荷或极化电荷提出尝试解．

(5) 验证，由唯一性定理得知它是唯一正确的解．

2.5 静电场的多极展开

在许多物理问题中，电荷只分布于一个小区域内，而需要求电场强度的地点又距离电荷分布区域比较远，即电荷系统到场点的距离 r 远大于区域 V 的线度 l．在这种情况下，对场进行各级近似计算在科学研究中是很适用的．例如原子核的电荷分布于 $\sim 10^{-13}$ cm 线度的范围内，而原子内电子到原子核的距离 $\sim 10^{-8}$ cm，因此原子核作用到电子上的电场可以用本节方法求得各级近似值．

2.5.1 电多极展开的物理思想

图 2.5.1 给出了几种**电多极子**示意图，统称为电 2^l 极子，其中点电荷、电偶极

子在电磁学中已作过介绍.

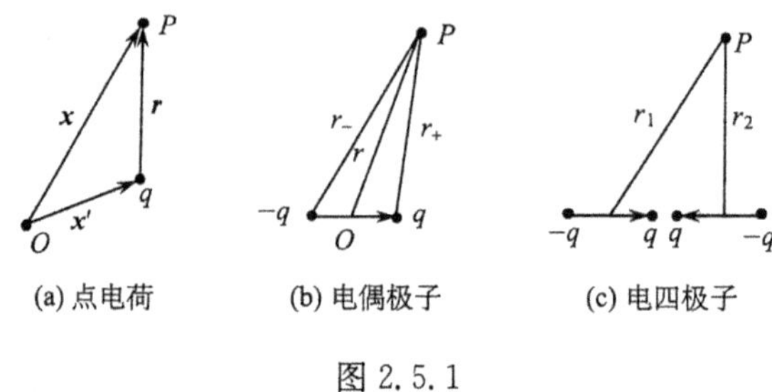

(a) 点电荷 (b) 电偶极子 (c) 电四极子

图 2.5.1

点电荷 q(电 2^0 极子)所激发的电势为

$$\varphi^{(0)}=\frac{q}{4\pi\varepsilon_0 r}\propto\frac{1}{r} \tag{2-5-1}$$

一对相隔一微小距离 l 的等量异号点电荷 $\pm q$ 的电偶极子 $\boldsymbol{p}$(电 2^1 极子)所激发的电势为

$$\varphi^{(1)}=\varphi_+^{(0)}+\varphi_-^{(0)}\simeq\frac{\boldsymbol{p}\cdot\boldsymbol{r}}{4\pi\varepsilon_0 r^3}\propto\frac{1}{r^2} \tag{2-5-2}$$

一对相隔一微小距离的等量反向的电偶极子 $\pm\boldsymbol{p}$ 构成电四极子(电 2^2 极子),类似上述的近似计算,其所激发的电势为

$$\varphi^{(2)}=\varphi_1^{(1)}+\varphi_2^{(1)}=\frac{\boldsymbol{p}\cdot\boldsymbol{r}_1}{4\pi\varepsilon_0 r_1^3}+\frac{\boldsymbol{p}\cdot\boldsymbol{r}_2}{4\pi\varepsilon_0 r_2^3}\propto\frac{1}{r^3} \tag{2-5-3}$$

由上述三式可见,点电荷、电偶极子、电四极子、…所激发的电势分别与 $\frac{1}{r}$、$\frac{1}{r^2}$、$\frac{1}{r^3}$、…成正比. 因此,各种电 2^l 极子的电荷系统在远处所激发的电势,其数值将随 l 的增加而减少.

现在用⊕表示正电荷 $+q$,用●表示负电荷 $-q$,用○表示等量的正、负电荷 $\pm q$ 重合在一起. 为方便起见,这里设带电体为球形,其几何中心在球心,而带电体的电中心偏离几何中心,在这种情况下,电荷系统才能作电多极展开. 如图 2.5.2(a)所示电荷轴对称的电荷系统,在本来没有电荷的几何中心处放置重合在一起的 $\pm q$,则电荷系统(a)可分解成电荷系统(b)、(c)的组合(图(c)去掉两个○). 这时电荷系统(b)的电中心与几何中心重合,相当于一个点电荷系统,电荷系统(c)是一电偶极子,其电中心与几何中心不重合. 用同样的方法,电荷系统(c)可分解成电荷系统(d)、(e)的组合,得到一个电中心与几何中心重合的电偶极子和一个电中心与几何中心不重合的电四极子. 电荷系统(e)可继续分解成电荷系统(f)、(g)的组合,电荷系统(f)的电中心与几何中心重合,……这样,电荷系统(a)就分解成电荷系统(b)、 (d)、(f)、(g)、…的组合，这就是**电多极展开**.

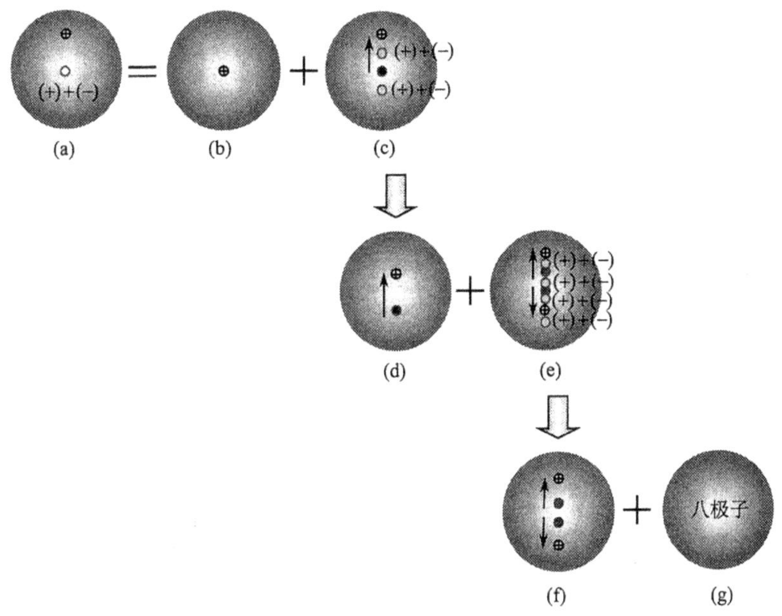

图 2.5.2

2.5.2 多元函数泰勒展开

为讨论电多极展开，这里首先证明两个数学表达式. 设 $\boldsymbol{x}'$ 为源点坐标，在小区域 V 内变动，坐标原点在 V 内，而 $\boldsymbol{x}$ 为场点坐标. 证明当 $|\boldsymbol{x}|=R\gg|\boldsymbol{x}'|$ 时，

$$f(\boldsymbol{r})=f(\boldsymbol{x}-\boldsymbol{x}')=f(\boldsymbol{x})-\boldsymbol{x}'\cdot\nabla f(\boldsymbol{x})+\frac{1}{2}(\boldsymbol{x}'\cdot\nabla)^2 f(\boldsymbol{x})+\cdots \quad (2\text{-}5\text{-}4)$$

$$\frac{1}{r}=\frac{1}{R}-(\boldsymbol{x}'\cdot\nabla)\frac{1}{R}+\frac{1}{2}(\boldsymbol{x}'\cdot\nabla)^2\frac{1}{R}+\cdots \quad (2\text{-}5\text{-}5)$$

证明 利用一元函数的泰勒公式来证明，为此首先将三元函数改为一元函数，将 $f(\boldsymbol{x}-\boldsymbol{x}')$ 改为 $f(\boldsymbol{x}-\boldsymbol{x}'t)\equiv F(t)$，对 t 展开，最后令 $t=1$，则得到 $f(\boldsymbol{x}-\boldsymbol{x}')$ 的展开式.

(1) 令

$$F(t)\equiv f(\boldsymbol{x}-\boldsymbol{x}'t)=f(x-x't,y-y't,z-z't) \quad (2\text{-}5\text{-}6)$$

其中 $t\leqslant 1$. 由 $F(t)$ 的泰勒公式，有

$$F(t)=F(0)+F'(0)t+\frac{1}{2}F''(0)t^2+\cdots \quad (2\text{-}5\text{-}7)$$

令 $t=1$，则有

$$F(1)=F(0)+F'(0)+\frac{1}{2}F''(0)+\cdots \quad (2\text{-}5\text{-}8)$$

而

$$F(1)=f(\boldsymbol{x}-\boldsymbol{x}'),\quad F(0)=f(\boldsymbol{x})$$

$$F'(0)=\left.\frac{\mathrm{d}F(t)}{\mathrm{d}t}\right|_{t=0}=\left.\frac{\mathrm{d}f(\boldsymbol{x}-\boldsymbol{x}'t)}{\mathrm{d}t}\right|_{t=0}=\sum_{i=1}^{3}\frac{\partial f(\boldsymbol{x}-\boldsymbol{x}'t)}{\partial(x_i-x'_it)}\cdot\left.\frac{\partial(x_i-x'_it)}{\partial t}\right|_{t=0}$$

$$=-\sum_{i=1}^{3}x'_i\frac{\partial f(\boldsymbol{x})}{\partial x_i}=-(\boldsymbol{x}'\cdot\nabla)f(\boldsymbol{x})=-(\boldsymbol{x}'\cdot\nabla)F(t)\mid_{t=0}$$

与上式比较可得

$$F''(0)=\left.\frac{\mathrm{d}F'(t)}{\mathrm{d}t}\right|_{t=0}=-(\boldsymbol{x}'\cdot\nabla)F'(t)\mid_{t=0}=(\boldsymbol{x}'\cdot\nabla)^2f(\boldsymbol{x})$$

将这些函数代入式(2-5-8),得

$$f(\boldsymbol{r})=f(\boldsymbol{x}-\boldsymbol{x}')=f(\boldsymbol{x})-\boldsymbol{x}'\cdot\nabla f(\boldsymbol{x})+\frac{1}{2}(\boldsymbol{x}'\cdot\nabla)^2f(\boldsymbol{x})+\cdots \tag{2-5-9}$$

(2) 再令 $f(\boldsymbol{x}-\boldsymbol{x}')\equiv\frac{1}{|\boldsymbol{x}-\boldsymbol{x}'|}=\frac{1}{r}$,则 $f(\boldsymbol{x})\equiv\frac{1}{|\boldsymbol{x}|}=\frac{1}{R}$,代入式(2-5-9),有

$$\frac{1}{r}=\frac{1}{R}-(\boldsymbol{x}'\cdot\nabla)\frac{1}{R}+\frac{1}{2}(\boldsymbol{x}'\cdot\nabla)^2\frac{1}{R}+\cdots \tag{2-5-10}$$

2.5.3 电势的多极展开

真空中给定电荷密度 $\rho(\boldsymbol{x}')$激发的电势为

$$\varphi(\boldsymbol{x})=\iiint_V\frac{\rho(\boldsymbol{x}')\mathrm{d}V'}{4\pi\varepsilon_0 r} \tag{2-5-11}$$

式中体积分遍及电荷分布区域.

在区域 V 内取一点 O 作为坐标原点,以 R 表示由原点到场点 P 的距离,有

$$\frac{1}{r}=\frac{1}{R}-(\boldsymbol{x}'\cdot\nabla)\frac{1}{R}+\frac{1}{2}(\boldsymbol{x}'\cdot\nabla)^2\frac{1}{R}+\cdots$$

$$\begin{cases}=\dfrac{1}{R}-\boldsymbol{x}'\cdot\nabla\dfrac{1}{R}+\dfrac{1}{2}\sum_{ij}x'_ix'_j\dfrac{\partial^2}{\partial x_i\partial x_j}\dfrac{1}{R}+\cdots & (2\text{-}5\text{-}12)\\[2ex] =\dfrac{1}{R}-\boldsymbol{x}'\cdot\nabla\dfrac{1}{R}+\dfrac{1}{2}\boldsymbol{x}'\boldsymbol{x}':\nabla\nabla\dfrac{1}{R}+\cdots & (2\text{-}5\text{-}13)\end{cases}$$

式中的半边大括号表示该式的两种平行的表达式,下同. 把展开式(2-5-12)和式(2-5-13)代入式(2-5-11)中得

$$\varphi(\boldsymbol{x})=\begin{cases}\dfrac{1}{4\pi\varepsilon_0}\iiint_V\rho(\boldsymbol{x}')\left(\dfrac{1}{R}-\boldsymbol{x}'\cdot\nabla\dfrac{1}{R}+\dfrac{1}{2}\sum_{ij}x'_ix'_j\dfrac{\partial^2}{\partial x_i\partial x_j}\dfrac{1}{R}+\cdots\right)\mathrm{d}V'\\[2ex] \dfrac{1}{4\pi\varepsilon_0}\iiint_V\rho(\boldsymbol{x}')\left(\dfrac{1}{R}-\boldsymbol{x}'\cdot\nabla\dfrac{1}{R}+\dfrac{1}{2}\boldsymbol{x}'\boldsymbol{x}':\nabla\nabla\dfrac{1}{R}+\cdots\right)\mathrm{d}V'\end{cases}$$

$$
=\begin{cases}\dfrac{1}{4\pi\varepsilon_0}\left\{\dfrac{1}{R}\left[\iiint_V\rho(\boldsymbol{x}')\mathrm{d}V'\right]-\left[\iiint_V\rho(\boldsymbol{x}')\boldsymbol{x}'\mathrm{d}V'\right]\cdot\nabla\dfrac{1}{R}\right.\\ \qquad\left.+\dfrac{1}{6}\sum_{ij}\left[\iiint_V 3\rho(\boldsymbol{x}')x_i'x_j'\mathrm{d}V'\right]\dfrac{\partial^2}{\partial x_i\partial x_j}\dfrac{1}{R}+\cdots\right\} & (2\text{-}5\text{-}14)\\ \dfrac{1}{4\pi\varepsilon_0}\left\{\dfrac{1}{R}\left[\iiint_V\rho(\boldsymbol{x}')\mathrm{d}V'\right]-\left[\iiint_V\rho(\boldsymbol{x}')\boldsymbol{x}'\mathrm{d}V'\right]\cdot\nabla\dfrac{1}{R}\right.\\ \qquad\left.+\dfrac{1}{6}\left[\iiint_V 3\rho(\boldsymbol{x}')\boldsymbol{x}'\boldsymbol{x}'\mathrm{d}V'\right]:\nabla\nabla\dfrac{1}{R}+\cdots\right\} & (2\text{-}5\text{-}15)\end{cases}
$$

令

$$Q=\iiint_V\rho(\boldsymbol{x}')\mathrm{d}V' \tag{2-5-16}$$

$$\boldsymbol{p}=\iiint_V\rho(\boldsymbol{x}')\boldsymbol{x}\mathrm{d}V' \tag{2-5-17}$$

$$D_{ij}=\iiint_V 3x_i'x_j'\rho(\boldsymbol{x}')\mathrm{d}V' \tag{2-5-18}$$

$$\overset{\leftrightarrow}{\boldsymbol{D}}=\iiint_V 3\rho(\boldsymbol{x}')\boldsymbol{x}'\boldsymbol{x}'\mathrm{d}V' \tag{2-5-19}$$

其中 Q 是体系的总电荷，$\boldsymbol{p}$ 是体系的电偶极矩，$\overset{\leftrightarrow}{\boldsymbol{D}}$是体系的电四极矩张量，$D_{ij}$ 是$\overset{\leftrightarrow}{\boldsymbol{D}}$的 ij 分量，它们的意义下面再讨论. 则上式可写为

$$
\varphi(\boldsymbol{x})=\begin{cases}\dfrac{1}{4\pi\varepsilon_0}\left[\dfrac{Q}{R}-\boldsymbol{p}\cdot\nabla\dfrac{1}{R}+\dfrac{1}{6}\sum_{ij}D_{ij}\dfrac{\partial^2}{\partial x_i\partial x_j}\dfrac{1}{R}+\cdots\right] & (2\text{-}5\text{-}20)\\ \dfrac{1}{4\pi\varepsilon_0}\left[\dfrac{Q}{R}-\boldsymbol{p}\cdot\nabla\dfrac{1}{R}+\dfrac{1}{6}\overset{\leftrightarrow}{\boldsymbol{D}}:\nabla\nabla\dfrac{1}{R}+\cdots\right] & (2\text{-}5\text{-}21)\end{cases}
$$

$$\equiv\varphi^{(0)}+\varphi^{(1)}+\varphi^{(2)}+\cdots$$

此式是电荷体系激发的势在远处的多极展开式.

2.5.4 电多极势 展开式中各项的物理意义

1. 点电荷势

展开式的第一项所对应的电势为

$$\varphi^{(0)}=\frac{Q}{4\pi\varepsilon_0 R} \tag{2-5-22}$$

这是由式(2-5-16)所表示的位于原点的点电荷所激发的势. 因此作为第一级近似，可把电荷体系看作全部电荷集中于原点的点电荷，它所激发的势就是 $\varphi^{(0)}$.

2. 电偶极势

展开式的第二项所对应的电势为

$$\varphi^{(1)}=-\frac{1}{4\pi\varepsilon_0}\boldsymbol{p}\cdot\nabla\frac{1}{R}=\frac{\boldsymbol{p}\cdot\boldsymbol{R}}{4\pi\varepsilon_0 R^3} \tag{2-5-23}$$

它是由式(2-5-17)所表示的电偶极矩 $\boldsymbol{p}$ 所激发的势,这在电磁学中讨论相距一微小距离 l 的两个点电荷 $\pm q$ 的电偶极子的电势时得到过. 这里 $\boldsymbol{p}$ 的表达式(2-5-17)是电偶极矩的定义式. 由此可见,电偶极矩形成的条件是:如果一个体系的电荷分布对原点对称,则它的电偶极矩为零. 因为这时 $\boldsymbol{x}'$ 点和 $-\boldsymbol{x}'$ 点有相同电荷密度:$\rho\boldsymbol{x}'+\rho(-\boldsymbol{x}')=0$;积分即是作和,所以 $\boldsymbol{p}=\iiint_V\rho(\boldsymbol{x}')\boldsymbol{x}'\mathrm{d}V'$ 的积分值为零. 因此,只有对原点不对称的电荷分布才有电偶极矩.

3. 电四极子势

电四极子是由大小相等方向相反的电偶极子组成的体系,如图 2.5.3 所示

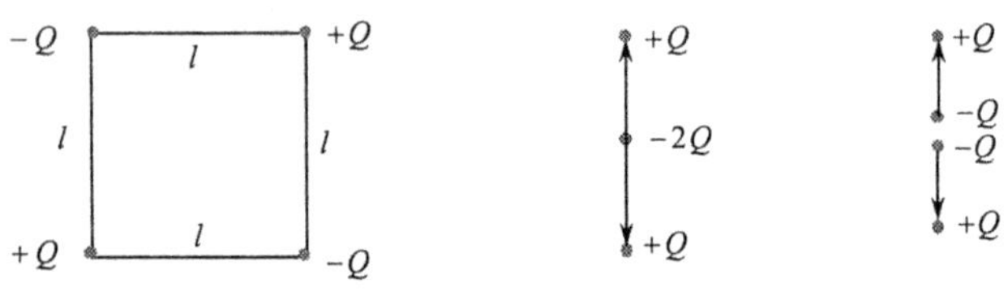

图 2.5.3

式(2-5-19)是电四极子的电四极矩的并矢形式,式(2-5-18)是其分量形式,它们之间的关系为

$$\begin{aligned}\overset{\leftrightarrow}{\boldsymbol{D}}&=\iiint_V 3\rho(\boldsymbol{x}')\boldsymbol{x}'\boldsymbol{x}'\mathrm{d}V'=\iiint_V 3\sum_{ij}\rho(\boldsymbol{x}')x_i'x_j'\boldsymbol{e}_i\boldsymbol{e}_j\mathrm{d}V'\\&=\sum_{ij}\left[\iiint_V 3\rho(\boldsymbol{x}')x_i'x_j'\mathrm{d}V'\right]\boldsymbol{e}_i\boldsymbol{e}_j=\sum_{ij}D_{ij}\boldsymbol{e}_i\boldsymbol{e}_j\end{aligned} \tag{2-5-24}$$

分量形式可从并矢形式经过如下计算得到

$$\begin{aligned}D_{ij}&=\boldsymbol{e}_i\cdot\overset{\leftrightarrow}{\boldsymbol{D}}\cdot\boldsymbol{e}_j=\iiint_V 3(\boldsymbol{e}_i\cdot\boldsymbol{x}')(\boldsymbol{x}'\cdot\boldsymbol{e}_j)\rho(\boldsymbol{x}')\mathrm{d}V'\\&=\iiint_V 3x_i'x_j'\rho(\boldsymbol{x}')\mathrm{d}V'\end{aligned} \tag{2-5-25}$$

由式(2-5-21)和式(2-5-20),电四极矩的势为

$$\varphi^{(2)}=\frac{1}{4\pi\varepsilon_0}\frac{1}{6}\overset{\leftrightarrow}{\boldsymbol{D}}:\nabla\nabla\frac{1}{R}=\frac{1}{4\pi\varepsilon_0}\frac{1}{6}\sum_{ij}D_{ij}\frac{\partial^2}{\partial x_i\partial x_j}\frac{1}{R} \tag{2-5-26}$$

根据式(2-5-18),电四极矩张量是对称张量,下面来讨论其中某一分量的物理意义,其他分量类似.

如图 2.5.4 所示，z 轴上一对正电荷和一对负电荷组成的体系. 这体系可以看作由一对电偶极子$+\boldsymbol{p}$和$-\boldsymbol{p}$组成. 设正电荷位于$z=\pm b$，负电荷位于$z=\pm a$，这体系的总电荷$Q=0$，因而$\varphi^{(0)}=0$；总电偶极矩$\boldsymbol{P}=0$，因而$\varphi^{(1)}=0$；可求其电四极矩的势，但需先求出电荷密度分布

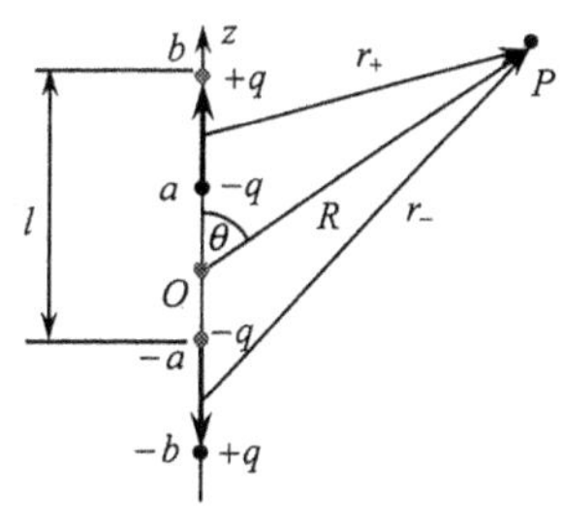

图 2.5.4

$$\rho(\boldsymbol{x}')=q\delta^3(\boldsymbol{x}'-b\boldsymbol{e}_z)-q\delta^3(\boldsymbol{x}'-a\boldsymbol{e}_z)-q\delta^3(\boldsymbol{x}'+a\boldsymbol{e}_z)+q\delta^3(\boldsymbol{x}'+b\boldsymbol{e}_z) \tag{2-5-27}$$

代入式(2-5-19)可得电四极矩张量

$$\begin{aligned}\overset{\leftrightarrow}{\boldsymbol{D}}&=\iiint_V 3\rho(\boldsymbol{x}')\boldsymbol{x}'\boldsymbol{x}'\mathrm{d}V\\&=\iiint_V 3q[\delta^3(\boldsymbol{x}'-b\boldsymbol{e}_z)-\delta^3(\boldsymbol{x}'-a\boldsymbol{e}_z)-\delta^3(\boldsymbol{x}'+a\boldsymbol{e}_z)+\delta^3(\boldsymbol{x}'+b\boldsymbol{e}_z)]\boldsymbol{x}'\boldsymbol{x}'\mathrm{d}V'\\&=3q[bb\boldsymbol{e}_z\boldsymbol{e}_z-aa\boldsymbol{e}_z\boldsymbol{e}_z-(-a)(-a)\boldsymbol{e}_z\boldsymbol{e}_z+(-b)(-b)\boldsymbol{e}_z\boldsymbol{e}_z]\\&=6q(b^2-a^2)\boldsymbol{e}_z\boldsymbol{e}_z=6pl\boldsymbol{e}_z\boldsymbol{e}_z\equiv D_{33}\boldsymbol{e}_z\boldsymbol{e}_z\end{aligned} \tag{2-5-28}$$

其中$D_{33}=6pl$，$p=q(b-a)$是一对电荷的电偶极矩，$l=b+a$是两个电偶极子中心的距离.

这电荷系统产生的电势是一对反向电偶极子所产生的电势

$$\begin{aligned}\varphi&=-\frac{1}{4\pi\varepsilon_0}p\frac{\partial}{\partial z}\frac{1}{r_+}+\frac{1}{4\pi\varepsilon_0}p\frac{\partial}{\partial z}\frac{1}{r_-}\\&=-\frac{1}{4\pi\varepsilon_0}p\frac{\partial}{\partial z}\left(\frac{1}{r_+}-\frac{1}{r_-}\right)\simeq-\frac{1}{4\pi\varepsilon_0}p\frac{\partial}{\partial z}\left(-l\frac{\partial}{\partial z}\frac{1}{R}\right)\\&=\frac{1}{4\pi\varepsilon_0}pl\frac{\partial^2}{\partial z^2}\frac{1}{R}=\frac{1}{4\pi\varepsilon_0}\frac{1}{6}D_{33}\frac{\partial^2}{\partial z^2}\frac{1}{R}\end{aligned} \tag{2-5-29}$$

这正是展开式第三项式(2-5-26)的一个特例. 由此可见，D_{33}是描述位于 z 轴上一对反向电偶极子的物理量.

下面讨论电四极矩D_{ij}的独立分量.

由D_{ij}的定义

$$D_{ij}=\iiint_V 3x'_i x'_j\rho(\boldsymbol{x}')\mathrm{d}V'=\iiint_V 3x'_j x'_i\rho(\boldsymbol{x}')\mathrm{d}V'=D_{ji} \tag{2-5-30}$$

所以电四极矩张量D_{ij}是对称张量，它有 6 个不同的分量，但实际上只有 5 个独立分量. 下面来证明这一点.

当$R\neq0$时，有

$$\nabla^2\frac{1}{R}=0 \tag{2-5-31}$$

利用符号 $\delta_{ij}=\begin{cases}1, & i=j\\0, & i\neq j\end{cases}$，上式可写为

$$\nabla^2\frac{1}{R}=\sum_i\frac{\partial^2}{\partial x_i^2}\frac{1}{R}=\sum_{i,j}\delta_{ij}\frac{\partial^2}{\partial x_i\partial x_j}\frac{1}{R}=0 \tag{2-5-32}$$

这里用到了 δ_{ij} 的挑选性

$$\sum_j\delta_{ij}a_ib_j=\delta_{i1}a_ib_1+\delta_{i2}a_ib_2+\cdots\delta_{ii}a_ib_i+\cdots=a_ib_i$$

即对 j 作和时，将和式中变量 $j=i$ 的那一项挑选了出来. 将式(2-5-32)乘以 $-\frac{1}{4\pi\varepsilon_0}\frac{1}{6}r'^2\rho(\boldsymbol{x}')\mathrm{d}V'$ 并对 $\boldsymbol{x}'$ 积分

$$-\frac{1}{4\pi\varepsilon_0}\frac{1}{6}\iiint_V r'^2\rho(\boldsymbol{x}')\mathrm{d}V'\sum_{i,j}\delta_{ij}\frac{\partial^2}{\partial x_i\partial x_j}\frac{1}{R}=0 \tag{2-5-33}$$

将它加到式(2-5-26)电四极矩的势中，考虑到式(2-5-18)，得

$$\begin{aligned}\varphi^{(2)}&=\frac{1}{4\pi\varepsilon_0}\frac{1}{6}\sum_{ij}D_{ij}\frac{\partial^2}{\partial x_i\partial x_j}\frac{1}{R}-\frac{1}{4\pi\varepsilon_0}\frac{1}{6}\iiint_V r'^2\rho(\boldsymbol{x}')\mathrm{d}V'\sum_{i,j}\delta_{ij}\frac{\partial^2}{\partial x_i\partial x_j}\frac{1}{R}\\&=\frac{1}{4\pi\varepsilon_0}\frac{1}{6}\sum_{ij}\left[\iiint_V(3x_i'x_j'-r'^2\delta_{ij})\rho(\boldsymbol{x}')\mathrm{d}V'\right]\frac{\partial^2}{\partial x_i\partial x_j}\frac{1}{R}\end{aligned} \tag{2-5-34}$$

重新定义电四极矩张量

$$\mathscr{D}_{ij}=\iiint_V(3x_i'x_j'-r'^2\delta_{ij})\rho(\boldsymbol{x}')\mathrm{d}V' \tag{2-5-35}$$

$\mathscr{D}_{ij}$ 称为约化电四极矩张量. 将式(2-5-35)代入式(2-5-34)，得到与式(2-5-26)类似的表达式

$$\varphi^{(2)}=\frac{1}{4\pi\varepsilon_0}\frac{1}{6}\sum_{i,j}\mathscr{D}_{ij}\frac{\partial^2}{\partial x_i\partial x_j}\frac{1}{R} \tag{2-5-36}$$

尽管 $\mathscr{D}_{ij}\neq D_{ij}$，但它们所激发的电势都是 $\varphi^{(2)}$，故而可用 $\mathscr{D}_{ij}$ 来计算电势 $\varphi^{(2)}$. 约化电四极矩张量满足关系

$$\begin{aligned}\mathscr{D}_{11}+\mathscr{D}_{22}+\mathscr{D}_{33}&=\iiint_V[(3x_1'^2-r'^2)+(3x_2'^2-r'^2)+(3x_3'^2-r'^2)]\rho(\boldsymbol{x}')\mathrm{d}V'\\&=\iiint_V[3(x_1'^2+x_2'^2+x_3'^2)-3r'^2]\rho(\boldsymbol{x}')\mathrm{d}V'=0\end{aligned} \tag{2-5-37}$$

因而计算电四极矩的势的电四极矩张量 $\mathscr{D}_{ij}$ 只有 5 个独立分量.

约化电四极矩张量并矢形式可写为

$$\begin{aligned}\overset{\leftrightarrow}{\mathscr{D}}&=\iiint_V(3\boldsymbol{x}'\boldsymbol{x}'-r'^2\overset{\leftrightarrow}{\mathscr{I}})\rho(\boldsymbol{x}')\mathrm{d}V'\\&=\overset{\leftrightarrow}{\boldsymbol{D}}-\overset{\leftrightarrow}{\mathscr{I}}\iiint_V r'^2\rho(\boldsymbol{x}')\mathrm{d}V'\end{aligned} \tag{2-5-38}$$

其中 $\vec{\vec{\mathscr{I}}}$ 为单位张量.

若电荷分布具有球对称性,则电势 $\varphi=\dfrac{Q}{4\pi\varepsilon_0 R}=\varphi^{(0)}$,因而 $\varphi^{(1)}=\varphi^{(2)}=\cdots=0$,进而 $\boldsymbol{P}=0,\vec{\vec{\mathscr{D}}}=0,\cdots$,因此形成电四极矩的条件是电荷非球对称分布.

电四极矩的出现标志着对球对称的偏离,因此我们测量远场的四极势项,就可以对电荷分布形状作出一定的推断. 在原子核物理中. 电四极矩是重要的物理量,它反映着原子核形变的大小.

八极矩和更高级的多极矩实际上较少用到,这里不详细讨论.

2.6 静电场的能量 广义力

在第 1 章电磁场能量密度公式的基础上,本节讨论静电场能量的几种表达式,各自的适用范围,进而讨论电荷体系与外电场的相互作用能,并由此求出外电场作用于电多极子上的广义力(力和力矩).

2.6.1 静电场能量(均匀各向同性线性介质中)

1. 静电场总能量的三种表达式

1) $W=\dfrac{1}{2}\iiint_{\infty}\boldsymbol{E}\cdot\boldsymbol{D}\mathrm{d}V$ (普遍适用) (2-6-1)

2) $W=\dfrac{1}{2}\iiint_{\infty}\rho_{\mathrm{f}}\varphi\mathrm{d}V$ (静电场) (2-6-2)

3) $W=\dfrac{1}{8\pi\varepsilon}\iiint_{\infty}\mathrm{d}V\iiint_{\infty}\mathrm{d}V'\dfrac{\rho_{\mathrm{f}}(\boldsymbol{x})\rho_{\mathrm{f}}(\boldsymbol{x}')}{r}$(静电场,全空间充满均匀介质 ε)

(2-6-3)

2. 证明

(1) 电磁场能量密度为

$$w=\frac{1}{2}(\boldsymbol{E}\cdot\boldsymbol{D}+\boldsymbol{B}\cdot\boldsymbol{H})$$

其中电场部分能量

$$W=\iiint_{\infty}w\mathrm{d}V=\frac{1}{2}\iiint_{\infty}\boldsymbol{E}\cdot\boldsymbol{D}\mathrm{d}V$$

(2) 在静电情形下,由 $\boldsymbol{E}=-\nabla\varphi$ 和 $\nabla\cdot\boldsymbol{D}=\rho_{\mathrm{f}}$,得

$$\boldsymbol{E}\cdot\boldsymbol{D}=-\nabla\varphi\cdot\boldsymbol{D}=-\nabla\cdot(\varphi\boldsymbol{D})+\varphi\nabla\cdot\boldsymbol{D}=-\nabla\cdot(\varphi\boldsymbol{D})+\rho_{\mathrm{f}}\varphi$$

因此

$$W = \frac{1}{2}\iiint_{\infty} \boldsymbol{E}\cdot\boldsymbol{D}\mathrm{d}V = \frac{1}{2}\iiint_{\infty}\rho_{\mathrm{f}}\varphi\mathrm{d}V - \frac{1}{2}\iiint_{\infty}\nabla\cdot(\varphi\boldsymbol{D})\mathrm{d}V$$

$$= \frac{1}{2}\iiint_{\infty}\rho_{\mathrm{f}}\varphi\mathrm{d}V - \frac{1}{2}\oiint_{\infty}\varphi\boldsymbol{D}\cdot\mathrm{d}\boldsymbol{S}$$

面积分的闭合曲面包围整个电场,在此曲面上,场为零,所以式中第二项的面积分为零,因此

$$W = \frac{1}{2}\iiint_{\infty}\rho_{\mathrm{f}}\varphi\mathrm{d}V$$

值得说明的是①$\frac{1}{2}\rho_{\mathrm{f}}\varphi$ 不能认为是能量密度,能量是分布于电场内,而不仅在电荷分布区域内;②φ 是由电荷分布 ρ_{f} 激发的电势.

(3) 如图 2.6.1 所示,电荷分布为 ρ_{f} 的带电体,$\boldsymbol{x}$ 处的电势为

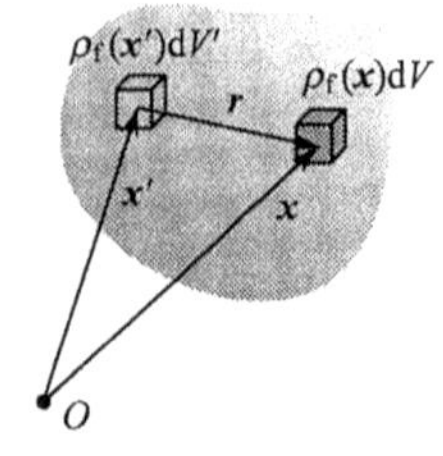

图 2.6.1

$$\varphi(\boldsymbol{x}) = \frac{1}{4\pi\varepsilon}\iiint_{V}\frac{\rho_{\mathrm{f}}(\boldsymbol{x}')}{r}\mathrm{d}V'$$

因而由式(2-6-2)得电场总能量

$$W = \frac{1}{2}\iiint_{\infty}\rho_{\mathrm{f}}(\boldsymbol{x})\left[\frac{1}{4\pi\varepsilon}\iiint\frac{\rho_{\mathrm{f}}(\boldsymbol{x}')}{r}\mathrm{d}V'\right]\mathrm{d}V$$

$$= \frac{1}{8\pi\varepsilon}\iiint_{\infty}\mathrm{d}V\iiint_{\infty}\mathrm{d}V'\frac{\rho_{\mathrm{f}}(\boldsymbol{x})\rho_{\mathrm{f}}(\boldsymbol{x}')}{r}$$

这里有两点值得注意:①从推导过程可知,$\rho_{\mathrm{f}}(\boldsymbol{x})$和 $\rho_{\mathrm{f}}(\boldsymbol{x}')$是同一电荷分布,分开来只是表示两个积分过程;②求 $\varphi(\boldsymbol{x})$时,要求全空间充满均匀介质 ε.

2.6.2 电荷体系在外电场中的能量

1. 电荷分布为 $\rho(\boldsymbol{x})$的电荷体系在外电场中的能量

如图 2.6.2 所示,电荷分布为 ρ 的体系在 $\boldsymbol{x}$ 处所激发的电势为

$$\varphi(\boldsymbol{x}) = \iiint_{V_1}\frac{\rho(\boldsymbol{x}')}{4\pi\varepsilon_0 r}\mathrm{d}V' \qquad (2\text{-}6\text{-}4)$$

显然,$\rho(\boldsymbol{x})$为电荷体系所具有电荷的分布,它单独存在时的电场能量为

$$W = \frac{1}{2}\iiint_{V_1}\mathrm{d}V\rho(\boldsymbol{x}')\varphi(\boldsymbol{x}') \qquad (2\text{-}6\text{-}5)$$

设外电场由电荷分布 $\rho_e(\boldsymbol{x})$所激发,它在 $\boldsymbol{x}'$处所激发的电势为

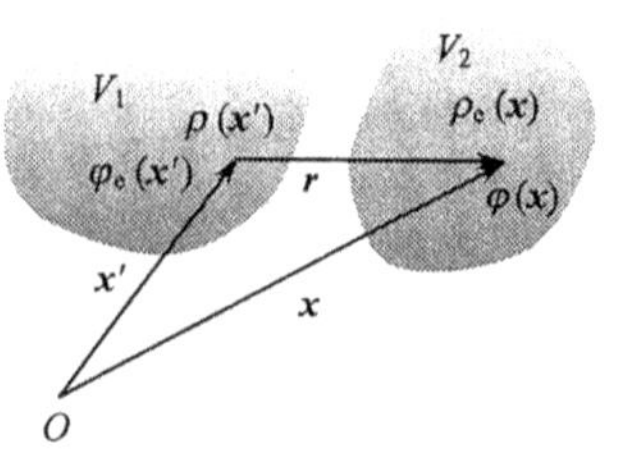

图 2.6.2

$$\varphi_e(\boldsymbol{x}')=\iiint_{V_2}\frac{\rho_e(\boldsymbol{x})}{4\pi\varepsilon_0 r}\mathrm{d}V \tag{2-6-6}$$

它单独存在时的电场能量为

$$W_e=\frac{1}{2}\iiint_{V_2}\mathrm{d}V\rho_e(\boldsymbol{x})\varphi_e(\boldsymbol{x}) \tag{2-6-7}$$

把两个电荷体系合起来看成一个统一的电荷体系，其电荷密度为 $\rho(\boldsymbol{x})+\rho_e(\boldsymbol{x})$，电势为 $\varphi(\boldsymbol{x})+\varphi_e(\boldsymbol{x})$，电场能量为

$$W_{总}=\frac{1}{2}\iiint_V\mathrm{d}V[\rho(\boldsymbol{x})+\rho_e(\boldsymbol{x})][\varphi(\boldsymbol{x})+\varphi_e(\boldsymbol{x})] \tag{2-6-8}$$

其中 $V=V_1+V_2$，且 V_1 和 V_2 可以有相交的区域，因而电荷体系 $\rho(\boldsymbol{x})$ 在外电场 $\varphi_e(\boldsymbol{x})$ 中的能量，即两电荷体系的相互作用能 W_i 为

$$W_i=W_{总}-(W+W_e)=\frac{1}{2}\iiint_V\mathrm{d}V[\rho(\boldsymbol{x})\varphi_e(\boldsymbol{x})+\rho_e(\boldsymbol{x})\varphi(\boldsymbol{x})] \tag{2-6-9}$$

而

$$\begin{aligned}\iiint_V\rho_e(\boldsymbol{x})\varphi(\boldsymbol{x})\mathrm{d}V&=\iiint_{V_2}\mathrm{d}V\rho_e(\boldsymbol{x})\iiint_{V_1}\mathrm{d}V'\frac{\rho(\boldsymbol{x}')}{4\pi\varepsilon_0 r}=\iiint_{V_1}\mathrm{d}V'\rho(\boldsymbol{x}')\iiint_{V_2}\mathrm{d}V\frac{\rho_e(\boldsymbol{x})}{4\pi\varepsilon_0 r}\\&=\iiint_{V_1}\mathrm{d}V\rho(\boldsymbol{x})\iiint_{V_2}\mathrm{d}V'\frac{\rho_e(\boldsymbol{x}')}{4\pi\varepsilon_0 r}\\&=\iiint_V\rho(\boldsymbol{x})\varphi_e(\boldsymbol{x})\mathrm{d}V\end{aligned}$$

上述计算中，第二步是将对 $\boldsymbol{x}$ 的积分和对 $\boldsymbol{x}'$ 的积分的先后次序作了交换，第三步是将积分变量 $\boldsymbol{x}$ 和 $\boldsymbol{x}'$ 作了交换. 由此可见，式(2-6-9)的 W_i 中右边两项相等. 故

$$W_i=\iiint_V\rho(\boldsymbol{x})\varphi_e(\boldsymbol{x})\mathrm{d}V \tag{2-6-10}$$

2. 小区域电荷系在外场中的能量展开式

1) 能量 W_i 的多极展开

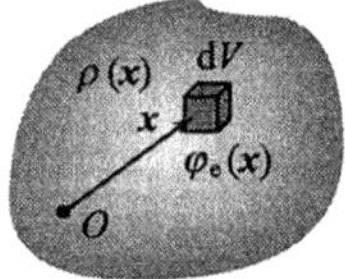

图 2.6.3

如图 2.6.3，设电荷分布于小区域内，取区域内任一点为坐标原点，把 $\varphi_e(\boldsymbol{x})$ 对原点 $\boldsymbol{x}=0$ 展开. 令 $F(t)=\varphi_e(\boldsymbol{x}t)$，然后按上述多元函数展开法计算，得

$$\varphi_e(\boldsymbol{x})=\begin{cases}\varphi_e(0)+\sum\limits_{i=1}^{3}x_i\dfrac{\partial}{\partial x_i}\varphi_e(0)+\dfrac{1}{2}\sum\limits_{i,j=1}^{3}x_ix_j\dfrac{\partial^2}{\partial x_i\partial x_j}\varphi_e(0)+\cdots\\ \varphi_e(0)+\boldsymbol{x}\cdot\nabla\varphi_e(0)+\dfrac{1}{2}\boldsymbol{xx}:\nabla\nabla\varphi_e(0)+\cdots\end{cases} \tag{2-6-11}$$

所以

$$W_i = \iiint_V \rho(\boldsymbol{x})\varphi_e(\boldsymbol{x})\mathrm{d}V$$

$$= \iiint_V \rho(\boldsymbol{x})\left[\varphi_e(0) + \sum_i x_i \frac{\partial}{\partial x_i}\varphi_e(0) + \frac{1}{2}\sum_{i,j} x_i x_j \frac{\partial^2}{\partial x_i \partial x_j}\varphi_e(0) + \cdots\right]\mathrm{d}V$$

$$= \varphi_e(0)\left[\iiint_V \rho(\boldsymbol{x})\mathrm{d}V\right] + \sum_i \left[\iiint_V x_i \rho(\boldsymbol{x})\mathrm{d}V\right]\frac{\partial}{\partial x_i}\varphi_e(0)$$

$$+ \frac{1}{6}\sum_{i,j}\left[\iiint_V 3x_i x_j \rho(\boldsymbol{x})\mathrm{d}V\right]\frac{\partial^2}{\partial x_i \partial x_j}\varphi_e(0) + \cdots$$

$$= \begin{cases} Q\varphi_e(0) + \sum_i p_i \dfrac{\partial}{\partial x_i}\varphi_e(0) + \dfrac{1}{6}\sum_{i,j} D_{ij} \dfrac{\partial^2}{\partial x_i \partial x_j}\varphi_e(0) + \cdots \\ \iiint_V \rho(\boldsymbol{x})\left[\varphi_e(0) + \boldsymbol{x}\cdot\nabla\varphi_e(0) + \dfrac{1}{2}\boldsymbol{xx}:\nabla\nabla\varphi_e(0) + \cdots\right]\mathrm{d}V \end{cases} \tag{2-6-12}$$

$$= \varphi_e(0)\left[\iiint_V \rho(\boldsymbol{x})\mathrm{d}V\right] + \left[\iiint_V \rho(\boldsymbol{x})\boldsymbol{x}\mathrm{d}V\right]\cdot\nabla\varphi_e(0)$$

$$+ \frac{1}{6}\left\{\iiint_V \left[3\rho(\boldsymbol{x})\boldsymbol{xx} - R^2 \overleftrightarrow{\mathscr{I}}\right]\mathrm{d}V\right\}:\nabla\nabla\varphi_e(0)$$

$$= Q\varphi_e(0) + \boldsymbol{p}\cdot\nabla\varphi_e(0) + \frac{1}{6}\overleftrightarrow{\mathscr{D}}:\nabla\nabla\varphi_e(0) + \cdots \tag{2-6-13}$$

式(2-6-12)或(2-6-13)就是小区域内电荷体系在外电场中的能量展开式.

2) 电多极子在外电场中的能量及所受的力和力矩

相互作用能量展开式的第一项

$$W^{(0)} = Q\varphi_e(0) \tag{2-6-14}$$

这表示体系的所有电荷好像集中于原点上时在外场中的能量. 由此可求作用力

$$\boldsymbol{F}^{(0)} = -\nabla U^{(0)} = -Q\nabla\varphi_e(0) = Q\boldsymbol{E}_e(0) \tag{2-6-15}$$

力矩

$$L_\theta^{(0)} = -\frac{\partial U^{(0)}}{\partial\theta} = 0 \tag{2-6-16}$$

展开式的第二项

$$W^{(1)} = \boldsymbol{p}\cdot\nabla\varphi_e(0) = -\boldsymbol{p}\cdot\boldsymbol{E}_e(0) \tag{2-6-17}$$

是体系的电偶极矩在外电场中的能量. 由附录(I. 28)式,考虑到体系的电偶极矩 $\boldsymbol{p}$ 是常矢量,可求作用力为

$$\boldsymbol{F} = -\nabla W^{(1)} = \nabla(\boldsymbol{p}\cdot\boldsymbol{E}_e) = \boldsymbol{p}\cdot\nabla\boldsymbol{E}_e \tag{2-6-18}$$

设 $\boldsymbol{p}$ 与 $\boldsymbol{E}$ 的夹角为 θ,因而力矩

$$L_\theta = -\frac{\partial W^{(1)}}{\partial\theta} = \frac{\partial}{\partial\theta}(pE_e\cos\theta) = -pE_e\sin\theta$$

计及力矩的方向,得

$$\boldsymbol{L}=\boldsymbol{p}\times\boldsymbol{E}_e \tag{2-6-19}$$

展开式的第三项是四极子在外电场中的能量

$$W^{(2)}=-\frac{1}{6}\overleftrightarrow{\mathscr{D}}:\nabla\boldsymbol{E}_e \tag{2-6-20}$$

由此式可见,只有在非均匀场中四极子的能量才不为零.例如在分子或晶格中的原子核,它处于周围电子产生的非均匀电场中,因而有不为零的四极矩能量.在不同回旋状态下原子核的四极矩不同,能量亦不同.用微波技术可以测量出这种能量差别,由此定出原子核的电四极矩.

习 题

2.1 有两个电量相等的点电荷相距为 $2b$,在他们中间放置一个接地的半径为 a 的导体球,试求能抵消二电荷斥力的导体球最小半径的近似值.

答案:$a\simeq\dfrac{b}{8}$.

2.2 在半径为 a 的球形导体外,有一正电荷 q,与球心相距 $r>a$.问应给予这个球多少电荷才能使球面上的面电荷处处为正值.如果球外是负电荷呢?

答案:$q>0$ 时,$Q>\dfrac{a^2(3r-a)}{r(r-a)^2}q$;$q<0$ 时,$Q\geqslant\dfrac{qa^2(3r+a)}{r(r+a)^2}$.

2.3 在均匀电场 $\boldsymbol{E}_0$ 中置入半径为 R_0 的导体球,使用分离变量法求下列两种情况的电势:

(1) 导体球上接有电池,使球与地保持电势差 Φ_0;

(2) 导体球上带总电荷 Q.

答案:(1) $\begin{cases}\varphi_1=\Phi_0,\\ \varphi_2=\varphi_0-E_0R\cos\theta+\dfrac{(\Phi_0-\varphi_0)R_0}{R}+\dfrac{E_0R_0^3}{R^2}\cos\theta;\end{cases}$

(2) $\begin{cases}\varphi_1=\varphi_0+\dfrac{Q}{4\pi\varepsilon_0R_0},\\ \varphi_2=\varphi_0-E_0R\cos\theta+\dfrac{Q}{4\pi\varepsilon_0R_0}+\dfrac{E_0R_0^3}{R^2}\cos\theta.\end{cases}$

其中 φ_0 为未置入导体球前坐标原点的电势.

2.4 均匀介质球的中心置一点电荷 Q_f,球的电容率为 ε,球外为真空,试用分离变量法求空间的电势分布,把结果与使用高斯定理所得结果进行比较.

答案:$\begin{cases}\text{球内}:\varphi_1=\dfrac{Q_f}{4\pi R_0}\left(\dfrac{1}{\varepsilon_0}-\dfrac{1}{\varepsilon}\right)+\dfrac{Q_f}{4\pi\varepsilon R},\\ \text{球外}:\varphi_2=\dfrac{Q_f}{4\pi\varepsilon_0R}.\end{cases}$

2.5 一个球形的航天器(半径为 20 米),接近一个铁质的小行星,小行星大致为球形,半径为 100 米.假设航天器因为燃烧燃料带有电荷 $Q=10^{-6}$C,并且小行星可视为良导体.(1)用语言简要地描述航天器在着陆前和着陆后所受到的静电力.(2)考虑上述情况,如果船员在距离小行星 $R\gg 100$ 米的地方打算用一根电缆将航天器与小行星连接起来,连接后带电多少?(3)在连接后,系统的静电势能是多少?

答案:(1)在航天器着陆前,航天器的电场将改变小行星表面的电荷分布,但总的电荷仍为0.靠近航天器一侧的电荷吸引航天器,远离的一侧则排斥之,所以航天器着陆前受到吸引力.

当航天器着陆后,电荷将有一部分转移到小行星上.小行星带同种电荷.所以,航天器将会受到排斥力.

(2) $Q_1=\frac{1}{6}\times 10^{-6}\text{C}, Q_2=\frac{5}{6}\times 10^{-6}\text{C}$.

(3) 连接后,航天器的静电势能为 $W_1=\frac{10^{-12}}{8\pi\varepsilon_0\cdot 20\times 36}\text{J}$,小行星的静电势能为 $W_2=\frac{25\times 10^{-12}}{8\pi\varepsilon_0\times 100\times 36}\text{J}$,总的静电势能为 $W_{总}=W_1+W_2=\frac{10^{-12}}{8\pi\varepsilon_0\times 20\times 6}\text{J}$.

2.6　电容率为 ε_1 的均匀介质球的中心置一自由电偶极子 $\boldsymbol{p}_f$,球外充满了另一种电容率为 ε_2 的介质,求空间各点的电势和极化电荷分布.

答案:
$$\begin{cases}\text{球内}:\varphi_1=\dfrac{\boldsymbol{p}_f\cdot\boldsymbol{R}}{4\pi\varepsilon_1 R^3}+\dfrac{(\varepsilon_1-\varepsilon_2)\boldsymbol{p}_f\cdot\boldsymbol{R}}{2\pi\varepsilon_1(\varepsilon_1+2\varepsilon_2)R_0^3},\\ \text{球外}:\varphi_2=\dfrac{\boldsymbol{p}_f\cdot\boldsymbol{R}}{4\pi(\varepsilon_1+2\varepsilon_2)R^3}.\end{cases}$$

球心有极化电偶极矩: $\boldsymbol{p}=\left(\frac{\varepsilon_2}{\varepsilon_1}-1\right)\boldsymbol{p}_f$,球面($R=R_0$)有极化面电荷分布 $\sigma_P=\frac{3(\varepsilon_1-\varepsilon_2)\varepsilon_0 p_f}{2\pi\varepsilon_1(\varepsilon_1+2\varepsilon_2)R_0^3}\cos\theta$.

2.7　空心导体球壳的内外半径为 R_1 和 R_2,中心置一自由电偶极子 $\boldsymbol{p}_f$,球壳上带电 Q,求空间各点的电势和电荷分布.

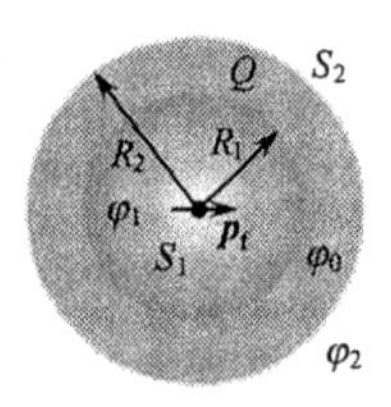

题 2.7 图

答案:
$$\begin{cases}\text{球内}:\varphi_1=\dfrac{\boldsymbol{P}_f\cdot\boldsymbol{R}}{4\pi\varepsilon_0 R^3}+\dfrac{Q}{4\pi\varepsilon_0 R_2}-\dfrac{\boldsymbol{P}_f\cdot\boldsymbol{R}}{4\pi\varepsilon_0 R_1^3},\\ \text{球外}:\varphi_2=\dfrac{Q}{4\pi\varepsilon_0 R};\end{cases}$$

内表面($R=R_1$): $\sigma_{f1}=-\frac{3p_f\cos\theta}{4\pi R_1^2}\quad(R=R_1)$;

外表面($R=R_2$): $\sigma_{f2}=\frac{Q}{4\pi R_2^2}$.

2.8　在均匀外电场 $\boldsymbol{E}_0$ 中置入一带均匀自由电荷 ρ_f、电容率为 ε 的绝缘介质球,求空间各点的电势.

答案:
$$\begin{cases}\text{球内}:\varphi_1=\dfrac{\rho_f R_0^2}{3}\left(\dfrac{1}{\varepsilon_0}+\dfrac{1}{2\varepsilon}\right)+\varphi_0-\dfrac{\rho_f R^2}{6\varepsilon}-\dfrac{3\varepsilon_0 E_0}{\varepsilon+2\varepsilon_0}R\cos\theta,\\ \text{球外}:\varphi_2=\varphi_0-E_0R\cos\theta+\dfrac{\rho_f R_0^3}{3\varepsilon_0}+\dfrac{\varepsilon-\varepsilon_0}{\varepsilon+2\varepsilon_0}E_0R_0^3\dfrac{\cos\theta}{R^2}.\end{cases}$$

2.9　在一很大的电解槽中充满电导率为 σ_2 的液体,其中流着均匀的电流 $\boldsymbol{J}_{f0}$.今在液体中置入一个电导率为 σ_1 的小球.求稳恒时电流分布和面电荷分布,讨论 $\sigma_1\gg\sigma_2$ 及 $\sigma_2\gg\sigma_1$ 两种情况下电流分布的特点.

答案：
$$\begin{cases}\text{球内}:\boldsymbol{J}_1=\dfrac{3\sigma_1}{\sigma_1+2\sigma_2}\boldsymbol{J}_{f0},\\ \text{球外}:\boldsymbol{J}_2=\boldsymbol{J}_{f0}+\dfrac{(\sigma_1-\sigma_2)R_0^3}{\sigma_1+2\sigma_2}\left[\dfrac{3(\boldsymbol{J}_{f0}\cdot\boldsymbol{R})\boldsymbol{R}}{R^5}-\dfrac{\boldsymbol{J}_{f0}}{R^3}\right].\end{cases}$$

面电荷分布：$\sigma_f=\dfrac{3(\sigma_1-\sigma_2)\varepsilon_0}{(\sigma_1+2\sigma_2)\sigma_2}J_{f0}\cos\theta.$

$$\sigma_1\gg\sigma_2:\begin{cases}\boldsymbol{J}_1\simeq 3\boldsymbol{J}_{f0},\\ \boldsymbol{J}_2\simeq\boldsymbol{J}_{f0}+R_0^3\left[\dfrac{3(\boldsymbol{J}_{f0}\cdot\boldsymbol{R})\boldsymbol{R}}{R^5}-\dfrac{\boldsymbol{J}_{f0}}{R^3}\right],\\ \sigma_f\simeq\dfrac{3\varepsilon_0 J_{f0}}{\sigma_2}\cos\theta.\end{cases}$$

这时电流线往球内迁移，几乎为原来球内区域电流线的三倍.

$$\sigma_2\gg\sigma_1:\begin{cases}\boldsymbol{J}_1\simeq 0,\\ \boldsymbol{J}_2\simeq\boldsymbol{J}_{f0}-\dfrac{R_0^3}{2}\left(\dfrac{3(\boldsymbol{J}_{f0}\cdot\boldsymbol{R})\boldsymbol{R}}{R^5}-\dfrac{\boldsymbol{J}_{f0}}{R^3}\right),\\ \sigma_f\simeq-\dfrac{3\varepsilon_0 J_{f0}}{2\sigma_2}\cos\theta.\end{cases}$$

这时电流线往外迁移. 电流几乎不通过球内区域.

2.10　半径为 R_0 的导体球外充满电容率为 ε 的绝缘介质，导体球接地，离球心为 a 处（$a>R_0$）置一点电荷 Q_f，使用分离变量法求空间各点电场，证明所得结果与镜像法结果相同.

答案：$\varphi=\dfrac{Q_f}{4\pi\varepsilon r}-\dfrac{Q_f}{4\pi\varepsilon}\sum\limits_n\dfrac{R_0^{2n+1}}{a^{n+1}R^{n+1}}\mathrm{P}_n(\cos\theta).$

2.11　接地的空心导体球的内外半径为 R_1 和 R_2，在球内离球心为 a（$a<R_1$）处放置一点电荷 Q_f，用镜像法求电势. 导体球上的感应电荷有多少？分布在内表面还是外表面？

答案：球壳内

$$\varphi_1=\frac{1}{4\pi\varepsilon_0}\left(\frac{Q_f}{\sqrt{R^2+a^2-2Ra\cos\theta}}+\frac{-(R_1/a)Q_f}{\sqrt{R^2+(R_1^2/a)^2-2R(R_1^2/a)\cos\theta}}\right)$$

$$Q_{\text{感}}=-Q_f$$

2.12　上题的导体球壳不接地，而带总电荷 Q_0 或使具有确定电势 φ_0，试求这两种情况下的电势. 又问 φ_0 与 Q_0 是何种关系时，两种情况的解是相同的？

答案：
$$\begin{cases}\text{壳内}:\varphi_1=\dfrac{Q_f}{4\pi\varepsilon_0\sqrt{R^2+a^2-2Ra\cos\theta}}+\dfrac{-(R_1/a)Q_f}{4\pi\varepsilon_0\sqrt{R^2+b^2-2Rb\cos\theta}}+\dfrac{Q_f+Q_0}{4\pi\varepsilon_0 R_2},R\leqslant R_1;\\ \text{壳外}:\varphi_2=\dfrac{Q_f+Q_0}{4\pi\varepsilon_0 R},R_2\leqslant R.\end{cases}$$

$$\begin{cases}\text{壳内}:\varphi_1=\dfrac{Q_f}{4\pi\varepsilon_0\sqrt{R^2+a^2-2Ra\cos\theta}}+\dfrac{-(R_1/a)Q_f}{4\pi\varepsilon_0\sqrt{R^2+b^2-2Rb\cos\theta}}+\varphi_0,R\leqslant R_1;\\ \text{壳外}:\varphi_2=\dfrac{Q_f+Q_0}{4\pi\varepsilon_0 R}=\dfrac{\varphi_0 R_2}{R},R_2\leqslant R.\end{cases}$$

$$\varphi_0=\frac{Q_f+Q_0}{4\pi\varepsilon_0 R_2}$$

2.13　在接地的导体平面上有一半径为 a 的半球凸部（如图），半球的球心在导体平面上，

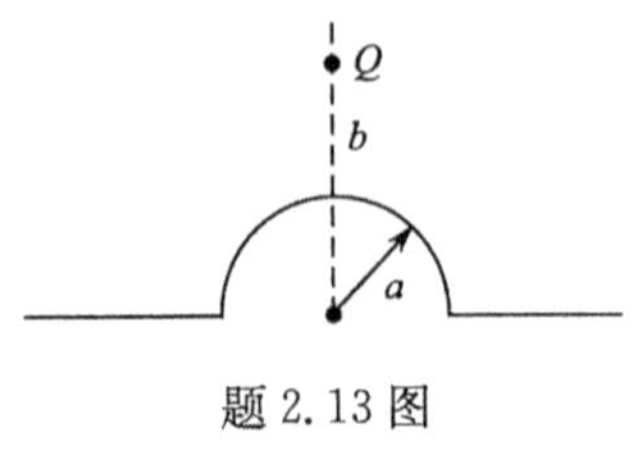

题 2.13 图

点电荷 Q 位于系统的对称轴上，并与平面相距为 $b(b>a)$，试用电像法求空间电势.

答案：$\varphi_2=\frac{1}{4\pi\varepsilon_0}\left(\frac{Q}{R_1}+\frac{-Q'}{R_2}+\frac{Q'}{R_3}+\frac{-Q}{R_4}\right)$.

其中 $R_1=\sqrt{R^2+b^2-2Rb\cos\theta}$，

$R_2=\sqrt{R^2+\left(\frac{a^2}{b}\right)^2-2R\frac{a^2}{b}\cos\theta}$，

$R_3=\sqrt{R^2+\left(\frac{a^2}{b}\right)^2+2R\frac{a^2}{b}\cos\theta}$，

$R_4=\sqrt{R^2+b^2+2Rb\cos\theta}$，　$Q'=\frac{a}{b}Q$.

2.14　有一点电荷 Q 位于两个互相垂直的接地导体平面所围成的直角空间内，它到两个平面的距离为 a 和 b，求空间电势.

答案：
$$\varphi_2=\frac{1}{4\pi\varepsilon_0}\left[\frac{Q}{\sqrt{(x-a)^2+(y-b)^2+z^2}}+\frac{-Q}{\sqrt{(x-a)^2+(y+b)^2+z^2}}\right.$$
$$\left.+\frac{Q}{\sqrt{(x-a)^2+(y+b)^2+z^2}}+\frac{-Q}{\sqrt{(x-a)^2+(y-b)^2+z^2}}\right].$$

2.15　在一烟尘沉淀器中有一半径为 R，单位长度带静电荷 λ 库仑的长导线. 现有一无净电荷的烟尘，介电常量为 ε，烟尘近似为球形，半径为 a，求：这烟尘刚刚要与导线发生碰撞之前它们之间的吸引力.（假设 $a\ll R$）写出全部过程，并讨论这一力的物理机制.

答案：$\boldsymbol{F}=-\frac{(\varepsilon-\varepsilon_0)a^3\lambda^2}{\varepsilon_0^2\pi(\varepsilon+2\varepsilon_0)R^3}\boldsymbol{e}_r$.

负号表示是引力，这一力主要是由于电场的径向不均匀产生的，烟尘在外电场中极化，相当于一个电偶极子，而电偶极子在外电场不均匀的时候，就将受到力的作用，这就是此力的来源.

2.16　一块极化介质的极化矢量为 $\boldsymbol{P}(\boldsymbol{x}')$，根据偶极子静电势的公式，极化介质所产生的静电势为

$$\varphi=\iiint_V\frac{\boldsymbol{P}(\boldsymbol{x}')\cdot\boldsymbol{r}}{4\pi\varepsilon_0 r^3}\mathrm{d}V'$$

另外，根据极化电荷公式 $\rho_P=-\nabla'\cdot\boldsymbol{P}(\boldsymbol{x}')$ 及 $\sigma_P=\boldsymbol{n}\cdot\boldsymbol{P}$，极化介质所产生的电势又可表示为

$$\varphi=-\iiint_V\frac{\nabla'\cdot\boldsymbol{P}(\boldsymbol{x}')}{4\pi\varepsilon_0 r}\mathrm{d}V'+\oiint_S\frac{\boldsymbol{P}(\boldsymbol{x}')\cdot\mathrm{d}\boldsymbol{S}'}{4\pi\varepsilon_0 r}$$

试证明以上两表达式是等同的.

2.17　在电容率为 ε 的无限大均匀介质内，有一个半径为 R 的球形空腔，和一个外加的均匀电场 $\boldsymbol{E}_0$. 试求空腔内的电场强度.

答案：空腔内的电势为 $\varphi_i=-\frac{3\varepsilon}{2\varepsilon+\varepsilon_0}E_0 r\cos\theta$.

空腔内的电场强度为 $\boldsymbol{E}_i=\frac{3\varepsilon}{2\varepsilon+\varepsilon_0}\boldsymbol{E}_0$.

可见空腔内的电场是均匀电场.

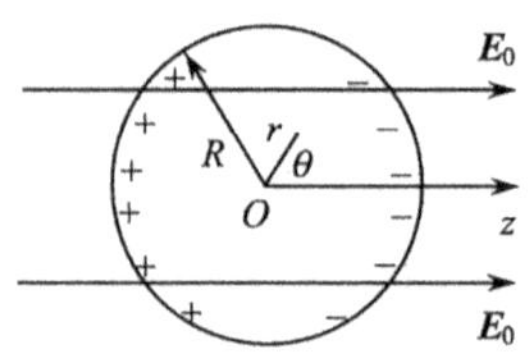

题 2.17 图

2.18　电荷均匀分布在无穷大导体平面上，其面密度为 σ_0，导体外是真空. 现将一不带电的导体半球平放在导体平面上，如

图(a)所示. 已知导体的电势为 φ_s，导体半球的半径为 R. 试求：(1)导体外的电势；(2)半球面上的电荷量；(3)半球上电荷所受的力.

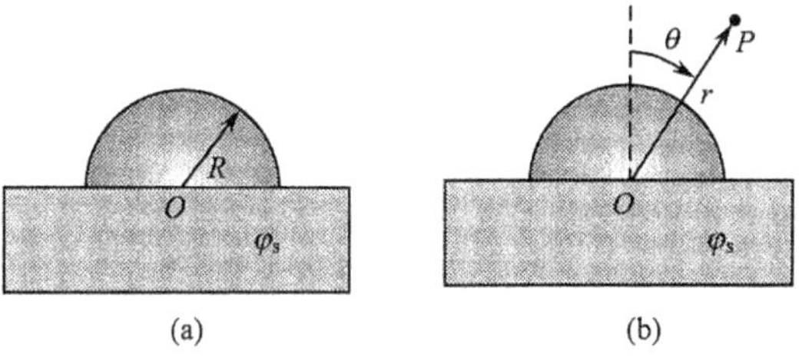

题 2.18 图

答案：$\varphi(r,\theta)=\varphi_s-\left(1-\dfrac{R^3}{r^3}\right)\dfrac{\sigma_0}{\varepsilon_0}r\cos\theta.$

半球面上电荷的面密度为 $\sigma=3\sigma_0\cos\theta$，半球面上的电荷量为 $Q=3\pi R^2\sigma_0$，半球面上电荷所受的力 $\boldsymbol{F}$ 的方向沿极轴方向，$\boldsymbol{F}$ 的大小为 $F=\dfrac{9\pi R^2\sigma_0^2}{4\varepsilon_0}$.

2.19　如图所示，内导体球半径为 a，带电量为 Q，外导体球壳接地，半径为 b，两球心间距为 c.

(1)证明以内球球心为原点时，准确到 c 的一级小量，外球壳的方程为 $r(\theta)=b+c\cos\theta$；

(2) 如果两球壳之间的电势只含有 $P_l(\cos\theta)(l=0,1)$ 成分，在 c 为一级小量近似下确定电势.

答案：(2) $\varphi=\dfrac{Q}{4\pi\varepsilon_0}\left\{\dfrac{1}{r}-\dfrac{1}{b}+\dfrac{cr}{b^3-a^3}\left[1-\left(\dfrac{a}{r}\right)^3\right]\cos\theta\right\}.$

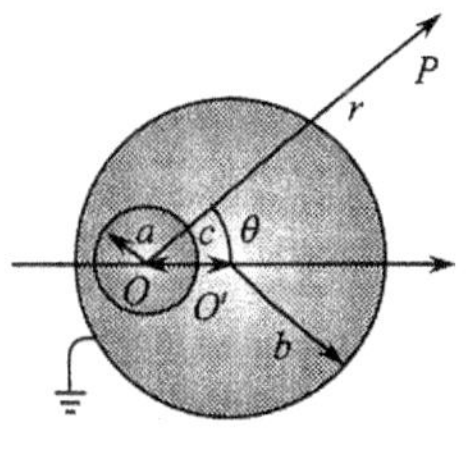

题 2.19 图

2.20　试证明：球对称分布的电荷系，对于球心的电偶极矩和电四极矩均为零.

2.21　设电荷分布在有限区域 V 内，并且是轴对称分布的，取对称轴上任一点为原点，以对称轴为 z 轴时，电荷量密度便只是 r 和 θ 的函数. (1)试证明这电荷分布对原点的电偶极矩为 $\boldsymbol{p}=p\boldsymbol{e}_z$，式中 $\boldsymbol{e}_z$ 为 z 轴方向上的单位矢量，并求 $\boldsymbol{p}$ 的表达式；(2)试证明这电荷分布对原点的电四极矩 $\mathscr{D}$ 的分量式：当 $i\neq j$ 时，$\mathscr{D}_{ij}=0$；当 $i=j$ 时，$\mathscr{D}_{11}=\mathscr{D}_{22}=-\dfrac{1}{2}\mathscr{D}_{33}$，并求 $\mathscr{D}_{33}$ 的积分表达式.

答案：$\boldsymbol{p}=2\pi\displaystyle\int_0^r\int_0^\pi r^3\rho(r,\theta)\sin\theta\cos\theta\mathrm{d}r\mathrm{d}\theta\boldsymbol{e}_z$，$\mathscr{D}_{33}=2\pi\displaystyle\int_0^r\int_0^\pi\rho(r,\theta)r^4(3\cos^2\theta-1)\sin\theta\mathrm{d}r\mathrm{d}\theta.$

2.22　电荷 q 均匀地分布在长为 l 的一段直线上，以这线段为 z 轴取笛卡儿坐标系，试求下列两种情况下这线段电荷对原点的电偶极矩和电四极矩：(1)原点在线段中点，如图所示；(2)原点在线段的一端.

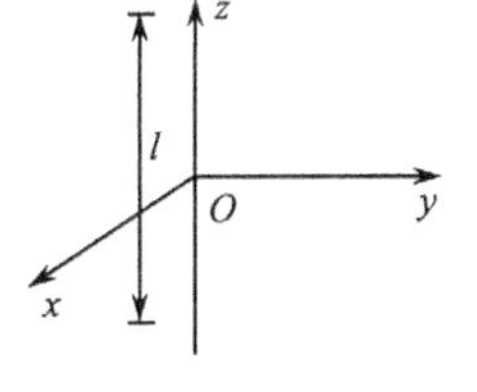

题 2.22 图

答案：(1)原点在线段中点. 令 $\lambda=q/l$ 为电荷的线密度. 对原点的电偶极矩为

$$\boldsymbol{p}=0$$

电四极矩 $\mathscr{D}$ 用矩阵表示为

$$\overleftrightarrow{\mathscr{D}} = \frac{1}{12}ql^2\begin{pmatrix} -1 & 0 & 0 \\ 0 & -1 & 0 \\ 0 & 0 & 2 \end{pmatrix}$$

(2) 原点在一端. 设带电线段在 $z \geqslant 0$ 处. 对原点的电偶极矩为

$$\boldsymbol{p} = \frac{1}{2}ql\boldsymbol{e}_z$$

电四极矩$\overleftrightarrow{\mathscr{D}}$用矩阵表示为

$$\overleftrightarrow{\mathscr{D}} = \frac{1}{3}ql^2\begin{pmatrix} -1 & 0 & 0 \\ 0 & -1 & 0 \\ 0 & 0 & 2 \end{pmatrix}.$$

设带电线在 $z \leqslant 0$ 处,则仍有 $\mathscr{D}_{ij}=0$,当 $i \neq j$. 这时

$$\mathscr{D}_{33} = \frac{2}{3}ql^2, \quad \mathscr{D}_{11} = \mathscr{D}_{22} = -\frac{1}{3}ql^2$$

可见结果$\overleftrightarrow{\mathscr{D}}$与带电线在 $z \geqslant 0$ 处相同. 这时电偶极矩为

$$\boldsymbol{p} = -\frac{1}{2}ql\boldsymbol{e}_z$$

可见 $\boldsymbol{p}$ 与带电线在 $z \geqslant 0$ 处时大小相等而方向相反.

2.23　真空中有电量分别为 $-q$、$2q$、$-q$ 的三个点电荷在同一直线上,其间距离都是 a. 如图所示. 对于 $r \gg a$ 的区域来说,这三个点电荷构成一个线性电四极子. 试求这线性电四极子在 P 点产生的电势 φ.

答案:$\varphi = -\dfrac{qa^2(3\cos^2\theta - 1)}{4\pi\varepsilon_0 r^3}$.

2.24　长为 a 的正方形的四个顶点上各有一个点电荷,它们的电荷量依次为 q, $-q$, q 和 $-q$,如图所示. 对于 $r \gg a$ 的区域来说,这四个点电荷构成一个平面电四极子. 试求这平面电四极子在 P 点(P 点与平面电四极子在同一平面内)产生的电势 φ.

答案:$\varphi = -\dfrac{3qa^2\sin\theta\cos\theta}{4\pi\varepsilon_0 r^3}$.

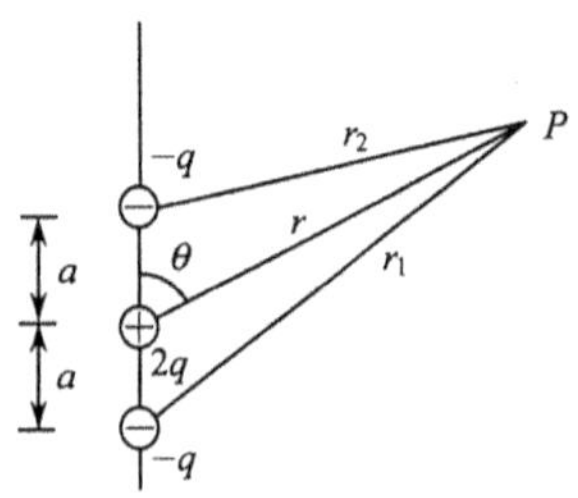

题 2.23 图

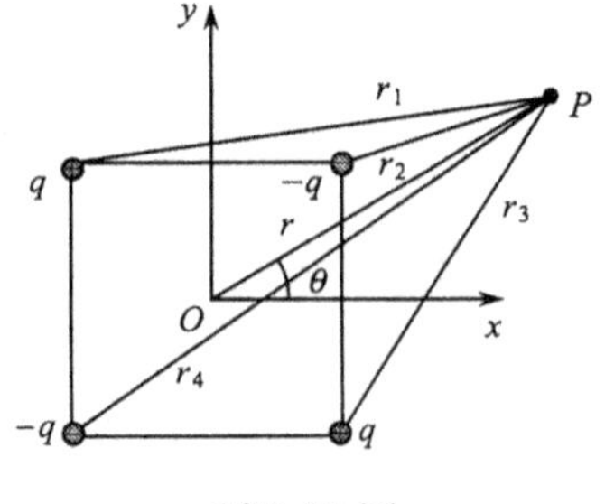

题 2.24 图

第 3 章　静　磁　场

本章讨论恒定电流分布和物质磁化所激发的静磁场.

和静电场的标势一样,静磁场的矢势也是一个重要的概念.第一节讨论恒定电流磁场的矢势并说明求解静磁场边值问题的方法.虽然用矢势来描述磁场是普遍的,但是在求解某些实际问题时矢量计算往往比较复杂.因此本章分别讨论磁矢势和**磁标势**所满足的微分方程和边值关系,然后分别采用矢量法和磁标势法求解静磁场的边值问题,计算小区域内的电流分布所激发的磁场在远处的展开式,引入**磁多极矩**的概念,以及磁多极子与外磁场的相互作用.

在近代物理学中,超导现象对物理理论的发展和科学技术上的应用都日益显示出其重要性.本章最后对这一问题作一些简单的介绍.

3.1　静磁矢势及其边值问题

本节先导出矢势 $\boldsymbol{A}$ 所满足的泊松方程和边值关系.在给定的传导电流附近可能存在一些磁性物质,在电流的磁场作用下,物质磁化而出现磁化电流,它反过来又激发附加的磁场.磁化电流和磁场是互相制约的.这样,泊松方程、边界条件和边值关系就构成了静磁场边值问题.因此解决这类问题的方法也像解静电学问题一样,即求微分方程边值问题的解.

3.1.1　矢势　库仑规范条件

恒定电流磁场的基本方程是

$$\nabla \times \boldsymbol{H} = \boldsymbol{J}_{\mathrm{f}} \tag{3-1-1}$$

$$\nabla \cdot \boldsymbol{B} = 0 \tag{3-1-2}$$

式中 $\boldsymbol{J}_{\mathrm{f}}$ 是**传导电流密度**.式(3-1-1)和式(3-1-2)结合物质的电磁性质方程 $\boldsymbol{B}=\mu\boldsymbol{H}$ 是求解静磁场问题的基础.

我们记得,静电场是**有源无旋场**,静电场由于其无旋性,可以引入标势来描述.静磁场的特点和静电场不同,静磁场则是**有旋无源场**,由于其有旋性,一般不能引入一个标势来描述整个空间的磁场.由于磁场的无源性:$\nabla \cdot \boldsymbol{B}=0$,我们可以引入另一个矢量来描述它,这就是第 1 章 1.6 节所述的矢势 $\boldsymbol{A}$.根据式(1-6-3),矢势 $\boldsymbol{A}$ 与磁场 $\boldsymbol{B}$ 的关系为

$$\boldsymbol{B} = \nabla \times \boldsymbol{A} \tag{3-1-3}$$

并且根据该节的讨论，在稳恒情况下，对 $\boldsymbol{A}$ 加上库仑规范条件

$$\nabla \cdot \boldsymbol{A} = 0 \tag{3-1-4}$$

是特别方便的.

3.1.2 矢势微分方程及其一般解

在均匀线性介质内，由式(1-6-15)，得矢势 $\boldsymbol{A}$ 的微分方程为

$$\nabla^2 \boldsymbol{A} = -\mu \boldsymbol{J}_{\mathrm{f}} \tag{3-1-5}$$

$$(\nabla \cdot \boldsymbol{A} = 0)$$

在直角坐标系中，$\boldsymbol{A}$ 的每个直角分量 A_i 满足泊松方程

$$\nabla^2 A_i = -\mu J_{\mathrm{f}i}, \quad i = 1,2,3 \tag{3-1-6}$$

这些方程和静电势 φ 的方程

$$\nabla^2 \varphi = -\rho_{\mathrm{f}}/\varepsilon$$

有相同的数学形式. 对比静电势的解可得矢势方程式(3-1-6)的特解

$$A_i(\boldsymbol{x}) = \frac{\mu}{4\pi}\iiint_V \frac{J_{\mathrm{f}i}(\boldsymbol{x}')\mathrm{d}V'}{r}$$

由此可得 $\boldsymbol{A}$ 的矢量表达式

$$\boldsymbol{A}(\boldsymbol{x}) = \frac{\mu}{4\pi}\iiint_V \frac{\boldsymbol{J}_{\mathrm{f}}(\boldsymbol{x}')\mathrm{d}V'}{r} \tag{3-1-7a}$$

式中 $\boldsymbol{x}'$ 是源点，$\boldsymbol{x}$ 为场点，r 为由 $\boldsymbol{x}'$ 到 $\boldsymbol{x}$ 的距离. 式(3-1-7a)也就是在第 1 章中由毕奥-萨伐尔定律导出的公式(该处讨论真空情形，故 $\mu=\mu_0$). 在第 1 章中我们已证明式(3-1-7 a)满足条件 $\nabla \cdot \boldsymbol{A}=0$，因此式(3-1-7 a)确实是矢势微分方程的解. 若电流系统为闭合线电流，电流强度为 I_{f}，这时只要作代换 $\boldsymbol{J}_{\mathrm{f}}\mathrm{d}V' \to I_{\mathrm{f}}\mathrm{d}\boldsymbol{l}$，则有

$$\boldsymbol{A}(\boldsymbol{x}) = \frac{\mu}{4\pi}\oint_L \frac{I_{\mathrm{f}}\mathrm{d}\boldsymbol{l}}{r} \tag{3-1-7b}$$

求出 $\boldsymbol{A}$ 以后，取旋度即可求出 $\boldsymbol{B}$

$$\begin{aligned}
\boldsymbol{B}(\boldsymbol{x}) = \nabla \times \boldsymbol{A}(\boldsymbol{x}) &= \frac{\mu}{4\pi}\nabla \times \iiint_V \frac{\boldsymbol{J}_{\mathrm{f}}(\boldsymbol{x}')\mathrm{d}V'}{r} \\
&= \frac{\mu}{4\pi}\iiint_V \left(\nabla \frac{1}{r}\right) \times \boldsymbol{J}_{\mathrm{f}}(\boldsymbol{x}')\mathrm{d}V' \\
&= \frac{\mu}{4\pi}\iiint_V \frac{\boldsymbol{J}_{\mathrm{f}}(\boldsymbol{x}') \times \boldsymbol{r}}{r^3}\mathrm{d}V'
\end{aligned} \tag{3-1-8}$$

过渡到线电流情形，设 I 为导线上的电流强度，作代换 $\boldsymbol{J}_{\mathrm{f}}\mathrm{d}V' \to I\mathrm{d}\boldsymbol{l}$，得

$$\boldsymbol{B}=\frac{\mu}{4\pi}\oint_{L}\frac{I\mathrm{d}\boldsymbol{l}\times\boldsymbol{r}}{r^{3}} \tag{3-1-9}$$

这就是毕奥-萨伐尔定律.

当全空间中电流分布给定时,由式(3-1-8)或式(3-1-9)可以计算磁场. 对于电流和磁场互相制约的问题,则必须解矢势微分方程的边值问题.

3.1.3　矢势边值关系

由第1章式(1-5-11),在两介质分界面上磁场的边值关系为

$$\boldsymbol{n}\cdot(\boldsymbol{B}_2-\boldsymbol{B}_1)=0 \tag{3-1-10}$$

$$\boldsymbol{n}\times(\boldsymbol{H}_2-\boldsymbol{H}_1)=\boldsymbol{\alpha}_{\mathrm{f}} \tag{3-1-11}$$

对于非铁磁介质,磁场边值关系化为矢势 $\boldsymbol{A}$ 的边值关系为

$$\boldsymbol{n}\cdot(\nabla\times\boldsymbol{A}_2-\nabla\times\boldsymbol{A}_1)=0 \tag{3-1-12}$$

$$\boldsymbol{n}\times\left(\frac{1}{\mu_2}\nabla\times\boldsymbol{A}_2-\frac{1}{\mu_1}\nabla\times\boldsymbol{A}_1\right)=\boldsymbol{\alpha}_{\mathrm{f}} \tag{3-1-13}$$

边值关系式(3-1-12)也可以用较简单的形式代替. 类似图1.5.3,在分界面两边取一狭长回路,计算 $\boldsymbol{A}$ 对此狭长回路的积分. 当回路短边长度趋于零时,

$$\oint\boldsymbol{A}\cdot\mathrm{d}\boldsymbol{l}=(A_{2t}-A_{1t})\Delta l$$

另一方面,由于回路面积趋于零,有

$$\oint_{L}\boldsymbol{A}\cdot\mathrm{d}\boldsymbol{l}=\iint_{S}\boldsymbol{B}\cdot\mathrm{d}\boldsymbol{S}\rightarrow 0$$

因此有

$$A_{2t}=A_{1t} \tag{3-1-14}$$

若取 $\nabla\cdot\boldsymbol{A}=0$ 的库仑规范,仿照与 $\nabla\cdot\boldsymbol{B}=0$ 相对应的边值关系是 $B_{2n}=B_{1n}$ 一样的做法,可得

$$A_{2n}=A_{1n} \tag{3-1-15}$$

将式(3-1-14)和式(3-1-15)合起来,得

$$\boldsymbol{A}_2=\boldsymbol{A}_1 \tag{3-1-16}$$

即在两介质分界面上,矢势 $\boldsymbol{A}$ 是连续的. 由上述讨论可知,边值关系式(3-1-16)可以用来代替式(3-1-12).

【例1】 无穷长直导线载电流 I,求磁场的矢势和磁感应强度.

【解】 如图3.1.1,取导线沿 z 轴,设点 P 到导线的垂直距离为 R,电流元 $I\mathrm{d}z$ 到 P 点的距离为 $\sqrt{R^2+z^2}$,由式(3-1-7b)得

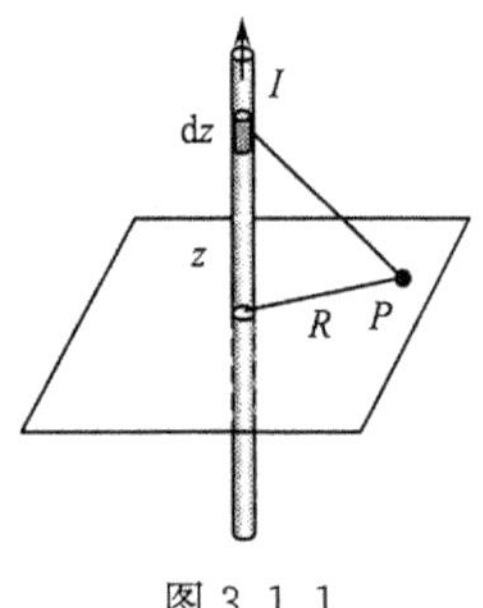

图 3.1.1

$$A_z = \frac{\mu I}{4\pi}\int_{-\infty}^{\infty}\frac{\mathrm{d}z}{\sqrt{z^2+R^2}}$$

积分是发散的. 计算两点的矢势差值可以免除发散.

若取 R_0 点的矢势值为零,按照第 2 章 2.1 节例题同样的计算可得

$$\boldsymbol{A} = -\left(\frac{\mu I}{2\pi}\ln\frac{R}{R_0}\right)\boldsymbol{e}_z \tag{3-1-17}$$

取 $\boldsymbol{A}$ 的旋度得磁感应强度

$$\begin{aligned}\boldsymbol{B} &= \nabla\times\boldsymbol{A} = -\nabla\times\left(\frac{\mu I}{2\pi}\ln\frac{R}{R_0}\boldsymbol{e}_z\right)\\ &= -\nabla\left(\frac{\mu I}{2\pi}\ln\frac{R}{R_0}\right)\times\boldsymbol{e}_z = -\frac{\mu I}{2\pi R}\boldsymbol{e}_R\times\boldsymbol{e}_z = \frac{\mu I}{2\pi R}\boldsymbol{e}_\theta\end{aligned} \tag{3-1-18}$$

【例 2】 半径为 R_0 的导线圆环载电流 I,求矢势和磁感应强度.

【解】 线圈电流产生的矢势为

$$\boldsymbol{A}(\boldsymbol{x}) = \frac{\mu_0 I}{4\pi}\oint_L\frac{\mathrm{d}\boldsymbol{l}}{r} \tag{3-1-19}$$

用球坐标(R,θ,ϕ),问题具有轴对称性,z 轴为对称轴(图 3.1.2),$\boldsymbol{A}$ 只依赖于 R、θ,而与 ϕ 无关,因此我们可以选定在 xz 面上的一点 P 来计算 $\boldsymbol{A}$ 即可.

现在讨论点 P 处 $\boldsymbol{A}$ 的方向,由图 3.1.2 中的(b)、(c)来讨论此问题. 由式(3-1-19)可知,$\boldsymbol{A}$ 的方向由积分$\oint_L\frac{\mathrm{d}\boldsymbol{l}}{r}$确定. 积分$\oint_L\frac{\mathrm{d}\boldsymbol{l}}{r}$即矢量和,现在首先来计算图 3.1.2(b)中四个对称位置的电流元 $I\mathrm{d}\boldsymbol{l}_i$ 对积分的贡献. $x>0$ 方的两段贡献之和 $\frac{\mathrm{d}\boldsymbol{l}_1}{r_1}+\frac{\mathrm{d}\boldsymbol{l}_2}{r_2}$如图 3.1.2(c)中下面的图所示沿 P 点的 $\boldsymbol{e}_\phi$ 方向;$x<0$ 方的两段贡献之和 $\frac{\mathrm{d}\boldsymbol{l}_3}{r_3}+\frac{\mathrm{d}\boldsymbol{l}_4}{r_4}$如图 3.1.2(c)中上面的图所示沿 P 点的$-\boldsymbol{e}_\phi$ 方向. 由于 $r_1=r_2$ 较 $r_3=r_4$ 小,故下图中的合矢量较上图中的合矢量大,因此,这四段所贡献的合矢量沿 P 点的 $\boldsymbol{e}_\phi$ 方向. 整个积分回路是由一组组这样的"对称的四电流元"组成,它们贡献的合矢量均沿 P 点的 $\boldsymbol{e}_\phi$ 方向. 由该问题的轴对称性,任一场点 P 的矢势 $\boldsymbol{A}$ 均沿该点的 $\boldsymbol{e}_\phi$ 方向,所以 $\boldsymbol{A}(\boldsymbol{x})=A_\phi(R,\theta)\boldsymbol{e}_\phi$.

这样,在 xOz 平面上的 P 点处:$A_\phi=A_y$. 取式(3-1-19)的 y 分量,由于

$$\mathrm{d}l_y = R_0\cos\phi'\mathrm{d}\phi'$$

$$\boldsymbol{x} = R\sin\theta\boldsymbol{e}_x + R\cos\theta\boldsymbol{e}_z$$

$$\boldsymbol{x}' = R_0\cos\phi'\boldsymbol{e}_x + R_0\sin\phi'\boldsymbol{e}_y$$

$$r = |\boldsymbol{x}-\boldsymbol{x}'| = \sqrt{R^2+R_0^2-2\boldsymbol{x}\cdot\boldsymbol{x}'} = \sqrt{R^2+R_0^2-2RR_0\sin\theta\cos\phi'}$$

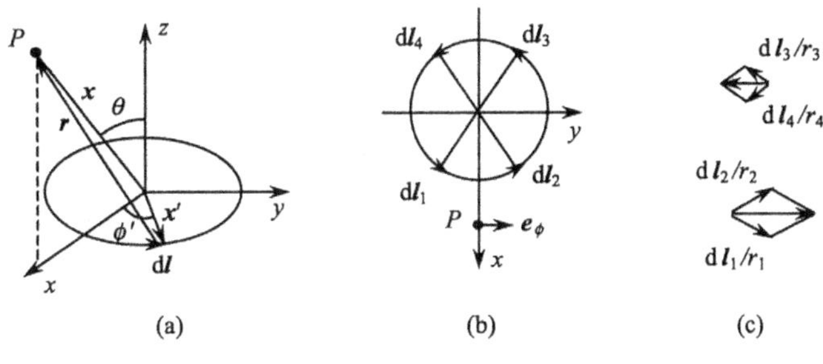

图 3.1.2

得

$$A_\phi = A_y = \frac{\mu_0 IR_0}{4\pi}\int_0^{2\pi} \frac{\cos\phi' \mathrm{d}\phi'}{\sqrt{R^2 + R_0^2 - 2RR_0\sin\theta\cos\phi'}} \tag{3-1-20}$$

上式的积分可用椭圆积分表出.若点 P 远离圆线圈,即 $R \gg R_0$,则

$$\frac{1}{(R_0^2 + R^2 - 2RR_0\sin\theta\cos\phi')^{1/2}} \simeq \frac{1}{R} + \frac{R_0}{R^2}\sin\theta\cos\phi' - \frac{R_0^2}{2R^3} \tag{3-1-21}$$

将式(3-1-21)代入式(3-1-20),得

$$A_\phi = A_y = \frac{\mu_0 IR_0}{4\pi}\int_0^{2\pi}\cos\phi' \mathrm{d}\phi'\left(\frac{1}{R} + \frac{R_0}{R^2}\sin\theta\cos\phi' - \frac{R_0^2}{2R^3}\right) \tag{3-1-22}$$

在式(3-1-22)中,第一、三两项由于 $\int_0^{2\pi}\cos\phi' \mathrm{d}\phi' = 0$ 而为零,故

$$\begin{aligned} \boldsymbol{A}(\boldsymbol{x}) &= \boldsymbol{e}_\phi \frac{\mu_0 IR_0^2 \sin\theta}{4\pi R^2}\int_0^{2\pi}\cos^2\phi' \mathrm{d}\phi' = \boldsymbol{e}_\phi \frac{\mu_0 I\pi R_0^2 \sin\theta}{4\pi R^2} \\ &= \boldsymbol{e}_\phi \frac{\mu_0 IS\sin\theta}{4\pi R^2} \end{aligned} \tag{3-1-23}$$

式中 $S=\pi R_0^2$ 是电流圆线圈的面积.

在电磁学中,已知电流圆线圈的**磁矩**表达式

$$\boldsymbol{m} = I\boldsymbol{S} = IS\boldsymbol{e}_z \tag{3-1-24}$$

利用 $\boldsymbol{e}_z \times \boldsymbol{e}_R = \sin\theta \boldsymbol{e}_\phi$,可将式(3-1-23)中的矢势写为

$$\boldsymbol{A}(\boldsymbol{x}) = \frac{\mu_0 IS\sin\theta \boldsymbol{e}_\phi}{4\pi R^2} = \frac{\mu_0 \boldsymbol{m} \times \boldsymbol{e}_R}{4\pi R^2} = \frac{\mu_0}{4\pi}\left(\boldsymbol{m} \times \frac{\boldsymbol{R}}{R^3}\right) \tag{3-1-25}$$

利用附录式(I.30),经计算可得

$$\boldsymbol{B} = \nabla \times \boldsymbol{A} = \frac{\mu_0}{4\pi}\nabla \times \left(\boldsymbol{m} \times \frac{\boldsymbol{R}}{R^3}\right) = \frac{\mu_0}{4\pi}\left(\frac{3(\boldsymbol{m} \cdot \boldsymbol{R})\boldsymbol{R}}{R^5} - \frac{\boldsymbol{m}}{R^3}\right) \tag{3-1-26}$$

3.1.4 静磁场边值问题的唯一性定理及其应用

定理 设区域 V 内的电流分布 $\boldsymbol{J}_f(\boldsymbol{x})$ 及磁介质分布给定,且 $\boldsymbol{B}=\mu\boldsymbol{H}$ 成立,在

V 的边界面 S 上 $\boldsymbol{A}$ 或 $\boldsymbol{H}$ 的切向分量给定,则 V 内的磁场唯一确定.

定理的证明与静电边值问题的唯一性定理的证明方法类似,这里不赘述.

【例 3】 设有无限长的线电流 I 沿 z 轴流动,今 $z<0$ 空间充满磁导率为 μ 的均匀介质,$z>0$ 区域为真空,如图 3.1.3 所示.试用唯一性定理求磁感应强度 $\boldsymbol{B}$,然后求出磁化电流分布.

【解】 为方便起见,方程取 $\boldsymbol{B}$ 的积分形式,并采用柱坐标系.

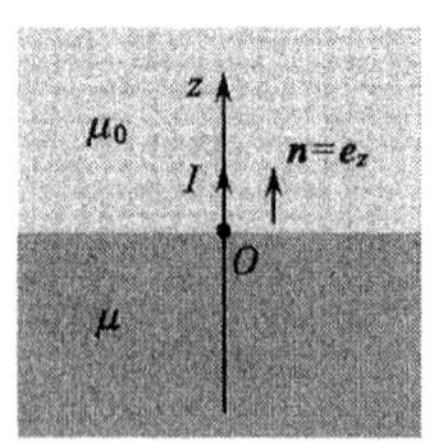

图 3-1-3

1) 定解问题

$$(1)\begin{cases} z<0\ 区域,\oint_L \boldsymbol{B}_1\cdot \mathrm{d}\boldsymbol{l}=\mu I\ ; \\ z>0\ 区域,\oint_L \boldsymbol{B}_2\cdot \mathrm{d}\boldsymbol{l}=\mu_0 I. \end{cases}$$

(2) $\oiint_S \boldsymbol{B}\cdot \mathrm{d}\boldsymbol{S}=0$;

(3) $\lim\limits_{R\to\infty}\boldsymbol{B}=0$,$R$ 为场点到 z 轴的垂直距离;

(4) 由 $\boldsymbol{n}\times(\boldsymbol{H}_2-\boldsymbol{H}_1)|_{z=0}=\boldsymbol{\alpha}_{\mathrm{f}}$,得 $\boldsymbol{e}_z\times\left(\dfrac{\boldsymbol{B}_2}{\mu_0}-\dfrac{\boldsymbol{B}_1}{\mu}\right)\Big|_{z=0}=0$;

(5) 由 $\boldsymbol{n}\cdot(\boldsymbol{B}_2-\boldsymbol{B}_1)|_{z=0}=0$,得 $\boldsymbol{e}_z\cdot(\boldsymbol{B}_2-\boldsymbol{B}_1)|_{z=0}=0$.

2) 提出尝试解

对 $z<0$ 区域:$\boldsymbol{B}_1=\dfrac{\mu I}{2\pi R}\boldsymbol{e}_\phi$;对 $z>0$ 区域:$\boldsymbol{B}_2=\dfrac{\mu_0 I}{2\pi R}\boldsymbol{e}_\phi$.

3) 验证

尝试解满足定解问题,由唯一性定理,这是唯一正确的解.

4) 求磁化电流

(1) 磁化强度:$\boldsymbol{M}_1=\dfrac{\boldsymbol{B}_1}{\mu_0}-\boldsymbol{H}=\left(\dfrac{1}{\mu_0}-\dfrac{1}{\mu}\right)\boldsymbol{B}_1$;$\boldsymbol{M}_2=0$.

(2) 磁化电流密度:$\boldsymbol{J}_{\mathrm{M}}=\nabla\times\boldsymbol{M}_1=\left(\dfrac{1}{\mu_0}-\dfrac{1}{\mu}\right)\nabla\times\boldsymbol{B}_1=\left(\dfrac{1}{\mu_0}-\dfrac{1}{\mu}\right)\mu\boldsymbol{J}_{\mathrm{f}}$.

(3) 磁化电流强度:

$$I_{\mathrm{M}}=\iint_S \boldsymbol{J}_{\mathrm{M}}\cdot \mathrm{d}\boldsymbol{S}=\left(\frac{1}{\mu_0}-\frac{1}{\mu}\right)\mu\iint_S \boldsymbol{J}_{\mathrm{f}}\cdot \mathrm{d}\boldsymbol{S}$$

对于 $z<0$ 区域 $\mu=\mu$;对于 $z>0$ 区域 $\mu=\mu_0$,所以

$$I_{\mathrm{M}}=\begin{cases}\left(\dfrac{\mu}{\mu_0}-1\right)I & (z<0,R=0) \\ 0 & (z>0)\end{cases}$$

(4) 磁化电流线密度:由 $\boldsymbol{\alpha}_{\mathrm{M}}=\boldsymbol{n}\times(\boldsymbol{M}_2-\boldsymbol{M}_1)$,由于 $z>0$ 区域为真空,故 $\boldsymbol{M}_2=0$,且 $\boldsymbol{n}=\boldsymbol{e}_z$,所以

$$\boldsymbol{\alpha}_{\mathrm{M}}=-\boldsymbol{e}_z\times\boldsymbol{M}_1=-\boldsymbol{e}_z\times\left(\frac{1}{\mu_0}-\frac{1}{\mu}\right)\boldsymbol{B}_1=-\left(\frac{1}{\mu_0}-\frac{1}{\mu}\right)\frac{\mu I}{2\pi R}\boldsymbol{e}_z\times\boldsymbol{e}_\phi$$

$$=\left(\frac{\mu}{\mu_0}-1\right)\frac{I}{2\pi R}\boldsymbol{e}_R$$

(5) 讨论:① 若 $z<0$ 区域为**顺磁介质**($\mu>\mu_0$),则磁化电流 I_{M} 与传导电流 I 同向,I_{M} 流至界面 $z=0$ 处,成为面电流,以线密度 $\boldsymbol{\alpha}_{\mathrm{M}}=\left(\frac{\mu}{\mu_0}-1\right)\frac{I}{2\pi R}\boldsymbol{e}_R$ 沿 $\boldsymbol{e}_R$ 方向流至无穷远,如图 3.1.4(a)所示;②若 $z<0$ 区域为**抗磁介质**($\mu<\mu_0$),则 I_{M} 与 I 反向,在界面 $z=0$ 处以线密度 $\boldsymbol{\alpha}_{\mathrm{M}}=\left(\frac{\mu}{\mu_0}-1\right)\frac{1}{2\pi R}\boldsymbol{e}_R$ 沿 $\boldsymbol{e}_R$ 方向从无穷远处汇聚到 $R=0$ 处成为电流 I_{M} 沿 $-\boldsymbol{e}_z$ 方向流至无穷远,如图 3.1.4(b)所示.

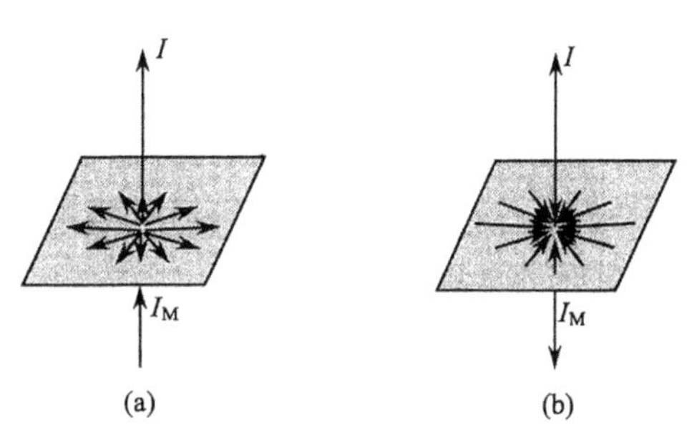

图 3.1.4

3.2 磁标势和磁荷的概念

上节已经阐明,在一般情况下磁场不能用标势描述,而需要用矢势描述. 矢势描述虽然是普遍的,但是由于 $\boldsymbol{A}$ 是一矢量,解矢量的边值问题一般是比较复杂的. 下面我们考虑在某些条件下是否存在着引入标势的可能性.

3.2.1 磁标势及其引入的条件

由**保守力场**可引入标势的讨论可知,当磁场 $\boldsymbol{H}(\boldsymbol{x})$ 的**环流**为零

$$\oint_L \boldsymbol{H}\cdot\mathrm{d}\boldsymbol{l}=0$$

时,便可引入一个标量函数 $\varphi_{\mathrm{m}}(\boldsymbol{x})$ 描述空间的磁场

$$\boldsymbol{H}(\boldsymbol{x})=-\nabla\varphi_{\mathrm{m}}(\boldsymbol{x}) \tag{3-2-1}$$

$\varphi_{\mathrm{m}}(\boldsymbol{x})$ 称为**磁标势**. 但是,由**安培环路定理**,当任意闭合回路链环着电流时,磁场的环流不为零

$$\oint_L \boldsymbol{H}\cdot\mathrm{d}\boldsymbol{l}=\iint_S \boldsymbol{J}_{\mathrm{f}}\cdot\mathrm{d}\boldsymbol{S}\neq 0$$

这时就不能用磁标势描述磁场. 但是,问题往往不是绝对的,如果把存在 $\boldsymbol{J}_{\mathrm{f}}$ 的空间从求解的区域中挖去,则在余下的区域中就没有传导电流了. 如图 3.2.1 所示,把 I_{f} 所围成的整个壳形区域 S 连同电流圈一起从求解的区域中挖去,则在剩下的空

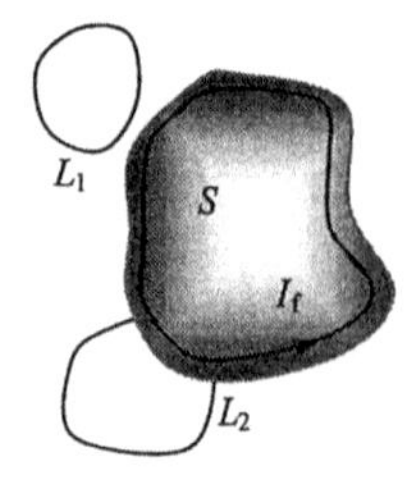

图 3.2.1

间 V 中任一闭合回路都不链环着电流. 因此,在除去这壳形区域之后,在空间中就可以引入磁标势来描述磁场. 又例如电磁铁,我们只想求出两磁极间隙处局部区域的磁场,在这区域内也可以引入磁标势. 至于永磁体,它的磁场都是由分子电流激发的,没有任何传导电流,因此永磁体的磁场甚至在全空间(包括磁铁内部)都可以用磁标势描述.

总结起来,在某区域内能够引入磁标势的条件是该区域内的任何回路都不被电流所链环,就是说该区域是没有传导电流分布的**单连通区域**.

3.2.2 磁标势的定解问题

1. 磁标势的方程

在 $\boldsymbol{J}_\mathrm{f}=0$ 的区域内,磁场满足方程

$$\nabla\times\boldsymbol{H}=0 \tag{3-2-2}$$

$$\nabla\cdot\boldsymbol{B}=0 \tag{3-2-3}$$

$$\boldsymbol{B}=\mu_0(\boldsymbol{H}+\boldsymbol{M})\equiv f(\boldsymbol{H}) \tag{3-2-4}$$

在式(3-2-4)中,我们不写 $\boldsymbol{B}=\mu\boldsymbol{H}$,而写为较一般的函数关系,这是因为磁标势法的一个重要应用是求磁铁的磁场,而在铁磁性物质中,线性关系 $\boldsymbol{B}=\mu\boldsymbol{H}$ 不成立.

把式(3-2-4)代入式(3-2-3)得

$$\nabla\cdot\boldsymbol{H}=-\nabla\cdot\boldsymbol{M} \tag{3-2-5}$$

我们记得,由 $\nabla\cdot\boldsymbol{P}$ 可计算极化电荷,这里磁介质的磁化强度 $\boldsymbol{M}$ 与电介质的极化强度 $\boldsymbol{P}$ 对应,因而式(3-2-5)中的 $\nabla\cdot\boldsymbol{M}$ 也应该计算某种"荷". 与静电场介质中的束缚电荷密度

$$\rho_\mathrm{P}=-\nabla\cdot\boldsymbol{P} \tag{3-2-6}$$

对应,这里引入**束缚磁荷密度**

$$\rho_\mathrm{m}=-\mu_0\nabla\cdot\boldsymbol{M} \tag{3-2-7}$$

与式(3-2-6)比较,此式右边出现 μ_0 是由于公式 $\boldsymbol{D}=\varepsilon_0\boldsymbol{E}+\boldsymbol{P}$ 与公式 $\boldsymbol{B}=\mu_0\boldsymbol{H}+\mu_0\boldsymbol{M}$ 对比时,$\boldsymbol{P}$ 与 $\mu_0\boldsymbol{M}$ 对应.

由式(3-2-2)、(3-2-5)和式(3-2-7),在 $\boldsymbol{J}_\mathrm{f}=0$ 区域内,$\boldsymbol{H}$ 所满足的微分方程可写为

$$\nabla\cdot\boldsymbol{H}=\rho_\mathrm{m}/\mu_0 \tag{3-2-8}$$

$$\nabla\times\boldsymbol{H}=0 \tag{3-2-9}$$

这组方程和静电场微分方程组

$$\nabla \cdot \boldsymbol{E} = (\rho_f + \rho_P)/\varepsilon_0 \tag{3-2-10}$$

$$\nabla \times \boldsymbol{E} = 0 \tag{3-2-11}$$

对比，差别仅在于没有**自由磁荷**，这是由于到目前为止实验还没有发现以**磁单极子**形式存在的自由磁荷.

将式(3-2-1)、(3-2-5)和式(3-2-7)联立，可得磁标势 φ_m 所遵守的泊松方程

$$\nabla^2 \varphi_m = -\frac{\rho_m}{\mu_0} \tag{3-2-12}$$

在均匀磁介质内部，$\boldsymbol{M}$ 为常矢量，束缚磁荷分布

$$\rho_m = -\mu_0 \nabla \cdot \boldsymbol{M} = 0$$

由式(3-2-12)可见，

$$\nabla^2 \varphi_m = 0 \tag{3-2-13}$$

2. *磁标势的边值关系*

(1) 界面上没有传导电流时，磁标势连续

$$\varphi_{m1} = \varphi_{m2} \tag{3-2-14}$$

(2) 界面上有面传导电流 $\boldsymbol{\alpha}_f$ 时，磁标势满足

$$\boldsymbol{\alpha}_f = \boldsymbol{n} \times (\nabla\varphi_{m1} - \nabla\varphi_{m2}) \tag{3-2-15}$$

(3) 对于各向同性线性非铁磁性介质

$$\mu_1 \frac{\partial \varphi_{m1}}{\partial n} = \mu_2 \frac{\partial \varphi_{m2}}{\partial n} \tag{3-2-16}$$

(4) 对于任意介质

$$\frac{\partial \varphi_{m2}}{\partial n} - \frac{\partial \varphi_{m1}}{\partial n} = -\frac{\sigma_m}{\mu_0} \tag{3-2-17}$$

式中 σ_m 称为**束缚磁荷面密度.**

证明　(1) 当界面上没有传导电流时，$\boldsymbol{n}\times(\boldsymbol{H}_2-\boldsymbol{H}_1)=0$，与 $\boldsymbol{n}\times(\boldsymbol{E}_2-\boldsymbol{E}_1)=0$ 等效于 $\varphi_1=\varphi_2$ 一样，有 $\varphi_{m1}=\varphi_{m2}$.

(2) 由磁标势的定义式 $\boldsymbol{H}=-\nabla\varphi_m$，由 $\boldsymbol{\alpha}_f=\boldsymbol{n}\times(\boldsymbol{H}_2-\boldsymbol{H}_1)$，即可得式(3-2-15).

(3) 对于各向同性线性非铁磁性介质，有 $\boldsymbol{B}=\mu\boldsymbol{H}$，$B_n=\mu H_n=\mu\boldsymbol{n}\cdot\boldsymbol{H}=\mu\boldsymbol{n}\cdot(-\nabla\varphi_m)=-\mu\frac{\partial\varphi_m}{\partial n}$. 由边值关系 $B_{1n}=B_{2n}$，即可得式(3-2-16).

(4) 将适用于一切磁介质的 $\boldsymbol{B}=\mu_0(\boldsymbol{H}+\boldsymbol{M})$代入边值关系 $B_{1n}=B_{2n}$，得

$$\frac{\partial \varphi_{m2}}{\partial n} - \frac{\partial \varphi_{m1}}{\partial n} = \boldsymbol{n}\cdot(\boldsymbol{M}_2 - \boldsymbol{M}_1)$$

与束缚电荷面密度 $\sigma_P = -\boldsymbol{n}\cdot(\boldsymbol{P}_2-\boldsymbol{P}_1)$ 相对应，令

$$\sigma_m = -\mu_0\boldsymbol{n}\cdot(\boldsymbol{M}_2-\boldsymbol{M}_1) \tag{3-2-18}$$

则可得式(3-2-17).

把磁标势法中有关磁场的公式和静电场公式对比，总结如下：

静电场	静磁场	
$\nabla\times\boldsymbol{E}=0$	$\nabla\times\boldsymbol{H}=0$	(3-2-19)
$\nabla\cdot\boldsymbol{E}=(\rho_f+\rho_P)/\varepsilon_0$	$\nabla\cdot\boldsymbol{H}=\rho_m/\mu_0$	(3-2-20)
$\rho_P=-\nabla\cdot\boldsymbol{P}$	$\rho_m=-\mu_0\nabla\cdot\boldsymbol{M}$	(3-2-21)
$\boldsymbol{D}=\varepsilon_0\boldsymbol{E}+\boldsymbol{P}$	$\boldsymbol{B}=\mu_0\boldsymbol{H}+\mu_0\boldsymbol{M}$	(3-2-22)
$\boldsymbol{E}=-\nabla\varphi$	$\boldsymbol{H}=-\nabla\varphi_m$	(3-2-23)
$\nabla^2\varphi=-(\rho_f+\rho_P)/\varepsilon_0$	$\nabla^2\varphi_m=-\rho_m/\mu_0$	(3-2-24)

有了这些对比，就可以把静电问题求解方法应用到静磁场问题中去.

【例】 求磁化矢量为 $\boldsymbol{M}_0$ 的均匀磁化铁球产生的磁场，铁球半径为 R_0.

【解】 1) 坐标系

选原点在球心的球坐标系，z 轴与 $\boldsymbol{M}_0$ 平行.

2) 方程

铁球内和铁球外为两均匀区域. 在铁球外没有磁荷. 在铁球内由于均匀磁化，$\boldsymbol{M}=\boldsymbol{M}_0=$常矢量，$\rho_m=-\mu_0\nabla\cdot\boldsymbol{M}_0=0$，因此磁荷只分布在铁球表面上. 球外磁标势 φ_1 和球内磁标势 φ_2 都满足拉普拉斯方程

$$\nabla^2\varphi_1=0,\nabla^2\varphi_2=0 \tag{3-2-25}$$

3) 边值关系和边界条件

(1) 磁荷分布在有限区域

$$\varphi_1|_{R\to\infty}=0 \tag{3-2-26}$$

(2) 球心处，$\varphi_2|_{R=0}$有限；　　(3-2-27)

(3) 在铁球表面处

$$B_{1R}|_{R=R_0}=B_{2R}|_{R=R_0} \tag{3-2-28}$$

(4) 在铁球表面处，由式(3-2-14)

$$\varphi_1|_{R=R_0}=\varphi_2|_{R=R_0} \tag{3-2-29}$$

4) 对称性分析　通解

问题具有轴对称性，对称轴为 z 轴，考虑到式(3-2-26)和(3-2-27)，方程式(3-2-25)的通解为

球外：

$$\varphi_1 = \sum_n \frac{b_n}{R^{n+1}} \mathrm{P}_n(\cos\theta) \tag{3-2-30}$$

球内:

$$\varphi_2 = \sum_n a_n R^n \mathrm{P}_n(\cos\theta) \tag{3-2-31}$$

5) 由边值关系求特解

设球外为真空,则

$$B_{1R} = \mu_0 H_{1R} = -\mu_0 \frac{\partial \varphi_1}{\partial R} = \mu_0 \sum_n \frac{(n+1)b_n}{R^{n+2}} \mathrm{P}_n(\cos\theta) \tag{3-2-32}$$

$$\begin{aligned} B_{2R} &= \mu_0 H_{2R} + \mu_0 M_R = -\mu_0 \frac{\partial \varphi_2}{\partial R} + \mu_0 M_0 \cos\theta \\ &= -\mu_0 \sum_n n a_n R^{n-1} \mathrm{P}_n(\cos\theta) + \mu_0 M_0 \cos\theta \end{aligned} \tag{3-2-33}$$

由式(3-2-28)和式(3-2-29),

$$\sum_n \frac{(n+1)b_n}{R_0^{n+2}} \mathrm{P}_n(\cos\theta) = -\sum_n n a_n R_0^{n-1} \mathrm{P}_n(\cos\theta) + M_0 \mathrm{P}_1(\cos\theta)$$

$$\sum \frac{b_n}{R_0^{n+1}} \mathrm{P}_n(\cos\theta) = \sum a_n R_0^n \mathrm{P}_n(\cos\theta)$$

比较这两式中 P_n 的系数,得

$$a_1 = \frac{1}{3} M_0, \quad b_1 = \frac{1}{3} M_0 R_0^3 \tag{3-2-34}$$

$$a_n = b_n = 0, \quad n \neq 1 \tag{3-2-35}$$

代入式(3-2-30)和式(3-2-31),考虑到磁化铁球的磁矩为

$$\boldsymbol{m} = \frac{4\pi R_0^3}{3} \boldsymbol{M}_0 = \boldsymbol{M}_0 V \tag{3-2-36}$$

得

$$\varphi_1 = \frac{M_0 R_0^3 \cos\theta}{3R^2} = \frac{\boldsymbol{m} \cdot \boldsymbol{R}}{4\pi R^3} \tag{3-2-37}$$

$$\varphi_2 = \frac{1}{3} M_0 R \cos\theta = \frac{1}{3} \boldsymbol{M}_0 \cdot \boldsymbol{R} \tag{3-2-38}$$

由式(3-2-37)可见,铁球外的磁场是由磁矩为 $\boldsymbol{m}$ 的磁偶极子产生的场,这是我们预期的结果. 由式(3-2-38),球内磁场是

$$\begin{aligned} \boldsymbol{H} &= -\nabla \varphi_2 = -\frac{1}{3} \boldsymbol{M}_0 \\ \boldsymbol{B} &= \mu_0 (\boldsymbol{H} + \boldsymbol{M}_0) = \frac{2}{3} \mu_0 \boldsymbol{M}_0 \end{aligned} \tag{3-2-39}$$

铁球内外的 $\boldsymbol{B}$ 和 $\boldsymbol{H}$ 如图 3.2.2 所示. $\boldsymbol{B}$ 线总是闭合的,而 $\boldsymbol{H}$ 线则不然. $\boldsymbol{H}$ 线从右半球面的正磁荷发出,止于左半球面的负磁荷. 在铁球内部,$\boldsymbol{B}$ 和 $\boldsymbol{H}$ 反向.

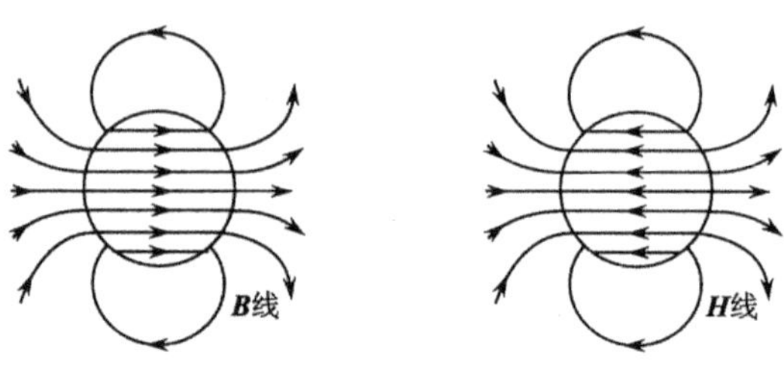

图 3.2.2

3.3 静磁场的多极展开

与电多极矩类似,本节引入**磁多极矩**概念,研究空间小区域范围内的电流分布所激发的磁场在远处的展开式.

3.3.1 矢势的多极展开

对于给定的电流分布 $\boldsymbol{J}(\boldsymbol{x})$,其在空间某一点 $\boldsymbol{x}$ 处所激发的磁矢势为

$$\boldsymbol{A}(\boldsymbol{x}) = \frac{\mu_0}{4\pi}\iiint_V \frac{\boldsymbol{J}(\boldsymbol{x}')\mathrm{d}V'}{r} \tag{3-3-1}$$

如果电流分布于小区域 V 内,这时场点 $\boldsymbol{x}$ 距离该区域比较远,这意味着要把 $\boldsymbol{A}(\boldsymbol{x})$ 作多极展开. 取区域 V 内某点 O 为坐标原点,把第 2 章的 $1/r$ 的展开式(2-5-5)代入式(3-3-1)得

$$\boldsymbol{A}(\boldsymbol{x}) = \frac{\mu_0}{4\pi}\iiint_V \boldsymbol{J}(\boldsymbol{x}')\left[\frac{1}{R} - \boldsymbol{x}'\cdot\nabla\frac{1}{R} + \frac{1}{2}\sum_{ij}x'_i x'_j \frac{\partial^2}{\partial x_i \partial x_j}\frac{1}{R} + \cdots\right]\mathrm{d}V' \tag{3-3-2}$$

现在讨论各级**磁多极子**对矢势的贡献. 由于数量级的考虑,**磁四极子**的贡献可忽略. 展开式(3-3-2)的第一项为

$$\boldsymbol{A}^{(0)}(\boldsymbol{x}) = \frac{\mu_0}{4\pi R}\iiint_V \boldsymbol{J}(\boldsymbol{x}')\mathrm{d}V'$$

由恒定电流的连续性,可以把电流分为许多闭合的流管. 对某一个流管来说,

$$\iiint_V \boldsymbol{J}(\boldsymbol{x}')\mathrm{d}V' = \oint I\mathrm{d}\boldsymbol{l} = I\oint \mathrm{d}\boldsymbol{l} = 0$$

式中 I 为在该流管内流过的电流. 因此有

$$\boldsymbol{A}^{(0)} = 0 \tag{3-3-3}$$

此式表示和电场情形不同,磁场展开式不含磁单极项,即不含与点电荷对应的项.

展开式(3-3-2)的第二项为

$$\boldsymbol{A}^{(1)}=-\frac{\mu_0}{4\pi}\iiint_V \boldsymbol{J}(\boldsymbol{x}')\boldsymbol{x}'\cdot\nabla\frac{1}{R}\mathrm{d}V' \tag{3-3-4}$$

同样地,由于恒定电流可以分成许多闭合流管,我们先就一个闭合线圈情形计算上式.若线圈电流为 I,有

$$\boldsymbol{A}^{(1)}=-\frac{\mu_0 I}{4\pi}\oint\boldsymbol{x}'\cdot\nabla\frac{1}{R}\mathrm{d}\boldsymbol{l}=\frac{\mu_0 I}{4\pi}\oint\boldsymbol{x}'\cdot\frac{\boldsymbol{R}}{R^3}\mathrm{d}\boldsymbol{l} \tag{3-3-5}$$

在被积式中,$\boldsymbol{R}/R^3$ 为固定矢量,与积分变量无关.由于 $\boldsymbol{x}'$ 为线圈上各点的坐标,因此 $\mathrm{d}\boldsymbol{x}'=\mathrm{d}\boldsymbol{l}$.利用全微分绕闭合回路的线积分等于零,而微分仅对积分变量起作用,得

$$0=\oint\mathrm{d}[(\boldsymbol{x}'\cdot\boldsymbol{R})\boldsymbol{x}']=\oint(\boldsymbol{x}'\cdot\boldsymbol{R})\mathrm{d}\boldsymbol{l}+\oint(\mathrm{d}\boldsymbol{l}\cdot\boldsymbol{R})\boldsymbol{x}'$$

因此,

$$\oint(\boldsymbol{x}'\cdot\boldsymbol{R})\mathrm{d}\boldsymbol{l}=\frac{1}{2}\oint[(\boldsymbol{x}'\cdot\boldsymbol{R})\mathrm{d}\boldsymbol{l}-(\mathrm{d}\boldsymbol{l}\cdot\boldsymbol{R})\boldsymbol{x}']=\frac{1}{2}\oint(\boldsymbol{x}'\times\mathrm{d}\boldsymbol{l})\times\boldsymbol{R}$$

于是 $\boldsymbol{A}^{(1)}$ 的表示式(3-3-5)可以写为

$$\boldsymbol{A}^{(1)}=\frac{\mu_0}{4\pi R^3}\cdot\frac{I}{2}\oint(\boldsymbol{x}'\times\mathrm{d}\boldsymbol{l})\times\boldsymbol{R}=\frac{\mu_0}{4\pi}\frac{\boldsymbol{m}\times\boldsymbol{R}}{R^3} \tag{3-3-6}$$

式中

$$\boldsymbol{m}=\frac{I}{2}\oint\boldsymbol{x}'\times\mathrm{d}\boldsymbol{l} \tag{3-3-7}$$

称为电流线圈的磁矩.对体电流分布,把 $I\mathrm{d}\boldsymbol{l}\to\boldsymbol{J}\mathrm{d}V'$,得磁矩

$$\boldsymbol{m}=\frac{1}{2}\iiint_V\boldsymbol{x}'\times\boldsymbol{J}(\boldsymbol{x}')\mathrm{d}V' \tag{3-3-8}$$

对于一个小线圈,设它所围的面元为 $\Delta\boldsymbol{S}$,有

$$\Delta\boldsymbol{S}=\frac{1}{2}\oint\boldsymbol{x}'\times\mathrm{d}\boldsymbol{l}$$

因此

$$\boldsymbol{m}=I\Delta\boldsymbol{S} \tag{3-3-9}$$

3.3.2 磁偶极矩的场和磁标势

由式(3-3-6)可算出**磁偶极矩**的磁场

$$\boldsymbol{B}^{(1)}=\nabla\times\boldsymbol{A}^{(1)}=\frac{\mu_0}{4\pi}\nabla\times\left(\boldsymbol{m}\times\frac{\boldsymbol{R}}{R^3}\right)=\frac{\mu_0}{4\pi}\left[\left(\nabla\cdot\frac{\boldsymbol{R}}{R^3}\right)\boldsymbol{m}-(\boldsymbol{m}\cdot\nabla)\frac{\boldsymbol{R}}{R^3}\right]$$

由于当 $R\neq 0$ 时有

$$\nabla\cdot\frac{\boldsymbol{R}}{R^3}=-\nabla^2\frac{1}{R}=0\quad(R\neq 0)$$

因此,

$$\boldsymbol{B}^{(1)}=-\frac{\mu_0}{4\pi}(\boldsymbol{m}\cdot\nabla)\frac{\boldsymbol{R}}{R^3}\tag{3-3-10}$$

在电流分布以外的空间中,磁场应该可以用标势描述,因此我们再把上式化为磁标势的梯度形式. 由于 $\boldsymbol{m}$ 为常矢量,由附录(I.28)式,有

$$\begin{aligned}\nabla\left(\boldsymbol{m}\cdot\frac{\boldsymbol{R}}{R^3}\right)&=\boldsymbol{m}\times\left(\nabla\times\frac{\boldsymbol{R}}{R^3}\right)+(\boldsymbol{m}\cdot\nabla)\frac{\boldsymbol{R}}{R^3}+\frac{\boldsymbol{R}}{R^3}\times(\nabla\times\boldsymbol{m})+\left(\frac{\boldsymbol{R}}{R^3}\cdot\nabla\right)\boldsymbol{m}\\&=(\boldsymbol{m}\cdot\nabla)\frac{\boldsymbol{R}}{R^3}\end{aligned}$$

(式中利用了 $\boldsymbol{R}/R^3$ 的无旋性.)最后我们得

$$\boldsymbol{B}^{(1)}=-\mu_0\nabla\varphi_m^{(1)}\tag{3-3-11}$$

$$\varphi_{\mathrm{m}}^{(1)}=\frac{\boldsymbol{m}\cdot\boldsymbol{R}}{4\pi R^3}\tag{3-3-12}$$

与电偶极势[第2章式(2-5-23)]相比,可见磁偶极势形式上和电偶极势相似. 在这个意义上,可以认为一个小电流线圈可看作由一对正负磁荷组成的磁偶极子,其磁偶极矩 $\boldsymbol{m}$ 由式(3-3-9)确定. 在电流分布区域以外的空间中可以用磁标势 φ_{m} 来描述磁场,这一点和上一节所讨论的一般理论是相符的.

3.4　静磁场的能量　广义力

在第1章电磁场能量密度公式的基础上,本节讨论静磁场能量的表达式,进而讨论电流体系与外磁场的相互作用能,并由此求得外磁场作用于磁偶极子上的广义力(力和力矩). 值得注意的是,对于磁场,磁偶极子在外磁场中的势能不等于磁偶极子与外磁场的相互作用能.

3.4.1　静磁场的能量

电磁场能量密度为

$$w=\frac{1}{2}(\boldsymbol{E}\cdot\boldsymbol{D}+\boldsymbol{B}\cdot\boldsymbol{H})\tag{3-4-1}$$

其中磁场部分能量

$$W=\iiint_\infty w\mathrm{d}V=\frac{1}{2}\iiint_\infty\boldsymbol{B}\cdot\boldsymbol{H}\mathrm{d}V\tag{3-4-2}$$

在静磁场中，可以用矢势和电流表示总能量．由 $\boldsymbol{B}=\nabla\times\boldsymbol{A}$，以及式(1-3-7)和附录(I.29)式，有

$$\begin{aligned}\boldsymbol{B}\cdot\boldsymbol{H}&=(\nabla\times\boldsymbol{A})\cdot\boldsymbol{H}=\nabla\cdot(\boldsymbol{A}\times\boldsymbol{H})+\boldsymbol{A}\cdot(\nabla\times\boldsymbol{H})\\&=\nabla\cdot(\boldsymbol{A}\times\boldsymbol{H})+\boldsymbol{A}\cdot\boldsymbol{J}_{\mathrm{f}}\end{aligned}$$

将此式代入式(3-4-2)中，第一项可化为无穷远界面上的积分而趋于零，因此

$$W=\frac{1}{2}\iiint_V\boldsymbol{A}\cdot\boldsymbol{J}_{\mathrm{f}}\mathrm{d}V \tag{3-4-3}$$

和静电情形一样，此式仅对总能量有意义，不能把$\frac{1}{2}\boldsymbol{A}\cdot\boldsymbol{J}_{\mathrm{f}}$ 看作能量密度，因为我们知道能量分布于磁场内，而不仅仅存在于电流分布区域内，且矢势 $\boldsymbol{A}$ 是电流分布 $\boldsymbol{J}_{\mathrm{f}}$ 本身所激发的．

3.4.2 电流系统与外磁场的相互作用能

下面计算某电流分布 $\boldsymbol{J}_{\mathrm{f}}$ 在给定外磁场中的相互作用能量．如图 3.4.1，以 $\boldsymbol{A}_e$ 表示计算外磁场的矢势，$\boldsymbol{J}_e$ 表示产生该外磁场的电流分布．我们将两个电流系统当成一个整体，则总电流分布为 $\boldsymbol{J}_{\mathrm{f}}(\boldsymbol{x})+\boldsymbol{J}_e(\boldsymbol{x})$，总磁场矢势为 $\boldsymbol{A}(\boldsymbol{x})+\boldsymbol{A}_e(\boldsymbol{x})$，由式(3-4-3)，磁场总能量为

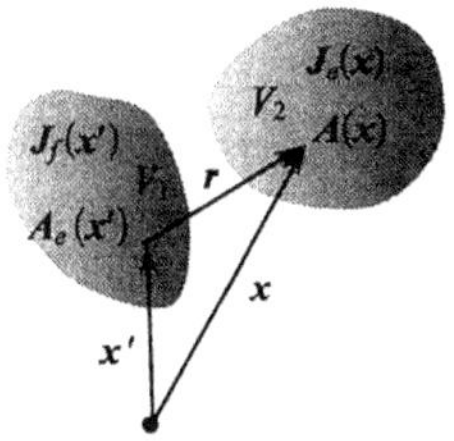

$$W=\frac{1}{2}\iiint_V[\boldsymbol{J}_{\mathrm{f}}(\boldsymbol{x})+\boldsymbol{J}_e(\boldsymbol{x})]\cdot[\boldsymbol{A}(\boldsymbol{x})+\boldsymbol{A}_e(\boldsymbol{x})]\mathrm{d}V$$

图 3.4.1

式中 $V=V_1+V_2$，且 V_1 和 V_2 可以相交，同时应注意，只有同一点的物理量才有实际意义的相加和相乘．此式减去 $\boldsymbol{J}_{\mathrm{f}}$ 和 $\boldsymbol{J}_e$ 分别单独存在时的能量之后，得电流 $\boldsymbol{J}_{\mathrm{f}}$ 在外场中的**相互作用能**

$$W_i=\frac{1}{2}\iiint_V(\boldsymbol{J}_{\mathrm{f}}\cdot\boldsymbol{A}_e+\boldsymbol{J}_e\cdot\boldsymbol{A})\mathrm{d}V \tag{3-4-4}$$

因为

$$\boldsymbol{A}(\boldsymbol{x})=\frac{\mu}{4\pi}\iiint_{V_1}\frac{\boldsymbol{J}_{\mathrm{f}}(\boldsymbol{x}')\mathrm{d}V'}{r},\quad \boldsymbol{A}_e(\boldsymbol{x}')=\frac{\mu}{4\pi}\iiint_{V_2}\frac{\boldsymbol{J}_e(\boldsymbol{x})\mathrm{d}V}{r}$$

所以

$$\begin{aligned}\iiint_V\boldsymbol{A}(\boldsymbol{x})\cdot\boldsymbol{J}_e(\boldsymbol{x})\mathrm{d}V&=\iiint_V\left[\frac{\mu}{4\pi}\iiint_{V_1}\frac{\boldsymbol{J}_{\mathrm{f}}(\boldsymbol{x}')\mathrm{d}V'}{r}\right]\cdot\boldsymbol{J}_e(\boldsymbol{x})\mathrm{d}V\\&=\iiint_V\left[\frac{\mu}{4\pi}\iiint_{V_2}\frac{\boldsymbol{J}_e(\boldsymbol{x})\mathrm{d}V}{r}\right]\cdot\boldsymbol{J}_{\mathrm{f}}(\boldsymbol{x}')\mathrm{d}V'\\&=\iiint_V\boldsymbol{A}_e(\boldsymbol{x}')\cdot\boldsymbol{J}_{\mathrm{f}}(\boldsymbol{x}')\mathrm{d}V'\end{aligned}$$

这表明式(3-4-4)中两项相等,因此电流体系在外磁场中的相互作用能量为

$$W_i = \iiint_V \boldsymbol{J}_{\mathrm{f}} \cdot \boldsymbol{A}_e \mathrm{d}V \tag{3-4-5}$$

积分遍及电流 $\boldsymbol{J}_{\mathrm{f}}$ 所在的整个区域.

3.4.3　小区域内电流分布在外磁场中的能量

由式(3-4-5),载电流 I_{f} 的线圈在外磁场中的能量为

$$W_i = I_{\mathrm{f}}\oint_L \boldsymbol{A}_e \cdot \mathrm{d}\boldsymbol{l} = I_{\mathrm{f}}\iint_S \boldsymbol{B}_e \cdot \mathrm{d}\boldsymbol{S} = I_{\mathrm{f}}\Phi_e \tag{3-4-6}$$

其中 Φ_e 为外磁场对载流线圈 L 的磁通量. 取坐标系原点在线圈所在区域内适当点上,若区域线度远小于磁场发生显著变化的线度,则对 $\boldsymbol{B}_e(\boldsymbol{x})$ 作面积分时可以把 $\boldsymbol{B}_e(\boldsymbol{x})$ 近似在原点取值

$$\boldsymbol{B}_e(\boldsymbol{x}) \simeq \boldsymbol{B}_e(0)$$

代入式(3-4-6)得

$$W_i \simeq I_{\mathrm{f}}\boldsymbol{B}_e(0) \cdot \iint_S \mathrm{d}\boldsymbol{S} = \boldsymbol{m} \cdot \boldsymbol{B}_e(0) \tag{3-4-7}$$

其中 $\boldsymbol{m}$ 是电流线圈的磁偶极矩.

3.4.4　外磁场对电流系统的作用力和力矩

由洛伦兹力密度公式可求得电流系统在外磁场中所受的力

$$\boldsymbol{F} = \iiint_V \boldsymbol{f}\mathrm{d}V' = \iiint_V \boldsymbol{J}_{\mathrm{f}}(\boldsymbol{x}') \times \boldsymbol{B}_e(\boldsymbol{x}')\mathrm{d}V' \tag{3-4-8}$$

将外磁场 $\boldsymbol{B}_e(\boldsymbol{x}')$ 在坐标原点附近作泰勒级数展开

$$\boldsymbol{B}_e(\boldsymbol{x}') = \boldsymbol{B}_e(0) + \boldsymbol{x}' \cdot \nabla\boldsymbol{B}_e(0) + \cdots \tag{3-4-9}$$

代入式(3-4-8),得

$$\boldsymbol{F} = \iiint_V \boldsymbol{J}_{\mathrm{f}}(\boldsymbol{x}') \times [\boldsymbol{B}_e(0) + \boldsymbol{x}' \cdot \nabla\boldsymbol{B}_e(0) + \cdots]\mathrm{d}V'$$

第一项

$$\boldsymbol{F}^{(0)} = \iiint_V \boldsymbol{J}_{\mathrm{f}}(\boldsymbol{x}') \times \boldsymbol{B}_e(0)\mathrm{d}V' = \left[\iiint_V \boldsymbol{J}_{\mathrm{f}}(\boldsymbol{x}')\mathrm{d}V'\right] \times \boldsymbol{B}_e(0)$$

如前所述,恒定电流 $\boldsymbol{J}_{\mathrm{f}}(\boldsymbol{x}')$ 的体积分可转换为线电流的闭合线积分,该积分为零,故

$$\boldsymbol{F}^{(0)} = 0 \tag{3-4-10}$$

这是外磁场对磁单极子的作用力.

第二项

$$\begin{aligned} \boldsymbol{F}^{(1)} &= \iiint_V \boldsymbol{J}_{\mathrm{f}}(\boldsymbol{x}') \times [\boldsymbol{x}' \cdot \nabla \boldsymbol{B}_e(0)] \mathrm{d}V' = -\nabla \times [\boldsymbol{m} \times \boldsymbol{B}_e(0)] \\ &= \boldsymbol{m} \cdot \nabla \boldsymbol{B}_e(0) = \nabla [\boldsymbol{m} \cdot \boldsymbol{B}_e(0)] \end{aligned} \tag{3-4-11}$$

这是外磁场对磁偶极子的作用力. 这里用到了$\nabla \cdot \boldsymbol{B}_e=0$;并且由于产生外场的电流一般都不出现在磁矩 $\boldsymbol{m}$ 所在的区域内,因而有$\nabla \times \boldsymbol{B}_e=0$;还有 $\boldsymbol{m}$ 为常矢量,算符∇ 对其作用为零.

由于力等于势能的负梯度

$$\boldsymbol{F}^{(1)} = -\nabla U^{(1)} \tag{3-4-12}$$

比较(3-4-11)和(3-4-12)两式,可得磁偶极子在外磁场中的**势能**

$$U^{(1)} = -\boldsymbol{m} \cdot \boldsymbol{B}_e(0) \tag{3-4-13}$$

这与电偶极子在外电场中的能量 $W^{(1)}=-\boldsymbol{p} \cdot \boldsymbol{E}_e$ 的数学形式完全对应.

磁偶极子所受的力矩为

$$L_\theta^{(1)} = -\frac{\partial}{\partial\theta} U^{(1)} = \frac{\partial}{\partial\theta} m B_e \cos\theta = -m B_e \sin\theta$$

计及力矩的方向,得

$$\boldsymbol{L}^{(1)} = \boldsymbol{m} \times \boldsymbol{B}_e(0) \tag{3-4-14}$$

在 $\boldsymbol{L}^{(1)}$ 的作用下,$\boldsymbol{m}$ 将向与外磁场 $\boldsymbol{B}_e(0)$一致的方向偏转.

3.4.5 磁偶极子在外磁场中的势能 $U^{(1)}$ 与相互作用能 W_i 的关系

如前所述,电荷系统与静电场的相互作用能 $W=-\boldsymbol{p} \cdot \boldsymbol{E}_e$ 就是电荷系统在静电场中的势能,而磁偶极子在外磁场中的势能 $U^{(1)}$ 却与相互作用能 W_i 相差一个负号,这是为什么呢?

事实上,式(3-4-7)是在假设线圈上的电流 I_{f} 以及产生外磁场的电流都不变的条件下导出的. 维持各线圈电流不变需要外部电源反抗感应电动势做功,设这部分功为 $\delta A'$. 电源做功使系统磁能增加,而磁力做功 δA 后则使系统磁能减少,故系统磁能的变化$(\delta W)_I$ 应为

$$(\delta W)_I = \delta A' - \delta A \tag{3-4-15}$$

式中下标 I 表示在此过程中各线圈中的电流不变. 另外,I_{f} 和 I_e 不变时,它们分别单独存在时的磁能不变,因此总磁场能量的改变等于相互作用磁能的改变.

$$(\delta W)_I = \delta W_i \tag{3-4-16}$$

于是,则有

$$\delta W_i = \delta A' - \delta A \tag{3-4-17}$$

为了详细地分析这一问题,我们设外场由另一带有电流 I_e 的线圈 L_e 产生. 把

相互作用能写成式(3-4-4)的形式

$$W_i = \frac{1}{2}\left(I_f \oint_L \boldsymbol{A}_e \cdot \mathrm{d}\boldsymbol{l} + I_e \oint_{L_e} \boldsymbol{A} \cdot \mathrm{d}\boldsymbol{l}\right)$$

$$= \frac{1}{2}(I_f \Phi_e + I_e \Phi) \tag{3-4-18}$$

其中 Φ 为线圈 L 上的电流产生的磁场对线圈 L_e 的通量. 当线圈运动时,若保持电流 I_f 和 I_e 不变,则相互作用磁能的改变为

$$\delta W_i = \frac{1}{2}(I_f \delta\Phi_e + I_e \delta\Phi) \tag{3-4-19}$$

但是,由于磁通量改变,在线圈上就会产生感应电动势,它对电流做功,就会改变 I_f 和 I_e 的值. 为了保持 I_f 和 I_e 不变,必须由外接电源提供能量,以抵抗感应电动势所做的功. 在线圈 L 和 L_e 上的感应电动势分别为

$$\mathscr{E} = -\frac{\mathrm{d}\Phi_e}{\mathrm{d}t}, \quad \mathscr{E}_e = -\frac{\mathrm{d}\Phi}{\mathrm{d}t}$$

在时间 δt 内感应电动势所做的功为

$$\mathscr{E} I_f \delta t + \mathscr{E}_e I_e \delta t = - I_f \delta\Phi_e - I_e \delta\Phi$$

电源为抵抗此感应电动势必须提供能量

$$\delta A' = I_f \delta\Phi_e + I_e \delta\Phi \tag{3-4-20}$$

才能保持 I_f 和 I_e 不变. 将式(3-4-19)与式(3-4-20)比较,可得

$$\delta A' = 2\delta W_i \tag{3-4-21}$$

将式(3-4-21)代入式(3-4-17)右边得

$$(\delta W)_I = \delta A \tag{3-4-22}$$

它表明当维持各载流线圈电流不变时,磁力做功与系统磁能的增加相等. 上述讨论意味着,在此情况下,外界(电源) 做功可分成两等份,一份用于增加系统的磁能,一份用于磁力对外做功.

我们知道,磁力做功 δA 使得系统的势能减少

$$\delta A = -\delta U^{(1)} \tag{3-4-23}$$

将式(3-4-21)和(3-4-23)代入式(3-4-17),得

$$W_i = -U^{(1)} \tag{3-4-24}$$

这就是 W_i 与 $U^{(1)}$ 的关系.

*3.5 超导体电动力学

自从 20 世纪初发现超导体在低温下具有零电阻性和完全抗磁性等奇特性质

以来，其理论研究和应用研究就一直是人们关注的焦点. 特别是从 1986 年高温超导体发现以来，超导技术迅猛发展，它已成为 21 世纪的一项极具潜力的高新科学技术，备受世人瞩目. 这里**高温超导**中的“高温”，是相对于绝对零度而言的.

3.5.1 零电阻现象

1911 年，卡麦林 · 昂纳斯(H. Kamerlingh Onnes)用液氦冷却水银线并通以几毫安的电流，在测量其端电压时发现，当温度稍低于液氦的正常沸点时，水银线的电阻突然消失，这就是所谓的**零电阻现象**或**超导电现象**. 具有这种**超导电性**的物体，称为**超导体**. 其电阻突然变为零的温度，称为**超导转变温度**. 若维持外磁场、电流和应力等在足够低的值，则样品在这一定外部条件下的超导转变温度，称为**超导临界温度**，用 T_C 表示.

实验发现，一旦在超导回路中建立起电流，则无需外电源就能持续几年仍观测不到衰减，这就是**持续电流**. 现代超导重力仪的观测表明，**超导态**即使有电阻也必定小于 $10^{-28}\Omega\cdot\mathrm{m}$，远远小于正常金属迄今所能达到的最低电阻率 $10^{-15}\Omega\cdot\mathrm{m}$，因此可以认为超导态的电阻率确实为零.

温度的升高，磁场和电流的增大，都可以使超导体从超导态转变为正常态，因此常用**临界温度** T_C、临界磁场 B_C 和临界电流密度 J_C 作为临界参量来表征超导材料的超导性能，它们把材料的超导态所存在的范围限定在图 3.5.1 所示的曲面以内.

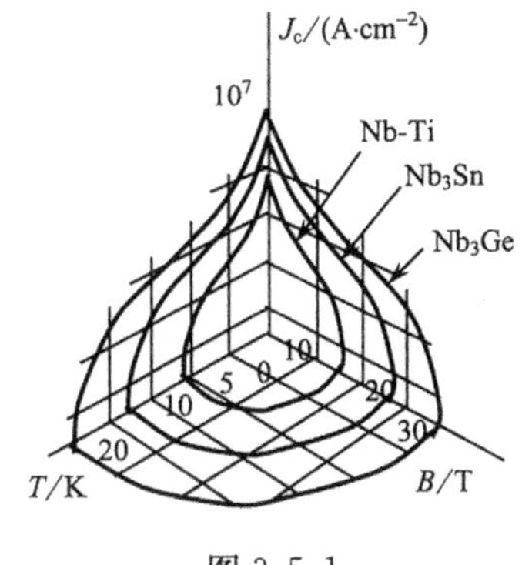

图 3.5.1

迄今为止，已发现近 30 来种金属元素(在地球的常态下)以及许多合金和化合物具有超导电性，还有一些元素只在高压下才具有超导电性. 表 3-5-1给出了一些典型的超导材料的临界温度 T_C(零电阻态). 当然，目前的测量精度无法确认超导态下的电阻率是否为零. 近年来测定超导铅的电阻率为 $3.6\times10^{-25}\Omega\cdot\mathrm{m}$(作为对比，纯铜在低温下的电阻率约为 $10^{-11}\Omega\cdot\mathrm{m}$).

3.5.2 临界磁场

1914 年，昂纳斯进一步发现，当磁场增大到某一临界值 $H_C(T)$时，置于磁场中的超导体将会从超导态转变为正常态. 实验表明，临界磁场 H_C 与温度有关，可用经验公式表示为

$$H_C(T)=H_0\left[1-\left(\frac{T}{T_C}\right)^2\right] \tag{3-5-1}$$

表 3-5-1　超导临界温度

超导材料	T_C/K
Hg(α)	4.15
Pb	7.20
Nb	9.25
V_3Si	17.1
Nb_3Sn	18.1
$Nb_3Al_{0.75}Ge_{0.25}$	20.5
Nb_3Ga	20.3
Nb_3Ge	23.2
$YbaCu_3O_7$	90
$Bi_2Sr_2Ca_2Cu_3O_{10}$	105
$Tl_2Ba_2Ca_2Cu_3O_{10}$	125
$HgBa_2Ca_2Cu_3O_{10}$	134

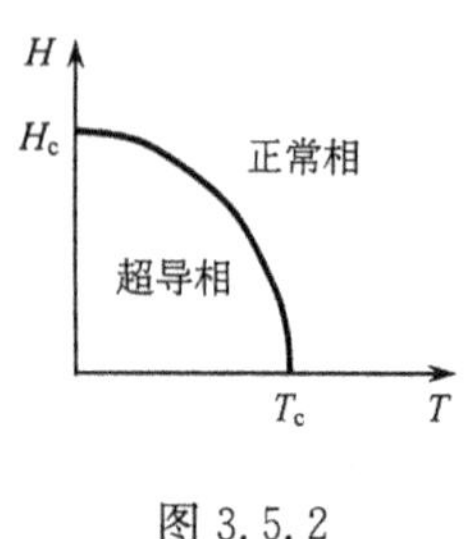

图 3.5.2

$H_C(T)$曲线如图 3.5.2 所示. 在 $H_C(T)$曲线左下方的区域称为超导态，$H_C(T)$曲线右上方的区域为正常态. 超导态与正常态是两种不同的相，它们之间的转变是二级相变.

类似地，当超导体内部的电流大于 I_C，导致该电流激发的磁场 $H>H_C(T)$时，超导材料的超导性也将被破坏. 可以证明，$I_C(T)$也有与 $H_C(T)$类似的函数关系

$$I_C(T)=I_C(0)\left[1-\left(\frac{T}{T_C}\right)^2\right] \tag{3-5-2}$$

假定一个椭球样品在没有磁场的情况下被冷却到低温 $T<T_C$，然后施加一个外磁场 $\boldsymbol{B}_0$. 如图 3.5.3(a)所示，外磁场(用实线表示)的增加，将在样品表面上感应出无阻的电流 i，它们所产生的磁场 $\boldsymbol{B}'$(用虚线表示)在理想导体内部各处恰好与外加磁场 $\boldsymbol{B}_0$ 相抵消，从而保持总的磁场 $\boldsymbol{B}$ 等于零. 总的磁场 $\boldsymbol{B}$ 等于 $\boldsymbol{B}'$和 $\boldsymbol{B}_0$ 的矢量和，其分布如图 3.5.3(b)所示. 最后，当我们把外磁场减小到零时，样品恢复到原来的未被磁化的状态. 以上整个过程，可以用图 3.5.4(a)、(b)、(c)和(d)表示出来.

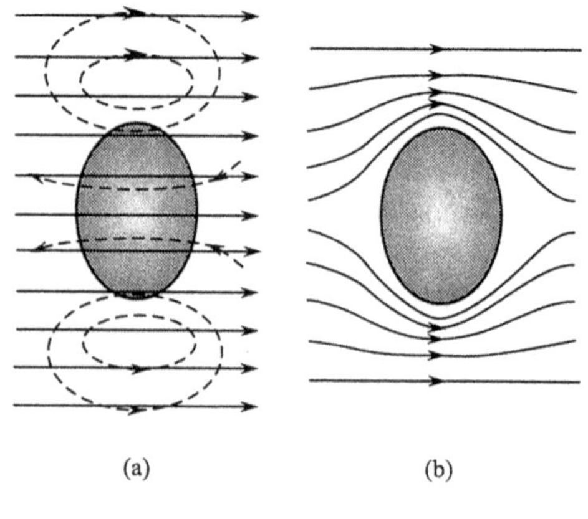

图 3.5.3

现在我们来考察图 3.5.4(e)、(f)和(g)所示的另一个过程：假定磁场 $\boldsymbol{B}_0$

施加在一个处于其温度在转变温度 T_C 以上的样品上,然后在磁场 $\boldsymbol{B}_0$ 不变的情况下使样品冷却到低温 $T<T_C$,这时电阻的消失并不影响磁化,磁场分布保持不变.最后,当我们把外加磁场减小到零时,为保持理想导体内部的磁场不变,样品上感应出了持续的表面电流,结果样品就被永久地磁化了.

应该强调,在图 3.5.4(c)和(f)中,以及在该图的(d)和(g)中,样品所处的温度和外加磁场条件分别相同,但磁化状态却完全不同.由此可见,在给定的条件下,理想导体的状态并不是唯一的,而是与其所经历的过程或历史有关.

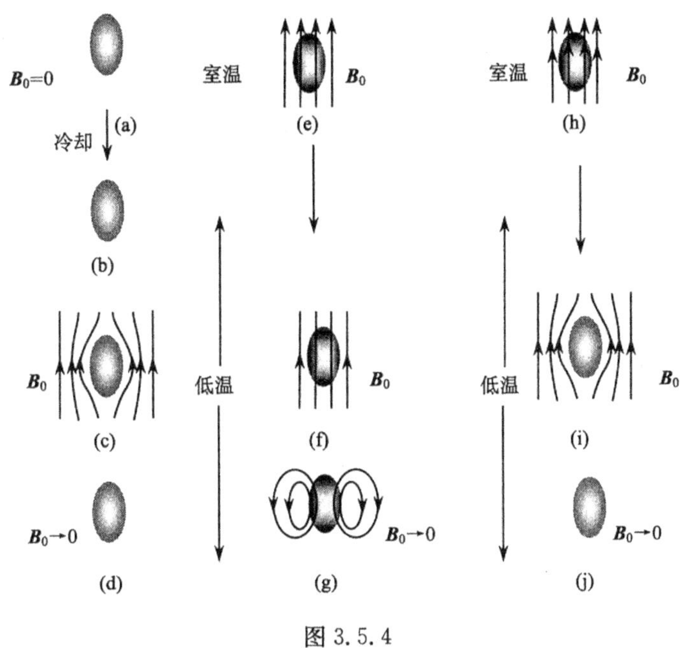

图 3.5.4

3.5.3 完全抗磁性——迈斯纳效应

1933 年**迈斯纳**(Meissner)发现,只要 $H<H_C(T)$,在超导体内的磁感应强度 $\boldsymbol{B}=0$,与超导体经历的过程无关:原先处于超导态的材料,当外加磁场 $H<H_C(T)$ 时,$\boldsymbol{B}$ 不能进入超导体;原先处于正常态的材料置于磁场内,当温度下降使材料转变为超导态时,$\boldsymbol{B}$ 将完全被超导体排出体外;这个现象称为迈斯纳效应.处于超导态的材料内部的 $\boldsymbol{B}=0$ 的现象称为**完全抗磁性**.

实际上,不可能由电磁场运动的普遍规律——麦克斯韦方程 $\nabla\times\boldsymbol{E}=-\dfrac{\partial\boldsymbol{B}}{\partial t}$ 出发,从零电阻性导出完全抗磁性,也不可能从完全抗磁性导出零电阻性.

完全抗磁性是独立于零电阻性的另一个基本性质,它表示超导体不能简单地认为是通常导体在电导率 $\sigma\to\infty$ 时的极限.因为对于通常导体,存在欧姆定律 $\boldsymbol{J}=$

$\sigma \boldsymbol{E}$，因 $\boldsymbol{J}$ 有限，$\sigma\to\infty$ 时导致 $\boldsymbol{E}\to 0$，由麦克斯韦方程 $\frac{\partial \boldsymbol{B}}{\partial t}=-\nabla\times\boldsymbol{E}\to 0$，从而导致 $\boldsymbol{B}$ 为与时间无关的常数，故而不能导出在超导体内 $\boldsymbol{B}=0$(完全抗磁性)的结论.

其次，完全抗磁性意味着处于超导态的材料内部 $\boldsymbol{B}=0$. 由麦克斯韦方程可得 $\nabla\times\boldsymbol{E}=0$，但这只能说明 $\boldsymbol{E}$ 不是涡旋场，不能得出 $\boldsymbol{E}=0$(零电阻性)的结论.

这里介绍处理超导问题的两种截然不同的观点，在这两种观点下，反映超导体电磁性质的参数是不相同的.

3.5.4 伦敦方程

第一种观点是1933年戈尔特和卡西林提出的超导宏观唯象理论——二流体模型. 从超导体的零电阻性出发，该理论认为导体中存在两种电子：一种是平常导体中的自由电子，称为**正常电子**. 另一种是当物体处于超导态时出现的电子，称为**超导电子**. 并且随着温度的降低，将有越来越多的自由电子成为超导电子.

正常电子与超导电子有着不同的性质.

正常电子会与晶格碰撞和散射，产生电阻，正常电子的定向运动产生的电流称为**正常电流** $\boldsymbol{J}_n$，遵守欧姆定律

$$\boldsymbol{J}_n=\sigma\boldsymbol{E} \tag{3-5-3}$$

超导电子不会被晶格散射，运动不受阻尼，超导电子的运动产生的电流称为**超导电流** $\boldsymbol{J}_s$.

超导体内的电流密度 $\boldsymbol{J}_{\mathrm{f}}$ 是正常电流密度 $\boldsymbol{J}_n$ 与超导电流密度 $\boldsymbol{J}_s$ 之和

$$\boldsymbol{J}_{\mathrm{f}}=\boldsymbol{J}_n+\boldsymbol{J}_s \tag{3-5-4}$$

1935年，**伦敦兄弟**(F. London 和 H. London)根据二流体模型提出了超导体的电磁性能方程，从宏观上给出了超导体的主要电磁性质.

设电子的电量为 e，质量为 m，超导电子的密度为 n_s，速度为 v_s. 若超导体中存在电场 $\boldsymbol{E}$，由牛顿第二定律得

$$m\frac{\mathrm{d}\boldsymbol{v}_s}{\mathrm{d}t}=-e\boldsymbol{E} \tag{3-5-5}$$

超导电流密度为

$$\boldsymbol{J}_s=\rho_s\boldsymbol{v}_s=-en_s\boldsymbol{v}_s \tag{3-5-6}$$

式中 ρ_s 为超导电子的电荷密度. 采用近似

$$\frac{\mathrm{d}\boldsymbol{J}_s}{\mathrm{d}t}\simeq\frac{\partial \boldsymbol{J}_s}{\partial t} \tag{3-5-7}$$

将式(3-5-6)两边对 t 求导后代入式(3-5-5)，可得

$$\frac{\partial \boldsymbol{J}_s}{\partial t}\simeq\frac{\mathrm{d}\boldsymbol{J}_s}{\mathrm{d}t}=-n_se\frac{\mathrm{d}\boldsymbol{v}_s}{\mathrm{d}t}=\frac{n_se^2}{m}\boldsymbol{E} \tag{3-5-8}$$

令 $\alpha=\frac{n_s e^2}{m}$,则上式可简化为

$$\frac{\partial \boldsymbol{J}_s}{\partial t}=\alpha \boldsymbol{E} \tag{3-5-9}$$

这就是**伦敦第一方程**,其物理意义可讨论如下:

(1) 伦敦第一方程给出了超导电流与电场的关系,即超导电流的时间变化率 $\partial \boldsymbol{J}_s/\partial t$ 正比于电场强度 $\boldsymbol{E}$,表明电场起着加速电流的作用.

(2) 当超导电流达到稳定,即 $\partial \boldsymbol{J}_s/\partial t=0$ 时,伦敦第一方程给出 $\boldsymbol{E}=0$. 这时超导体内电场为零而超导电流不为零显示了超导体的零电阻性. 并且,由 $\boldsymbol{J}_n=\sigma\boldsymbol{E}$ 可见,此时没有正常电流,只有超导电流.

(3) 当超导电流交变时,如 $\boldsymbol{J}_s(t)=\boldsymbol{J}_s(0)\mathrm{e}^{\mathrm{i}\omega t}$,伦敦第一方程给出 $\boldsymbol{E}=\frac{1}{\alpha}\frac{\partial \boldsymbol{J}_s}{\partial t}\neq 0$. 因而,这时必然存在有损耗的正常电流 $\boldsymbol{J}_n=\sigma\boldsymbol{E}$. 这表明,当超导电流是交变电流的情况下,超导体是有电阻损耗的. 由式(3-5-9),其交流损耗的百分比与频率 ω 成正比

$$\frac{J_n}{J_s}\propto\frac{\sigma}{\alpha/\omega}=\frac{m\sigma}{n_s e^2}\omega\propto\omega \tag{3-5-10}$$

(4) 超导电流 $\boldsymbol{J}_s$ 与 $\boldsymbol{E}$ 的关系不同于正常电流的根源在于超导电子不受阻尼. 对于正常电子,应在牛顿方程中加上与电子速度成正比的阻力项 $\gamma\boldsymbol{v}_n$,则方程变为

$$m\dot{\boldsymbol{v}}_n=-e\boldsymbol{E}+\gamma\boldsymbol{v}_n \tag{3-5-11}$$

当电子的定向运动达到稳定时($\dot{\boldsymbol{v}}_n=0$),由上式可见 $\boldsymbol{E}\propto\boldsymbol{v}_n$. 又因 $\boldsymbol{J}_n=\rho_n\boldsymbol{v}_n$,$\rho_n$ 为正常自由电子的电荷密度,故 $\boldsymbol{E}\propto\boldsymbol{J}_n$. 可见正常电流 $\boldsymbol{J}_n$ 遵守欧姆定律.

现在,对伦敦第一方程 $\frac{\partial \boldsymbol{J}_s}{\partial t}=\alpha\boldsymbol{E}$ 的两边求旋度后代入麦克斯韦方程

$$\nabla\times\boldsymbol{E}=-\frac{\partial \boldsymbol{B}}{\partial t} \tag{3-5-12}$$

可得

$$-\frac{\partial \boldsymbol{B}}{\partial t}=\nabla\times\boldsymbol{E}=\frac{1}{\alpha}\frac{\partial}{\partial t}(\nabla\times\boldsymbol{J}_s) \tag{3-5-13}$$

移项后即有

$$\frac{\partial}{\partial t}(\nabla\times\boldsymbol{J}_s+\alpha\boldsymbol{B})=0 \tag{3-5-14}$$

伦敦将与时间无关的积分常矢量取作零(与实验事实相符),并将 $\alpha=n_s e^2/m$ 代入,得

$$\nabla\times\boldsymbol{J}_s=-\frac{n_s e^2}{m}\boldsymbol{B} \tag{3-5-15}$$

这就是**伦敦第二方程**,它指出了超导电流与磁场的关系,即超导电流的旋度$\nabla\times\boldsymbol{J}_s$正比于磁感应强度$\boldsymbol{B}$,这表明,超导电流是靠磁场来维持的.

然后,在超导材料处于超导态的情形下(为简单起见,设$\boldsymbol{J}_f\simeq\boldsymbol{J}_s$),则麦克斯韦方程可表示为

$$\nabla\times\boldsymbol{B}=\mu_0\boldsymbol{J}_s \tag{3-5-16}$$

取旋度后代入伦敦第二方程,有

$$-\frac{n_s e^2}{m}\boldsymbol{B}=\nabla\times\boldsymbol{J}_s=\frac{1}{\mu_0}\nabla\times(\nabla\times\boldsymbol{B})=\frac{1}{\mu_0}[\nabla(\nabla\cdot\boldsymbol{B})-\nabla^2\boldsymbol{B}]$$

由麦克斯韦方程$\nabla\cdot\boldsymbol{B}=0$,得

$$\nabla^2\boldsymbol{B}=\frac{\mu_0 n_s e^2}{m}\boldsymbol{B}=\frac{1}{\lambda_L^2}\boldsymbol{B} \tag{3-5-17}$$

式中

$$\lambda_L\equiv\sqrt{\frac{m}{\mu_0 n_s e^2}}=\frac{1}{\sqrt{\mu_0\alpha}} \tag{3-5-18}$$

式(3-5-17)表明,不存在均匀磁场的解[对于均匀磁场,$\nabla^2\boldsymbol{B}=0$,代入式(3-5-17)得$\boldsymbol{B}=0$].可以证明,超导体只在外表面存在按指数衰减的磁场.

3.5.5 居间态

现在按第二种观点处理超导问题,把超导体看作一种特殊的磁介质,把超导电流看作磁化电流.这样,原先介质磁化的公式也可以进行相应的替换.设介质1为超导体,介质2为空气,则有如下对应

$$\nabla\times\boldsymbol{M}=\boldsymbol{J}_m\longrightarrow\nabla\times\boldsymbol{M}_s=\boldsymbol{J}_s \tag{3-5-19}$$

$$\boldsymbol{\alpha}_m=\boldsymbol{n}\times(\boldsymbol{M}_2-\boldsymbol{M}_1)=-\boldsymbol{n}\times\boldsymbol{M}_1\longrightarrow\boldsymbol{\alpha}_s=-\boldsymbol{n}\times\boldsymbol{M}_s \tag{3-5-20}$$

由于超导体内部$\boldsymbol{B}=0$,因而

$$0=\boldsymbol{B}=\begin{cases}\mu_0(\boldsymbol{H}+\boldsymbol{M}_s)=\mu_0(1+\chi_s)\boldsymbol{H}\\ \mu_s\boldsymbol{H}\end{cases}$$

由此可见

$$\boldsymbol{M}_s=-\boldsymbol{H},\quad \chi_s=-1,\quad \mu_s=0 \tag{3-5-21}$$

这表明,超导体的磁化率$\chi_s=-1$,超导体的磁导率$\mu_s=0$,即超导体为完全抗磁体.

应注意,在两种不同观点下,超导体的电导率σ,磁导率μ_s的取值全然不同,切不可混淆.

【例】 半径为R_0,处于超导态的超导球置于均匀外磁场$\boldsymbol{H}_0$中,求磁场及超导

面电流分布.

【解】 采用第二种观点求解，由于没有传导电流，故可采用磁标势法. 取坐标原点在球心的球坐标系，极轴沿 $\boldsymbol{H}_0$ 方向.

1) 定解问题

$$\nabla^2\varphi_1 = 0, \qquad R < R_0 \tag{3-5-22}$$

$$\nabla^2\varphi_2 = 0, \qquad R > R_0 \tag{3-5-23}$$

$$\varphi_1 \big|_{R\to 0} \text{ 有限} \tag{3-5-24}$$

$$\varphi_2 \big|_{R\to\infty} = -H_0 R\cos\theta \tag{3-5-25}$$

$$\varphi_1 \big|_{R=R_0} = \varphi_2 \big|_{R=R_0} \tag{3-5-26}$$

由 $B_{1n}=B_{2n}$ 和 $\boldsymbol{B}_1=0$，得

$$\left.\frac{\partial\varphi_2}{\partial R}\right|_{R=R_0} = 0 \tag{3-5-27}$$

2) 对称性及通解的形式

由轴对称性，考虑到式(3-5-24)和式(3-5-25)易见球内、外的磁标势具有形式

$$\varphi_1 = \sum_{l=0}^{\infty} a_l R^l \mathrm{P}_l(\cos\theta) \tag{3-5-28}$$

$$\varphi_2 = -H_0 R\cos\theta + \sum_{l=0}^{\infty} \frac{d_l}{R^{l+1}} \mathrm{P}_l(\cos\theta) \tag{3-5-29}$$

3) 定系数得磁标势

将上两式代入(3-5-26)、(3-5-27)两式，得

$$\sum_{l=0}^{\infty} a_l R_0^l \mathrm{P}_l(\cos\theta) = -H_0 R_0 \mathrm{P}_1(\cos\theta) + \sum_{l=0}^{\infty} \frac{d_l}{R_0^{l+1}} \mathrm{P}_l(\cos\theta) \tag{3-5-30}$$

$$-H_0 \mathrm{P}_1(\cos\theta) = \sum_{l=0}^{\infty} d_l \frac{l+1}{R_0^{l+2}} \mathrm{P}_l(\cos\theta) \tag{3-5-31}$$

由 $\mathrm{P}_l(\cos\theta)$ 的正交性，得

$$a_1 = -\frac{3}{2}H_0, \quad d_1 = -\frac{1}{2}H_0 R_0^3, \quad a_l = d_l = 0 (l \neq 1) \tag{3-5-32}$$

代入(3-5-28)和(3-5-29)式，得

$$\varphi_1 = -\frac{3}{2}H_0 R\cos\theta \tag{3-5-33}$$

$$\varphi_2 = -H_0 R\cos\theta - \frac{H_0 R_0^3}{2R^2}\cos\theta \tag{3-5-34}$$

4) 由磁标势得磁场分布

利用矢量分析公式

$$\nabla(R\cos\theta)=\nabla z=\boldsymbol{e}_z=\cos\theta\boldsymbol{e}_R-\sin\theta\boldsymbol{e}_\theta \tag{3-5-35}$$

$$\nabla\frac{\cos\theta}{R^2}=\nabla\frac{z}{R^3}=\frac{\boldsymbol{e}_z-3\cos\theta\boldsymbol{e}_R}{R^3}=-\frac{2\cos\theta\boldsymbol{e}_R+\sin\theta\boldsymbol{e}_\theta}{R^3} \tag{3-5-36}$$

球内磁场为

$$\boldsymbol{H}_1=-\nabla\varphi_1=\frac{3}{2}H_0\nabla(R\cos\theta)=\frac{3}{2}H_0\boldsymbol{e}_z=\frac{3}{2}\boldsymbol{H}_0 \tag{3-5-37}$$

球外磁场为

$$\begin{aligned}\boldsymbol{H}_2&=-\nabla\varphi_2=H_0\nabla(R\cos\theta)+\frac{H_0R_0^3}{2}\nabla\frac{\cos\theta}{R^2}\\&=H_0(\cos\theta\boldsymbol{e}_R-\sin\theta\boldsymbol{e}_\theta)-\frac{H_0R_0^3}{2}\frac{2\cos\theta\boldsymbol{e}_R+\sin\theta\boldsymbol{e}_\theta}{R^3}\end{aligned} \tag{3-5-38}$$

其分量为

$$H_{2R}=H_0\cos\theta-\frac{H_0R_0^3}{R^3}\cos\theta \tag{3-5-39}$$

$$H_{2\theta}=-H_0\sin\theta-\frac{H_0R_0^3}{2R^3}\sin\theta \tag{3-5-40}$$

值得注意,球面上的磁场为

$$H_{2R}\,|_{R=R_0}=0,\quad H_{2\theta}\,|_{R=R_0}=-\frac{3}{2}H_0\sin\theta \tag{3-5-41}$$

5) 居间态

由(3-5-41)式可见,若均匀外场与临界磁场满足

$$\frac{2}{3}H_C<H_0<H_C \tag{3-5-42}$$

则球面上有的地方(如赤道上,$\theta=\pi/2$)其磁场大于临界磁场,超导球的超导性将受到破坏并导致超导球内部的一些区域处于正常态;而有些地方其外磁场仍小于临界磁场(如两极,$\theta=0,\pi$ 处 $\boldsymbol{H}_2=0$),故使超导体内部也有一些区域仍处于超导态.这些超导态与正常态共存的状态就称为居间态.

3.5.6 超导体应用的前景

超导的应用包括强电应用(强磁场、大电流)和弱电应用(微电子学、精密测量)两个方面.

1. 强电应用

1) 超导磁体

当以强电流通过超导线圈时能产生近 10^6 高斯的强磁场. 这就是**超导磁体**，它重量只有几千克，耗能才几千瓦. 与重量约为 20T，消耗电能却在兆瓦以上，磁场为 5×10^4 高斯，用铜线或铝线环绕铁芯制成的中型电磁铁比较起来，超导磁体经济实用得多.

目前日内瓦原子核研究中心的氢气泡室使用的就是超导磁体，美国**费米**实验室在 20 世纪 80 年代用超导磁体建成的 1000GeV 质子同步加速器是当时世界上能量最高的，前苏联已经利用**超导磁约束**高温等离子体实现**可控热核反应**.

2) 超导悬浮

它利用两个竖直放置的、同极性磁极互相靠近时产生排斥力以克服重力的原理制成. 1979 年日本制成的**超导悬浮**列车达 504 千米每小时的高速，如果让列车在高空管道中运行以减小阻力，估计时速可达 1600 千米. 2003 年 3 月我国上海浦东的磁悬浮列车是世界上第一部投入商业试运行的**磁悬浮**列车，运行时速达 430 千米. 超导磁悬浮还可用于超导无摩擦轴承、陀螺仪、重力仪、风洞实验，等等.

目前，高 T_C 超导已在超导磁储能、发电机、直流电动机、变压器等方面取得了进展.

2. 弱电方面

1) 超导量子干涉仪(简称 SQUID)

其特点是对磁通非常敏感，能分辨出 10^{-11} 高斯的磁场变化. 用 SQUID 作为传感器与其他辅助配套技术相配合，可做成具有极高灵敏度的弱磁、弱电测量仪，可用于地质、地球物理、生物医学、微电子技术及军事科学. 目前，美国超导公司已开始出售高铜氧化物超导体 SQUID. 著名的超导量子干涉仪专家克拉克认为，高 T_C 的精度能胜任心磁研究的要求，并接近脑磁研究的要求.

2) 超导微波器件

当超导体处于超导态时，微波器体表面电阻远小于一般良导体的电阻值，由它制成的微波器件的损耗低，信号畸变小，Q 值高，可广泛用于现代通信、雷达、宽频信号处理等方面. 1996 年美国海军实验室的带有高滤波器、天线及信号处理系统的高温超导体空间实验项目Ⅱ(简称 HTSSE-Ⅱ)已进行卫星搭载实验.

3) 超导计算机

超导体的正常态和超导态是两个稳定的状态，可以分别代表**逻辑代数**中的“0”和“1”. 超导体状态改变的速度极快，可以做成快动开关元件，从而作为计算机的**逻辑元件**. 目前人们正研究采用超导体与半导体相结合的混合系统.

总之,超导(尤其是高温超导)的应用前景是十分诱人的,它对整个社会和我们的生活将会产生深远的影响. 1987 年,**贝德诺兹**和**谬勒**由于发现高 T_C 氧化物超导材料而获得 1987 年**诺贝尔物理学奖**.

习　题

3.1　设在 $x<0$ 半空间中充满磁导率为 μ 的均匀介质,$x>0$ 空间为真空,今有线电流 I 沿 z 轴流动,求磁感应强度和磁化电流分布.

答案:$\boldsymbol{B}=\frac{\mu_0\mu}{\mu_0+\mu}\frac{I}{\pi r}\boldsymbol{e}_\theta$,$I_{\mathrm{M}}=\frac{\mu-\mu_0}{\mu+\mu_0}I$.

3.2　试利用 $\boldsymbol{A}$ 表示一个沿 z 方向的均匀恒定磁场 $\boldsymbol{B}_0$,写出 $\boldsymbol{A}$ 的两种不同表示式,证明两者之差是无旋场.

答案:第一组解为 $\boldsymbol{A}_1$:$A_{1z}=A_{1y}=0$,$A_{1x}=-B_0y$;

第二组解为 $\boldsymbol{A}_2$:$A_{2z}=A_{2x}=0$,$A_{2y}=B_0x$.

3.3　均匀无限长直圆柱形螺线管,每单位长度线圈匝数为 n,电流强度为 I,试用唯一性定理求管内、外磁感应强度 $\boldsymbol{B}$.

答案:$\boldsymbol{B}_1=\mu_0nI\boldsymbol{e}_z$,$\boldsymbol{B}_2=0$.

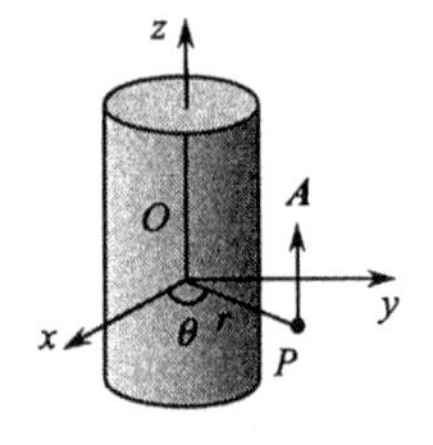

题 3.4 图

3.4　稳定电流 I 在半径为 a 的无限长圆柱导体中沿轴向流动,设导体的磁导率为 μ_1,其外充满磁导率为 μ_2 的均匀介质. 通过矢势 $\boldsymbol{A}$ 求圆柱导体内、外的磁感应强度及磁化电流分布.

答案:磁感应强度为 $\boldsymbol{B}_1=\frac{\mu_1Ir}{2\pi a^2}\boldsymbol{e}_\theta$,$\boldsymbol{B}_2=\frac{\mu_2I}{2\pi r}\boldsymbol{e}_\theta$.

在圆柱体内有体磁化电流分布 $\boldsymbol{J}_{\mathrm{M}}=\frac{(\mu_1-\mu_0)I}{\mu_0\pi a^2}\boldsymbol{e}_z$.

在圆柱体表面有面磁化电流分布 $\boldsymbol{\alpha}_{\mathrm{M}}=\frac{(\mu_2-\mu_1)I}{2\pi\mu_0a}\boldsymbol{e}_z$.

3.5　将一磁导率为 μ,半径为 R_0 的球放入均匀磁场 $\boldsymbol{H}_0$ 内,求总磁感应强度 $\boldsymbol{B}$ 和诱导磁矩 $\boldsymbol{m}$.

答案:$\boldsymbol{B}_1=\frac{3\mu\mu_0}{\mu+2\mu_0}\boldsymbol{H}_0$,$\boldsymbol{B}_2=\mu_0\boldsymbol{H}_0+\frac{\mu-\mu_0}{\mu+2\mu_0}\mu_0R_0^3\left[\frac{3(\boldsymbol{H}_0\cdot\boldsymbol{R})\boldsymbol{R}}{R^5}-\frac{\boldsymbol{H}_0}{R^3}\right]$.

诱导磁矩 $\boldsymbol{m}=\frac{4\pi(\mu-\mu_0)}{\mu+2\mu_0}R_0^3\boldsymbol{H}_0$.

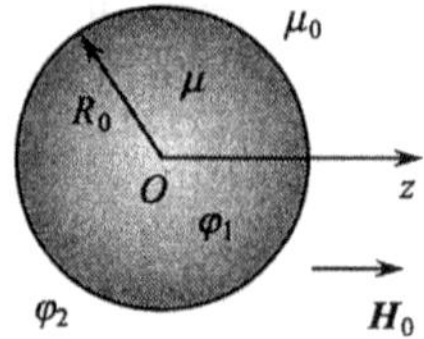

题 3.5 图

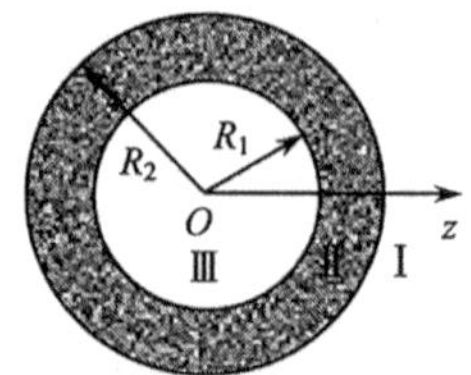

题 3.6 图

3.6　有一个内外半径为 R_1 和 R_2 的空心磁介质球，位于均匀外磁场 $\boldsymbol{H}_0$ 中，球的磁导率为 μ，求空腔内的场 $\boldsymbol{B}$，讨论 $\mu \gg \mu_0$ 时的磁屏蔽作用.

答案：

$$\boldsymbol{B}_{\mathrm{III}} = \frac{9\mu\mu_0^2\boldsymbol{H}_0}{(2\mu_0+\mu)(\mu_0+2\mu)-2(\mu-\mu_0)^2(R_1/R_2)^3}$$
$$= \left[1-\frac{1-\left(\dfrac{R_1}{R_2}\right)^3}{\dfrac{(2\mu_0+\mu)(\mu_0+2\mu)}{2(\mu-\mu_0)^2}-\left(\dfrac{R_1}{R_2}\right)^3}\right]\mu_0\boldsymbol{H}_0$$

由上式可见，当 $\mu \gg \mu_0$ 时，$\boldsymbol{B}_{\mathrm{III}} \simeq 0$，空心球起到磁屏蔽作用.

3.7　某空间区域内有轴对称磁场. 在柱坐标原点附近已知 $B_z \simeq B_0 - C\left(z^2-\dfrac{1}{2}\rho^2\right)$，其中 B_0 为常量. 试求该处的 B_ρ.

提示：用$\nabla \cdot \boldsymbol{B}=0$，并验证所得结果满足$\nabla \times \boldsymbol{H}=0$.

答案：$B_\rho = Cz\rho$.

3.8　两个半径为 a 的同轴圆形线圈，位于 $z=\pm L$ 面上. 每个线圈上载有同方向的电流 I.

(1) 求轴线上的磁感应强度；

(2) 求在中心区域产生最接近于均匀磁场时的 L 和 a 的关系.

提示：用条件$\dfrac{\partial^2}{\partial z^2}B_z=0$.

答案：(1) $B_z=\dfrac{1}{2}\mu_0 Ia^2\left\{\dfrac{1}{[(L-z)^2+a^2]^{3/2}}+\dfrac{1}{[(L+z)^2+a^2]^{3/2}}\right\}$；(2) $L=\dfrac{1}{2}a$.

3.9　半径为 a 的无限长圆柱导体上有恒定电流 $\boldsymbol{J}$ 均匀分布于截面上，试解矢势 $\boldsymbol{A}$ 的微分方程，设导体的磁导率为 μ_0，导体外的磁导率为 μ.

答案：$\boldsymbol{A}=\dfrac{1}{4}\mu_0 Ia^2\boldsymbol{J}(a^2-r^2)$，$\boldsymbol{A}=\dfrac{\mu a^2}{2}\boldsymbol{J}\ln\dfrac{a}{r}$.

3.10　假设存在磁单极子，其磁荷为 Q_m，它的磁场强度为

$$\boldsymbol{H}=\frac{Q_m}{4\pi\mu_0}\frac{\boldsymbol{r}}{r^3}.$$

给出它的矢势的一个可能的表示式，并讨论它的奇异性.

答案：$A_\Phi=\dfrac{Q_m}{4\pi}\dfrac{1-\cos\theta}{r\sin\theta}$.

3.11　设理想铁磁体的磁化规律为 $\boldsymbol{B}=\mu\boldsymbol{H}+\mu_0\boldsymbol{M}_0$，$\boldsymbol{M}_0$ 是恒定的且与 $\boldsymbol{H}$ 无关的量. 今将一个理想铁磁体做成的均匀磁化球浸入磁导率为 μ' 的无限介质中，求磁感应强度和磁化电流分布.

答案：

$$\boldsymbol{B}=\begin{cases}\dfrac{2\mu'\mu_0\boldsymbol{M}_0}{2\mu'+\mu_0} & (R<R_0)\\[2ex] \dfrac{\mu'\mu_0R_0^3}{2\mu'+\mu_0}\left[\dfrac{3(\boldsymbol{M}_0\cdot\boldsymbol{R})\boldsymbol{R}}{R^5}-\dfrac{\boldsymbol{M}_0}{R^3}\right] & (R>R_0)\end{cases}$$

$$\boldsymbol{\alpha}_{\mathrm{M}}=\frac{3\mu'\mu_0}{2\mu'+\mu_0}\boldsymbol{M}_0\sin\theta e_\varphi\quad(R=R_0)$$

3.12 将上题的永磁球置入均匀外磁场 $\boldsymbol{H}_0$ 中,结果如何?

答案:

$$\boldsymbol{B}=\begin{cases}\dfrac{3\mu_0\mu}{\mu+2\mu_0}\boldsymbol{H}_0+\dfrac{2\mu_0^2}{\mu+2\mu_0}\boldsymbol{M}_0 & (R<R_0)\\ \mu_0\left[\boldsymbol{H}_0+\dfrac{3(\boldsymbol{m}\cdot\boldsymbol{R})\boldsymbol{R}}{R^5}-\dfrac{\boldsymbol{m}}{R^3}\right] & (R>R_0)\end{cases}$$

其中 $\boldsymbol{m}=\dfrac{\mu_0\boldsymbol{M}_0}{\mu+2\mu_0}R_0^3+\dfrac{\mu-\mu_0}{\mu+2\mu_0}R_0^3\boldsymbol{H}_0$.

3.13 (1) 设想在真空中存在孤立磁荷(磁单极).试改写麦克斯韦方程组以包括磁荷密度 ρ_m 和磁流密度 $\boldsymbol{J}_m$ 的贡献.

(2) 阿耳瓦雷兹(Alvarez)等人用许多块物质一个接一个地连续通过一个 n 匝线圈来寻找物质中的磁单极,如图(a)所示.线圈的电阻为 R,假定磁荷运动得足够慢,使得它的感应效应很小.当磁单极 q_m 沿图中环路穿过线圈 N 次后,计算有多少电荷量 Q 流过线圈.

(3) 设想线圈是由超导体制成的,因而其电阻为零,只有它的电感 L 限制了它的感应电流.假定线圈中的初始电流为零,试计算磁单极 q_m 穿过线圈 N 次后,线圈里的电流是多少.

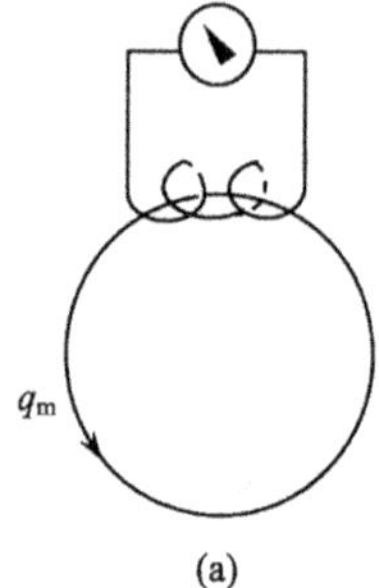

(a)

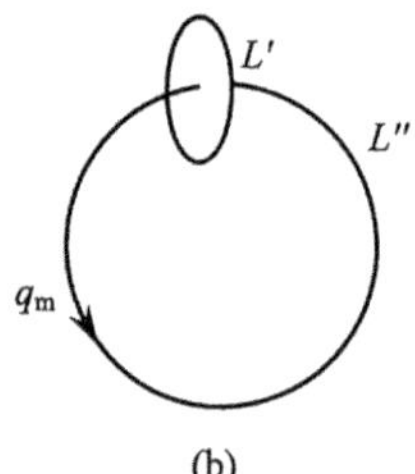

(b)

题 3.13 图

答案:有磁单极时的麦克斯韦方程组

$$\nabla\cdot\boldsymbol{D}=\rho_f$$

$$\nabla\cdot\boldsymbol{B}=\rho_m$$

$$\nabla\times\boldsymbol{E}=-\frac{\partial\boldsymbol{B}}{\partial t}-\boldsymbol{J}_m$$

$$\nabla\times\boldsymbol{H}=\frac{\partial\boldsymbol{D}}{\partial t}+\boldsymbol{J}_f$$

当线圈为 n 匝、q_m 穿过线圈 N 次时,便有 $Q=-\dfrac{nN}{R}q_m$,于是所求的电流便为 $I=-\dfrac{nN}{L}q_m$.

3.14 真空中有一半径为 a 的均匀磁化球,磁化强度为 $\boldsymbol{M}$. 试求它的磁标势和磁感应强度.

答案:磁标势为

$$\varphi_{m1}=\frac{1}{3}Mr\cos\theta,\quad r\leqslant a$$

$$\varphi_{m2}=\frac{1}{3}\frac{a^3}{r^3}M\cos\theta,\quad r\geqslant a$$

所求的磁感应强度为

$$\boldsymbol{B}_1 = \frac{2}{3}\mu_0 \boldsymbol{M}, \quad r < a$$

$$\boldsymbol{B}_2 = \frac{\mu_0}{3}\frac{a^3}{r^3}\left(\frac{3(\boldsymbol{M}\cdot\boldsymbol{r})\boldsymbol{r}}{r^2} - \boldsymbol{M}\right), \quad r > a$$

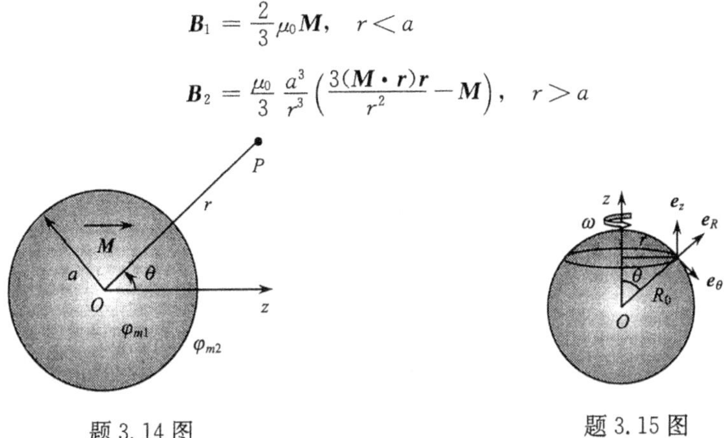

题 3.14 图　　题 3.15 图

3.15 电荷按体均匀分布的刚性小球,其总电荷为 Q,半径为 R_0,它以角速度 ω 绕自身某一直径转动,求

(1) 它的磁矩;

(2) 它的磁矩与自旋动量矩之比(设质量 M_0 是均匀分布的).

答案:(1) 考虑到电流的对称性,磁矩 $\boldsymbol{m}$ 只沿 $\boldsymbol{e}_z$ 方向,大小为 $m=\frac{QR_0^2}{5}\omega$; (2) $\frac{m}{L}=\frac{Q}{2M_0}$.

第 4 章　电磁波的传播

前两章讨论的都是稳恒电磁场,从这一章开始,我们来讨论电磁场的产生和传播问题.

由于在广播通信、光学和其他科学技术中的广泛应用,电磁波的传播、辐射和激发问题已发展为独立的学科,具有十分丰富的内容.

本章拟从麦克斯韦方程组和电磁场的边值关系出发,讨论电磁波自身最基本的运动规律.

由于平面电磁波是交变电磁场的一种最基本的形式,所以本章首先研究无界空间中平面电磁波传播的主要特性,然后用电磁场边值关系研究电磁波在介质界面上的反射和折射问题,从电磁理论出发导出光学中的反射和折射定律. 接着研究有导体存在时的电磁波传播问题,说明电磁波在导体内有一定的穿透深度. 最后研究有界空间的电磁波,微波技术中常用的谐振腔,传输线和波导都属于有界空间中的电磁波问题. 在这两节中我们以波导管和谐振腔为例说明电磁波边值问题的解法.

4.1　平面电磁波

4.1.1　电磁场波动方程

电磁波可以离开波源而独立运动. 这时电磁波所在的空间中没有电荷、电流分布:$\rho_f=0$,$\boldsymbol{J}_f=0$,这种空间称为自由空间. 此时,电磁场的运动规律是齐次的麦克斯韦方程组

$$\nabla\times\boldsymbol{E}=-\frac{\partial\boldsymbol{B}}{\partial t}\tag{4-1-1}$$

$$\nabla\times\boldsymbol{H}=\frac{\partial\boldsymbol{D}}{\partial t}\tag{4-1-2}$$

$$\nabla\cdot\boldsymbol{D}=0\tag{4-1-3}$$

$$\nabla\cdot\boldsymbol{B}=0\tag{4-1-4}$$

先讨论真空情形. 在真空中,$\boldsymbol{D}=\varepsilon_0\boldsymbol{E}$,$\boldsymbol{B}=\mu_0\boldsymbol{H}$. 取式(4-1-1)的旋度并利用式(4-1-2)

$$\nabla\times(\nabla\times\boldsymbol{E})=-\frac{\partial}{\partial t}\nabla\times\boldsymbol{B}=-\mu_0\varepsilon_0\frac{\partial^2\boldsymbol{E}}{\partial^2 t}\tag{4-1-5}$$

由附录(I.34)和式(4-1-3),有

$$\nabla\times(\nabla\times\boldsymbol{E})=\nabla(\nabla\cdot\boldsymbol{E})-\nabla^2\boldsymbol{E}=-\nabla^2\boldsymbol{E}$$

于是得电场 $\boldsymbol{E}$ 的偏微分方程

$$\nabla^2\boldsymbol{E}-\mu_0\varepsilon_0\frac{\partial^2\boldsymbol{E}}{\partial t^2}=0 \tag{4-1-6}$$

同样得磁场 $\boldsymbol{B}$ 的偏微分方程(作为练习,请读者自行推导)

$$\nabla^2\boldsymbol{B}-\mu_0\varepsilon_0\frac{\partial^2\boldsymbol{B}}{\partial t^2}=0 \tag{4-1-7}$$

令

$$c\equiv\frac{1}{\sqrt{\mu_0\varepsilon_0}} \tag{4-1-8}$$

于是得电磁场的**波动方程**

$$\nabla^2\boldsymbol{E}-\frac{1}{c^2}\frac{\partial^2\boldsymbol{E}}{\partial t^2}=0 \tag{4-1-9}$$

$$\nabla^2\boldsymbol{B}-\frac{1}{c^2}\frac{\partial^2\boldsymbol{B}}{\partial t^2}=0 \tag{4-1-10}$$

由波动方程中常数 c 的物理意义,它是电磁波在真空中的传播速度,将 μ_0、ε_0 之值代入式(4-1-8),得 $c\simeq3\times10^8\text{m/s}$,$c$ 是最基本的物理常量之一.

现在讨论介质情形.由介质的微观结构,当以一定角频率 ω 作正弦振荡的电磁波入射于介质内时,介质内的电荷受电场作用亦以相同频率作正弦振荡.在这频率下介质的极化率 $\chi_e(\omega)$ 为极化强度 $\boldsymbol{P}$ 与 $\varepsilon_0\boldsymbol{E}$ 之比,可见在这频率之下的电容率 $\varepsilon=1+\chi_e(\omega)=\varepsilon(\omega)$.因此,在线性介质中,$\varepsilon$ 和 μ 是 ω 的函数

$$\varepsilon=\varepsilon(\omega),\quad \mu=\mu(\omega) \tag{4-1-11}$$

且

$$\boldsymbol{D}(\omega)=\varepsilon(\omega)\boldsymbol{E}(\omega),\quad \boldsymbol{B}(\omega)=\mu(\omega)\boldsymbol{H}(\omega) \tag{4-1-12}$$

ε 和 μ 随频率而变的现象称为介质的**色散**.由于色散,对一般非正弦变化的电场 $\boldsymbol{E}(t)$,$\varepsilon=\varepsilon(\omega)$ 有若干个不同的值,关系式 $\boldsymbol{D}(t)=\varepsilon\boldsymbol{E}(t)$ 不成立.因此在介质内,不能够推出 $\boldsymbol{E}$ 和 $\boldsymbol{B}$ 的一般波动方程.只有 ω 一定的正弦波,才有 $\boldsymbol{D}(t)=\varepsilon\boldsymbol{E}(t)$.下面只讨论一定频率的电磁波在介质中的传播.那种以一定频率作正弦振荡的波称为**时谐电磁波**(单色波).即使电磁波不是单一频率的,我们可首先将电磁波作傅里叶(Fourier)分析(频谱分析),在求得每一单色波的电磁场之后再进行叠加,就可得到总电磁波.

4.1.2 时谐电磁波 亥姆霍兹方程

设电磁场的角频率为 ω,对时间的依赖关系是 $\cos\omega t$(正弦函数与余弦函数只

是相差一个 $\pi/2$ 的角度，没有本质上的差别）. 用复数表示的电磁场为

$$\boldsymbol{E}(\boldsymbol{x},t)=\boldsymbol{E}(\boldsymbol{x})\mathrm{e}^{-\mathrm{i}\omega t} \tag{4-1-13}$$

$$\boldsymbol{B}(\boldsymbol{x},t)=\boldsymbol{B}(\boldsymbol{x})\mathrm{e}^{-\mathrm{i}\omega t} \tag{4-1-14}$$

其中 $\boldsymbol{E}(\boldsymbol{x})$、$\boldsymbol{B}(\boldsymbol{x})$ 分别为电场和磁场在各点的振幅，下面分别以 $\boldsymbol{E}$ 和 $\boldsymbol{B}$ 表示.

在一定频率下，有 $\boldsymbol{D}=\varepsilon\boldsymbol{E}$，$\boldsymbol{B}=\mu\boldsymbol{H}$，将式(4-1-13)和(4-1-14)代入式(4-1-1)～(4-1-4)，消去共同因子 $\mathrm{e}^{-\mathrm{i}\omega t}$，得时谐情形下的麦克斯韦方程组

$$\nabla\times\boldsymbol{E}(\boldsymbol{x})=\mathrm{i}\omega\mu\boldsymbol{H}(\boldsymbol{x}) \tag{4-1-15}$$

$$\nabla\times\boldsymbol{H}(\boldsymbol{x})=-\mathrm{i}\omega\varepsilon\boldsymbol{E}(\boldsymbol{x}) \tag{4-1-16}$$

$$\nabla\cdot\boldsymbol{E}(\boldsymbol{x})=0 \tag{4-1-17}$$

$$\nabla\cdot\boldsymbol{H}(\boldsymbol{x})=0 \tag{4-1-18}$$

将式(4-1-15)两边取旋度 $\nabla\times(\nabla\times\boldsymbol{E})=\mathrm{i}\omega\mu\nabla\times\boldsymbol{H}$，左边为 $\nabla(\nabla\cdot\boldsymbol{E})-\nabla^2\boldsymbol{E}$；由式(4-1-16)，右边为 $\mathrm{i}\omega\mu(-\mathrm{i}\omega\varepsilon\boldsymbol{E})=\omega^2\mu\varepsilon\boldsymbol{E}$，因此有

$$\nabla\times(\nabla\times\boldsymbol{E})=\omega^2\mu\varepsilon\boldsymbol{E} \tag{4-1-19}$$

令 $k^2=\omega^2\mu\varepsilon$，并利用附录(I. 34)和式(4-1-17)，于是得

$$\nabla^2\boldsymbol{E}+k^2\boldsymbol{E}=0 \tag{4-1-20}$$

$$k\equiv\omega\sqrt{\mu\varepsilon} \tag{4-1-21}$$

注意式(4-1-15)取旋度运算时，微分方程由一阶变为二阶，这会导致增根. 因此式(4-1-20)的解还必须满足条件 $\nabla\cdot\boldsymbol{E}=0$ 才代表电磁波的解.

解出 $\boldsymbol{E}$ 后，磁场 $\boldsymbol{B}$ 可由式(4-1-15)求出，

$$\boldsymbol{B}=-\frac{\mathrm{i}}{\omega}\nabla\times\boldsymbol{E}=-\frac{\mathrm{i}}{k}\sqrt{\mu\varepsilon}\,\nabla\times\boldsymbol{E} \tag{4-1-22}$$

方程(4-1-20)称为亥姆霍兹(Helmholtz)方程，其解 $\boldsymbol{E}(\boldsymbol{x})$ 代表电磁波场强在空间中的分布，每一种可能的形式称为一种波模，每一个满足 $\nabla\cdot\boldsymbol{E}=0$ 的解都代表一种可能存在的波模. 综上所述，在一定频率下，以下方程组

$$\begin{cases}\nabla^2\boldsymbol{E}+k^2\boldsymbol{E}=0\\ \nabla\cdot\boldsymbol{E}=0\\ \boldsymbol{B}=-\dfrac{\mathrm{i}}{\omega}\nabla\times\boldsymbol{E}\end{cases}$$

决定着一种波模. 类似地，对于磁场 $\boldsymbol{B}$，有

$$\begin{cases}\nabla^2\boldsymbol{B}+k^2\boldsymbol{B}=0\\ \nabla\cdot\boldsymbol{B}=0\\ \boldsymbol{E}=\dfrac{\mathrm{i}}{\omega\mu\varepsilon}\nabla\times\boldsymbol{B}=\dfrac{\mathrm{i}}{k\sqrt{\mu\varepsilon}}\nabla\times\boldsymbol{B}\end{cases}$$

4.1.3 平面电磁波解

按照激发和传播条件的不同,电磁波的场强 $\boldsymbol{E}(\boldsymbol{x})$ 可以有各种不同形式. 现在讨论亥姆霍兹方程的一种最基本的解,它是存在于整个空间中的平面波.

1. 平面波的定义

设电磁波沿 x 轴正方向传播. 所谓平面**电磁波**指的是,在某一时刻其场强在与 x 轴正交的平面上各点具有相同的值,即 $\boldsymbol{E}$ 和 $\boldsymbol{B}$ 仅与 x,t 有关,而与 y,z 无关.

$$\boldsymbol{E}(\boldsymbol{x},t)=\boldsymbol{E}(x,t),\quad \boldsymbol{B}(\boldsymbol{x},t)=\boldsymbol{B}(x,t)$$

这时**波阵面**(等相位点组成的面)为与 x 轴正交的平面.

在这种情形下,$\nabla^2\rightarrow \mathrm{d}^2/\mathrm{d}x^2$,亥姆霍兹方程(4-1-20)化为一维的常微分方程

$$\frac{\mathrm{d}^2}{\mathrm{d}x^2}\boldsymbol{E}(x)+k^2\boldsymbol{E}(x)=0 \tag{4-1-23}$$

它的一个解是

$$\boldsymbol{E}(\boldsymbol{x})=\boldsymbol{E}_0\mathrm{e}^{\mathrm{i}kx} \tag{4-1-24}$$

2. 沿 x 轴传播的平面波

在 $\boldsymbol{E}(\boldsymbol{x})$ 上加入时间因子后,可得场强的完整表达式为

$$\boldsymbol{E}(\boldsymbol{x},t)=\boldsymbol{E}_0\mathrm{e}^{\mathrm{i}(kx-\omega t)} \tag{4-1-25}$$

此解需满足条件 $\nabla\cdot\boldsymbol{E}=0$,由此得 $\mathrm{i}k\boldsymbol{E}(\boldsymbol{x},t)\cdot\boldsymbol{e}_x=0$,这只能是 $\boldsymbol{E}(\boldsymbol{x},t)\perp\boldsymbol{e}_x$,才能代表一种可能的波模,其中 $\boldsymbol{e}_x$ 表示沿 x 轴方向的单位矢量,而 $\boldsymbol{E}_0$ 是电场的振幅,$\mathrm{e}^{\mathrm{i}(kx-\omega t)}$ 代表波动的相位因子.

以上用复数表示电场的作用是引进了幅角,这便于进行计算,而实际场强应该取其实部

$$\boldsymbol{E}(\boldsymbol{x},t)=\boldsymbol{E}_0\cos(kx-\omega t) \tag{4-1-26}$$

现在来讨论相位因子 $\cos(kx-\omega t)$ 的意义. 如图 4.1.1,在 $t=0$ 时刻,相因子是 $\cos kx$,$x=0$ 的平面处于波峰. 在 $t\neq0$ 的另一时刻,相因子为 $\cos(kx-\omega t)$,波峰移至 $kx-\omega t=0$ 处,即移至 $x=\frac{\omega}{k}t$ 的平面上. 因此 $\boldsymbol{E}(\boldsymbol{x},t)=\boldsymbol{E}_0\mathrm{e}^{\mathrm{i}(kx-\omega t)}$ 表示一个沿 x 轴正方向传播的平面波,其**相速度**为

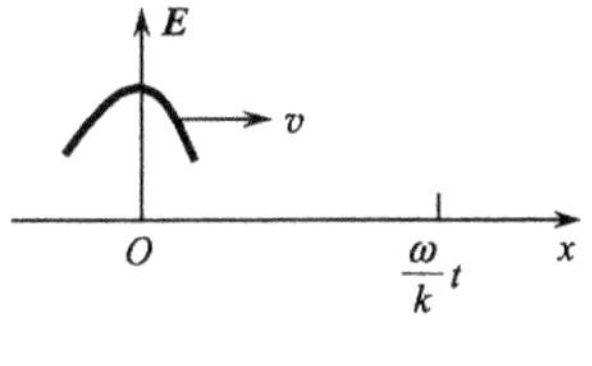

图 4.1.1

$$v=\frac{\mathrm{d}x}{\mathrm{d}t}=\frac{\omega}{k}=\frac{1}{\sqrt{\mu\varepsilon}} \tag{4-1-27}$$

真空中电磁波的传播速度为

$$c = \frac{1}{\sqrt{\mu_0 \varepsilon_0}} \tag{4-1-28}$$

介质中电磁波的传播速度为

$$v = \frac{c}{\sqrt{\mu_r \varepsilon_r}} \tag{4-1-29}$$

由于ε_r和μ_r是频率ω的函数，因此在介质中不同频率的电磁波有不同的相速度，这就是介质的色散现象.

3. 沿任意方向传播的波

我们已经知道沿x轴方向传播的电磁波的电矢量为

$$\boldsymbol{E}(\boldsymbol{x},t) = \boldsymbol{E}_0 \mathrm{e}^{\mathrm{i}(kx-\omega t)}$$

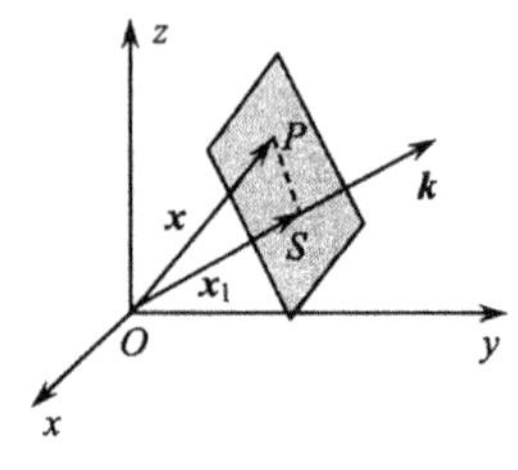

图 4.1.2

沿任意方向传播时，如图4.1.2所示，设$\boldsymbol{k}$是沿电磁波传播方向上的一个矢量，其量值为$|\boldsymbol{k}|=k=\omega\sqrt{\mu\varepsilon}$. 现在，电矢量只应该是指数中$kx$所在处的这一项与上式不同，而$kx$在等相面内为常数. 由平面电磁波的定义，在垂直于矢量$\boldsymbol{k}$的任一平面S上，各点的场量应该相等. 反映这个不变性的量只能是任意点P的位矢$\boldsymbol{x}$在$\boldsymbol{k}$上的投影$|\boldsymbol{x}_1|$，此投影由$\boldsymbol{k}\cdot\boldsymbol{x}$表征. 而若$\boldsymbol{k}$沿$x$轴时，$\boldsymbol{k}\cdot\boldsymbol{x}=kx$，这就是沿$x$轴方向传播的电磁波的电矢量$\boldsymbol{E}(\boldsymbol{x},t)=\boldsymbol{E}_0\mathrm{e}^{\mathrm{i}(kx-\omega t)}$中的$kx$. 因此，任意坐标系中的表达式

$$\boldsymbol{E}(\boldsymbol{x},t) = \boldsymbol{E}_0 \mathrm{e}^{\mathrm{i}(\boldsymbol{k}\cdot\boldsymbol{x}-\omega t)} \tag{4-1-30}$$

表示沿$\boldsymbol{k}$方向传播的平面电磁波.

$\boldsymbol{k}$称为**波矢量**，其量值k称为**波数**(圆波数)，某一时刻t，相位差为2π的沿电磁波传播方向邻近两点之间的距离为$\Delta x=\lambda$，两点之间的相位差为

$$(kx_2-\omega t)-(kx_1-\omega t) = k\Delta x = 2\pi$$

故

$$k = \frac{2\pi}{\lambda} \tag{4-1-31}$$

这即是说，波数k即2π弧度中的波长数.

根据方程(4-1-3)，电磁波解必须加上条件$\nabla\cdot\boldsymbol{E}=0$，

$$\nabla\cdot\boldsymbol{E} = \boldsymbol{E}_0\cdot\nabla\mathrm{e}^{\mathrm{i}(\boldsymbol{k}\cdot\boldsymbol{x}-\omega t)} = \mathrm{i}\boldsymbol{k}\cdot\boldsymbol{E}_0\mathrm{e}^{\mathrm{i}(kx-\omega t)} = \mathrm{i}\boldsymbol{k}\cdot\boldsymbol{E} = 0$$

因此

$$\boldsymbol{k}\cdot\boldsymbol{E} = 0 \tag{4-1-32}$$

此即 $\boldsymbol{E}\perp\boldsymbol{k}$,电场波动是**横波**,可在垂直于 $\boldsymbol{k}$ 的任意方向上振荡.

平面电磁波的磁场可由式(4-1-22)求出.取式(4-1-30)的旋度

$$\nabla\times\boldsymbol{E}=[\nabla \mathrm{e}^{\mathrm{i}(\boldsymbol{k}\cdot\boldsymbol{x}-\omega t)}]\times\boldsymbol{E}_0=\mathrm{i}\boldsymbol{k}\times\boldsymbol{E}$$

代入式(4-1-22)得

$$\boldsymbol{B}=\frac{1}{k}\sqrt{\mu\varepsilon}\,\boldsymbol{k}\times\boldsymbol{E}=\sqrt{\mu\varepsilon}\,\boldsymbol{n}\times\boldsymbol{E} \tag{4-1-33}$$

其中 $\boldsymbol{n}$ 是沿 $\boldsymbol{k}$ 方向的单位矢量.由上式得 $\boldsymbol{k}\cdot\boldsymbol{B}=\boldsymbol{k}\cdot\sqrt{\mu\varepsilon}\left(\frac{\boldsymbol{k}}{k}\times\boldsymbol{E}\right)=0$,因此磁场也沿横向振动.如图 4.1.3 所示,$\boldsymbol{E}$,$\boldsymbol{B}$ 和 $\boldsymbol{k}$ 是三个互相正交的矢量.

由式(4-1-33),$\boldsymbol{E}$ 的相因子为 $\mathrm{e}^{\mathrm{i}(\boldsymbol{k}\cdot\boldsymbol{x}-\omega t)}$,$\boldsymbol{n}\times\boldsymbol{E}$ 不会改变这个相因子,所以 $\boldsymbol{B}$ 也有这样一个相因子,即 $\boldsymbol{E}$ 和 $\boldsymbol{B}$ 同相.振幅比为

$$\left|\frac{\boldsymbol{E}}{\boldsymbol{B}}\right|=\frac{1}{\sqrt{\mu\varepsilon}}=v \tag{4-1-34}$$

在真空中的振幅比为

$$\left|\frac{\boldsymbol{E}}{\boldsymbol{B}}\right|=\frac{1}{\sqrt{\mu_0\varepsilon_0}}=c \tag{4-1-35}$$

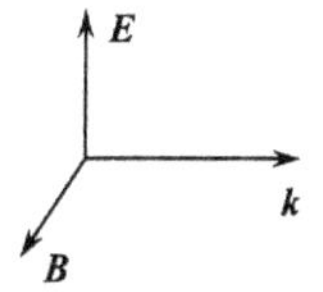

图 4.1.3

4. 平面电磁波的特性

(1) 电磁波为横波,$\boldsymbol{E}$ 和 $\boldsymbol{B}$ 都与传播方向垂直;

(2) $\boldsymbol{E}$ 和 $\boldsymbol{B}$ 互相垂直,$\boldsymbol{E}\times\boldsymbol{B}$ 沿波矢 $\boldsymbol{k}$ 的方向;

(3) $\boldsymbol{E}$ 和 $\boldsymbol{B}$ 同相,振幅比为 v.

平面电磁波沿传播方向各点上的电场和磁场瞬时值如图 4.1.4 所示.随着时间的推移,整个波形向 z 轴方向以速度 $v=c/\sqrt{\mu_r\varepsilon_r}$ 移动.

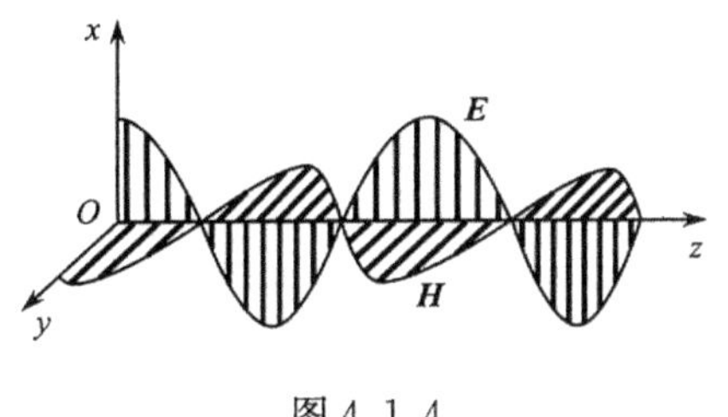

图 4.1.4

4.1.4　平面电磁波的能量和能流

由第 1 章的讨论可知,电磁场的能量密度为

$$w=\frac{1}{2}(\boldsymbol{E}\cdot\boldsymbol{D}+\boldsymbol{H}\cdot\boldsymbol{B})=\frac{1}{2}\left(\varepsilon E^2+\frac{1}{\mu}B^2\right)$$

1. 平面电磁波的能量密度和能流密度

对于平面波,由式(4-1-34),有 $\varepsilon E^2=\frac{1}{\mu}B^2$,因此平面电磁波中电场能量和磁

场能量相等,即平面电磁波的能量密度为

$$w = \varepsilon E^2 = \frac{1}{\mu}B^2 \tag{4-1-36}$$

将式(4-1-33)代入电磁波的能流密度表达式,并注意式(4-1-32),平面电磁波的能流密度

$$\boldsymbol{S} = \boldsymbol{E} \times \boldsymbol{H} = \sqrt{\frac{\varepsilon}{\mu}}\boldsymbol{E} \times (\boldsymbol{n} \times \boldsymbol{E}) = \sqrt{\frac{\varepsilon}{\mu}}[(\boldsymbol{E} \cdot \boldsymbol{E})\boldsymbol{n} - (\boldsymbol{E} \cdot \boldsymbol{n})\boldsymbol{E}] = \sqrt{\frac{\varepsilon}{\mu}}E^2\boldsymbol{n}$$

由式(4-1-36),得

$$\boldsymbol{S} = \frac{\sqrt{\varepsilon}}{\sqrt{\varepsilon}}\sqrt{\frac{\varepsilon}{\mu}}E^2\boldsymbol{n} = vw\boldsymbol{n} = w\boldsymbol{v} \tag{4-1-37}$$

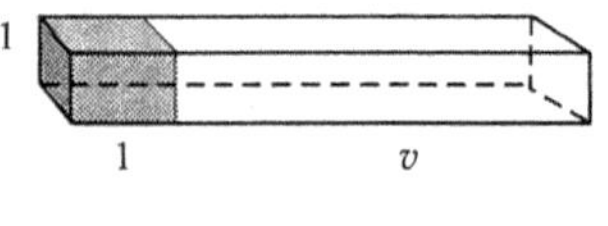

图 4.1.5

此式表明,如图 4.1.5 所示,电磁波的能量以速度 $\boldsymbol{v}$ 沿波矢 $\boldsymbol{k}$ 的方向传送.

2. 能量密度和能流密度的平均值

由于能量密度和能流密度是场强的二次式,不能把场强的复数表示直接代入.例如 $E=a+ib$,E 的物理部分为 a,$S \propto E^2 \propto a^2$,若直接代入,则 $S \propto (a+ib)(a+ib) \propto a^2-b^2$,显然少了 b^2.

计算 w 和 S 的瞬时值时,应把实数表示代入,得

$$w = \varepsilon E_0^2 \cos^2(\boldsymbol{k} \cdot \boldsymbol{x} - \omega t) = \frac{1}{2}\varepsilon E_0^2[1 + \cos 2(\boldsymbol{k} \cdot \boldsymbol{x} - \omega t)]$$

w 和 S 都是随时间迅速脉动的量,实际上很多时候只需用到它们的时间平均值.为了以后的应用,这里给出二次式求平均值的一般公式.设 $f(t)$ 和 $g(t)$ 有复数表示

$$f(t) = f_0 \mathrm{e}^{-\mathrm{i}\omega t}, \quad g(t) = g_0 \mathrm{e}^{-\mathrm{i}\omega t + \mathrm{i}\phi}$$

其中 ϕ 是 $f(t)$ 和 $g(t)$ 的相位差. fg 对一周期的平均值为

$$\begin{aligned}\overline{fg} &= \frac{1}{T}\int_0^T f_0 \cos\omega t \cdot g_0 \cos(\omega t - \phi)\,\mathrm{d}t \\ &= \frac{1}{2} f_0 g_0 \cos\phi = \frac{1}{2}\mathrm{Re}(f^* g)\end{aligned}$$

即

$$\overline{fg} = \frac{1}{2}\mathrm{Re}(f^* g) \tag{4-1-38}$$

式中 f^* 表示 f 的复共扼,Re 表示取实部.

这样一来,能量密度和能流密度的平均值可分别算出

$$\overline{w} = \varepsilon \overline{E^2} = \varepsilon \frac{1}{2}\mathrm{Re}(\boldsymbol{E}^* \cdot \boldsymbol{E}) = \frac{1}{2}\varepsilon E_0^2 = \frac{1}{2\mu}B_0^2 \tag{4-1-39}$$

$$\overline{S} = \sqrt{\frac{\varepsilon}{\mu}}\,\overline{E^2}\boldsymbol{n} = \frac{1}{2}\mathrm{Re}\left(\sqrt{\frac{\varepsilon}{\mu}}\boldsymbol{E}^* \cdot \boldsymbol{E}\right)\boldsymbol{n} = \frac{1}{2}\sqrt{\frac{\varepsilon}{\mu}}E_0^2\boldsymbol{n} \tag{4-1-40}$$

4.1.5 单色平面电磁波的偏振性质

$\boldsymbol{E}$ 的取向称为电磁波的**偏振(极化)**方向. 可以选与 $\boldsymbol{k}$ 垂直的任意两个互相正交的方向作为 $\boldsymbol{E}$ 的两个独立偏振方向. 因此,如图 4.1.6,对每一波矢量 $\boldsymbol{k}$,存在两个独立的偏振波. 当迎着波矢量 $\boldsymbol{k}$ 的方向观测,电矢量 $\boldsymbol{E}$ 沿逆时钟方向旋转时称为**左旋偏振**,否则为**右旋偏振**.

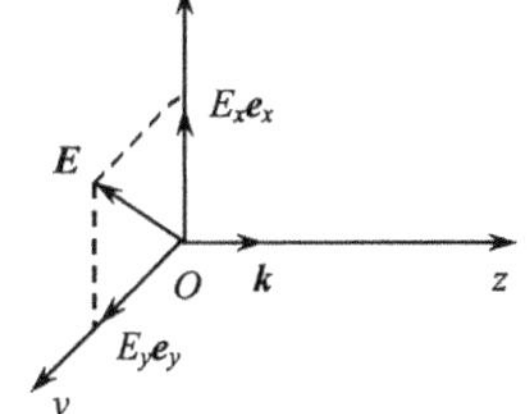

图 4.1.6

取 z 轴沿波矢 $\boldsymbol{k}$ 的方向,则式(4-1-30)可简写为

$$\boldsymbol{E}(\boldsymbol{x},t) = \boldsymbol{E}_0 \mathrm{e}^{\mathrm{i}(kz-\omega t)} \tag{4-1-41}$$

由式(4-1-33)

$$\boldsymbol{B} = \sqrt{\mu\varepsilon}\boldsymbol{n} \times \boldsymbol{E} = \sqrt{\mu\varepsilon}\boldsymbol{e}_z \times \boldsymbol{E}_0 \mathrm{e}^{\mathrm{i}(kz-\omega t)}$$

即 $\boldsymbol{B}$ 完全可以由 $\boldsymbol{E}$ 来确定,因而只需讨论电矢量的偏振性质.

平面电磁波是横波,由图 4.1.6 可见,电矢量 $\boldsymbol{E}$ 只在 xOy 平面上振荡. 并且,$\boldsymbol{E}$ 在 xOy 平面上有一个初始方位,故 $\boldsymbol{E}$ 的实部可分解为

$$\boldsymbol{E} = \boldsymbol{e}_x E_{0x}\cos(kz-\omega t+\alpha) + \boldsymbol{e}_y E_{0y}\cos(kz-\omega t+\beta)$$

式中 E_{0x} 和 E_{0y} 分别是 E_x 和 E_y 的振幅,α 和 β 分别是 E_x 和 E_y 的初相位. 在一般情况下,α 和 β 不相等. 容易证明,在空间的任一点,

(1) 当相位差 $\delta=\beta-\alpha=n\pi(n=0,1,2,\cdots)$ 时,在时间变化的过程中,电矢量端点的轨迹是直线,称为**线偏振**波.

(2) 当 $E_{0x}=E_{0y}$,且相位差 $\delta=\beta-\alpha=\mp\frac{\pi}{2}$ 时,在时间变化的过程中,从迎着电磁波传播的方向看,电矢量端点的轨迹分别是逆时针或顺时针旋转的圆. 这样,电矢量的旋转方向与波矢 $\boldsymbol{k}$ 方向分别成左手或右手螺旋关系,分别称为**左旋圆偏振**或**右旋圆偏振**.

(3) 一般情况下,在时间变化的过程中,电矢量端点的轨迹是椭圆,称为**椭圆偏振**波.

电磁波偏振性质的应用非常广泛. 电视信号的发射天线与地面平行放置(称为水平偏振方式),它发射的电磁波的电矢量(指“远区场”)也是平行于地面的线偏振波,因此电视接收天线应调节到与地面平行才能获得最佳接收效果;而调幅电台发射的电磁波的电矢量(指“远区场”)是与地面垂直的(称为垂直偏振方式),因此收

音机的天线应调整到与地面垂直才能获得最佳的收听效果.但是火箭、卫星等飞行器的位置和状态时刻在变化,如果采用水平或垂直偏振方式来遥控,则当信号的偏振状态与卫星的接收天线正交时就会因为卫星接收不到信号而失控.但是由于线偏振可分解为两个振幅相等而旋转方向相反的圆偏振波,因而不同取向的线偏振波均可由圆极化天线收到.目前卫星上的天线和地面站的天线都采用圆偏振方式,以避免失控现象的发生.

【例】 求平面电磁波的动量流密度张量.

【解】 平面电磁波 $\boldsymbol{E},\boldsymbol{B},\boldsymbol{k}$ 是三个互相正交的矢量,我们就用这三个方向来分解$\overleftrightarrow{\mathscr{T}}$的各分量.由 $\boldsymbol{E}\cdot\boldsymbol{B}=0$,得

$$\boldsymbol{E}\cdot\overleftrightarrow{\mathscr{T}}=\boldsymbol{E}\cdot\left[-\varepsilon_0\boldsymbol{EE}-\frac{1}{\mu_0}\boldsymbol{BB}+\frac{1}{2}\overleftrightarrow{\mathscr{I}}\left(\varepsilon_0E^2+\frac{1}{\mu_0}B^2\right)\right]$$

$$=-\varepsilon_0E^2\boldsymbol{E}+\frac{1}{2}\boldsymbol{E}\left(\varepsilon_0E^2+\frac{1}{\mu_0}B^2\right)$$

对于平面电磁波,$\varepsilon_0E^2=\frac{1}{\mu_0}B^2$,因而 $\boldsymbol{E}\cdot\overleftrightarrow{\mathscr{T}}=0$;同样可证 $\boldsymbol{B}\cdot\overleftrightarrow{\mathscr{T}}=0$,$\overleftrightarrow{\mathscr{T}}\cdot\boldsymbol{E}=\overleftrightarrow{\mathscr{T}}\cdot\boldsymbol{B}=0$.因此$\overleftrightarrow{\mathscr{T}}$沿 $\boldsymbol{k}$ 方向分量

$$\boldsymbol{k}\cdot\overleftrightarrow{\mathscr{T}}=\overleftrightarrow{\mathscr{T}}\cdot\boldsymbol{k}=\boldsymbol{k}\cdot\left[-\varepsilon_0\boldsymbol{EE}-\frac{1}{\mu_0}\boldsymbol{BB}+\frac{1}{2}\overleftrightarrow{\mathscr{I}}\left(\varepsilon_0E^2+\frac{1}{\mu_0}B^2\right)\right]$$

$$=\frac{1}{2}\boldsymbol{k}\left(\varepsilon_0E^2+\frac{1}{\mu_0}B^2\right)=w\boldsymbol{k}$$

由于 $\boldsymbol{k}\cdot\overleftrightarrow{\mathscr{T}}=\boldsymbol{k}\cdot w\boldsymbol{e}_k\boldsymbol{e}_k=wk\boldsymbol{e}_k=w\boldsymbol{k}$,因而

$$\overleftrightarrow{\mathscr{T}}=w\boldsymbol{e}_k\boldsymbol{e}_k=cg\boldsymbol{e}_k\boldsymbol{e}_k \tag{4-1-42}$$

$\overleftrightarrow{\mathscr{T}}$的这个表达式表明第一个 $\boldsymbol{e}_k$ 表示只有对垂直于波矢的面才有动量通过,在侧面上是没有动量转移的,第二个 $\boldsymbol{e}_k$ 表示沿第一个 $\boldsymbol{e}_k$ 方向流来的电磁场动量只有 $\boldsymbol{k}$ 方向分量,即电磁波动量沿波矢方向.电磁波具有动量密度 $\boldsymbol{g}$,传播速度 c,因此每秒垂直流过单位截面的动量数值为 cg.

4.2 电磁波在介质界面上的反射和折射

电磁波入射于两种非铁磁性绝缘介质分界面时,会发生反射和折射现象.本节所讨论的内容包括:(1)反射波和折射波的传播方向;(2)反射波和折射波的振幅和偏振性质.并在此基础上,讨论电磁波从光密介质投射到光疏介质时出现的全反射现象的条件、规律及其应用.这是电磁场的边值问题,其理论基础是电磁场方程和电磁场边值关系.

4.2.1 反射和折射定律

第 1 章给出了一般情况下电磁场的边值关系

$$\boldsymbol{n}\times(\boldsymbol{E}_2-\boldsymbol{E}_1)=0,\quad \boldsymbol{n}\cdot(\boldsymbol{D}_2-\boldsymbol{D}_1)=\sigma_{\mathrm{f}}$$

$$\boldsymbol{n}\times(\boldsymbol{H}_2-\boldsymbol{H}_1)=\boldsymbol{\alpha}_{\mathrm{f}},\quad \boldsymbol{n}\cdot(\boldsymbol{B}_2-\boldsymbol{B}_1)=0$$

式中 σ_{f} 和 $\boldsymbol{\alpha}_{\mathrm{f}}$ 是自由面电荷、面电流密度. 在绝缘介质分界面上,$\sigma_{\mathrm{f}}=0$,$\boldsymbol{\alpha}_{\mathrm{f}}=0$. 因此,在讨论时谐($\omega$ 一定)电磁波时,在绝缘介质界面上的边值关系为

$$\boldsymbol{n}\times(\boldsymbol{E}_2-\boldsymbol{E}_1)=0 \tag{4-2-1}$$

$$\boldsymbol{n}\cdot(\boldsymbol{D}_2-\boldsymbol{D}_1)=0 \tag{4-2-2}$$

$$\boldsymbol{n}\times(\boldsymbol{H}_2-\boldsymbol{H}_1)=0 \tag{4-2-3}$$

$$\boldsymbol{n}\cdot(\boldsymbol{B}_2-\boldsymbol{B}_1)=0 \tag{4-2-4}$$

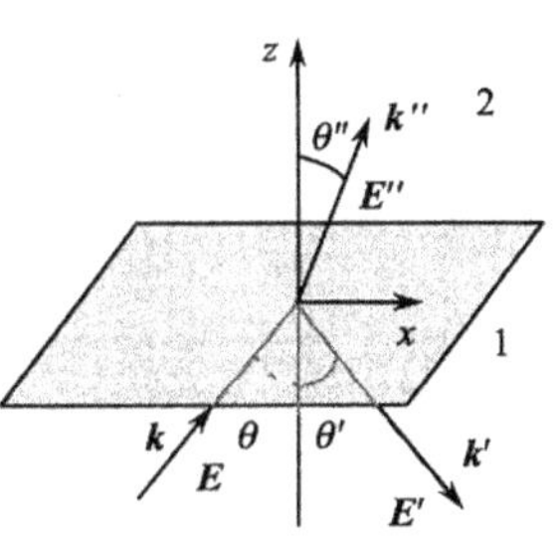

图 4.2.1

如图 4.2.1,设介质 1 和介质 2 的分界面为无穷大平面,且平面电磁波从介质 1 入射于界面上,在该处产生反射波和折射波. 设反射波和折射波也是平面波(由下面所得结果可知这假定是正确的). 设**入射波、反射波和折射波**的电场强度分别为 $\boldsymbol{E}$、$\boldsymbol{E}'$ 和 $\boldsymbol{E}''$,波矢量分别为 $\boldsymbol{k}$、$\boldsymbol{k}'$ 和 $\boldsymbol{k}''$,角频率分别为 ω、ω' 和 ω'',它们的平面波表示式分别为

$$\text{入射波}\qquad \boldsymbol{E}=\boldsymbol{E}_0\mathrm{e}^{\mathrm{i}(\boldsymbol{k}\cdot\boldsymbol{x}-\omega t)} \tag{4-2-5}$$

$$\text{反射波}\qquad \boldsymbol{E}'=\boldsymbol{E}'_0\mathrm{e}^{\mathrm{i}(\boldsymbol{k}'\cdot\boldsymbol{x}-\omega' t)} \tag{4-2-6}$$

$$\text{折射波}\qquad \boldsymbol{E}''=\boldsymbol{E}''_0\mathrm{e}^{\mathrm{i}(\boldsymbol{k}''\cdot\boldsymbol{x}-\omega'' t)} \tag{4-2-7}$$

这些是界面上同一时刻同一点的物理量.

注意介质 1 中的总场强为入射波与反射波场强的叠加,而介质 2 中只有折射波,故

$$\boldsymbol{E}_1=\boldsymbol{E}+\boldsymbol{E}',\quad \boldsymbol{E}_2=\boldsymbol{E}'' \tag{4-2-8}$$

这时边值关系式(4-2-2)为

$$\varepsilon_2\boldsymbol{n}\cdot\boldsymbol{E}''=\varepsilon_1\boldsymbol{n}\cdot(\boldsymbol{E}+\boldsymbol{E}')$$

将式(4-2-5)~(4-2-7)代入此式便有

$$\varepsilon_2\boldsymbol{n}\cdot\boldsymbol{E}''_0\mathrm{e}^{\mathrm{i}\boldsymbol{k}''\cdot\boldsymbol{x}}=\varepsilon_1\boldsymbol{n}\cdot\left[\boldsymbol{E}_0\mathrm{e}^{\mathrm{i}\boldsymbol{k}\cdot\boldsymbol{x}}\mathrm{e}^{\mathrm{i}(\omega''-\omega)t}+\boldsymbol{E}'_0\mathrm{e}^{\mathrm{i}\boldsymbol{k}'\cdot\boldsymbol{x}}\mathrm{e}^{\mathrm{i}(\omega''-\omega')t}\right]$$

此式左边与时间 t 无关,而右边是 t 的两个指数函数之和;由于 t 是独立变量,故要此式成立,右边也必须与时间 t 无关. 因此,唯一的可能就是

$$\omega=\omega'=\omega'' \tag{4-2-9}$$

这表明,入射波、反射波和折射波的角频率相等.

由边值关系式(4-2-8),边值关系式(4-2-1)应为

$$\boldsymbol{n}\times(\boldsymbol{E}+\boldsymbol{E}')=\boldsymbol{n}\times\boldsymbol{E}''$$

现在求 $\boldsymbol{k}$、$\boldsymbol{k}'$ 和 $\boldsymbol{k}''$ 之间的关系. 把平面波表示式(4-2-5)~(4-2-7)代入,同时考虑

到式(4-2-9),消去公共的 $e^{-i\omega t}$ 因子,得

$$\boldsymbol{n}\times(\boldsymbol{E}_0 e^{i\boldsymbol{k}\cdot\boldsymbol{x}}+\boldsymbol{E}'_0 e^{i\boldsymbol{k}'\cdot\boldsymbol{x}})=\boldsymbol{n}\times\boldsymbol{E}''_0 e^{i\boldsymbol{k}''\cdot\boldsymbol{x}}$$

此式必须对整个界面成立.选界面为平面 $z=0$,则上式应对 $z=0$ 和任意 x,y 成立.因此三个指数因子必须在此平面上完全相等

$$\boldsymbol{k}\cdot\boldsymbol{x}=\boldsymbol{k}'\cdot\boldsymbol{x}=\boldsymbol{k}''\cdot\boldsymbol{x}\quad(z=0)$$

由于 x 和 y 是任意的,它们的系数应各自相等

$$k_x=k'_x=k''_x,\quad k_y=k'_y=k''_y \tag{4-2-10}$$

如图 4.2.1 所示,取入射波矢在 xz 平面上,有 $k_y=0$,由上式同样有 $k'_y=0,k''_y=0$.因此,反射波矢和折射波矢都在同一平面上.

以 θ、θ' 和 θ'' 分别代表**入射角**、**反射角**和**折射角**,有

$$k_x=k\sin\theta,\quad k'_x=k'\sin\theta',\quad k''_x=k''\sin\theta'' \tag{4-2-11}$$

设 v_1 和 v_2 为电磁波在两介质中的相速,由 $v=\omega/k$ 有

$$k=k'=\frac{\omega}{v_1},\quad k''=\frac{\omega}{v_2} \tag{4-2-12}$$

把式(4-2-11)和(4-2-12)代入式(4-2-10)得

$$\theta=\theta',\quad \frac{\sin\theta}{\sin\theta''}=\frac{v_1}{v_2} \tag{4-2-13}$$

这就是熟知的**反射**和**折射定律**.由介质**折射率** n 的定义:$n=\sqrt{\frac{\varepsilon\mu}{\varepsilon_0\mu_0}}$,对电磁波来说,$v=1/\sqrt{\mu\varepsilon}$,因此

$$\frac{\sin\theta}{\sin\theta''}=\frac{\sqrt{\mu_2\varepsilon_2}}{\sqrt{\mu_1\varepsilon_1}}=\frac{n_2}{n_1}\equiv n_{21} \tag{4-2-14}$$

n_{21} 为介质 2 相对于介质 1 的**相对折射率**.由于除铁磁质外,一般介质都有 $\mu\approx\mu_0$,因此通常可以认为 $\sqrt{\varepsilon_2/\varepsilon_1}$ 就是两介质的相对折射率.频率不同时,折射率亦不同,这是色散现象在折射问题中的表现.

4.2.2 振幅关系 菲涅耳公式

现在应用边值关系式(4-2-1)和式(4-2-3)求入射、反射和折射波的振幅关系.由于对每一波矢 $\boldsymbol{k}$ 有两个独立的偏振波,所以需要分别讨论 $\boldsymbol{E}$ 垂直于入射面(简称 S 波)和 $\boldsymbol{E}$ 平行于入射面(简称 P 波)两种情形.图 4.2.2(a)用符号◉表示电矢量垂直纸面向外,图 4.2.2(b)用符号◉表示磁矢量垂直纸面向外,$\boldsymbol{E}$、$\boldsymbol{H}$ 和 $\boldsymbol{k}$ 三个矢量的方向关系由右手定则确定.

1. 电矢量垂直入射面时

由图 4.2.2(a),边值关系式(4-2-1)和(4-2-3)为

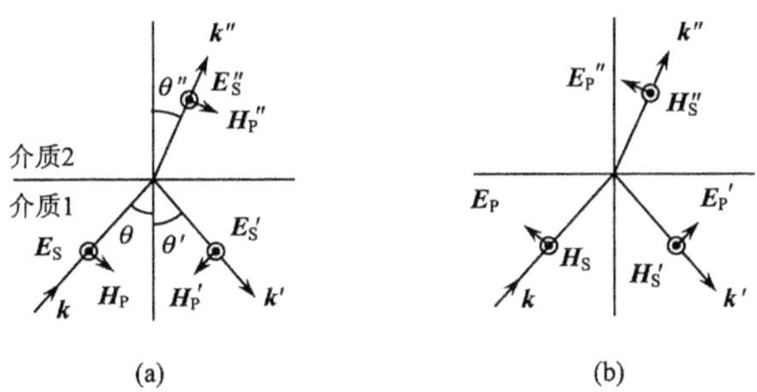

图 4.2.2

$$E_S + E'_S = E''_S \tag{4-2-15}$$

$$H_P\cos\theta - H'_P\cos\theta' = H''_P\cos\theta'' \tag{4-2-16}$$

由式(4-1-34),$H=\sqrt{\varepsilon/\mu}E$,取 $\mu\simeq\mu_0$,式(4-2-16)可写为

$$\sqrt{\varepsilon_1}(E_S - E'_S)\cos\theta = \sqrt{\varepsilon_2}E''_S\cos\theta'' \tag{4-2-17}$$

由式(4-2-17)和(4-2-15),并利用折射定律式(4-2-13)得

$$\frac{E'_S}{E_S} = \frac{\sqrt{\varepsilon_1}\cos\theta - \sqrt{\varepsilon_2}\cos\theta''}{\sqrt{\varepsilon_1}\cos\theta + \sqrt{\varepsilon_2}\cos\theta''} = -\frac{\sin(\theta-\theta'')}{\sin(\theta+\theta'')} \tag{4-2-18}$$

$$\frac{E''_S}{E_S} = \frac{2\sqrt{\varepsilon_1}\cos\theta}{\sqrt{\varepsilon_1}\cos\theta + \sqrt{\varepsilon_2}\cos\theta''} = \frac{2\cos\theta\sin\theta''}{\sin(\theta+\theta'')} \tag{4-2-19}$$

2. 电矢量平行入射面时

由图 4.2.2 (b),边值关系式(4-2-1)和(4-2-3)为

$$E_P\cos\theta - E'_P\cos\theta = E''_P\cos\theta'' \tag{4-2-20}$$

$$H_S + H'_S = H''_S \tag{4-2-21}$$

同样由式(4-1-34),式(4-2-21)可用电场表示为

$$\sqrt{\varepsilon_1}(E_P + E'_P) = \sqrt{\varepsilon_2}E''_P$$

此式与式(4-2-20)联立,并利用折射定律式(4-2-13)得

$$\frac{E'_P}{E_P} = \frac{\tan(\theta-\theta'')}{\tan(\theta+\theta'')} \tag{4-2-22}$$

$$\frac{E''_P}{E_P} = \frac{2\cos\theta\sin\theta''}{\sin(\theta+\theta'')\cos(\theta-\theta'')} \tag{4-2-23}$$

式(4-2-18)、(4-2-19)以及(4-2-22)、(4-2-23)称为**菲涅耳**(Fresnel)公式,表示反射波、折射波与入射波场强的比值.

3. 讨论

(1) 由菲涅耳公式可看出，垂直于入射面偏振的波与平行于入射面偏振的波的反射和折射行为不同. 如果入射波为自然光(即两种偏振光的等量混合)，经过反射或折射后，由于两个偏振分量的反射和折射波强度不同，因而反射波和折射波都变为部分偏振光. 在 $\theta+\theta''=90°$ 的特殊情形下，由式(4-2-22)，$\tan(\theta+\theta'')\to\infty$，$E'_P\to 0$，$\boldsymbol{E}$ 平行于入射面的分量没有反射波，因而反射光变为垂直于入射面偏振的完全偏振光. 这是光学中的**布儒斯特**(Breewster)**定律**，这情形下的入射角 θ 称为**布儒斯特角** θ_B. 布儒斯特角 θ_B 可由折射定律求出. 将 $\theta_B+\theta''=\pi/2$ 代入折射定律，有

$$\frac{n_2}{n_1}=\frac{\sin\theta_B}{\sin\theta''}=\frac{\sin\theta_B}{\sin(\pi/2-\theta'')}=\frac{\sin\theta_B}{\cos\theta_B}=\tan\theta_B$$

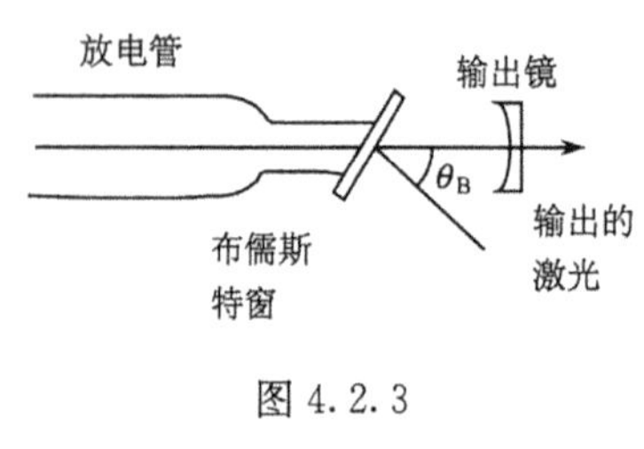

图 4.2.3

布儒斯特定律可用在激光输出偏振态的稳定性上. 因对以布儒斯特角入射的自然光，反射后没有电矢量平行于入射面的光，又因为电矢量平行于入射面的光能百分之百地透射，因此，如图 4.2.3 所示，在外腔式的激光器中通常安装倾斜的玻片窗口，使激光以布儒斯特角入射，这样便使电矢量垂直于入射面的光被衰减掉. 这种玻片窗口称为布儒斯特窗.

(2) 在电矢量垂直入射面情形，由式(4-2-18)，因为当 $\varepsilon_2>\varepsilon_1$ 时 $\theta>\theta''$，因此 E'_S/E_S 为负数，即反射后产生位相 π 的跃变，这现象称为反射过程中的**半波损失**.

上述结果是菲涅尔利用光的“以太”理论导出的，现在利用麦克斯韦电磁理论同样得出这些结果，这成为当时论证光波是电磁波的一个重要证据.

4.2.3 全反射

1. 全反射

当光从**光密介质**投射到**光疏介质**时，则 $\varepsilon_1>\varepsilon_2$，由式(4-2-14)，$n_{21}<1$，折射角 θ'' 大于入射角 θ. 当 $\sin\theta=n_{21}=\sqrt{\varepsilon_2/\varepsilon_1}$ 时，θ'' 变为 90°时的入射角称为**临界角**，用 θ_c 表示，它满足折射定律

$$\sin\theta_c=\frac{n_2}{n_1}=n_{21} \tag{4-2-24}$$

这时折射波沿界面掠过. 若入射角再增大，使 $\sin\theta>n_{21}$，这时折射定律依然成立，但将出现不同于一般反射、折射的物理现象：入射波将全部被反射. 这就是**全反射**.

2. 全反射时的反射波和折射波

在 $\sin\theta > n_{21}$ 时，两介质中的电场形式上仍然用式(4-2-5)～(4-2-7)表示，边值关系式(4-2-10)形式上仍然成立，即仍有

$$k''_x = k_x = k\sin\theta \tag{4-2-25}$$

$$k'' = k\frac{v_1}{v_2} = kn_{21} \tag{4-2-26}$$

比较这两个表达式可见，在 $\sin\theta > n_{21}$ 时有 $k''_x > k''$，因而

$$k''_z = \sqrt{k''^2 - k''^2_x} = \mathrm{i}k\sqrt{\sin^2\theta - n_{21}^2}$$

变为虚数. 令

$$k''_z = i\alpha, \quad \alpha = k\sqrt{\sin^2\theta - n_{21}^2} \tag{4-2-27}$$

则折射波电场表示式(4-2-7)变为(其中 $\omega'' = \omega$)

$$\boldsymbol{E}'' = \boldsymbol{E}''_0 e^{-\alpha z}\mathrm{e}^{\mathrm{i}(k''_x x - \omega t)} \tag{4-2-28}$$

式(4-2-28)仍然是亥姆霍兹方程的解，它代表在介质 2 中传播的一种波模.

式(4-2-28)的物理意义：

(1) 由式(4-2-28)可知，它是沿 x 轴方向传播的电磁波，其场强沿 z 轴方向指数衰减. 因此，这种电磁波只存在于界面附近一薄层内，该层厚度(定义成振幅衰减为原来的 $1/e$)$\delta \sim \alpha^{-1}$. 由式(4-2-27)，

$$\delta = \frac{1}{\alpha} = \frac{1}{k\sqrt{\sin^2\theta - n_{21}^2}} = \frac{\lambda_1}{2\pi\sqrt{\sin^2\theta - n_{21}^2}} \tag{4-2-29}$$

λ_1 为介质 1 中的波长. 一般来说，透入第二介质中的薄层厚度与波长同数量级.

(2) 式(4-2-28)的相位为 $k''_x x - \omega t$，其相速度为

$$v_p = \frac{\mathrm{d}x}{\mathrm{d}t} = \frac{\omega}{k''_x} = \frac{\omega}{k\sin\theta} = \frac{c}{n_1\sin\theta} < c \tag{4-2-30}$$

这里利用了 $\frac{\omega}{k} = \frac{1}{\sqrt{\varepsilon_1\mu_1}} = \frac{c}{n_1}$ 和 $n_1\sin\theta > n_1\sin\theta_c = n_2 \geqslant 1$(当 $\theta > \theta_c$). 这表明，即使光疏介质的折射率 $n_2 = 1$，电磁波仍以低于真空中的光速 c 的相速沿两介质分界面的 x 方向传播，故透入光疏介质的波是沿分界面传播的表面波. 由于该波沿 z 方向在很短的距离内便衰减为零，故又称之为**隐失波**.

人们考虑到隐失波的相速低于真空中的光速 c，可以与实物粒子同步；另一方面，激光器的诞生又能在隐失波的传播方向上产生强大的电场(10^3MV/m)，有些科学家正在研究如何用隐失波来加速带电粒子，并称之为**"激光加速器"**.

3. 全反射时的能流

考虑 $\boldsymbol{E}''$ 垂直入射面情况($E''_S = E''_y$)，由式(4-1-33)，折射波磁场强度各分量

分别为

$$H''_{\mathrm{P}x}=\sqrt{\frac{\varepsilon_2}{\mu_2}}\frac{k''_x}{k''}E''_y=\sqrt{\frac{\varepsilon_2}{\mu_2}}\frac{\sin\theta}{n_{21}}E''_{\mathrm{S}} \tag{4-2-31}$$

$$H''_{\mathrm{P}x}=-\sqrt{\frac{\varepsilon_2}{\mu_2}}\frac{k''_z}{k''}E''_y=-\mathrm{i}\sqrt{\frac{\varepsilon_2}{\mu_2}}\sqrt{\frac{\sin^2\theta}{n_{21}^2}-1}E''_{\mathrm{S}} \tag{4-2-32}$$

由式(4-2-31)可见，$H''_{\mathrm{P}z}$与E''_{S}同相，式(4-2-32)表明$H''_{\mathrm{P}x}$与E''_{S}有90°相位差.

折射波能流密度由式(4-2-28)、(4-2-31)和式(4-2-32)给出

$$S''_x=E''_yH''_{\mathrm{P}z}=\sqrt{\frac{\varepsilon_2}{\mu_2}}\frac{\sin\theta}{n_{21}}E''^2_0\mathrm{e}^{-2\alpha z}\mathrm{e}^{\mathrm{i}2(k''_xx-\omega t)}$$

$$S''_z=-E''_yH''_{\mathrm{P}x}=\mathrm{i}\sqrt{\frac{\varepsilon_2}{\mu_2}}\sqrt{\frac{\sin^2\theta}{n_{21}^2}-1}E''^2_0\mathrm{e}^{-2\alpha z}\mathrm{e}^{\mathrm{i}2(k''_xx-\omega t)}$$

其平均能流密度为

$$\overline{S}''_x=\frac{1}{2}\mathrm{Re}(E''^*_yH''_{\mathrm{P}z})=\frac{1}{2}\sqrt{\frac{\varepsilon_2}{\mu_2}}\,|E''_0|^2\mathrm{e}^{-2\alpha z}\frac{\sin\theta}{n_{21}} \tag{4-2-33}$$

$$\overline{S}''_z=-\frac{1}{2}\mathrm{Re}(E''^*_yH''_{\mathrm{P}x})=0 \tag{4-2-34}$$

式(4-2-33)和式(4-2-34)表明，折射波平均能流密度只沿着两介质分界面的切向(x方向)，且其振幅随透入深度z的增加而按$\mathrm{e}^{-2\alpha z}$指数衰减，但沿z轴方向透入第二介质的平均能流密度$\overline{S}''_z$为零，其瞬时值S''_z按2ω的角频率振荡，在半周内，电磁能量透入第二介质，在界面附近薄层内储存起来，在另一半周内，该能量释放出来变为反射波能量.

本节推出的有关反射和折射的公式在$\sin\theta>n_{21}$时形式上仍然成立. 由式(4-2-25)～(4-2-27)，只要作对应

$$\sin\theta''\rightarrow\frac{k''_x}{k''}=\frac{\sin\theta}{n_{21}} \tag{4-2-35}$$

$$\cos\theta''\rightarrow\frac{k''_z}{k''}=\mathrm{i}\sqrt{\frac{\sin^2\theta}{n_{21}^2}-1} \tag{4-2-36}$$

则由式(4-2-18)～(4-2-19)和式(4-2-22)～(4-2-23)可以求出反射波和折射波的振幅和相位. 例如在$\boldsymbol{E}$垂直入射面情形，由式(4-2-18)～(4-2-19)得

$$\frac{E'_{\mathrm{S}}}{E_{\mathrm{S}}}=\frac{\cos\theta-\mathrm{i}\sqrt{\sin^2\theta-n_{21}^2}}{\cos\theta+\mathrm{i}\sqrt{\sin^2\theta-n_{21}^2}}=\mathrm{e}^{-2\mathrm{i}\phi} \tag{4-2-37}$$

$$\tan\phi=\frac{\sqrt{\sin^2\theta-n_{21}^2}}{\cos\theta} \tag{4-2-38}$$

这两式表示反射波与入射波具有相同振幅，但存在相位差ϕ. 因此反射波与入射波

的瞬时能流值是不同的，反射波平均能流密度数值上和入射波平均能流密度相等，因此电磁能量被全部反射. 这就是全反射的实质.

4. 全反射的应用

全反射现象有许多重要应用，其中特别是**光纤通信**和**光子扫描隧道显微镜**(PSTM). 传统的光学显微镜不能分辨距离小于 $\lambda/2$ 的两个物体，而光子扫描隧道显微镜的分辨率远小于入射光的半波长.

4.3 电磁波在导体界面上的反射和折射

现在我们研究导体中的电磁波. 导体与绝缘介质最显著的差异在于导体内有自由电子，在电磁波电场作用下，自由电子运动形成传导电流，由电流产生的焦耳热使电磁波能量不断损耗，从而使波在导体内出现衰减.

导体内电磁波的传播过程是交变电磁场与导体内自由电子相互作用的过程，这种相互作用决定着导体内电磁波的存在形式. 因此下面先研究导体内自由电荷分布的特点，进而具体研究导体内的电磁波以及导体表面上电磁波的反射和折射问题.

4.3.1 导体内的自由电荷分布

在静电情形，导体内部不带电，自由电荷分布于导体表面上. 在迅变场中导体是否仍然保持这种特性呢?

设某时刻导体内的自由电荷分布为 ρ_f. 这电荷分布激发电场 $\boldsymbol{E}$，其规律由方程

$$\varepsilon\nabla\cdot\boldsymbol{E}=\rho_f \tag{4-3-1}$$

确定. 在电场 $\boldsymbol{E}$ 的作用下，导体内引起传导电流 $\boldsymbol{J}_f$，其规律由欧姆定律描述

$$\boldsymbol{J}_f=\sigma\boldsymbol{E} \tag{4-3-2}$$

式中 σ 是电导率. 式(4-3-2)两边取散度，代入式(4-3-1)，得

$$\nabla\cdot\boldsymbol{J}_f=\frac{\sigma}{\varepsilon}\rho_f \tag{4-3-3}$$

此式表示当导体内某处有电荷密度 ρ_f 出现时，就有电流从该处向外流出. 由于电荷外流，电荷密度就减小. ρ_f 的变化率由电荷守恒定律确定，考虑到式(4-3-3)，有

$$\frac{\partial\rho_f}{\partial t}=-\nabla\cdot\boldsymbol{J}_f=-\frac{\sigma}{\varepsilon}\rho_f \tag{4-3-4}$$

解此方程得

$$\rho_f(t)=\rho_{f0}\mathrm{e}^{-(\sigma/\varepsilon)t} \tag{4-3-5}$$

式中 ρ_{f0} 为 $t=0$ 时的电荷密度.

由上式,电荷密度随时间指数衰减,衰减的**特征时间** τ(ρ 值减小到 ρ_{f0}/e 的时间)为

$$\tau = \varepsilon/\sigma \tag{4-3-6}$$

因此,只要电磁波的周期 $T\gg\tau$,即使在导体内积累了电荷,但在远大于 τ 的电磁波的一个周期内电荷早就衰减完毕,因此可认为导体内没有电荷分布. 在这情况下的导体称作**良导体**. $T\gg\tau$,即 $\omega\ll\tau^{-1}=\sigma/\varepsilon$,由此得

$$\frac{\sigma}{\varepsilon\omega} \gg 1 \tag{4-3-7}$$

式(4-3-7)称为**良导体条件**,满足良导体条件的导体内 $\rho_f(t)=0$.

对于一般金属导体,$\tau\sim10^{-17}$ s. 因此只要电磁波频率 $\nu\ll10^{17}$ Hz,则 $T\gg10^{-17}$ s$\sim\tau$,满足良导体条件,故一般金属导体都可以看作良导体.

4.3.2　良导体内单色电磁波的传播

导体内部 $\rho_f=0$,$\boldsymbol{J}_f=\sigma\boldsymbol{E}$,麦克斯韦方程组为

$$\nabla\times\boldsymbol{E} = -\frac{\partial\boldsymbol{B}}{\partial t} \tag{4-3-8}$$

$$\nabla\times\boldsymbol{H} = \frac{\partial\boldsymbol{D}}{\partial t}+\boldsymbol{J}_f \tag{4-3-9}$$

$$\nabla\cdot\boldsymbol{D} = 0 \tag{4-3-10}$$

$$\nabla\cdot\boldsymbol{B} = 0 \tag{4-3-11}$$

对一定频率 ω 的电磁波,各场量都有时间因子 $e^{-i\omega t}$,这时 $\boldsymbol{D}=\varepsilon\boldsymbol{E}$,$\boldsymbol{B}=\mu\boldsymbol{H}$,在导体内则有

$$\nabla\times\boldsymbol{E} = i\omega\mu\boldsymbol{H} \tag{4-3-12}$$

$$\nabla\times\boldsymbol{H} = -i\omega\varepsilon\boldsymbol{E}+\sigma\boldsymbol{E} \equiv -i\omega\varepsilon'\boldsymbol{E} \tag{4-3-13}$$

$$\nabla\cdot\boldsymbol{E} = 0 \tag{4-3-14}$$

$$\nabla\cdot\boldsymbol{H} = 0 \tag{4-3-15}$$

式(4-3-13)中

$$\varepsilon' = \varepsilon + i\,\frac{\sigma}{\omega} \tag{4-3-16}$$

称为导体的复介电常量. 这时式(4-3-12)～(4-3-15)与绝缘介质中的相应方程形式上完全一致. 因此只要把绝缘介质中电磁波解所含的 ε 换作 ε',即得导体内的电磁波解. 与此对应,我们引入复波数

$$K \equiv \omega\sqrt{\mu\varepsilon'}$$

来与绝缘介质中的波数定义式 $k=\omega\sqrt{\mu\varepsilon}$ 相对应.

因此,在一定频率下,对应于绝缘介质内的亥姆霍兹方程,在导体内部的方程数学形式相同

$$\nabla^2 \boldsymbol{E} + K^2 \boldsymbol{E} = 0 \tag{4-3-17}$$

$$K = \omega\sqrt{\mu\varepsilon'} \tag{4-3-18}$$

式(4-3-17)的解当满足条件 $\nabla \cdot \boldsymbol{E}=0$ 时代表导体中可能存在的电磁波. 解出 $\boldsymbol{E}$ 后,磁场 $\boldsymbol{H}$ 可由式(4-3-12)求出.

方程在形式上也有平面波解 $\boldsymbol{E}(\boldsymbol{x})=\boldsymbol{E}_0 e^{i\boldsymbol{K}\cdot\boldsymbol{x}}$,由于 K 为复数,因此对应的 $\boldsymbol{K}$ 是一个复矢量. 设

$$\boldsymbol{K} = \boldsymbol{\beta} + i\boldsymbol{\alpha} \tag{4-3-19}$$

于是导体中电场的表示式为

$$\boldsymbol{E}(\boldsymbol{x},t) = \boldsymbol{E}_0 e^{i(\boldsymbol{K}\cdot\boldsymbol{x}-\omega t)} = \boldsymbol{E}_0 e^{-\boldsymbol{\alpha}\cdot\boldsymbol{x}} e^{i(\boldsymbol{\beta}\cdot\boldsymbol{x}-\omega t)} \tag{4-3-20}$$

由此可见,波矢量 $\boldsymbol{K}$ 的实部 $\boldsymbol{\beta}$ 处于 $\boldsymbol{E}(\boldsymbol{x},t)$ 的相位因子之中,它描述波的传播的相位关系,其虚部 $\boldsymbol{\alpha}$ 处于 $\boldsymbol{E}(\boldsymbol{x},t)$ 的振幅之中,它描述波幅的衰减,因此 β 称为**相位常数**,α 称为**衰减常数**.

把 $\boldsymbol{K}=\boldsymbol{\beta}+i\boldsymbol{\alpha}$,$\varepsilon'=\varepsilon+i\dfrac{\sigma}{\omega}$ 代入 $K=\omega\sqrt{\mu\varepsilon'}$ 得

$$K^2 = \beta^2 - \alpha^2 + 2i\boldsymbol{\alpha}\cdot\boldsymbol{\beta} = \omega^2\mu\left(\varepsilon + i\frac{\sigma}{\omega}\right) \tag{4-3-21}$$

比较式中的实部和虚部得

$$\beta^2 - \alpha^2 = \omega^2\mu\varepsilon \tag{4-3-22}$$

$$\boldsymbol{\alpha}\cdot\boldsymbol{\beta} = \frac{1}{2}\omega\mu\sigma \tag{4-3-23}$$

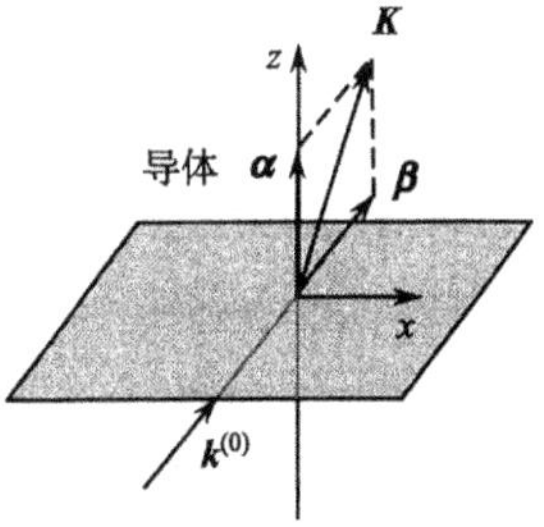

图 4.3.1

如图 4.3.1,当电磁波从真空入射到导体表面时,以 $\boldsymbol{k}^{(0)}$ 表示真空中的波矢,$\boldsymbol{K}$ 表示导体内的波矢. 设入射面为 xz 面,z 轴沿指向导体内部的法线. 由边值关系式(4-2-10)有

$$k_x^{(0)} = K_x = \beta_x + i\alpha_x \tag{4-3-24}$$

真空中波矢 $\boldsymbol{k}^{(0)}$ 为实数,因此由上式得 $\alpha_x=0,\beta_x=k_x^{(0)}$,即矢量 $\boldsymbol{\alpha}$ 垂直于金属表面,但矢量 $\boldsymbol{\beta}$ 则有 x 分量. 由式(4-3-22)~(4-3-24)可求出 α_z 和 β_z,进而求出矢量 $\boldsymbol{\alpha}$ 和 $\boldsymbol{\beta}$.

4.3.3　穿透深度

为简单起见,我们只考虑垂直入射情形. 如图 4.3.2,设导体表面为 xy 平面,z 轴指向导体内部.

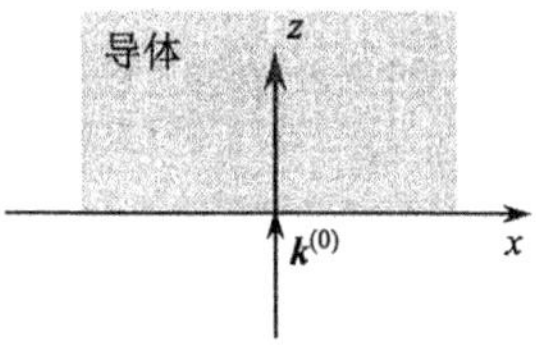

图 4.3.2

此时,$k_x^{(0)}=K_x=\beta_x+\mathrm{i}\alpha_x=0$,$\alpha_x=\beta_x=0$,$\boldsymbol{\alpha}$ 和 $\boldsymbol{\beta}$ 都沿 z 轴方向:$\boldsymbol{\alpha}=\alpha\boldsymbol{e}_z$,$\boldsymbol{\beta}=\beta\boldsymbol{e}_z$. 由式(4-3-20),导体内电场表达式为

$$\boldsymbol{E}=\boldsymbol{E}_0\mathrm{e}^{-\alpha z}\mathrm{e}^{\mathrm{i}(\beta z-\omega t)} \tag{4-3-25}$$

联立求解方程(4-3-22)和(4-3-23)得

$$\alpha=\omega\sqrt{\frac{\mu\varepsilon}{2}}\left(\sqrt{1+\frac{\sigma^2}{\varepsilon^2\omega^2}}-1\right)^{1/2},\quad \beta=\omega\sqrt{\frac{\mu\varepsilon}{2}}\left(\sqrt{1+\frac{\sigma^2}{\varepsilon^2\omega^2}}+1\right)^{1/2} \tag{4-3-26}$$

在良导体情形,这些公式还可简化. 由式(4-3-21),K^2 中的虚部与实部之比 $\dfrac{\omega\mu\sigma}{\omega^2\mu\varepsilon}=\dfrac{\sigma}{\omega\varepsilon}\gg1$,因而 K^2 的实部可以忽略,于是得

$$K^2\simeq\mathrm{i}\omega\mu\sigma$$

$$K\simeq\sqrt{\mathrm{i}\omega\mu\sigma}=\beta+\mathrm{i}\alpha$$

由此解得

$$\alpha\simeq\beta\simeq\sqrt{\frac{\omega\mu\sigma}{2}} \tag{4-3-27}$$

由导体中电场的表达式(4-3-25)可见,其振幅有一衰减因子,因而电磁波只能透入导体表面以下的薄层内. 定义**穿透深度** δ 为波幅降至原值 $1/\mathrm{e}$ 的传播距离 z. 这时衰减因子为 $\mathrm{e}^{-\alpha z}=\mathrm{e}^{-\alpha\delta}\equiv\mathrm{e}^{-1}$,所以

$$\delta=\frac{1}{\alpha}=\sqrt{\frac{2}{\omega\mu\sigma}} \tag{4-3-28}$$

穿透深度与电导率及频率的平方根成反比. 例如铜,$\sigma\sim5\times10^7\,\mathrm{s\cdot m^{-1}}$,当频率为 50Hz 时,$\delta\sim0.9$cm;当频率为 100MHz 时,$\delta\sim0.7\times10^{-3}$cm. 由此可见,对于高频率电磁波,电磁场以及和他相作用的高频电流仅集中于表面一层内,这种现象称为趋肤效应.

对于**不良导体**,$\dfrac{\sigma}{\omega\varepsilon}\ll1$,将一般情况下的 α,β 表达式(4-3-26)展开,保留前两项,得

$$\alpha\approx\frac{\sigma}{2}\sqrt{\frac{\mu}{\varepsilon}},\quad \beta\approx\omega\sqrt{\mu\varepsilon},\quad \frac{\beta}{\alpha}=\frac{2\varepsilon\omega}{\sigma}\gg1$$

由于 $\alpha\ll\beta$,衰减很小,可以忽略,故而穿透深度很大.

是否是良导体由$\frac{\sigma}{\omega\varepsilon}\gg 1$是否成立衡量，例如对于$10^{20}$ Hz 的 X 射线，铜的$\frac{\sigma}{\omega\varepsilon}\sim 10^{-2}$，因此，对于 X 射线，铜不是良导体，这样，X 射线能穿透铜板而不存在趋肤效应.

由式(4-3-12)可求得良导体中磁场与电场的关系. 利用在垂直入射时的表达式$\boldsymbol{K}=(\beta+\mathrm{i}\alpha)\boldsymbol{n}$，得

$$\boldsymbol{H}=\frac{1}{\mathrm{i}\omega\mu}\nabla\times\boldsymbol{E}=\frac{1}{\mathrm{i}\omega\mu}\mathrm{i}\boldsymbol{K}\times\boldsymbol{E}=\frac{1}{\omega\mu}(\beta+\mathrm{i}\alpha)\boldsymbol{n}\times\boldsymbol{E} \tag{4-3-29}$$

式中$\boldsymbol{n}$为指向导体内部的单位法线矢量. 在良导体情形，$\alpha\simeq\beta\simeq\sqrt{\frac{\omega\mu\sigma}{2}}$，因此

$$\boldsymbol{H}\simeq\sqrt{\frac{\sigma}{\omega\mu}}\boldsymbol{e}^{\mathrm{i}\frac{\pi}{4}}\boldsymbol{n}\times\boldsymbol{E}=\sqrt{\frac{\sigma}{\omega\mu}}\boldsymbol{n}\times\boldsymbol{E}_0\mathrm{e}^{\mathrm{i}[\boldsymbol{K}\cdot\boldsymbol{x}-(\omega t-\pi/4)]} \tag{4-3-30}$$

这里$\boldsymbol{H}$的时间因子为$\mathrm{e}^{-\mathrm{i}(\omega t-\pi/4)}$，而$\boldsymbol{E}$的时间因子为$\mathrm{e}^{-\mathrm{i}\omega t}$，故而磁场比电场滞后$\pi/4$，并且

$$\sqrt{\frac{\mu}{\varepsilon}}\left|\frac{\boldsymbol{H}}{\boldsymbol{E}}\right|=\sqrt{\frac{\sigma}{\omega\varepsilon}}\gg 1 \tag{4-3-31}$$

而在真空或绝缘介质情形，此比值为 1. 因此，在金属导体中，相对于真空或绝缘介质来说，磁场远比电场重要，由式(4-3-31)可知，金属内电磁波的磁场能量与电场能量之比

$$\frac{w_H}{w_E}=\frac{\mu H^2/2}{\varepsilon E^2/2}=\frac{\sigma}{\omega\varepsilon}\gg 1 \tag{4-3-32}$$

可见金属内电磁波的能量主要是磁场能量.

4.3.4 导体表面上的反射

如图 4.3.3，为简单计，考虑垂直入射情形. 设电磁波由真空入射于导体表面，在界面上产生反射波和透入导体内的折射波. 由电磁场边值关系式(4-2-1)和(4-2-3)，得

$$E+E'=E'',\quad H-H'=H'' \tag{4-3-33}$$

由式(4-3-29)，良导体中的磁场

$$\boldsymbol{H}''=\frac{1}{\omega\mu}(\beta+\mathrm{i}\alpha)\boldsymbol{n}\times\boldsymbol{E}''=\frac{1}{\omega\mu}\sqrt{\frac{\omega\mu_0\sigma}{2}}(1+\mathrm{i})\boldsymbol{n}\times E'' \tag{4-3-34}$$

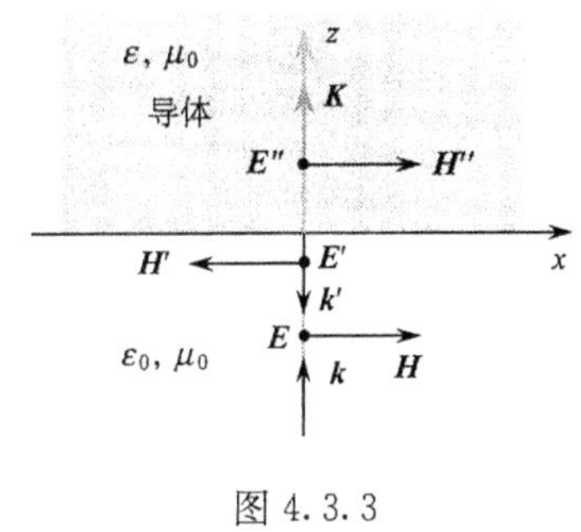

图 4.3.3

入射方为真空，由式(4-1-35)，有$H=\sqrt{\frac{\varepsilon_0}{\mu_0}}E$，$H'=\sqrt{\frac{\varepsilon_0}{\mu_0}}E'$，代入式(4-3-33)中的后一式得

$$H'' = H - H' = \sqrt{\frac{\varepsilon_0}{\mu_0}}(E - E') = \frac{1}{\omega\mu}\sqrt{\frac{\omega\mu_0\sigma}{2}}(1+\mathrm{i})E'' \quad (4\text{-}3\text{-}35)$$

由此式解得

$$E - E' = \sqrt{\frac{\sigma}{2\omega\varepsilon_0}}(1+\mathrm{i})E'' \quad (4\text{-}3\text{-}36)$$

式(4-3-36)与式(4-3-33)中的前一式联立求解，得

$$\frac{E'}{E} = -\frac{1+\mathrm{i}-\sqrt{\dfrac{2\omega\varepsilon_0}{\sigma}}}{1+\mathrm{i}+\sqrt{\dfrac{2\omega\varepsilon_0}{\sigma}}} \quad (4\text{-}3\text{-}37)$$

定义**反射系数** R 为反射能流与入射能流之比. 由式(4-1-35)和式(4-3-37)得

$$R \equiv \left|\frac{\boldsymbol{E}'\times\boldsymbol{H}'}{\boldsymbol{E}\times\boldsymbol{H}}\right| = \left|\frac{E'}{E}\right|^2 = \left(\frac{E'}{E}\right)^* \cdot \left(\frac{E'}{E}\right) \simeq 1 - 2\sqrt{\frac{2\omega\varepsilon_0}{\sigma}} \quad (4\text{-}3\text{-}38)$$

此式表明，电导率 σ 愈大，反射系数 R 就愈接近 1. 测量结果证实了此式的正确性.

【例 1】 计算高频电磁波下良导体的表面电阻.

【解】 由于趋肤效应，高频电磁波仅在导体表面薄层内产生电流. 如图4.3.4，取 z 轴沿指向导体内部的法线方向. 由式(4-3-25)，导体内体电流密度为

$$\boldsymbol{J}(\boldsymbol{x},t) = \sigma\boldsymbol{E}(\boldsymbol{x},t) = \sigma\boldsymbol{E}_0(x,y)\mathrm{e}^{-\alpha z+\mathrm{i}(\beta z-\omega t)} \quad (4\text{-}3\text{-}39)$$

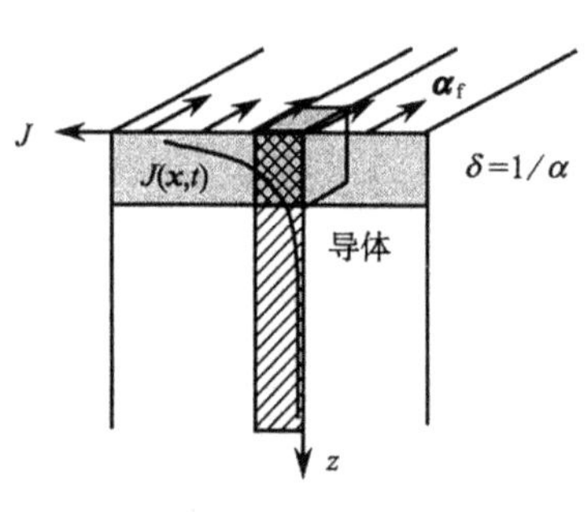

图 4.3.4

这电流分布于表面附近厚度为 $\delta\sim\alpha^{-1}$ 的薄层内，因而事实上可看作面电流分布. 按面电流的线密度 $\boldsymbol{\alpha}_\mathrm{f}$ 的定义，由图 4.3.4，$\boldsymbol{\alpha}_\mathrm{f}$ 等于把 $\boldsymbol{J}$ 在图中宽度为 1 高为 δ 的网纹面上作面积分.

由于深入到导体内部($z\gg\delta$)时，$\boldsymbol{J}$ 的数值已很小，所以这积分也可在图中斜纹窄条上进行，写为由 $z=0$ 到 $z=\infty$ 的线积分

$$\alpha_\mathrm{f} = \int \boldsymbol{J}\cdot\mathrm{d}\boldsymbol{S} = \int_0^\infty J\,\mathrm{d}z$$

把式(4-3-39)代入，得

$$\alpha_\mathrm{f} = \sigma E_0\int_0^\infty \mathrm{e}^{-\alpha z+\mathrm{i}\beta z}\,\mathrm{d}z = \frac{\sigma E_0}{\alpha-\mathrm{i}\beta} = \frac{\sigma E_0}{\sqrt{\alpha^2+\beta^2}}\mathrm{e}^{\mathrm{i}\phi} \quad (4\text{-}3\text{-}40)$$

$$\tan\phi = \frac{\beta}{\alpha} \quad (4\text{-}3\text{-}41)$$

导体内平均损耗功率密度为

$$\overline{P} = \frac{1}{2}\mathrm{Re}(\boldsymbol{J}^*\cdot\boldsymbol{E}) = \frac{1}{2}\sigma E_0^2\mathrm{e}^{-2\alpha z} \quad (4\text{-}3\text{-}42)$$

导体表面单位面积下平均损耗功率为

$$P_L = \iiint_V \overline{P}\,\mathrm{d}V = \int_0^\infty \overline{P}\mathrm{d}z = \frac{1}{2}\sigma E_0^2 \int_0^\infty \mathrm{e}^{-2\alpha z}\,\mathrm{d}z = \frac{\sigma E_0^2}{4\alpha}$$

令 $\alpha_{f0} \equiv \dfrac{\sigma E_0}{\sqrt{\alpha^2+\beta^2}}$，则 $E_0^2 = \dfrac{\alpha^2+\beta^2}{\sigma^2}\alpha_{f0}^2$，于是

$$P_L = \frac{\alpha^2+\beta^2}{4\alpha\sigma}\alpha_{f0}^2 \tag{4-3-43}$$

把 $\alpha \simeq \beta \simeq \dfrac{1}{\delta}$ 代入得

$$P_L = \frac{1}{2\sigma\delta}\alpha_{f0}^2 \tag{4-3-44}$$

在电工中，有效值与峰值关系为

$$I = \frac{I_0}{\sqrt{2}} = \frac{\alpha_{f0}}{\sqrt{2}}, \quad I^2 = \frac{\alpha_{f0}^2}{2} \tag{4-3-45}$$

故此

$$P_L = \frac{I^2}{\sigma\delta} \tag{4-3-46}$$

这里 $\dfrac{1}{\sigma\delta}$ 相当于单位面积下的导体在高频电磁波下的电阻. 如图 4.3.5，厚度为 δ 的薄层单位面积下的直流电阻为

$$R = \frac{l}{\sigma S} = \frac{1}{\sigma\delta} \tag{4-3-47}$$

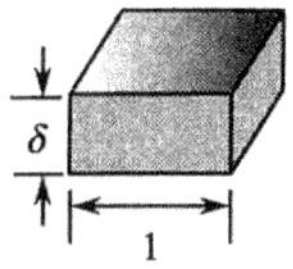

可见，导体在高频电磁波下的电阻相当于厚度为 δ 的薄层的直流电阻.

图 4.3.5

4.3.5 辐射压力

由于电磁波具有动量，它入射于物体上时会对物体施加一定的压力，这种压力称为**辐射压力**. 由电磁波动量密度 $\boldsymbol{g} = \dfrac{w}{c}\boldsymbol{n}$ 和动量守恒定律可以算出**辐射压强**.

【例 2】 平面电磁波入射于理想导体表面上而被全部反射，设入射角为 θ，求导体表面所受的辐射压强.

【解】 如图 4.3.6，把入射波动量分解为垂直于表面的分量和与表面相切的分量. 电磁波被反射后，动量的切向分量不变，而法向分量变号. 由于电磁波速度为 c，由 $\boldsymbol{g} = \dfrac{w}{c}\boldsymbol{n}$，每秒通过单位横截面的平面波的动量为

$$\overline{g}c = \overline{w}_i$$

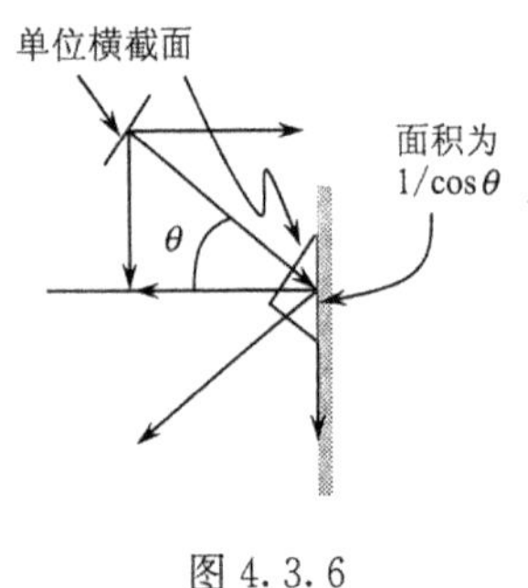

图 4.3.6

其中 $\overline{w}_i$ 为入射波平均能量密度. 上式的法向分量为 $\overline{w}_i\cos\theta$. 由于这部分动量实际上入射于导体表面 $1/\cos\theta$ 的面积上,因此,每秒入射于导体表面单位面积的动量法向分量为

$$\frac{\overline{w}_i\cos\theta}{1/\cos\theta}=\overline{w}_i\cos^2\theta$$

在反射过程中,电磁波动量变化率为上式的两倍,即 $2\overline{\boldsymbol{w}}_i\cos^2\theta$. 由动量守恒定律,导体面所受的辐射压强为

$$P=2\overline{w}_i\cos^2\theta \tag{4-3-48}$$

在导体外部,总电场为入射波电场 $\boldsymbol{E}_i$ 加上反射波电场 $\boldsymbol{E}_r$,

$$\boldsymbol{E}=\boldsymbol{E}_i+\boldsymbol{E}_r$$

$$E^2=E_i^2+E_r^2+2\mathrm{Re}(\boldsymbol{E}_i^*\cdot\boldsymbol{E}_r)$$

上式最后一项是干涉项,它表现为导体表面外强弱相间的能量分布. 对空间各点平均后此项贡献为零. 因此在导体表面附近总平均能量密度 $\overline{w}$ 等于入射波能量密度 $\overline{w}_i$ 加上反射波能量密度 $\overline{w}_r$,在全反射情形中即等于入射能量密度的二倍. 因此由式(4-3-48),有

$$P=\overline{w}\cos^2\theta \tag{4-3-49}$$

若电磁波从各方向入射,对 θ 平均后得

$$P=\frac{\overline{w}}{3} \tag{4-3-50}$$

不难看出,在表面完全吸收电磁波的情况下,上式仍然是成立的. 式 $P=\frac{\overline{w}}{3}$ 是**黑体辐射**对界面所施压强的公式.

由动量流密度张量 $\overleftrightarrow{\mathscr{T}}$ 可以较简单地得出以上结果. 设 $\boldsymbol{E}_i$ 垂直入射面,在完全反射情形中,导体内电场为零,由边值关系:$\boldsymbol{n}\times(\boldsymbol{E}_2-\boldsymbol{E}_1)=0$,因而界面上总电场强度 $\boldsymbol{E}=0$,总磁场为 $B=2B_i\cos\theta$,$\boldsymbol{B}$ 与界面相切. 设 $\boldsymbol{n}$ 为指向导体内的法线,有 $\boldsymbol{n}\cdot\boldsymbol{E}=\boldsymbol{n}\cdot\boldsymbol{B}=0$,因而

$$\boldsymbol{n}\cdot\overleftrightarrow{\mathscr{T}}=n\cdot\left[-\varepsilon_0\boldsymbol{EE}-\frac{1}{\mu_0}\boldsymbol{BB}+\frac{1}{2}\overleftrightarrow{\mathscr{I}}\left(\varepsilon_0E^2+\frac{1}{\mu_0}B^2\right)\right]$$

$$=\frac{1}{2}\boldsymbol{n}\left(\frac{1}{\mu_0}B^2\right)=\frac{2}{\mu_0}B_i^2\cos^2\theta\boldsymbol{n}=2\overline{w}_i\cos^2\theta\boldsymbol{n}$$

按照式(1-8-9)的意义,$\mathrm{d}\boldsymbol{S}\cdot\overleftrightarrow{\mathscr{T}}$ 为面元 $\mathrm{d}\boldsymbol{S}$ 所受到的电磁压力,因而导体面受到的电磁压强为

$$P=2\overline{w}_i\cos^2\theta$$

与上述表达式(4-3-48)相符.

在一般光波和无线电波情形中，辐射压强是不大的. 例如太阳辐射在地球表面上的能流密度为 $1.35\times10^{3}\mathrm{W}\cdot\mathrm{m}^{-2}$，算出辐射压强仅为 $\sim10^{-6}\mathrm{Pa}$. 但是近年制成的激光器能产生聚集的强光，可以在小面积上产生巨大的辐射压力. 在天文领域，光压起着重要作用. 光压在星体内部可以和万有引力相抗衡，从而对星体构造和发展起着重要作用. 在微观领域，电磁场的动量也表现得很明显. 带有机械动量的光子与电子碰撞时服从能量和动量守恒定律，正如其他粒子相互碰撞情形一样.

4.4 电磁波在金属波导管中的传播

4.4.1 高频电磁能量的传输

近代无线电技术都广泛地利用到高频电磁波，因此，需要研究高频电磁能量的传输问题.

频率为 50Hz 的工业用电等低频电力系统常用双线传输. 频率变高时，由于辐射功率与频率的四次方成正比(见 6.2 节)，这时向外辐射的损耗严重. 为了避免电磁波向外辐射的损耗，可以改用同轴传输线. 同轴传输线由金属网套和绝缘介质包裹着的位于轴心的导体芯线组成，金属网套的屏蔽作用既防止了辐射损耗，又克服了外界信号对传输信号的干扰，电磁波在两导体之间的介质中传播. 当频率更高达到厘米波段(微波频率 $\nu\sim10^{9}\sim10^{11}\mathrm{Hz}$)时，趋肤效应随着频率的增高越来越显著，电流通过导线的有效截面越来越小，因而电阻就愈来愈大，这就导致焦耳热损耗显著增加；并且，支持轴心导线的介质极化损耗也随着频率的增高而加剧，这时需要用波导管代替同轴传输线来传输高频电磁波.

1. 有界空间中的电磁波

我们已知，电磁波主要是在导体以外的空间或绝缘介质内传播的，只有很小部分电磁波能量透入导体表面层内. 在理想导体(电导率 $\sigma\to\infty$)极限情形下，电磁波全部被导体反射，进入导体的穿透深度趋于零. 因此，导体表面自然构成电磁波存在的边界. 这种有界空间中传播的电磁波有本身的特点，而且广泛应用在许多无线电技术的实际问题中，例如在微波技术中，常用波导管来传输电磁能量.

波导管是一根空心金属管，截面通常为矩形或圆形. 如果按照电路的理论，电路导线应该一去一回形成一个回路，似乎一根空心金属管不能传输电磁能量. 但是，既然电磁能量在场中传输，此时我们必需用“场”的观点来理解. 既然电磁波能在真空(包括空气)中传播，当然也能在波导管中传播，只不过现在将电磁波限制在管中的空气中而已. 实际上，在高频情况下，场的波动性显著，集中的电容、电感、电阻等概念已不能适用，电压的概念亦失去确切的含义. “场”的理论是更本质的，“路”的理论只是一种简化和近似. 电磁波在波导管内空间中传播，而金属管壁作为电磁场存在的边界制约着管内电磁波的存在形式. 又如在高频技术中常用**谐振腔**来产生一定频率的电磁振荡. 谐振腔是中空的金属腔,电磁波在腔内以某些特定频率振荡. 这类有界空间中的电磁波传播问题属于边值问题,在这类问题中导体表面边界条件起着重要作用. 因此下面先对导体界面边界条件作一般讨论.

2. 理想导体边界条件

实际导体虽然不是理想导体,但是像金、银或铜等金属导体,对于高频电波来说,穿透深度 $\delta=\sqrt{1/(\omega\mu\sigma)}\to 0$,接近于理想导体.

如图 4.4.1,取理想导体中场量的角标为 1,真空或绝缘介质中场量的角标为 2. 取单位法线矢量 $\boldsymbol{n}$ 由导体指向介质中. 因此,

$$\boldsymbol{E}_1=\boldsymbol{H}_1=0 \tag{4-4-1}$$

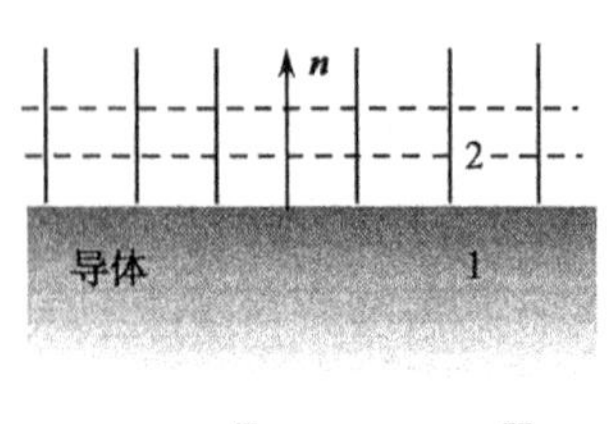

图 4.4.1

没有角标为 1 的场量,就可略去角标 2,以 $\boldsymbol{E}$ 和 $\boldsymbol{H}$ 表示介质一侧处的场强,由普遍的电磁场边值关系可得导体表面边界条件

$$\boldsymbol{n}\times\boldsymbol{E}=0 \tag{4-4-2}$$

$$\boldsymbol{n}\cdot\boldsymbol{D}=\sigma_{\mathrm{f}} \tag{4-4-3}$$

$$\boldsymbol{n}\times\boldsymbol{H}=\boldsymbol{\alpha}_{\mathrm{f}} \tag{4-4-4}$$

$$\boldsymbol{n}\cdot\boldsymbol{B}=0 \tag{4-4-5}$$

上述四个边界条件中,式(4-4-3)和式(4-4-4)的作用是在求出电磁场后,用来计算波导管管壁上的电荷和电流分布的;而在求解管内电场时,起作用的是式(4-4-2)和式(4-4-5).

由式(4-4-2),可知导体表面上电力线与界面正交,即电场的切向分量为零:$E_t=0$;由式(4-4-5),可知导体表面上磁力线与界面平行,即磁场的法向分量为零:$B_n=0$.

3. 方程$\nabla\cdot\boldsymbol{E}=0$ 对边界处电场的限制

在边界面上,若取 x,y 轴在切面上,z 轴沿法线方向,由于该处切向分量 $E_x=E_y=0$,因此由方程$\nabla\cdot\boldsymbol{E}=0$ 给出$\dfrac{\partial E_x}{\partial x}+\dfrac{\partial E_y}{\partial y}+\dfrac{\partial E_n}{\partial n}=0$,此即

$$\frac{\partial E_n}{\partial n}=0 \tag{4-4-6}$$

式中 E_n 为导体表面上电场的法向分量.

4.4.2　矩形波导中的电磁波

现在求矩形波导内的电磁波解. 选一直角坐标系,如图 4.4.2 所示,取波导管

内壁面坐标分别为 $x=0,a;y=0,b;z$轴沿传播方向.

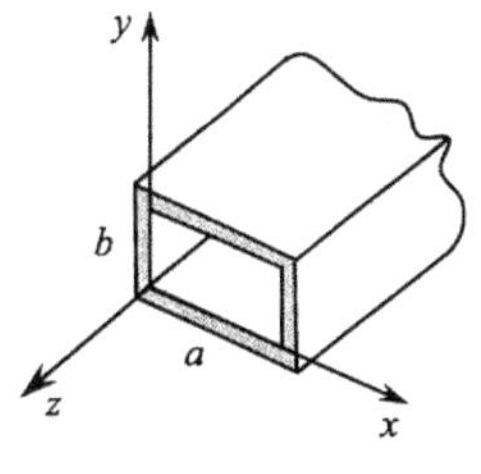

图 4.4.2

1. 方程及边界条件

在一定频率下,管内电磁波满足亥姆霍兹方程

$$\nabla^2 \boldsymbol{E} + k^2 \boldsymbol{E} = 0 \tag{4-4-7}$$

$$k = \omega\sqrt{\mu\varepsilon} \tag{4-4-8}$$

边界条件:在管壁上 $E_t=0,\partial E_n/\partial n=0$.

2. 沿 z 轴方向传播的行波解

由于电磁波沿 z 轴方向传播,它应有传播因子 $\mathrm{e}^{\mathrm{i}(k_z z-\omega t)}$. 因此,电场 $\boldsymbol{E}$ 的行波解为

$$\boldsymbol{E}(x,y,z) = \boldsymbol{E}(x,y)\mathrm{e}^{\mathrm{i}k_z z} \tag{4-4-9}$$

其中 $\boldsymbol{E}(x,y)$为未知函数. 将式(4-4-9)代入方程(4-4-7)

$$\left(\frac{\partial^2}{\partial x^2}+\frac{\partial^2}{\partial y^2}\right)\boldsymbol{E}(x,y) + (k^2-k_z^2)\boldsymbol{E}(x,y) = 0 \tag{4-4-10}$$

用直角坐标分离变量,设 $u(x,y)$为电场 $\boldsymbol{E}(x,y)$的任一直角分量,它满足方程(4-4-10). 设

$$u(x,y) = X(x)Y(y) \tag{4-4-11}$$

代入式(4-4-10)可分解为两个方程

$$\frac{\mathrm{d}^2 X}{\mathrm{d}x^2} + k_x^2 X = 0 \tag{4-4-12}$$

$$\frac{\mathrm{d}^2 Y}{\mathrm{d}y^2} + k_y^2 Y = 0 \tag{4-4-13}$$

$$k_x^2 + k_y^2 + k_z^2 = k^2 \tag{4-4-14}$$

解方程(4-4-12)和(4-4-13),得 $u(x,y)$的通解为

$$u(x,y) = (C_1\cos k_x x + D_1\sin k_x x)(C_2\cos k_y y + D_2\sin k_y y) \tag{4-4-15}$$

3. 由边界条件定解

边界条件

$$x=0,a \text{ 面上}: E_y = E_z = 0, \quad \frac{\partial E_x}{\partial x} = 0 \tag{4-4-16}$$

$$y=0,b \text{ 面上}: E_x = E_z = 0, \quad \frac{\partial E_y}{\partial y} = 0 \tag{4-4-17}$$

首先来求 E_x. 由 $\left.\dfrac{\partial E_x}{\partial x}\right|_{x=0}=0$,得 $D_1=0$;由 $\left.E_x\right|_{y=0}=0$,得 $C_2=0$,代入通解(4-4-15),得

$$E_x = A_1\cos k_x x\sin k_y y\mathrm{e}^{\mathrm{i}k_z z} \tag{4-4-18}$$

式中 $A_1=C_1D_2$ 为待定常数. 同样的讨论可得

$$E_y = A_2\sin k_x x\cos k_y y\mathrm{e}^{\mathrm{i}k_z z} \tag{4-4-19}$$

$$E_z = A_3\sin k_x x\sin k_y y\mathrm{e}^{\mathrm{i}k_z z} \tag{4-4-20}$$

由 $x=a$ 面上的边界条件 $\left.\dfrac{\partial E_x}{\partial x}\right|_{x=a}=0$,得 $k_x a=m\pi$,即

$$k_x = \frac{m\pi}{a},\quad m=0,1,2,\cdots \tag{4-4-21}$$

同理,由 $y=b$ 面上的边界条件 $\left.\dfrac{\partial E_y}{\partial y}\right|_{y=b}=0$,得 $k_y b=n\pi$,即

$$k_y = \frac{n\pi}{b},\quad n=0,1,2,\cdots \tag{4-4-22}$$

下面讨论 m,n 的物理意义. 设波矢 $\boldsymbol{k}$ 与矩形波导管 a 边的夹角为 θ_1,如图 4.4.3 所示,则

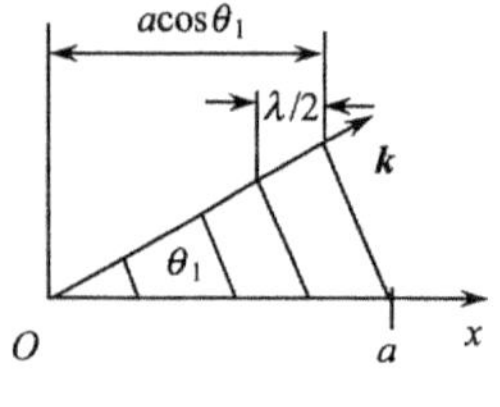

图 4.4.3

$$m=\frac{k_x a}{\pi}=\frac{ak\cos\theta_1}{\pi}=\frac{a(2\pi/\lambda)\cos\theta_1}{\pi}=\frac{a\cos\theta_1}{\lambda/2}$$

所以 m 代表沿矩形波导管 a 边所对应的半波数目,同理 n 代表沿矩形波导管 b 边所对应的半波数目.

将式(4-4-18)～(4-4-20)代入条件 $\nabla\cdot\boldsymbol{E}=0$,得

$$k_x A_1 + k_y A_2 - \mathrm{i}k_z A_3 = 0 \tag{4-4-23}$$

因此,在 A_1,A_2 和 A_3 中只有两个是独立的.

对于每一组(m,n)值,(m,n)有两种组合,这两种组合对应的 k_x,k_y 不同,因而电磁波就不同;一种组合就对应一种波模,因而有两种独立波模.

解出电场 $\boldsymbol{E}$ 之后,磁场 $\boldsymbol{H}$ 由式(4-1-22)给出

$$\boldsymbol{H}=-\frac{\mathrm{i}}{\omega\mu}\nabla\times\boldsymbol{E} \tag{4-4-24}$$

对一定的(m,n),如果选一种波模具有 $E_z=0$,由式(4-4-20),则 $A_3=0$,由式(4-4-23),该波模的 $A_1/A_2=-k_y/k_x$ 就完全确定(因 k_x,k_y 一定);由式(4-4-23),与另一组(m,n)值对应的 A_1/A_2 发生变化,这时 $A_3\neq0$,因而另一种波模必须有 $E_z\neq0$.

对于 $E_z=0$ 的波模,由式(4-4-24),$H_z\sim\dfrac{\partial E_y}{\partial x}-\dfrac{\partial E_x}{\partial y}\neq0$. 因此,在波导管内传

播的波的特点是电场 $\boldsymbol{E}$ 和磁场 $\boldsymbol{H}$ 不能同时为横波.

通常选一种波模为 $E_z=0$ 的波,称为**横电**(TE)**波**,另一种波模为 $H_z=0$ 的波,称为**横磁**(TM)**波**. TE 波和 TM 波又按 (m,n) 值的不同而分为 TE_{mn} 和 TM_{mn} 波. 一般情形下,在波导中可以存在这些波的叠加.

4.4.3 截止频率和截止波长

介质的波数 $k=\omega\sqrt{\mu\varepsilon}$ 由激发频率 ω 确定;$k_x=\dfrac{m\pi}{a}$,$k_y=\dfrac{n\pi}{b}$ 由波导管截面的几何尺寸 a,b 以及波模的 (m,n) 数决定. 由于这些因素相互独立,若激发频率低到 $k<\sqrt{k_x^2+k_y^2}$,则 $k_z=\sqrt{k^2-(k_x^2+k_y^2)}=\mathrm{i}\kappa$ 为纯虚数,式中 $\kappa=\sqrt{k_x^2+k_y^2-k^2}$,这时传播因子 $\mathrm{e}^{\mathrm{i}k_z z}=\mathrm{e}^{-\kappa z}$ 变为衰减因子. 在这种情形下,电磁场不再是沿波导管传播的波,而是在波导管中沿 z 轴方向振幅不断衰减的电磁振荡. 能够在波导管中传播的波的最低频率称为该波模的**截止频率** ω_c. 截止频率由 $k_c=\sqrt{k_x^2+k_y^2}$ 求出,由式(4-4-21)和(4-4-22),(m,n)型波的截止角频率为

$$\omega_{c,mn}=\frac{k_c}{\sqrt{\mu\varepsilon}}=\frac{\pi}{\sqrt{\mu\varepsilon}}\sqrt{\left(\frac{m}{a}\right)^2+\left(\frac{n}{b}\right)^2} \tag{4-4-25}$$

由此式,当 a,b 给定,(m,n) 不同时,截止频率亦不同,其中有一个最低截止频率. 若 $a>b$,则 TE_{10} 波有**最低截止频率**(由本章习题可知 TM_{10} 波不存在)

$$f_{c,10}=\frac{1}{2\pi}\omega_{c,10}=\frac{1}{2a\sqrt{\mu\varepsilon}} \tag{4-4-26}$$

这是截止频率,工作频率应该大于 $f_{c,10}$.

若管内为真空,此最低截止频率为 $c/2a$,相应的截止波长为

$$\lambda_{c,10}=2a \tag{4-4-27}$$

因此,在波导管内能通过的最大波长为 $2a$. 由于波导管的几何尺寸不能做得过大,用波导管来传输较长的无线电波是不实际的. 在厘米波段,波导管的应用最广.

实际应用中,最常用的波模是 TE_{10} 波,它具有最低的截止频率,而其他高次波模的截止频率都比较高. 因此,在某频率范围,我们总可以选择适当尺寸的波导管使其中只通过 TE_{10} 波. 而对于具有确定几何尺寸的波导管来说,我们总可以选择适当波源的频率 ω,使波导管只能通过 TE_{10} 波,而不让其他波型通过,在这种意义上,波导管还起着**滤波器**的作用. 方法是只让 TE_{10} 波的 $k_z^2>0$,其他波型的 $k_z^2<0$ 即可.

【例】 已知波导管的几何尺寸 $2b>a>b$,问应如何选择波源的频率 ω,才能使波导管仅让 TE_{10} 波通过.

【解】 让 TE_{10} 波通过的条件为

$$k_z^2 = k^2 - k_c^2 = \left(\frac{\omega}{v}\right)^2 - \left(\frac{\pi}{a}\right)^2 > 0$$

由此得

$$\omega > \frac{\pi}{a\sqrt{\varepsilon\mu}}$$

让 TE_{01} 波不能通过的条件为

$$k_z^2 = k^2 - k_c^2 = \left(\frac{\omega}{v}\right)^2 - \left(\frac{\pi}{b}\right)^2 < 0$$

由此得

$$\omega < \frac{\pi}{b\sqrt{\varepsilon\mu}}$$

综合起来，选择波源的频率满足

$$\frac{\pi}{b\sqrt{\varepsilon\mu}} > \omega > \frac{\pi}{a\sqrt{\varepsilon\mu}}$$

则可让 TE_{10} 波通过. 容易计算，由于 $2b>a$，对于 TE_{20} 波亦有 $k_z^2<0$，其他类型的波类似.

4.4.4 TE₁₀波的电磁场和管壁电流

1. TE_{10} 波的电磁场

由于 TE_{10} 型波具有最低的截止频率，在实际工作中最常用到，所以这里对 TE_{10} 型波进行具体讨论. 对于 TE_{10} 波，有 $E_z=0$，因而 $A_3=0$；因为 $m=1, n=0$，所以 $k_x=\pi/a, k_y=0$；由式(4-4-23)，得 $A_1=0$. 令 A_2 为

$$A_2 \equiv \frac{\mathrm{i}\omega\mu a}{\pi}H_0 \tag{4-4-28}$$

其中 H_0 为待定常数，由激发功率决定. 于是由式(4-4-18)～(4-4-20)和式(4-4-24)得 TE_{10} 波的电磁场

$$E_x = 0 \tag{4-4-29}$$

$$E_y = \frac{\mathrm{i}\omega\mu a}{\pi}H_0\sin\frac{\pi x}{a}\mathrm{e}^{\mathrm{i}k_z z} \tag{4-4-30}$$

$$E_z = 0 \tag{4-4-31}$$

$$H_x = -\frac{\mathrm{i}}{\omega\mu}\left(\frac{\partial E_z}{\partial y} - \frac{\partial E_y}{\partial z}\right) = -\frac{\mathrm{i}k_z a}{\pi}H_0\sin\frac{\pi x}{a} \tag{4-4-32}$$

$$H_y = -\frac{\mathrm{i}}{\omega\mu}\left(\frac{\partial E_x}{\partial z} - \frac{\partial E_z}{\partial x}\right) = 0 \tag{4-4-33}$$

$$H_z = -\frac{\mathrm{i}}{\omega\mu}\left(\frac{\partial E_y}{\partial x} - \frac{\partial E_x}{\partial y}\right) = H_0 \cos\frac{\pi x}{a} \tag{4-4-34}$$

2. TE_{10}波电磁场的图景

如图 4.4.4 所示,因为电场 $\boldsymbol{E}$ 只有 E_y,所以 $\boldsymbol{E}$ 矢量平行于 y 轴;磁场 $\boldsymbol{H}$ 无 H_y,所以磁场线在垂直于 y 轴的平面内闭合;又因为 $k_x=\pi/a, m=1$,波导管的宽边 a 所对应的半波数为 1. 因此,在某一时刻,结合 E_y 的表达式(4-4-30),电场在波导管的宽边 a 上的分布如图 4.4.4(a)、(b)所示,整个电磁波在波导管中的分布如图(c) 所示.

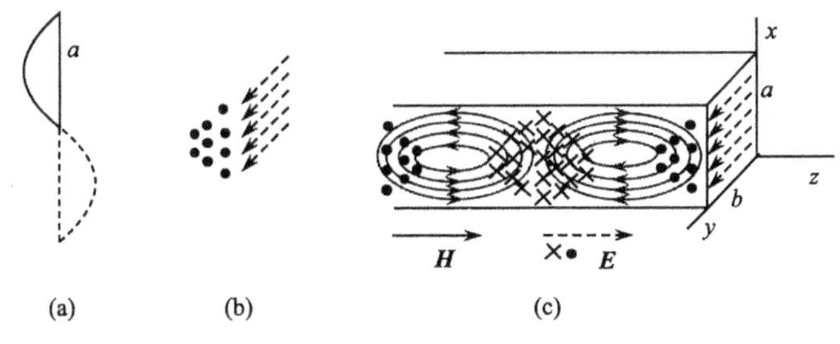

图 4.4.4

上述 $\boldsymbol{E}$ 和 $\boldsymbol{H}$ 的各分量都与 y 无关,因而电磁场沿 b 边无变化,在垂直于 b 的任何剖面上,电磁场均为上图.

3. 管壁电流分布

我们记得,界面上单位法线矢量 $\boldsymbol{n}$ 是波导管内表面上由导体指向波导管内. 求出了磁场之后,可由

$$\boldsymbol{n}\times\boldsymbol{H} = \boldsymbol{\alpha}_{\mathrm{f}} \tag{4-4-35}$$

得到如图 4.4.5 所示的电流分布. 由上式,管壁上电流和边界上的磁感线正交.

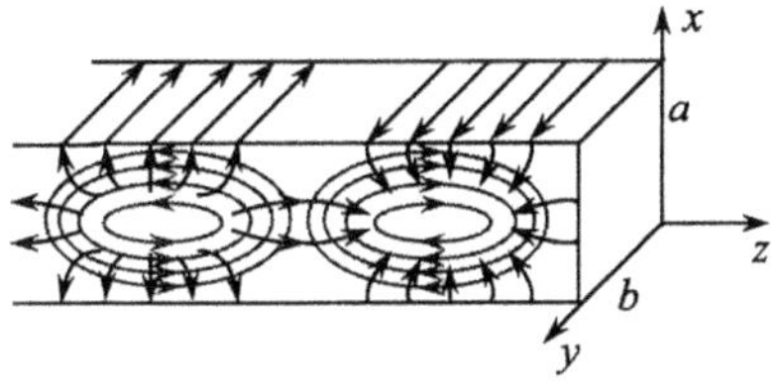

图 4.4.5

对于 TE_{10}波,波导管的宽边尺寸为 a,窄边尺寸为 b. 由图看出,波导管的窄边上没有纵向电流,电流是横过窄边的. 因此,如果在窄边上存在任何纵向裂缝,都会对 TE_{10}波的传播产生较大的扰动,并导致由裂缝向外辐射电磁波,这是绝对不允许的;但横向裂缝却不会影响电磁波在管内的传播. 但在波导管宽边中线上,横向电流为零. 因此,在波导管宽边中部的纵向裂缝不会影响 TE_{10}波的传播,这样,我们可以沿波导管宽边中线开槽用探针测量波导管内的电磁波.

4.5 谐振腔中的电磁波

在微波范围,通常采用具有金属壁面的中空长方形腔体来产生高频振荡. 这种腔体称为谐振腔.

下面我们分析矩形谐振腔内的电磁振荡. 如图 4.5.1 所示,取坐标原点 O 在腔体的一角,金属壁的内表面沿 x,y,z 轴的边长分别为 L_1、L_2、L_3.

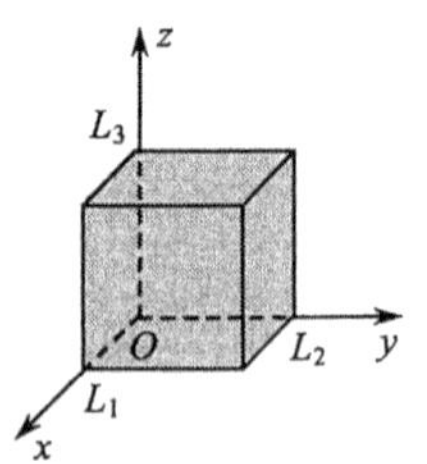

图 4.5.1

1. 方程

腔内电场的任一直角分量都满足亥姆霍兹方程. 设 $u(x,y,z)$ 为 $\boldsymbol{E}$ 的任一直角分量,有

$$\nabla^2 u + k^2 u = 0 \tag{4-5-1}$$

用分离变量法,令

$$u(x,y,z) = X(x)Y(y)Z(z) \tag{4-5-2}$$

则上式分解为三个方程

$$\begin{cases} \dfrac{\mathrm{d}^2 X}{\mathrm{d}x^2} + k_x^2 X = 0, \\ \dfrac{\mathrm{d}^2 Y}{\mathrm{d}y^2} + k_y^2 Y = 0, \\ \dfrac{\mathrm{d}^2 Z}{\mathrm{d}z^2} + k_z^2 Z = 0 \end{cases} \tag{4-5-3}$$

$$k_x^2 + k_y^2 + k_z^2 = \omega^2 \mu \varepsilon \tag{4-5-4}$$

2. 驻波解

方程组(4-5-3)的解为驻波

$$u(x,y,z) = (C_1 \cos k_x x + D_1 \sin k_x x)(C_2 \cos k_y y + D_2 \sin k_y y)(C_3 \cos k_z z + D_3 \sin k_z z) \tag{4-5-5}$$

式中 C_i,D_i 为任意常数. 把 $u(x,y,z)$具体化为 $\boldsymbol{E}$ 的各分量时,考虑边界条件以后就可具体地定出这些常数.

3. 定系数

让 $u(x,y,z)$为 E_x 可求 E_x,它对于 $x=0$ 壁面来说是法向分量,由$\partial E_n/\partial n=0$,有

$$\left.\frac{\partial E_x}{\partial x}\right|_{x=0} = D_1 k_x (C_2 \cos k_y y + D_2 \sin k_y y) \cdot (C_3 \cos k_z z + D_3 \sin k_z z)\Big|_{x=0} = 0$$

由此可得

$$D_1 = 0 \tag{4-5-6}$$

E_x 对 $y=0$ 和 $z=0$ 面来说是切向分量，当 $y=0$ 和 $z=0$ 时 $E_x=0$，类似地可得

$$C_2 = C_3 = 0 \tag{4-5-7}$$

将式(4-5-6)和式(4-5-7)代入式(4-5-5)，得

$$E_x = A_1 \cos k_x x \sin k_y y \sin k_z z \tag{4-5-8}$$

对 E_y 和 E_z 亦可作类似考虑，由此可得

$$\left.\begin{aligned} E_x &= A_1 \cos k_x x \sin k_y y \sin k_z z \\ E_y &= A_2 \sin k_x x \cos k_y y \sin k_z z \\ E_z &= A_3 \sin k_x x \sin k_y y \cos k_z z \end{aligned}\right\} \tag{4-5-9}$$

式中 $A_1 \equiv C_1 D_2 D_3$，$A_2 \equiv D_1 C_2 D_3$，$A_3 \equiv D_1 C_2 C_3$.

再考虑在 $x=L_1$ 面上的边界条件 $\left.\frac{\partial E_x}{\partial x}\right|_{x=L_1}=0$，得

$$k_x = \frac{m\pi}{L_1}, \quad m = 0,1,2,\cdots \tag{4-5-10}$$

同样地有

$$k_y = \frac{n\pi}{L_2}, \quad k_z = \frac{p\pi}{L_3}, \quad n,p = 0,1,2,\cdots \tag{4-5-11}$$

4. m,n,p 的物理意义

设波矢 $\boldsymbol{k}$ 与 x 轴所夹的角为 θ_1，由式(4-5-10)

$$m = \frac{k_x L_1}{\pi} = \frac{L_1 \cos\theta_1}{\lambda/2}$$

所以如前所述，m 代表沿金属腔的 x 边所对应的半波数目. n,p 的意义类似.

电场还得满足方程 $\nabla \cdot \boldsymbol{E}=0$，由此得

$$k_x A_1 + k_y A_2 + k_z A_3 = 0 \tag{4-5-12}$$

因此 A_1、A_2 和 A_3 中只有两个是独立的.

5. 谐振频率

当满足关系式(4-5-10)～(4-5-12)时，式(4-5-9)称为腔内电磁场的一种本征振荡. 本征频率 ω_{mnp} 为

$$\omega_{mnp} = \frac{k}{\sqrt{\mu\varepsilon}} = \frac{1}{\sqrt{\mu\varepsilon}}\sqrt{k_x^2 + k_y^2 + k_z^2} = \frac{\pi}{\sqrt{\mu\varepsilon}}\sqrt{\left(\frac{m}{L_1}\right)^2 + \left(\frac{n}{L_2}\right)^2 + \left(\frac{p}{L_3}\right)^2} \tag{4-5-13}$$

若 m,n,p 中有两个为零，则由式(4-5-10)和式(4-5-11)，$\boldsymbol{k}$ 的三个分量中有两个为零，于是式(4-5-12)中有两项为零，从而第三项也为零；由于 A_i 之值任意，进而 $\boldsymbol{k}$ 的第三个分量也为零，这样 $k_x=k_y=k_z=0$，因而场强 $\boldsymbol{E}=0$，电磁波不存在. 故 m,n,p 中不能两个同时为零.

若 $L_1\geqslant L_2\geqslant L_3$，则在式(4-5-13)之中，因 L_3 最小，所以 $p=0$ 时，ω_{mnp} 最小，但不能进一步取 $n=0$，故最低频率的谐振波膜为(1,1,0). 最低谐振频率为

$$f_{110}=\frac{\omega_{110}}{2\pi}=\frac{1}{2\sqrt{\mu\varepsilon}}\sqrt{\frac{1}{L_1^2}+\frac{1}{L_2^2}} \tag{4-5-14}$$

最长的波长为

$$\lambda_{110}=\frac{v}{f_{110}}=\frac{2}{\sqrt{\frac{1}{L_1^2}+\frac{1}{L_2^2}}}=\frac{2L_1L_2}{\sqrt{L_1^2+L_2^2}} \tag{4-5-15}$$

此波长与谐振腔的线度同数量级.

习　　题

4.1　有两个频率和振幅都相等的单色平面波，沿 z 轴传播，一个波沿 x 方向偏振，另一个沿 y 方向偏振，但相位比前者超前 $\pi/2$，求合成波的偏振. 反之，一个圆偏振波，可以分解为怎样的两个线偏振波？

答案：合成波是圆偏振. 反之，一个圆偏振，可分解为两个互相垂直、位相差为 $\pi/2$ 的线偏振.

4.2　平面电磁波从光疏介质垂直入射到光密介质，分界面为无限大平面. 入射波电场垂直于入射面的分量 $E_\perp$ 和平行于入射面的分量 $E_{/\!/}$ 均已知.

(1) 求反射电磁场 $E'_\perp$，$E'_{/\!/}$，$H'_\perp$ 和 $H'_{/\!/}$；

(2) 有无半波损失？

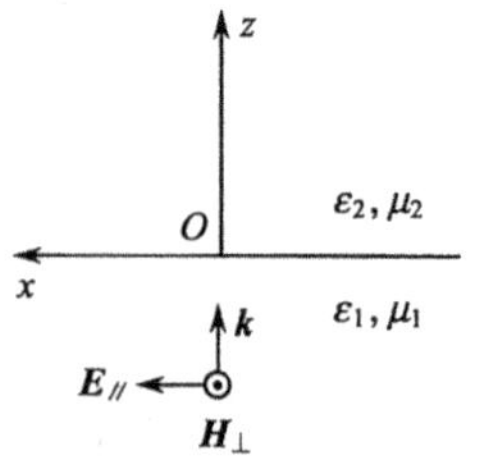

题 4.2 图

答案：(1)电场强度平行于入射面时

$$E'_{/\!/}=\frac{\sqrt{\frac{\varepsilon_1}{\mu_1}}-\sqrt{\frac{\varepsilon_2}{\mu_2}}}{\sqrt{\frac{\varepsilon_1}{\mu_1}}+\sqrt{\frac{\varepsilon_2}{\mu_2}}}E_{/\!/},\quad H'_\perp=\frac{\sqrt{\frac{\varepsilon_1}{\mu_1}}-\sqrt{\frac{\varepsilon_2}{\mu_2}}}{\sqrt{\frac{\varepsilon_1}{\mu_1}}+\sqrt{\frac{\varepsilon_2}{\mu_2}}}\sqrt{\frac{\varepsilon_1}{\mu_1}}E_{/\!/}$$

电场强度垂直于入射面时

$$E'_\perp=\frac{\sqrt{\frac{\varepsilon_1}{\mu_1}}-\sqrt{\frac{\varepsilon_2}{\mu_2}}}{\sqrt{\frac{\varepsilon_1}{\mu_1}}+\sqrt{\frac{\varepsilon_2}{\mu_2}}}E_\perp,\quad H'_{/\!/}=\frac{\sqrt{\frac{\varepsilon_1}{\mu_1}}-\sqrt{\frac{\varepsilon_2}{\mu_2}}}{\sqrt{\frac{\varepsilon_1}{\mu_1}}+\sqrt{\frac{\varepsilon_2}{\mu_2}}}\sqrt{\frac{\varepsilon_1}{\mu_1}}E_\perp$$

(2) 有半波损失.

4.3　有两个相互独立的单色平面电磁波，在真空中沿同一方向传播，它们的频率和振幅都

H_x). 假定这两个波的相位差为 ϕ，试以电场为例，说明下列三种情况下合成的电磁波的偏振(极化)状态:(1)ϕ 为某一确定的值;(2)$\phi=0$;(3)$\phi=\pm\pi/2$.

答案:(1)具有确定相位差 ϕ 的两个互相独立的线偏振波(或称线极化波)叠加而成的波是一个椭圆偏振波. 当时间经过一个周期，其电场矢量 $\boldsymbol{E}$ 的尖端便在椭圆上扫描一圈. (2)椭圆蜕化成为一条直线，即电场矢量 $\boldsymbol{E}$ 沿着一条固定的直线段随时间振荡. (3)当时间经历一个周期，电场矢量 $\boldsymbol{E}$ 的尖端便在圆上描画一圈. 当 $\phi=\pi/2$ 时，电场矢量 $\boldsymbol{E}$ 沿顺时针方向转动；当 $\phi=-\pi/2$ 时，电场矢量 $\boldsymbol{E}$ 沿逆时针方向转动.

4.4　一平面电磁波以 $\theta=45°$ 从真空入射到 $\varepsilon_r=2$ 的介质中，电场强度垂直于入射面. 求反射系数.

答案:$R=\dfrac{2-\sqrt{3}}{2+\sqrt{3}}$.

4.5　有一可见平面光波由水入射到空气，入射角为 60°. 证明这时将会发生全反射，并求折射波沿表面传播的相速度和透入空气的深度. 设此波在空气中的波长为 $\lambda_0=6.28\times10^{-5}$ cm，水的折射率为 $n=1.33$.

答案:$v_P=\dfrac{\sqrt{3}}{2}c$，穿透深度 $\delta=1.7\times10^{-5}$ cm.

4.6　一束强度为 I 的平面电磁波射到一块折射率为 n 的玻璃板上，波矢量与表面垂直(正入射). (1)证明对一个单独表面，光强的反射系数为 $R=\dfrac{(n-1)^2}{(n-2)^2}$. (2)忽略所有的相干效应，计算板所受到的辐射压力依赖于 n 的关系.

答案:(2) 平均辐射压力为 $\bar{p}=\dfrac{2(1-n)}{c(1+n)}I$.

4.7　平面电磁波垂直射到金属表面上，试证明透入金属内部的电磁波能量全部变为焦耳热.

4.8　已知海水的 $\mu_r=1$，$\sigma=1\text{s}\cdot\text{m}^{-1}$，试计算频率 ν 为 50Hz、10^6 Hz 和 10^9 Hz 的三种电磁波在海水中的穿透深度.

答案:72m、0.5m、16mm.

4.9　平面电磁波由真空倾斜入射到导电介质表面上，入射角为 θ_1，求导电介质中电磁波的相速度和穿透深度. 若导电介质为金属，结果如何?

提示:导电介质中的波矢量 $\boldsymbol{K}=\boldsymbol{\beta}+\mathrm{i}\boldsymbol{\alpha}$，$\boldsymbol{\alpha}$ 只有 z 分量. (为什么?)

答案:设入射面为 xz 平面

$$\beta_x=\frac{\omega}{c}\sin\theta_1,\quad \beta_y=0$$

$$\beta_x^2=\frac{1}{2}\left(\mu\varepsilon\omega^2-\frac{\omega^2}{c^2}\sin^2\theta_1\right)+\frac{1}{2}\left[\left(\mu\varepsilon\omega^2-\frac{\omega^2}{c^2}\sin^2\theta_1\right)^2+(\mu\sigma\omega)^2\right]^{1/2}$$

$$\alpha^2=\alpha_z^2=-\frac{1}{2}\left(\mu\varepsilon\omega^2-\frac{\omega^2}{c^2}\sin^2\theta_1\right)+\frac{1}{2}\left[\left(\mu\varepsilon\omega^2-\frac{\omega^2}{c^2}\sin^2\theta_1\right)^2+(\mu\sigma\omega)^2\right]^{1/2}$$

相速 $v=\omega/\beta$，穿透深度 $=1/\alpha$.

4.10　无限长的矩形波导管，在 $z=0$ 处被一块垂直插入的理想导体平板完全封闭，求在 $z=-\infty$ 到 $z=0$ 这段管内可能存在的波模.

答案：

$$E_x = A_1\cos\frac{m\pi x}{a}\sin\frac{n\pi y}{b}\sin k_z z$$

$$E_y = A_2\sin\frac{m\pi x}{a}\cos\frac{n\pi y}{b}\sin k_z z$$

$$E_z = A_3\sin\frac{m\pi x}{a}\sin\frac{n\pi y}{b}\cos k_z z$$

$$k_z = \sqrt{\frac{\omega^2}{c^2}-\left(\frac{m\pi}{a}\right)^2-\left(\frac{n\pi}{b}\right)^2}$$

$$A_1\frac{m\pi}{a}+A_2\frac{n\pi}{a}+k_z A_3 = 0$$

4.11　电磁波 $\boldsymbol{E}(x,y,z,t)=\boldsymbol{E}(x,y)\mathrm{e}^{\mathrm{i}(k_z z-\omega t)}$ 在波导管中沿 z 方向传播，试使用 $\nabla\times\boldsymbol{E}=\mathrm{i}\omega\mu_0\boldsymbol{H}$ 及 $\nabla\times\boldsymbol{H}=-\mathrm{i}\omega\varepsilon_0\boldsymbol{E}$ 证明电磁场所有分量都可用 $E_z(x,y)$ 及 $H_z(x,y)$ 这两个分量表示.

答案：

$$E_x = \frac{1}{\mathrm{i}(\omega^2/c^2-k_z^2)}\left(-\omega\mu_0\frac{\partial H_z}{\partial y}-k_z\frac{\partial E_z}{\partial x}\right)$$

$$E_y = \frac{1}{\mathrm{i}(\omega^2/c^2-k_z^2)}\left(\omega\mu_0\frac{\partial H_z}{\partial x}-k_z\frac{\partial E_z}{\partial y}\right)$$

$$H_x = \frac{1}{\mathrm{i}(\omega^2/c^2-k_z^2)}\left(-k_z\frac{\partial H_z}{\partial y}+\omega\varepsilon_0\frac{\partial E_z}{\partial y}\right)$$

$$H_y = \frac{1}{\mathrm{i}(\omega^2/c^2-k_z^2)}\left(-k_z\frac{\partial H_z}{\partial x}-\omega\varepsilon_0\frac{\partial E_z}{\partial x}\right)$$

4.12　试论证矩形波导管内不存在 TM_{m0} 或 TM_{0n} 波.

4.13　频率为 30×10^9 Hz 的微波，在 0.7cm×0.4cm 的矩形波导管中能以什么波模传播？在 0.7cm×0.6cm 的矩形波导管中能以什么波模传播？

答案：(1) TE_{10}；(2) TE_{10} 及 TE_{01}.

4.14　一对无限大的平行理想导体板，相距为 b，电磁波沿平行于板面的 z 方向传播，设波在 x 方向是均匀的，求可能传播的波模和每种波模的截止频率.

答案：$E_x=A_1\sin\left(\frac{n\pi}{b}y\right)\mathrm{e}^{\mathrm{i}(k_z z-\omega t)}$，$E_y=A_2\cos\left(\frac{n\pi}{b}y\right)\mathrm{e}^{\mathrm{i}(k_z z-\omega t)}$，

$E_z=A_3\sin\left(\frac{n\pi}{b}y\right)\mathrm{e}^{\mathrm{i}(k_z z-\omega t)}$，$k_z^2=\frac{\omega^2}{c^2}-\left(\frac{n\pi}{b}\right)^2$，$\frac{n\pi}{b}A_2=\mathrm{i}k_z A_3$，$A_1$ 独立.

截止频率 $\omega_c=\frac{n\pi c}{b}$.

4.15　太阳光经雨点折射、反射再折射后，每种波长的光都比较集中在各自的最小偏向角的方向上；由于雨点对各种波长的光的折射率不同，使得各种波长的光的最小偏向角都不同，因而形成色散. 虹就是这样生成的. 设雨点都是球形的，它对太阳光的折射率为 n(n 是波长的函

数),太阳光射到雨点上的入射角为 θ_1,在雨点内的折射角为 θ_2,偏向角为 ϕ,如图所示;太阳的电矢量 $\boldsymbol{E}$ 垂直入射面的分量 $E_\perp$ 的光强为 $I_\perp$,平行于入射面的分量 $E_{/\!/}$ 的光强为 $I_{/\!/}$,虹的偏振度定义为 $P=(I_\perp-I_{/\!/})/(I_\perp+I_{/\!/})$. 试求:(1)与最小偏向角对应的入射角 θ_1;(2)虹的光强比 $I_\perp/I_{/\!/}$;(3)对于 $\lambda=589.3\text{nm}$ 的黄光,雨点的折射率为 1.333,试求此时 θ_1 和 P 的值.

答案:(1) 与最小偏向角对应的入射角

$$\theta_1=\arcsin\sqrt{\frac{4-n^2}{3}}$$

(2) 光强比为

$$\frac{I_\perp}{I_{/\!/}}=\left(\frac{E_\perp}{E_{/\!/}}\right)^2=\frac{\cos^6(\theta_1-\theta_2)}{\cos^2(\theta_1+\theta_2)}$$

(3) $\theta_1=\arcsin\sqrt{\dfrac{4-1.333^2}{3}}=59°25'$,偏振度为 $P=\dfrac{I_\perp-I_{/\!/}}{I_\perp+I_{/\!/}}=92.40\%$.

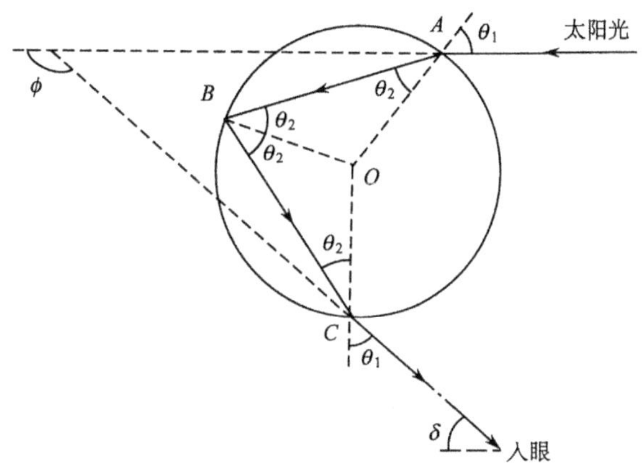

题 4.15 图

4.16　线偏振光 $E_x(z,t)=E_0\mathrm{e}^{\mathrm{i}(kz-\omega t)}$ 正入射到一对左、右旋圆偏振光的折射率分别为 n_L、n_R 的物质上. 试用麦克斯韦方程组计算反射光的强度和偏振态.

答案:反射光为椭圆偏振光,强度比为

$$\frac{I''}{I}=\frac{1}{2}\left[\left(\frac{1-n_R}{1+n_R}\right)^2+\left(\frac{1-n_L}{1+n_L}\right)^2\right]$$

4.17　介质 1 和介质 2 的电容率和磁导率分别为 ε_1、μ_1 和 ε_2、μ_2,它们的交界面是无限大平面. 线偏振的平面电磁波从介质 1 入射到交界面上,入射角 $\theta_1>\theta_c$(临界角),发生全反射,如图所示. 试问:(1)在什么条件下,反射波也是线偏振的?(2)在什么条件下,反射波将是圆偏振的?

答案:(1)只有在刚发生全反射($\sin\theta_1=n_{21}$)时或掠入射($\theta_1=\pi/2$)时,反射波才是线偏振的;

(2) 当入射波电矢量 $E_\perp$ 和 $E_{/\!/}$ 的振幅相等,并且入射角 θ_1 和相对折射率 n_{21} 满足 $\sin\theta_1=\dfrac{1}{2}\sqrt{n_{21}^2+1\pm\sqrt{n_{21}^4-6n_{21}^2+1}}$ 时,反射波便是圆偏振波.

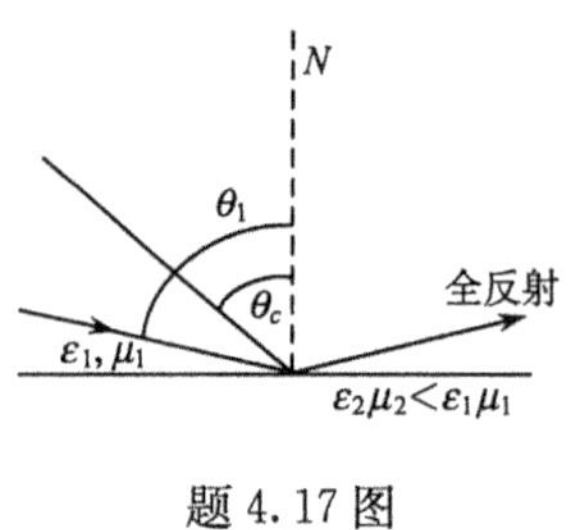

题 4.17 图

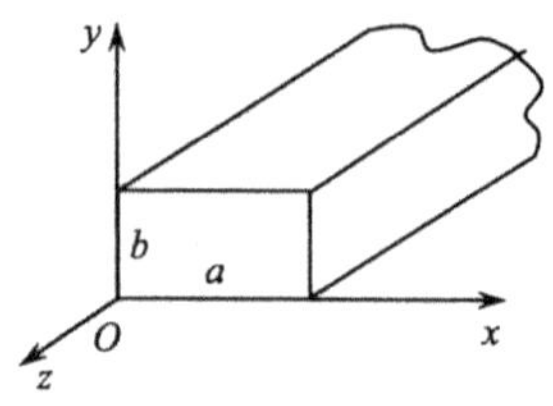

题 4.18 图

4.18　用理想导体作管壁的矩形波导管，管内横截面宽为 a，高为 b，取笛卡儿坐标系如图所示，z 轴平行于管轴. 试证明：

(1) 在这波导管中不能传播如下的单色波：

$$\boldsymbol{E} = E_0 \mathrm{e}^{\mathrm{i}(\boldsymbol{k}\cdot\boldsymbol{r}-\omega t)} \boldsymbol{e}_x$$

式中 $\boldsymbol{k}=k_0\boldsymbol{e}_z$，$E_0$ 和 ω 以及 k_0 都是常量.

(2) 在管壁处，磁感强度 $\boldsymbol{B}$ 的分量满足

$$\frac{\partial B_y}{\partial x} = \frac{\partial B_z}{\partial x} = 0, \quad x = 0, a$$

$$\frac{\partial B_x}{\partial y} = \frac{\partial B_z}{\partial y} = 0, \quad y = 0, b$$

4.19　一矩形波导管横截面的边长分别是 a=2.0cm，b=1.0cm，其中传输的电磁波的频率为 $f=1.0\times10^{10}$ Hz. 如果管内是空气，试问它能够传输的 TE_{10} 波的最大平均功率是多少？已知空气的击穿场强为 3.0MV/m.

答案：$W_{\max}=\frac{1}{2}ab|\overline{S}|_{\max}=7.9\times10^5$ W.

4.20　(1)当 X 射线以大于临界角的入射角投射到金属表面时，它被全部反射. 假定金属中单位体积内包含 n 个自由电子，计算作为 X 射线频率 ω 函数的临界角. (2)如果 ω 与 θ 使全反射不能发生，计算有多少入射波被反射. 为计算简单，可以假设 X 射线的偏振方向垂直入射面.

答案：(1) 临界角为 $\theta_0=\arcsin\left(1-\frac{\omega_\mathrm{P}^2}{\omega^2}\right)^{1/2}$；(2) 反射系数为 $R=\left(\frac{\cos\theta_i-n\cos\theta_t}{\cos\theta_i+n\cos\theta_t}\right)^2$.

第 5 章 狭义相对论与相对论物理学

爱因斯坦(Einstein)的**狭义相对论**是电磁学发展的必然产物.

物理世界的规律是客观存在的.物理规律的表现形式是通过时间和空间坐标来描述的,因而物理规律的表现形式都是相对于一定**参考系**表述出来的.在前几章中,我们一直没有讨论参考系问题.我们知道,宏观电磁场的普遍规律可以表示为麦克斯韦方程组.这组方程究竟在哪个参考系中成立呢? 这些问题都是必须回答的.在电动力学中参考系问题是一个很基本的物理问题,这个问题的解决是和新时空观的建立联系在一起的.人们在研究高速运动现象,特别是电磁波的传播现象时,揭示了旧时空观的局限性,建立了新的时空观.

相对论主要是关于时空的理论.相对论时空观的建立是人们对物理现象认识上的一个飞跃.相对论对近代物理学的发展,特别是核物理和高能物理的发展起着重大作用.现在相对论已成为物理学的主要理论基础之一.局限于惯性参考系的理论称为狭义相对论,这是已经牢固地建立起来的理论.本章仅限于讨论狭义相对论.

本章阐述狭义相对论的基本内容.我们从实验事实出发,引入相对论的两个基本原理——**相对性原理**和**光速不变原理**,由此导出时空坐标的洛伦兹变换式,并着重讨论相对论时空,然后我们来讨论物理规律与参考系的选择无关,即物理规律的客观性问题,即根据相对论时空观解决电动力学的参考系问题,把电动力学基本方程表为适用于一切惯性参考系的协变形式,并导出势和电磁场的变换关系.最后我们把力学规律推广为相对论协变形式,并讨论相对论的质量、能量关系.

5.1 相对论的实验基础

我们知道,一个物体的运动速度在不同参考系中测量时是不相同的,那么我们要问,光速 c 是在哪个参考系中测量的? 当进行参考系变换时,光速又如何变换? 为此,我们来讨论伽利略相对性原理.

5.1.1 相对论产生的历史背景

牛顿在他的著作《自然哲学的数学原理》书中写下力学三定律时意识到,这些规律不会对一切参考系成立.因此他必须回答:这些规律在什么参考系中才得以成立？为了从哲理的高度回答这一问题，牛顿引入了**绝对空间**和**绝对时间**的概念. 他认为这才是力学三定律得以成立的基本参考系. 在此基础上能够论证：若力学规律对绝对空间成立，则对于在绝对空间中作匀速平动的其他参考系也一样成立. 动系和静系中有相同的规律，自然就有相同的现象. 这为伽利略的思想奠定了力学的理论基础，从而提出**伽利略变换**.

按照伽利略变换，如果物质运动速度相对于某一参考系为 c，则变换到另一参考系时其速度就不能沿各个方向都为 c. 从旧概念出发，电磁波只能够对一个特定参考系的传播速度为 c，因而麦克斯韦方程组也就只能够对该特殊参考系成立. 如果确实这样，则经典力学中一切惯性参考系等价的相对性原理在电磁现象中不再成立. 因而由电磁现象可以确定一个特殊参考系，这样便可以把相对于该特殊参考系的运动称为**绝对运动**.

电磁场的波动性是麦克斯韦电磁理论的主要预言. 很快人们认识到光波是服从麦克斯韦方程的电磁波. **电磁辐射**实验的成功，更促使人们相信，麦克斯韦方程是电磁学的普遍规律. 这时从实用上和理论上都需要澄清一个问题：什么是麦克斯韦方程得以成立的基本参考系？

设麦克斯韦方程在某个基本参考系中成立，那么变化的电磁场必定要满足前面第 4 章中一再提到过的波动方程. 用伽利略变换把这个波动方程变换到一个以速度 v 运动的参考系中，发现与原来的波动方程并不一样！这说明若伽利略变换是对的，那么麦克斯韦方程就不能对一切惯性系都成立. 或者说，伽利略关于动系和静系平等的思想对电磁现象是不对的. 麦克斯韦方程只对某一个特定的参考系才能成立. 这样，力学现象不能区分惯性系是动的或静的问题，而电磁现象则能够区分哪个是绝对静止的惯性系.

在当时，人们把电磁波看成和声波一样，是振荡在介质中的传播. 静介质和动介质中声波的行为不一样，因此波动方程只对静介质才适用. 为此人们设想了一种介质称为“以太”，它充满整个空间，电磁波就是“以太”中的波. 这样，认为麦克斯韦方程只在对“以太”静止的惯性系中成立是自然的. “以太”成了绝对空间概念的具体化.

这样，如果麦克斯韦方程仅对静“以太”成立，那么它在地球表面必不能严格成立，地面上的电磁波的波速将不是麦克斯韦方程中的常数 c，而应与地球对“以太”的速度 v(称作地球的绝对速度)有关. 人们自然期望通过地面上的光学实验来确定地球的绝对速度. 这样一来一方面可证明“以太”的存在，另一方面这对地面上使用电磁理论也致关重要.

上面的思想可用逻辑图 5.1.1 表示.

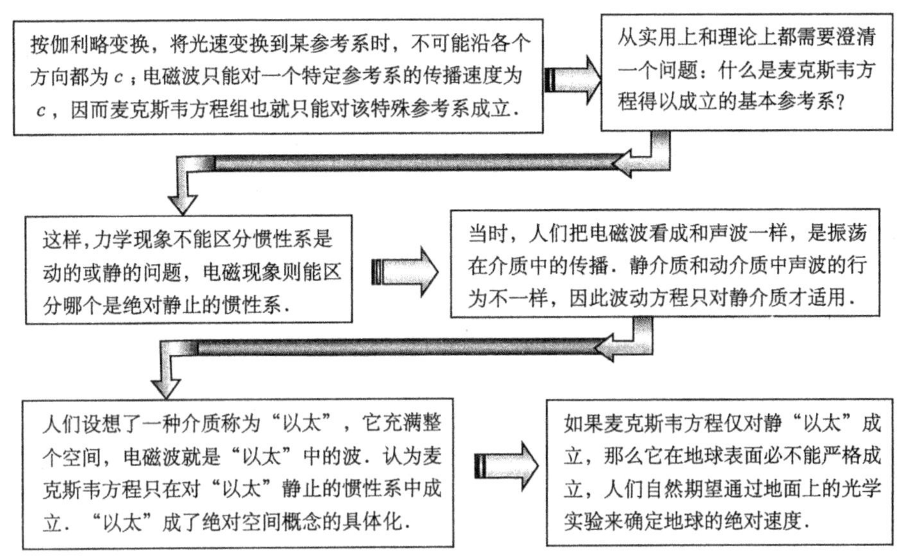

图 5.1.1

5.1.2 相对论的实验基础

如前所述，按照旧时空概念，真空中电磁波沿任意方向的传播速度只有在“以太”特殊参考系中才等于 c. 如果能够精确测定各个方向速度的差异，就可以确定地球相对于“以太”的运动，从而找到“以太”参考系. 迈克耳孙-莫雷实验（1887 年）就是最具代表性的实验.

迈克耳孙-莫雷(Michelson-Morley)实验

迈克耳孙-莫雷(Michelson-Morley)实验装置如图 5.1.2 所示. 由光源 S 发出的光线在半反射镜 M 上分为两束，一束透过 M，被 M_1 反射回到 M，再被 M 反射而达目镜 T；另一束被 M 反射至 M_2，再反射回 M 而直达目镜 T.

为叙述简单计，调整两臂长度使光程 $MM_1=MM_2=l$，设地球相对于“以太”的绝对运动速度 v 沿 MM_1 方向，则由于光线 MM_1M 与 MM_2M 的传播时间不同，因而有光程差，在目镜 T 中将观察到干涉效应.

一条小河，水流速为 $\boldsymbol{v}$，漂泊在水中小船上的观察者如图 5.1.3 所示发射信号弹的速度为 $\boldsymbol{u}$，则岸上（绝对参考系）的观察者测得信号弹的速度为 $c\boldsymbol{n}$. 这个过程完全可用到上述实验中.

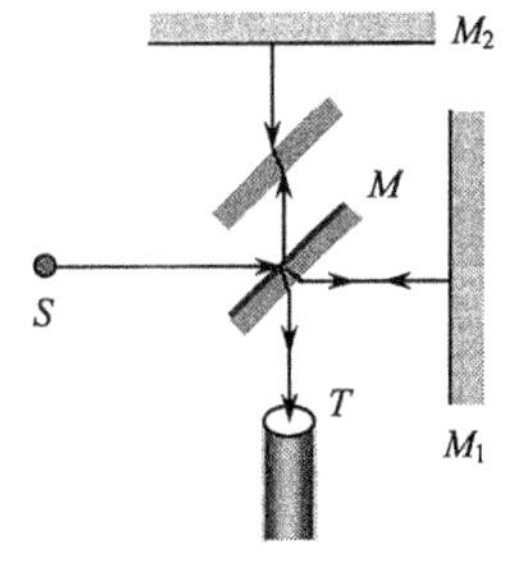

图 5.1.2

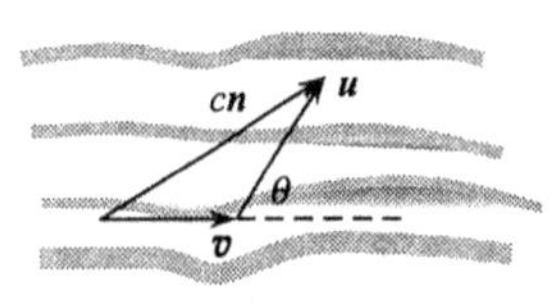

图 5.1.3

用经典速度合成法则如图 5.1.3 所示. 图中 $\boldsymbol{v}$ 表示观察者相对于以太的速度，$\boldsymbol{u}$ 表示观察者参考系中所看到的沿 θ 方向传播的光速，c 是以太参考系的光速，由图可见

$$c^2 = u^2 + v^2 + 2uv\cos\theta$$

两边加上 $v^2\cos^2\theta$ 后，就可解出 u 为

$$u = \sqrt{c^2 - v^2\sin^2\theta} - v\cos\theta$$

对于地球上的观察者，沿 $\boldsymbol{v}$ 方向传播的光速，因 $\theta=0$，得 $u=c-v$；逆 $\boldsymbol{v}$ 方向传播的光速，$u=c+v$；垂直于 $\boldsymbol{v}$ 方向传播的光速，因 $\theta=\pi/2$，所以 $u=\sqrt{c^2-v^2}$.

因此，光线 MM_1M 的传播时间为

$$t_1 = \frac{l}{c-v} + \frac{l}{c+v} = \frac{2lc}{c^2-v^2} \simeq \frac{2l}{c}\left(1+\frac{v^2}{c^2}\right) \tag{5-1-1}$$

光线 MM_2M 的传播时间为

$$t_2 = \frac{2l}{\sqrt{c^2-v^2}} \simeq \frac{2l}{c}\left(1+\frac{v^2}{2c^2}\right) \tag{5-1-2}$$

按照迈克耳孙-莫雷时代的思想，用真空中的光速 c 乘以 $\Delta t=t_2-t_1$ 得到光程差的作法是错误的. 下面由相位差着手来讨论问题.

由式(5-1-1)和式(5-1-2)，得两束光的相位差为

$$\Delta\varphi = \omega(t_2-t_1) = 2\pi\frac{t_2-t_1}{T} = -\frac{2\pi}{T}\frac{l}{c}\left(\frac{v}{c}\right)^2 \tag{5-1-3}$$

现在把仪器转动 90°，则平行运动方向的光束变为垂直的光，而垂直的光变为平行运动方向的光束. 这时两束光的相位差为

$$\Delta\varphi' = 2\pi\frac{t_1-t_2}{T} = \frac{2\pi}{T}\frac{l}{c}\left(\frac{v}{c}\right)^2 \tag{5-1-4}$$

这样，两束光相位差的改变为

$$\Delta\varphi' - \Delta\varphi = \frac{4\pi}{T}\frac{l}{c}\left(\frac{v}{c}\right)^2 = 4\pi\frac{l}{\lambda}\left(\frac{v}{c}\right)^2 \tag{5-1-5}$$

应该观察到干涉条纹移动个数为

$$\Delta N = \frac{\Delta\varphi'-\Delta\varphi}{2\pi} = \frac{2l}{\lambda}\frac{v^2}{c^2} \tag{5-1-6}$$

按当时的实验水平，首先估计地球相对于“以太”参考系的速率 v 的数量级. 迈克耳孙干涉仪是固定在地球上的，地球沿椭圆轨道围绕太阳运动，其速率约为 $v\simeq$ 30km/s. 不管太阳对“以太”的速度多大，既然不同季节地球运动的方向不同，而实验又是在不同季节的白天和黑夜在不同的城市进行的，可以猜测，地球相对于“以

太”参考系的绝对速率 v 总有超过 30km/s 的时候，这时 $(v/c)^2\approx10^{-8}$，实验时取 $\lambda\simeq5\times10^{-7}$m的钠黄光，利用多次反射可以使有效臂长 $l=10$m. 将这些数据代入式(5-1-6)，可得干涉条纹移动个数为 0.4 条，然而所有的实验都没有发现干涉条纹的移动！

自从第一次实验之后，不同的实验工作者还进行过多次迈克耳孙-莫雷试验，以不断提高的精确度否定了地球相对于以太的运动. 除了这些用光学方法做的实验之外，近年还用其他技术做过类似的实验，如 1958 年用**微波激射**所做的实验和 1970 年用**穆斯堡尔效应**做的实验. 这两实验定出地球相当于以太运动速度的上限分别为 3×10^{-2}km/s 和 5×10^{-2}km/s. 综合所有实验结果，我们可以肯定实际上不存在地球相对于以太的运动.

迈克耳孙实验否定了特殊参考系的存在，它表明光速不依赖于观察者所在参考系. 用星光作光源的实验还证明了光速也不依赖于光源相对于观察者的运动. 关于光速和光源运动无关的另一实验证据是对**双星运动**的观测. 双星绕其质心运动，若观测依赖于光源速度的话则双星中向着地球运动的一颗星发出的光将比另一颗星发出的光传播得快，因而在地球上观测到的双星运动轨道将受到歪曲. 实际上没有观察到这种情况，表明两颗星发出的光的传播速度是一样的.

到目前为止，所有实验都指出光速不依赖于观察者所在的参考系，而且与光源的运动速度无关. 光速不变性是迄今人们认识到的电磁现象的一条基本规律. 真空中的光速是基本物理常量之一，它是在任意惯性参考系中测出的真空中电磁波传播速度.

迈克耳孙-莫雷实验的零结果令当时的科学家困惑不已. 但是，正是在这种困境中，爱因斯坦的思想越出了因循的轨道，并使物理理论得到了突破性的进展.

爱因斯坦感到“以太”的概念不是必须的，即电磁波的传播并不一定需要一种介质. 事实上，地面上的光速仍为 c 应该是麦克斯韦方程在地面上依然成立的迹象. 同时也不能认为地球是一个特别优越的参考系.

爱因斯坦以这样一种朴素的思想，把人们从越来越复杂的“以太”中解脱了出来. 然而要求麦克斯韦方程服从相对性原理绝不是一个简单的要求，因为这样就必须否定伽利略变换！但是，伽利略变换在力学中是得到过考验的，它是否能否定？之后用什么来代替它？这都不是容易回答的. 此外，用新的变换来代替伽利略变换后，牛顿力学是否仍服从相对性原理的要求？牛顿第二定律作为力学的基本规律在太阳系范围内得到过令人信服的证实. 它能不能修改也还是一个“谜”. 然而爱因斯坦克服了这些难题，从而建立了狭义相对论.

5.2　相对论的基本原理　洛伦兹变换

5.2.1　相对论的基本原理

在总结了大量的实验事实之后，爱因斯坦(Einstein)提出了两条相对论的基本假设.

1. 相对性原理

所有惯性参考系都是平权的，某一物理规律对于所有参考系都可以表述为相同形式，即一切物理规律，对于所有惯性参考系，都可以表述为各自不变的形式，不论通过力学现象，还是电磁现象，或其他现象，都无法觉察出所处参考系的任何"绝对运动".

2. 光速不变原理

真空中的光速相对于任何惯性系沿任意方向恒为 c，并与光源运动无关.

从相对论的两条基本原理出发，可以建立整个狭义相对论. 这个理论不仅成功解释了全部已知的实验事实，而且还预言了新的效应，这些效应已为尔后的实验事实所证实.

如果麦克斯韦方程在两个相对地运动着的惯性系中都成立，那么两系中的光速都应是 c. 这结果显然与伽利略变换下的速度关系是冲突的. 狭义相对论把一切惯性系中的光速都是 c 作为基本假设，它被称为光速不变原理. 这样，伽利略变换自然就受到怀疑. 由光速不变原理导出的时空关系被称为**洛伦兹变换**，而伽利略变换仅是它的低速近似.

5.2.2　洛伦兹变换

现在我们从基本原理出发，来重新考虑时空变换应取什么形式.

这里首先提出一个**先验的假定**：空间是均匀的且是各向同性的，时间是均匀的. 不然的话物理规律会因时空坐标原点的不同选取而不同. 在这前提下，容易用数学证明，作相对运动的两个惯性系 Σ 和 Σ' 之间的时空变换只能是线性变换. 为方便起见，令 $t=t'=0$ 时，两坐标系的原点相重合；并且让两系的 x 轴均设在相对运动的方向上，并令两个 y 轴和两个 z 轴相互平行(图 5.2.1)，这时时空变换关系必有形式

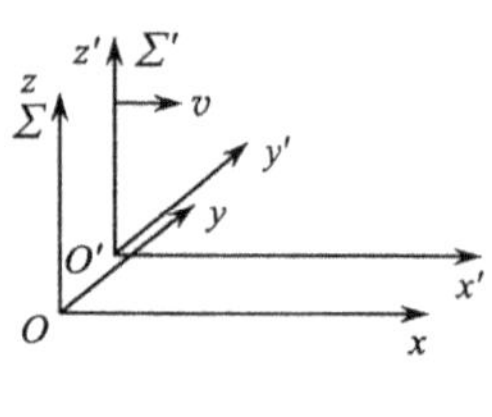

图 5.2.1

$$t' = \xi t + \zeta x \tag{5-2-1}$$

$$x' = \gamma x + \delta t \tag{5-2-2}$$

$$y' = y \tag{5-2-3}$$

$$z' = z \tag{5-2-4}$$

这变换式中的 ξ、ζ、γ 和 δ 是四个任意常数，它们都可能与两参考系间的相对运动速率 v 有关.

设 Σ' 系相对于 Σ 系的速度为 v. 对于 Σ' 系中的静止点，有 $\mathrm{d}x'=\mathrm{d}y'=\mathrm{d}z'=0$，它们对 Σ 系的速度都是 $\mathrm{d}x/\mathrm{d}t=v$. 于是由式(5-2-2)给出

$$\frac{\mathrm{d}x}{\mathrm{d}t} = -\frac{\delta}{\gamma} = v \tag{5-2-5}$$

考虑到运动的相对性，Σ 系对 Σ' 系的速度必为 $-v$. 这时看 Σ 系中的静止点，有 $\mathrm{d}x=\mathrm{d}y=\mathrm{d}z=0$，这些点对 Σ' 系的速度都是 $\mathrm{d}x'/\mathrm{d}t'=-v$. 同样由式(5-2-1)和式(5-2-2)得到

$$\frac{\mathrm{d}x'}{\mathrm{d}t'} = \frac{\delta}{\xi} = -v \tag{5-2-6}$$

这样，由式(5-2-5)和式(5-2-6)，可得 $\xi=\gamma$，由式(5-2-5)又得 $\delta=-\gamma v$，再令 $\zeta=-\eta\gamma$，时空变换式(5-2-1)～(5-2-4)可重写作为

$$t' = \gamma(t - \eta x) \tag{5-2-7}$$

$$x' = \gamma(x - vt) \tag{5-2-8}$$

$$y' = y \tag{5-2-9}$$

$$z' = z \tag{5-2-10}$$

如果因循守旧地认为时间是与参考系无关的，即它是绝对的，这就意味着取 $\gamma=1$，$\eta=0$，由此导出的就是伽利略变换. 由此可见，要否定伽利略时空变换，就要抛弃绝对时间的概念.

考虑在 $t=t'=0$ 时，从 Σ 系和 Σ' 系的公共原点发出一个闪光. 在 Σ 系看来它的传播满足

$$c^2t^2 - (x^2 + y^2 + z^2) = 0 \tag{5-2-11}$$

而在 Σ' 系看来，由光速不变原理，这同一个光波的传播则满足

$$c^2t'^2 - (x'^2 + y'^2 + z'^2) = 0 \tag{5-2-12}$$

考察该过程中的任一个事件：Σ 系内 t 时刻光波到达 $x=ct$，$y=0$，$z=0$ 处. 同一事件在 Σ' 系看来，时间发生在 t'，位置是(x',y',z')，由时空变换式(5-2-7)～(5-2-10)给出

$$t' = \gamma t(1 - \eta c) \tag{5-2-13}$$

$$x' = \gamma t(c - v) \tag{5-2-14}$$

$$y' = y = 0 \tag{5-2-15}$$

$$z' = z = 0 \tag{5-2-16}$$

另外由光速不变性，t'、x'、y'、z'必定满足式(5-2-12). 把式(5-2-13)～(5-2-16)代入，整理后得到

$$c - v = c(1 - \eta c) \tag{5-2-17}$$

由此可求出 η 为

$$\eta = v/c^2 \tag{5-2-18}$$

同理考察 Σ 系中光波到达 $x=y=0, z=ct$ 的事件. 在 Σ' 系看来，由式(5-2-7)，这事件发生在

$$t' = \gamma t \tag{5-2-19}$$

时刻；而由式(5-2-8)～(5-2-10)，到达的位置是

$$x' = -\gamma v t \tag{5-2-20}$$

$$y' = y = 0 \tag{5-2-21}$$

$$z' = z = ct \tag{5-2-22}$$

同样把它们代入式(5-2-12)，又得出一个关系式

$$\gamma^2 v^2 + c^2 = \gamma^2 c^2 \tag{5-2-23}$$

由此可求出 γ 为

$$\gamma = \frac{1}{\sqrt{1 - v^2/c^2}} \tag{5-2-24}$$

这样，时空变换式中的系数就完全被确定了.

将式(5-2-18)和式(5-2-24)代入式(5-2-7)～(5-2-10)，得

$$t' = \frac{t - vx/c^2}{\sqrt{1 - v^2/c^2}} \tag{5-2-25}$$

$$x' = \frac{x - vt}{\sqrt{1 - v^2/c^2}} \tag{5-2-26}$$

$$y' = y \tag{5-2-27}$$

$$z' = z \tag{5-2-28}$$

这样，在考虑到时空的均匀性和各向同性等这些时空和运动的基本原理之后，再加上光速不变性的要求后，一组新的时空变换关系出现了. 这关系式就是著名的洛伦兹变换，由于是在 Σ' 系以速度 v 平行于 x 轴运动的特殊情况下得到的，故又称为特殊洛伦兹变换. 这组变换关系式将某一事件在静系 Σ 中的时空坐标变换为同一事件在动系 Σ' 中的时空坐标，通常称为正变换.

洛伦兹(1904 年)在以太理论的基础上曾为解释他提出的收缩假设而得到过

同样的变换式.这组变换关系式的得来在今天看来看似简单、容易,但其蕴含的思想却很深刻,在相对论建立过程中所起的作出亦很巨大.在一年后,爱因斯坦抛弃了以太观念,洛伦兹变换被作为两个惯性系间的时空变换而重新导出,并成了狭义相对论的基础.

由洛伦兹变换易于看出,若两个惯性系间的相对速率远小于光速,则它以伽利略变换为近似.这在理论上是非常重要的.在相对论前的力学中,经验所涉及的速率都远小于光速.在这经验范围内,牛顿力学和伽利略变换都是已被证明为可靠的.洛伦兹变换的这一性质,保证了光速不变假设与过去的经验没有冲突.新理论的价值在于它会有新的预言,但与旧有的经验不相冲突也是至关重要的.

最后为使用的需要,写出相应的反变换式.在应用上述变换时,我们把 Σ 系当作静止系,Σ'系相对它沿 x 方向以速度 v 运动,当我们需要从动系 Σ'往静系 Σ 作变换时,只要考虑到 Σ 系的相对速度为 $-v$,立即可写出反变换式为

$$t=\frac{t'+vx'/c^2}{\sqrt{1-v^2/c^2}} \tag{5-2-29}$$

$$x=\frac{x'+vt'}{\sqrt{1-v^2/c^2}} \tag{5-2-30}$$

$$y=y' \tag{5-2-31}$$

$$z=z' \tag{5-2-32}$$

当然,如果从正变换求解,其结果自然是一样的.

5.3 相对论的时空理论

5.3.1 间隔 间隔不变性

首先从物质运动中抽象出事件的概念.上一节我们曾提到过"事件",所谓事件,就是隐去物质运动的具体内容,将物质运动看作一连串事件的发展过程.事件有不同的具体内容,但是它总是在一定地点与一定时刻发生的.因此我们就用四个坐标(x,y,z,t)表示一事件.洛伦兹变换式是在不同参考系上观察同一事件的时空坐标变换关系.

设某一事件在 Σ 系中的坐标为(x,y,z,t),在 Σ'系中的坐标为(x',y',z',t'),这两组坐标之间的关系由洛伦兹变换联系着.

1. 间隔

下面引入间隔概念.设事件 1 为光源发出光信号,它在 Σ 系中的坐标为(x_1,y_1,z_1,t_1);事件 2 为接收器接收光信号,它在 Σ 系中的坐标为(x_2,y_2,z_2,t_2).在 Σ

系中显然有

$$\Delta x^2+\Delta y^2+\Delta z^2=c^2\Delta t^2 \tag{5-3-1}$$

移项后记作

$$\Delta s^2\equiv c^2\Delta t^2-(\Delta x^2+\Delta y^2+\Delta z^2) \tag{5-3-2}$$

这时称 Δs 为上述两事件的间隔. 显然,由式(5-3-1),有 $\Delta s^2=0$,即由光信号联系的两事件的间隔为零.

2. 间隔不变性

同样上述两个事件,它们在 Σ' 系中的坐标分别为(x'_1,y'_1,z'_1,t'_1)和(x'_2,y'_2,z'_2,t'_2),根据光速不变原理,在 Σ' 系中亦有

$$\Delta x'^2+\Delta y'^2+\Delta z'^2=c^2\Delta t'^2$$

移项后得

$$\Delta s'^2\equiv c^2\Delta t'^2-(\Delta x'^2+\Delta y'^2+\Delta z'^2)=0 \tag{5-3-3}$$

由式(5-3-2)和式(5-3-3)可见,对于用光信号联系的两事件,在不同惯性系中的间隔是相等的

$$\Delta s=\Delta s' \tag{5-3-4}$$

如果两事件不是用光信号联系,它们在不同惯性系中的间隔是否相等呢? 下面就来讨论这一问题.

经典力学告诉我们,惯性系的时间和空间是均匀的,即物理定律不因时空坐标原点的选择而改变. 这样,从 Σ 系中的(x,y,z,t)到 Σ' 系中的(x',y',z',t')的变换应是线性的,因而 Δs 与 $\Delta s'$ 必有线性关系

$$\Delta s=a\Delta s'+b \tag{5-3-5}$$

式(5-3-4)是这一普遍关系的特例,因而式(5-3-5)中常数 $b=0$,于是

$$\Delta s=a\Delta s' \tag{5-3-6}$$

再来考虑时间和空间的各向同性,这时物理定律不因时空坐标轴取向的选择而改变. 因此上式的比例系数 a 不应依赖于两惯性系的相对速度的方向,最多只依赖于其大小 v,即

$$\Delta s=a(v)\Delta s' \tag{5-3-7}$$

再者,因为两参考系是等价的,反过来亦应有关系

$$\Delta s'=a(v)\Delta s \tag{5-3-8}$$

联立式(5-3-7)和式(5-3-8)可得 $a=\pm 1$. 当 Σ' 与 Σ 无相对运动时,显然 $a=+1$. 最后我们考察一下 $a=-1$ 是否可能. 设有三个惯性系 Σ、Σ' 和 Σ'',如果 $a=-1$,则有 $\Delta s=-\Delta s'$,$\Delta s'=-\Delta s''$,$\Delta s''=-\Delta s$,由此有

$$\Delta s = -\Delta s' = \Delta s'' = -\Delta s$$

这导致 Δs 恒等于零的结论. 但是，对于不是由光信号联系的两事件，其 $\Delta s \neq 0$，可见 a 只能等于 1!

这就证明了在一般情况下两事件的间隔不随参考系而改变

$$\Delta s = \Delta s' \tag{5-3-9}$$

这关系称为间隔不变性. 此关系式是光速不变性的数学表示，它是相对论时空观的一个基本关系.

间隔是相对论时空观的一个基本概念，是把时间与空间统一起来的一个概念.

3. 间隔分类

为简单起见，以第一事件 O 为时空原点(0,0,0,0)，第二事件 P 的时空坐标为 (x,y,z,t). 两事件 O、P 的间隔为

$$\Delta s^2 = c^2t^2 - (x^2 + y^2 + z^2) = c^2t^2 - r^2 \tag{5-3-10}$$

式中 $r=\sqrt{x^2+y^2+z^2}$ 为两事件的空间距离.

一个事件用四维时空中的一个点表示，为了能够在二维平面上表示四维时空，我们暂时只考虑在 xy 平面上的运动，因而四维时空暂时由二维空间和一维时间构成. 如图 5.3.1，我们把二维空间(坐标为 x,y)与一维时间(时间轴坐标为 ct)一起构成三维时空来代表四维时空. 事件用这时空中的一点 P 表示. P 点在 xy 平面上的投影表示事件发生的地点，P 点的垂直坐标表示事件发生的时刻乘以 c. 这样我们把三维空间与一维时间统一起来考虑，这就是**四维时空**(x,y,z,ct).

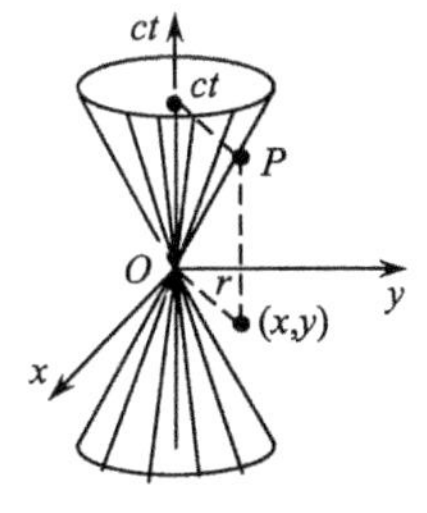

图 5.3.1

两事件的间隔可以取任何数值，可分为如下三种情况，如图 5.3.1 所示.

(1) 若两事件可以用光波联系，则 $r=ct$，因而 $\Delta s^2=0$，这称为**类光间隔**；P 点在一个以 O 为顶点的锥面上，这个锥面称为**光锥**. 凡在光锥上的点都可以与 O 点用光波联系.

(2) 若两事件可以用低于光速的作用来联系，有 $r<ct$，因而 $\Delta s^2>0$，这称为**类时间隔**；P 点在光锥之内.

(3) 若两事件的空间距离超过光波在时间 t 所能传播的距离，有 $r>ct$，因而 $\Delta s^2<0$，这称为**类空间隔**；P 点在光锥之外，P 与 O 不能用光波联系，更不要说用低于光波的速度联系.

由于从一个惯性系到另一个惯性系的变换中，间隔 Δs^2 保持不变，因此上述三种间隔的划分是绝对的，不因参考系变换而改变. 若对某参考系事件 P 在事件 O 的光锥外，当变到另一参考系时，虽然 P 的时空坐标改变了，但间隔 Δs^2 不变，因

而事件 P 仍保持在 O 的光锥外. 同样，若对某参考系 P 在 O 的光锥内，则对所有参考系事件 P 都在事件 O 的光锥之内.

如图 5.3.1，公共顶点 O 的时间为现在，上部锥体是将来，下部锥体是过去，因洛伦兹变换保持时间正方向不变，因此光锥的上半部分和下半部分不能互相变换. 若事件 P 在上半光锥内则决不会因变换而变到下半光锥内. 因此，发生在上半光锥内的事件属于绝对将来，发生在下半光锥内的事件属于绝对过去.

5.3.2 类时间隔 因果律对速度的限制

一切事物的运动和发展都有一定**因果关系**，通过物质运动的联系，作为原因的第一事件导致作为结果的第二事件. 例如测量光速时，只有先发出光信号，然后才能接收到光信号. 这种因果关系是绝对的，不依赖于参考系而改变. 时间概念就是从事物发展中抽象出来的，正确的时空观必然反映事物发展的绝对因果性. 因此，相对论必须回答：由什么来保证有因果关系的两事件的时序不会颠倒！

在参考系 Σ 上，以 (x_1, t_1) 代表作为原因的第一事件，结果 (x_2, t_2) 为第二事件，有 $t_2 > t_1$.

在参考系 Σ' 上，原因和结果的时空坐标分别为 (x'_1, t'_1) 和 (x'_2, t'_2). 由洛伦兹变换，得

$$t'_2 - t'_1 = \frac{t_2 - t_1 - \frac{v}{c^2}(x_2 - x_1)}{\sqrt{1-\beta^2}} \tag{5-3-11}$$

式中 $\beta \equiv v/c$ 是为书写简单而引入的.

物理规律的作用正是由“因”导出“果”，否则，物理学规律就失效了. 要这变换保持因果关系 $t'_2 > t'_1$ 的绝对性，上式左边必须大于零，因而右边分子也要大于零，因此应有条件

$$\left|\frac{x_2 - x_1}{t_2 - t_1}\right| < \frac{c^2}{v} \tag{5-3-12}$$

设 $|x_2 - x_1| = u(t_2 - t_1)$，$u$ 代表由 O 到 P 的作用的传播速度，由上式得

$$uv < c^2 \tag{5-3-13}$$

如果在惯性系之间的时空坐标变换式中含有虚数，这将是没有物理意义的. 洛伦兹变换中，$\gamma \equiv (1-\beta^2)^{-1/2}$ 必须为实数. 这就要求两惯性系之间的相对速度 $v < c$.

既然 u 是相互作用的传播速度，这个作用可以是光波，也可以是低于光速的其他作用，而固定于参考系 Σ' 上的物体同样可以用来传递作用，因而 v 也可以看作一种作用传播速度. 因此有

$$u < c, \quad v < c \tag{5-3-14}$$

若想颠倒事物发展的前因后果，这时 $t'_2<t'_1$，由式(5-3-2)可知

$$u>\frac{c^2}{v} \tag{5-3-15}$$

这表明，若存在超光速的信号，那么因果律将会被破坏；反过来，若要求因果律不被破坏，那么光速必须是任何信号速度的上限.

根据现有大量实验事实，我们知道真空的光速是物质运动的最大速度，也是一切相互作用传播的极限速度. 在这前提下，相对论时空观完全符合因果律的要求.

5.3.3 类空间隔 同时的相对性

由于类空间隔有 $r>ct$，r 是两事件的空间距离，而相互作用传播速度不超过 c，因此具有类空间隔的两事件不可能用任何方式联系，这样的两个事件绝对远离，它们之间没有因果关系，其先后次序也就失去绝对意义. 用洛伦兹变换式可以直接证明这一点.

设两事件(x_1,t_1)和(x_2,t_2)的间隔类空，$r>ct$. 如果在 Σ 上，$t_2>t_1$，那么在 Σ' 上，由洛伦兹变换，有

$$t'_2-t'_1=\frac{t_2-t_1-\frac{v}{c^2}(x_2-x_1)}{\sqrt{1-\beta^2}} \tag{5-3-16}$$

因间隔类空，$ct<r$，这时 $r\neq0$，不是同一地点的两事件，所以由 $ct<r$，有

$$|t_2-t_1|<\frac{1}{c}|x_2-x_1| \tag{5-3-17}$$

将上式右边乘以一个小于 1 的 v/c，适当选取速度 v，仍能保持不等式成立，即

$$|t_2-t_1|<\frac{v}{c}\frac{1}{c}|x_2-x_1| \tag{5-3-18}$$

例如，若不等式(5-3-17)具体为 $6<9$，选 v，满足 $v/c=0.8<1$，则仍然有不等式 $6<9\frac{v}{c}$，这就与式(5-3-18)类似. 将式(5-3-18)代入式(5-3-16)，得

$$t'_2<t'_1 \tag{5-3-19}$$

另外，当 v 变小到某一值 $\bar{v}$ 时，上述不等式则变为等式

$$|t_2-t_1|=\frac{\bar{v}}{c}\frac{1}{c}|x_2-x_1| \tag{5-3-20}$$

例如，上例中，$\bar{v}/c=2/3$，则有 $6=9\times\frac{2}{3}$. 将式(5-3-20)代入式(5-3-16)，有

$$t''_2=t''_1 \tag{5-3-21}$$

由上面的讨论可以看出，在 Σ 中 $t_2>t_1$ 的两事件：第二个事件在后；在另一参

考系中，可能 $t'_2<t'_1$：第二个事件在前；而在第三个参考系中则可能 $t''_2=t''_1$：两事件同时发生. 这些就是类空间隔的特征. 具有类空间隔的两事件，由于不可能发生因果关系，其时间次序的先后或者同时，都没有绝对意义，因不同参考系而不同.

这一点的确切含义是：如图 5.3.2 所示，在 Σ 参考系中不同地点上对准了的时钟[图 5.3.2(a)]，在另一参考系 Σ′中测量会变得不对准[图 5.3.2(b)]，这就是同时的相对性.

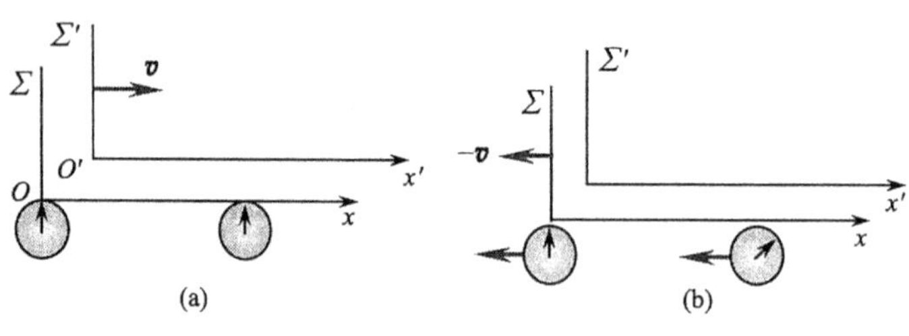

图 5.3.2

5.3.4 运动尺度的缩短

1. 运动尺度的缩短

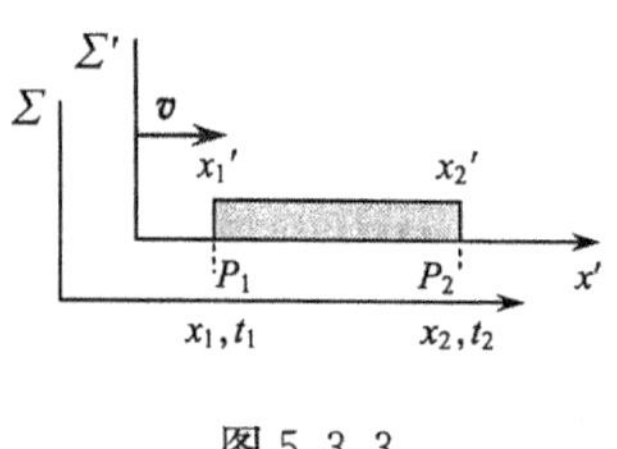

图 5.3.3

现在我们用洛伦兹变换式求运动物体长度与该物体静止长度的关系.

如图 5.3.3，设物体沿 x 轴方向运动，以固定于物体上的参考系为 Σ′. 若物体后端经过 P_1 点(第一事件)与前端经过 P_2 点(第二事件)相对于 Σ 同时，则 $\overline{P_1P_2}$ 定义为 Σ 上测得的该物体的长度.

物体的两端在两参考系中的时空坐标分别为

$$\Sigma:(x_1,t_1),(x_2,t_2)$$

$$\Sigma':(x'_1,t'_1),(x'_2,t'_2)$$

由于物体在运动，如果在 t_1 时刻测量物体后端在 Σ 上的坐标 x_1，在稍后一个时刻测量物体前端在 Σ 上的坐标 x_2，但此时物体后端已经前移，所测物体的长度则会出现偏差. 故在 Σ 上必须同时来测量物体前后两端在 Σ 上的坐标，因此 $t_1=t_2$. 由洛伦兹变换

$$x'_1=\frac{x_1-vt_1}{\sqrt{1-\beta^2}},\quad x'_2=\frac{x_2-vt_2}{\sqrt{1-\beta^2}} \tag{5-3-22}$$

两式相减，得

$$x_2' - x_1' = \frac{x_2 - x_1}{\sqrt{1-\beta^2}} \tag{5-3-23}$$

式中 $x_2 - x_1$ 为 Σ 上测得的物体长度 l（因为坐标 x_1 和 x_2 是在 Σ 上同时测定的），$x'_2 - x'_1$ 为 Σ' 上测得的物体静止长度 l_0，由于物体对 Σ' 静止，所以对测量时刻 t'_1 和 t'_2 没有任何限制.由上式得

$$l = l_0\sqrt{1-\beta^2} < l_0 \tag{5-3-24}$$

即运动物体长度缩短了.运动尺度缩短是时空的基本属性，与物体内部结构无关.

2. 运动尺度缩短的相对性

事实上，运动尺度的缩短是相对的.在 Σ 上观察固定于 Σ' 上的物体长度缩短了，同样，在 Σ' 上观察固定于 Σ 上的物体长度也缩短了.这时要求在 Σ' 上同时测定该物体两端的坐标，即要求 $t'_1 = t'_2$.应用反变换式

$$x_2 = \frac{x_2' + vt_2'}{\sqrt{1-\beta^2}}, \quad x_1 = \frac{x_1' + vt_1'}{\sqrt{1-\beta^2}}$$

$$x_2 - x_1 = \frac{x_2' - x_1'}{\sqrt{1-\beta^2}} \tag{5-3-25}$$

现在 $x_2 - x_1$ 为静止长度 l_0，$x'_2 - x'_1$ 为运动长度 l，因此由上式得

$$l = l_0\sqrt{1 - v^2/c^2} \tag{5-3-26}$$

注意上述两方面并不矛盾，因为式(5-3-24)是在条件 $t_1 = t_2$ 下成立的，而式(5-3-26)则是在条件 $t'_1 = t'_2$ 下成立的.这里，在各自参考系中“同时”进行测量是要点.于是，同时的相对性在这里就起作用了，测量者只能按自己参考系的标准来同时测量运动物体两端的坐标，他测两端坐标的同一时刻从运动参考系看是一定不同时的，故而两个参考系上测量的结果不吻合.

5.3.5 运动时钟的延缓

1. 运动时钟的延缓

现在我们讨论，在不同参考系上观察同一个物理过程，其时间有什么关系？

设某物体内部相继发生两事件(例如分子振动一个周期的始点和终点)，设该物体静止于 Σ' 系中.在此参考系上，两事件所发生的初、末时刻分别为 t'_1 和 t'_2.令

$$\Delta\tau \equiv t_2' - t_1' \tag{5-3-27}$$

由于两事件发生在同一地点 x'，因此两事件的间隔为

$$\Delta s'^2 = c^2(t_2' - t_1')^2 = c^2\Delta\tau^2 \tag{5-3-28}$$

在另一参考系 Σ 上观察，该物体以速度 v 运动，因此第一事件发生的地点 x_1

不同于第二事件发生的地点 x_2. 在 Σ 上两事件的时空坐标分别为($\boldsymbol{x}_1$, t_1), ($\boldsymbol{x}_2$, t_2),则间隔

$$\Delta s^2 = c^2(t_2 - t_1)^2 - (\boldsymbol{x}_2 - \boldsymbol{x}_1)^2 = c^2\Delta t^2 - (\Delta \boldsymbol{x})^2 \tag{5-3-29}$$

由间隔不变性,式(5-3-28)和式(5-3-29)两式右边相等

$$c^2\Delta t^2 - (\Delta \boldsymbol{x})^2 = c^2\Delta\tau^2 \tag{5-3-30}$$

但 $|\Delta \boldsymbol{x}|/\Delta t = v$ 为该物体相对于 Σ 的运动速度,因此上式为

$$c^2\Delta t^2 - v^2\Delta t^2 = c^2\Delta\tau^2$$

即

$$\Delta t = \frac{\Delta\tau}{\sqrt{1-\beta^2}} > \Delta\tau \tag{5-3-31}$$

式中 $\Delta\tau$ 为该物体在静止坐标系中测出的时间,称为该物理过程的固有时或原时,而 Δt 为在另一参考系 Σ 上测得同一物理过程的时间,在 Σ 上看到物体以速度 v 运动. 由上式,$\Delta t > \Delta\tau$ 表示运动物体上发生的自然过程(Δt)比起该物体静止时的物理过程($\Delta\tau$)进行得缓慢. 物体运动速度愈大,所观测到的它的内部物理过程进行得愈缓慢. 这就是说,一物理过程当静止时可能只进行一年,但当运动起来后,此过程却进行得缓慢,可能是十年或者廿年. 这就是时间延缓效应. 这种效应是时空的基本属性引起的,与时钟的具体结构无关.

2. 时钟延缓效应的相对性

当局限于匀速运动时,时钟延缓效应是相对效应. 参考系 Σ 上看到固定于 Σ' 上的时钟变慢;同样,参考系 Σ' 上也看到固定于 Σ 上的时钟变慢.

下面说明时钟变慢指的是什么!

如图 5.3.4(a),在 Σ 系上相距为 l 的两点上有对准了的时钟 C_1 和 C_2,指针都指在"0"点,在 Σ 系上观察以速度 v 运动的时钟 C'. 设当 C' 经过 C_1 时,其指针也指在"0"点(需要交代的是,由于两参考系中的时钟位置对齐了,因此无论从哪个参考系观察 C'、C_1 两个钟都指在"0"点),当 C' 经过 C_2 时,Σ 系上钟的指针都指着时刻 l/v,如图 5.3.4(b). 在 Σ 上看,由于 C' 在运动,所以 C' 的指针指着 τ,由于 τ 为固有时,有

$$\frac{l}{v} = \frac{\tau}{\sqrt{1-\beta^2}} > \tau \tag{5-3-32}$$

于是 $\tau < l/v$. 这说明在 Σ 系上看到运动时钟 C' 变慢.

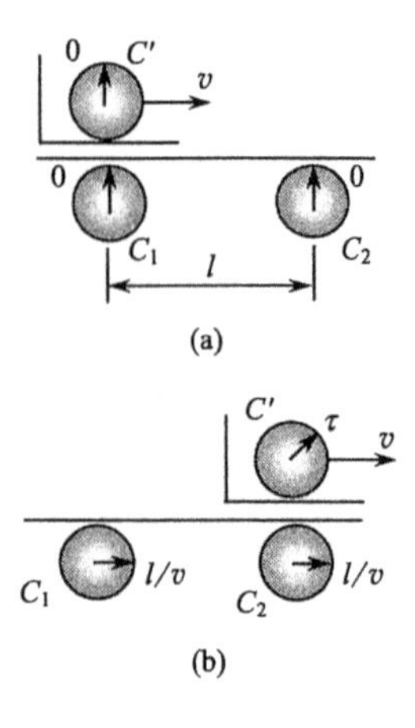

(a)　(b)

图 5.3.4

因此,讨论时钟延缓效应,是指对于同一物理过程,

将固联于两参考系上的时钟进行比较.

现在存在这么一个问题,Σ'上看到C_2所指的读数l/v大于固定在自己参考系上的时钟C'所指的读数τ,这是否意味着Σ'上看到Σ系上的时钟变快了呢?答案是否定的,下面我们说明这一点.

如图5.3.5所示是Σ'上所看到的情况.开始时C'与C_1同时指着时刻“0”.但由于同时的相对性,原来在Σ系上对准了的时钟C_1和C_2,在Σ'系上看来不是对准的,这是因为C'和C_2不在同一地点.

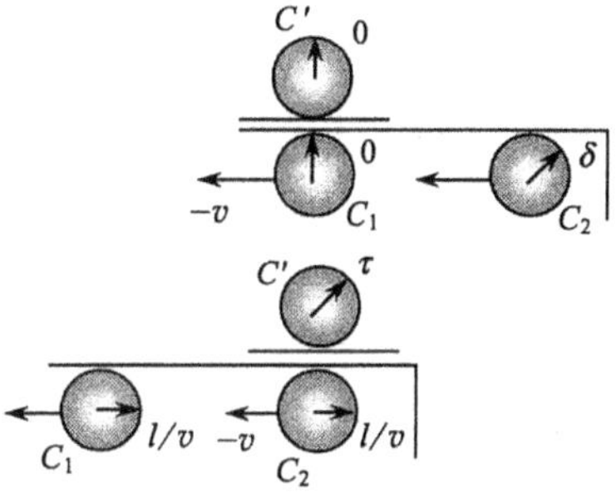

图5.3.5

在Σ'上看:C_1指“0”时,C_2指δ. δ可由洛伦兹变换求出. C_2指δ这事件在Σ上的坐标为$x=l,t=\delta$;在Σ'上:$x'_2=l\sqrt{1-\beta^2}$,$t'_2=0$,由洛伦兹变换:$\delta=\dfrac{t'_2+\frac{v}{c^2}x'_2}{\sqrt{1-\beta^2}}$,即

$$\delta=\frac{0+\frac{v}{c^2}l\sqrt{1-\beta^2}}{\sqrt{1-\beta^2}}=\frac{v}{c^2}l \tag{5-3-33}$$

在Σ'上看到C_2经过C'时,C'指τ,C_2指l/v,但由于C_2是从δ开始,因此Σ'上看到C_2所经过的时间为

$$\frac{l}{v}-\delta=\frac{l}{v}-\frac{vl}{c^2}=\tau\sqrt{1-\beta^2}<\tau \tag{5-3-34}$$

即Σ'上看到C_2同样是变慢的.

注:只有两个惯性系的时钟相互对齐时,它们才相互承认对方钟的读数.

按照对图5.3.5的计算,与C_2时钟对应的x'_2愈大时,C_2时钟的读数δ就会愈大.这样当在Σ'中测量,Σ'上各处的时钟读数相同时,Σ系上时钟的读数各不相同:沿x轴正向,一个比一个超前;沿x轴负向,一个比一个落后,如图5.3.6(a)所示.

类似地当在Σ中测量,Σ上各处的时钟读数相同时,Σ'系上时钟的读数各不相

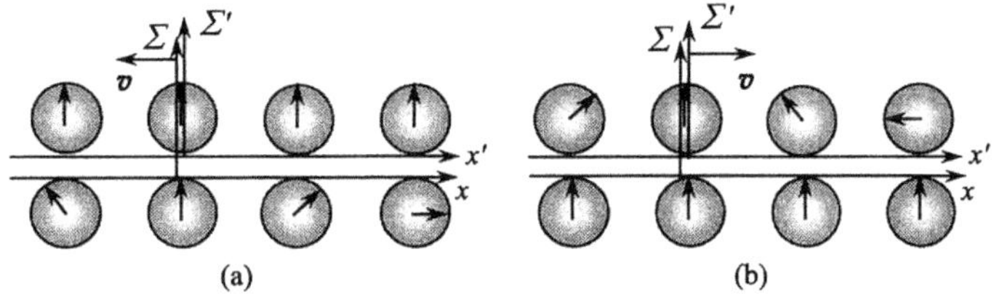

图5.3.6

同:沿 x 轴正向,一个比一个落后;沿 x 轴负向,一个比一个超前,如图 5.3.6(b)所示.

在有加速运动情形,时间延缓导致绝对的物理效应. 当一个时钟绕闭合路径作加速运动最后返回原地时,它所经历的总时间小于在原地点静止时钟所经历的时间. 这效应通常称为**双生子佯谬**.

事实上,时钟只是一个显示时间的工具,时间延缓效应对任何一个物理过程都有效. 例如,运动中的不稳定粒子的衰变比静止时慢,运动物体内的热扩散比静止时慢,等等. 这些才是动钟变慢的物理内涵.

5.3.6 "尺缩"、"钟慢"的实验证明

在我们日常生活中,如果说动尺缩短和动钟变慢,那简直是不可思议的,有谁见过? 究其原因,这是经验所涉及的速度太低的缘故.

在高能实验室中,把微观粒子加速到接近光速 c 早已不是困难的事情,与尺缩钟慢相关的现象在高能物理实验中是经常发生的.

例如不稳定粒子(如 π^+ 介子等)静止时有一定平均寿命. 当它们高速运动时,测得的平均寿命可以比静止时大得多. 用 π^+ 介子做的实验很好地验证了时间延缓效应.

π^+ 介子的静能 $E_0=mc^2$ 为 0.14GeV,现代加速器已能产生 10GeV 的 π^+ 介子. 在本章的第六节将论证,这时其速度 v 满足

$$\gamma=\left(1-\frac{v^2}{c^2}\right)^{-1/2}=\frac{E}{E_0}=71$$

由此算出 $v=0.999902c$,非常接近光速. 式中 E 为 π^+ 介子以速度 v 运动时所具有的能量.

π^+ 介子衰变时,其粒子数 N 的变化规律为

$$N=N_0\mathrm{e}^{-t/\tau}$$

其中 τ 是其寿命. 实验测定,静止或低速运动 π^+ 介子的平均寿命为 $\tau_0=2.56\times10^{-8}\mathrm{s}$.

动钟变慢意味着高速飞行的 π^+ 介子寿命延长. 当其速度为 v 时,寿命延长为

$$\tau=\gamma\tau_0$$

在 γ 达到 71 时,寿命将延长为 $\tau=1.83\times10^{-6}\mathrm{s}$,这是需要实验加以检验的. 现在我们讨论,在粒子加速器某处产生了 N 个 $\gamma=71$ 的高速 π^+ 介子,当它飞过 8 米长的管道后,粒子数还有多少?

先从实验室参考系来分析,π^+ 介子飞行的时间为 $2.64\times10^{-8}\mathrm{s}$. 若寿命没有延长,所剩粒子的百分数为

$$\frac{N}{N_0}=\exp\left(-\frac{2.64\times10^{-8}}{2.56\times10^{-8}}\right)\simeq 36\%$$

而按钟慢预言的寿命，所剩粒子的百分数为

$$\frac{N}{N_0}=\exp\left(-\frac{2.64\times10^{-8}}{1.83\times10^{-6}}\right)=98.5\%$$

这两个结果显著得可以用实验来鉴别！从这个层面上讲，动钟变慢效应是已充分为实验所证实.

前面曾经提过，尺缩与钟慢本质上都是同时相对性的表现，尺缩与钟慢是相互关联的. 本例既是钟慢效应的证据，也是尺缩效应的证据. 为此，我们在随 π^+ 介子飞行的 Σ' 系来分析. 在 Σ' 系中，π^+ 介子是静止的，其寿命为 $\tau_0=2.56\times10^{-8}$s. 然而那根 8 米长的管道却相对于 π^+ 介子以速率 $-v$ 向相反方向飞去. 倘若没有动尺的缩短效应，管道经过某个 π^+ 介子的时间仍为 2.64×10^{-8}s，因此管道飞过后所剩粒子的百分数仍旧是 36%. 当考虑到尺缩效应时，管道在 Σ' 系中的长度已缩为

$$l=l_0/\gamma\simeq11.3\text{cm}$$

它飞过所用时间相应地减小到 $t=l/v=3.8\times10^{-10}$s，因此飞过后所剩粒子的百分数为

$$\frac{N}{N_0}=\exp\left(-\frac{3.8\times10^{-10}}{2.56\times10^{-8}}\right)=98.5\%$$

此结果与上述在实验室参考系中的结果一致. 由于剩下多少粒子是可观测的实验事实，它不会与分析问题时所用的参考系有关应该在意料之中. 这样，同一个实验既检验了尺缩效应又检验了钟慢效应.

双生子佯谬

1. 问题

地球上有一对孪生兄弟. 兄乘飞船以 $0.8c$ 的速率飞向离地球 8 光年的某天体. 到达后马上调头以同样的速率返回地球与弟相遇. 问此时两人的年龄各为多少？

2. 讨论

$c=1$ 光年/年. 在弟看来，飞船往返所花的时间为

$$\Delta t=\frac{2\times8\text{ 光年}}{0.8c}=\frac{2\times8\text{ 光年}}{0.8\text{ 光年 / 年}}=20\text{ 年}$$

与此同时，飞船上的钟只走了：$\Delta t'=\Delta\tau=\Delta t\sqrt{1-\beta^2}=20$ 年$\times0.6=12$ 年.

相遇之后，弟认为兄年轻.

由于钟慢是相对的，相遇之后，兄认为弟年轻.

但是两人相逢在一起，谁年轻谁年长应该是客观的，因而上述结果就是一个矛盾，这就是谬. 但这是个“佯”谬，假谬论. 矛盾的根源在于兄到达某天体以后马上调头. 既然马上调头，那么飞船在整个过程中就不能始终是一个惯性系，而应该是一个加速系. 处理加速系中的问题要用到广义相对论 GR. 但由于在本问题中，飞船的往返的两个阶段均为惯性系，因此可用狭义相对论 SR 来处理. 可以得出兄比弟绝对年轻.

3. 分析计算

为表示方便，取24年转一圈的钟.

Σ系（弟）观点

a：

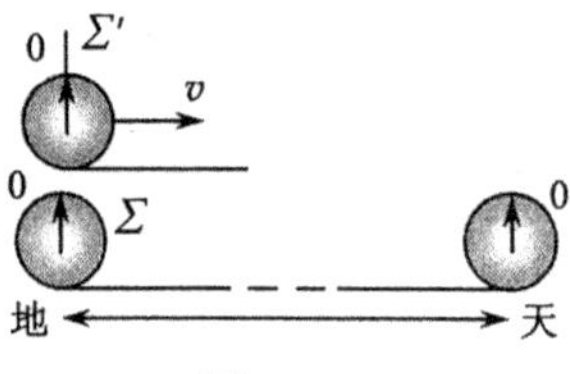

图 5.3.7

$v=0.8c=0.8$ 光年/年

b：

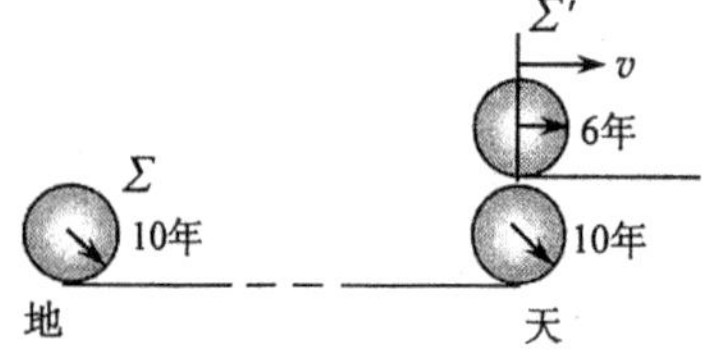

图 5.3.9

$\Delta t=l_0/v=8/0.8=10$(年)

$\Delta t'=\Delta\tau=\Delta t\sqrt{1-\beta^2}=10\times0.6=6$(年)

c：同 b

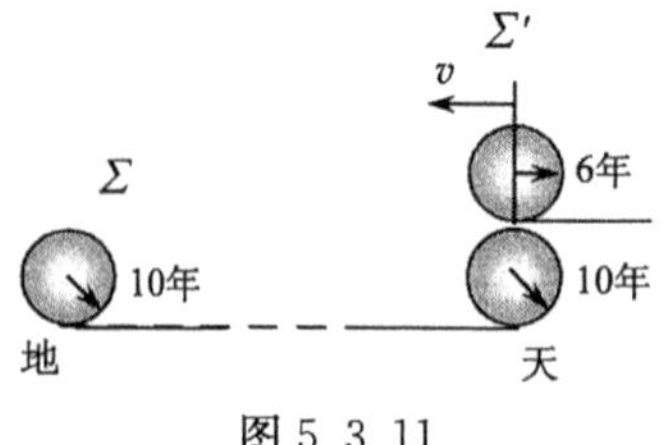

图 5.3.11

Σ'系（兄）观点

a'：

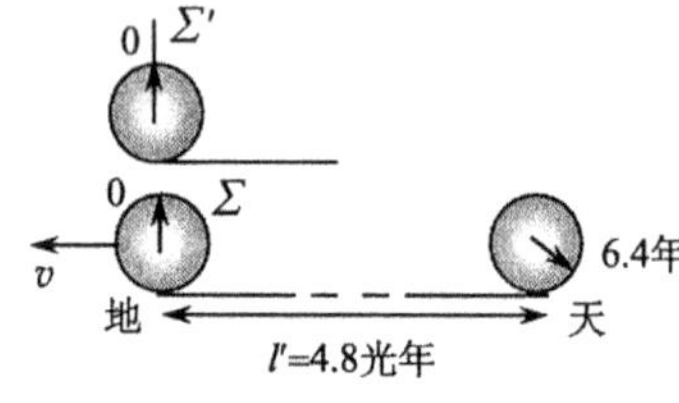

图 5.3.8

$$t'=\frac{t_{天}-(v/c^2)x_{天}}{\sqrt{1-\beta^2}}=0$$

$t_{天}=(v/c^2)x_{天}=(0.8/1)\times8=6.4$ 年

$l'=l_0\sqrt{1-\beta^2}=8\times0.6=4.8$(光年)

b'：(船到达天体，调头前)

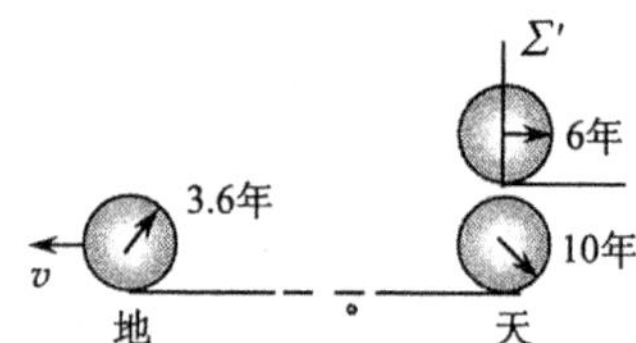

图 5.3.10

$\Delta t'=l'/v=4.8/0.8=6$(年)

$\Delta t=\Delta\tau=6\times0.6=3.6$(年)

$t_{地}=3.6$(年)

$t_{天}=6.4+3.6=10$(年)

c'：(调头后)

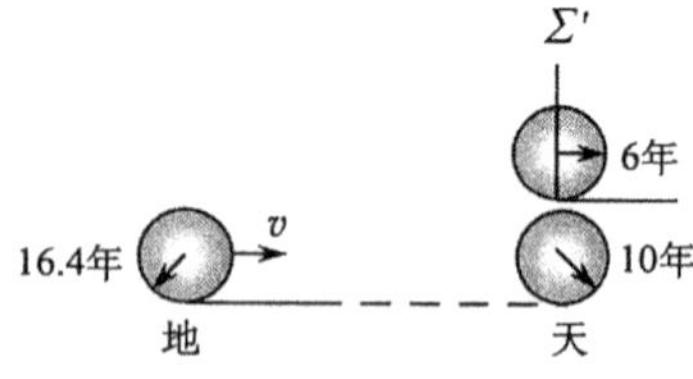

图 5.3.12

$$t''=\frac{t_{地}+(v/c^2)x_{地}}{\sqrt{1-\beta^2}}$$

$$t''=\frac{t_{天}+(v/c^2)x_{天}}{\sqrt{1-\beta^2}}$$

d:同 b 的计算

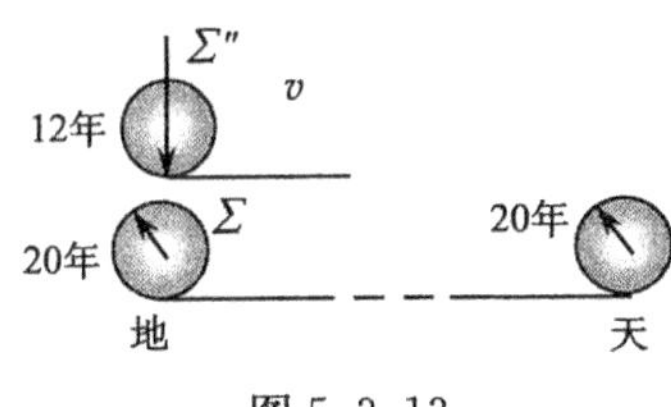

图 5.3.13

$\Delta t=10$ 年

$\Delta t''=6$ 年

$t''=6+6=12$(年)

$t_{地}=t_{天}=2\Delta t=20$(年)

消去 t'',得:

$t_{地}-t_{天}=(v/c^2)(x_{天}-x_{地})$

$\quad=(0.8/1)\times 8=6.4$(年)

因为 $t_{天}=10$ 年

所以 $t_{地}=16.4$ 年

在飞船调头的一瞬间,兄观察到弟的年龄突然增长了 16.4−3.6=12.8(年)

d':同 b'的计算

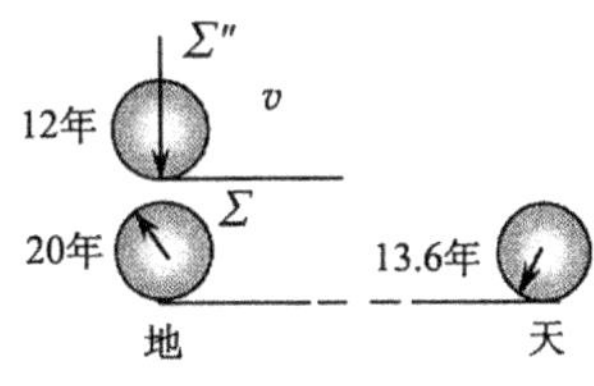

图 5.3.14

$\Delta t''=6$ 年,$t''=6+6=12$(年)

$\Delta t=3.6$ 年

$t_{地}=16.4+3.6=20$(年)

$t_{天}=10+3.6=13.6$(年)

两人相逢时都认为弟比兄老了 20−12=8(年).

4. 一般表达式

兄认为弟的年龄增长为

$$\frac{l'}{v}\sqrt{1-\beta^2}+2\frac{v}{c^2}l+\frac{l'}{v}\sqrt{1-\beta^2}=\frac{2l}{v}$$

弟自己的年龄增长为

$$2\frac{l'}{v}=2\frac{l}{v}\sqrt{1-\beta^2}$$

所以弟比兄大

$$2\frac{l}{v}-2\frac{l}{v}\sqrt{1-\beta^2}=20-12=8(\text{年})$$

5.3.7 速度变换公式

我们说光速不因参考系而变,并且物体速度的合成不依从经典的合成法则,这并不是说,光速不能进行速度的合成!下面来看看在相对论中速度是如何合成的.

1. 正变换式

设物体在 Σ 中的速度分量为

$$u_x=\frac{\mathrm{d}x}{\mathrm{d}t},\quad u_y=\frac{\mathrm{d}y}{\mathrm{d}t},\quad u_z=\frac{\mathrm{d}z}{\mathrm{d}t} \tag{5-3-35}$$

Σ'相对于Σ沿x轴方向以速度v运动. 由洛伦兹变换

$$x' = \frac{x - vt}{\sqrt{1-\beta^2}}, \quad t' = \frac{t - \frac{v}{c^2}x}{\sqrt{1-\beta^2}}$$

两式取微分

$$\mathrm{d}x' = \frac{\mathrm{d}x - v\mathrm{d}t}{\sqrt{1-\beta^2}} = \frac{u_x - v}{\sqrt{1-\beta^2}}\mathrm{d}t \tag{5-3-36}$$

$$\mathrm{d}t' = \frac{\mathrm{d}t - \frac{v}{c^2}\mathrm{d}x}{\sqrt{1-\beta^2}} = \frac{1 - \frac{vu_x}{c^2}}{\sqrt{1-\beta^2}}\mathrm{d}t \tag{5-3-37}$$

式(5-3-36)与式(5-3-37)相除得

$$u'_x = \frac{\mathrm{d}x'}{\mathrm{d}t'} = \frac{u_x - v}{1 - \frac{vu_x}{c^2}} \tag{5-3-38}$$

同样可以求得

$$u'_y = \frac{\mathrm{d}y'}{\mathrm{d}t'} = \frac{u_y\sqrt{1-\beta^2}}{1 - \frac{vu_x}{c^2}} \tag{5-3-39}$$

$$u'_z = \frac{\mathrm{d}z'}{\mathrm{d}t'} = \frac{u_z\sqrt{1-\beta^2}}{1 - \frac{vu_x}{c^2}} \tag{5-3-40}$$

这就是相对论速度正变换公式,它将物体在Σ系中速度的各分量变换到Σ'系.

2. 反变换式

我们亦可以从洛伦兹反变换式出发,用上面一样的方法得到速度的反变换式. 然而更简便的方法是将上述表达式中的v换成$-v$即可

$$u_x = \frac{u'_x + v}{1 + \frac{vu'_x}{c^2}}, \quad u_y = \frac{u'_y\sqrt{1-\beta^2}}{1 + \frac{vu'_x}{c^2}}, \quad u_z = \frac{u'_z\sqrt{1-\beta^2}}{1 + \frac{vu'_x}{c^2}} \tag{5-3-41}$$

此式将物体在Σ'系中速度的各分量变换到Σ系.

3. 非相对论极限

当$v \ll c$, $|\boldsymbol{u}| \ll c$时,有

$$u_x \simeq u'_x + v, \quad u_y \simeq u'_y, \quad u_z \simeq u'_z$$

即过渡到经典变换公式.

4. 物体的运动速度在任何参考系中都不大于 c

1) 经典合成

若 $v>\frac{c}{2}$, $u'_x>\frac{c}{2}$,则 $u_x=u'_x+v>c$;但在 $v>\frac{c}{2}$、$u'_x>\frac{c}{2}$时不能进行经典合成!

2) 相对论合成

若 u'_x、v 都接近于 c,但都小于 c,则合成后仍小于 c! 例如:$v=0.9c$, $u'_x=0.9c$,

$$u_x=\frac{u'_x+v}{1+vu'_x/c^2}=\frac{0.9c+0.9c}{1+(0.9c)^2/c^2}=\frac{1.8c}{1.81}<c$$

3) 若 $u'_x=c$,则不论 v 的数值等于多少($v\leqslant c$),永远有 $u_x=c$.

$$u_x=\frac{u'_x+v}{1+vu'_x/c^2}=\frac{c+v}{1+vc/c^2}=c$$

5.4 相对论理论的四维形式

相对性原理要求一切惯性参考系都是等价的. 或者说,在不同惯性系中,一切物理规律应该可以各自表为相同的形式. 这个性质称为方程的**协变性**. 如果表示物理规律的方程是协变的话,它就满足相对性原理的要求.

那么,如何体现方程的协变性呢? 相应的物理量应该具有什么形式呢? 本节就来回答这些问题.

1907 年,俄国著名科学家**闵可夫斯基**从"时间不是绝对的,时间与空间是一个不可分割的整体"的观念出发,引入**四维复欧氏空间**来描述这个统一的四维空间,后人称之为**闵可夫斯基空间**,简称**四维空间**. 上一节中我们已经讨论过时空的结构,现在进一步把四维时空理论用简洁的四维形式表示出来,利用这种形式可以很清楚地显示出一些物理量之间的内在联系,并且可以把相对性原理用非常简明的形式表达出来.

5.4.1 四维空间的正交变换

1. 二维平面上的转动

为了便于叙述四维时空变换,我们首先从二维平面上的转动着手讨论.

如图 5.4.1,设坐标系 $\Sigma'(x',y')$相对于坐标系$\Sigma(x,y)$转了一个角度 θ. 设平

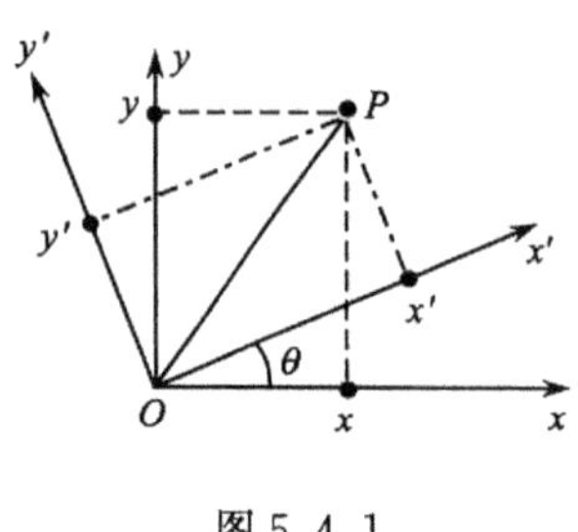

图 5.4.1

面上一点 P 在两坐标系 Σ 和 Σ' 中的坐标分别为 (x, y) 和 (x', y')，由作辅助线可得新、旧坐标之间有变换关系为

$$x' = x\cos\theta + y\sin\theta \tag{5-4-1}$$

$$y' = -x\sin\theta + y\cos\theta \tag{5-4-2}$$

$\overline{OP}$ 长度平方为

$$\overline{OP}^2 = x^2 + y^2 = x'^2 + y'^2 = \text{不变量} \tag{5-4-3}$$

满足这个关系式的二维平面上的线性变换称为**正交变换**. 坐标系转动属于正交变换.

令 $x_1 = x, x_2 = y, x'_1 = x', x'_2 = y'$，则上述三式可以写成为

$$x'_1 = a_{11}x_1 + a_{12}x_2 \tag{5-4-4}$$

$$x'_2 = a_{21}x_1 + a_{22}x_2 \tag{5-4-5}$$

$$\overline{OP}^2 = x_1^2 + x_2^2 = x_1'^2 + x_2'^2 = \text{不变量} \tag{5-4-6}$$

式(5-4-4)和式(5-4-5)中的 a_{ij} 称为**变换系数**.

我们可以认为 (x, y)，(x', y') 是某矢量在两坐标系中的分量，因此矢量分量的变换按上述三式进行. 由上述各式，任意矢量的变换与坐标变换具有相同形式.

2. 三维坐标系转动

设 Σ 系直角坐标为 (x_1, x_2, x_3)，Σ' 系直角坐标为 (x'_1, x'_2, x'_3). 由式(5-4-4)～(5-4-6)，三维坐标线性变换一般具有形式

$$x'_1 = a_{11}x_1 + a_{12}x_2 + a_{13}x_3 \tag{5-4-7}$$

$$x'_2 = a_{21}x_1 + a_{22}x_2 + a_{23}x_3 \tag{5-4-8}$$

$$x'_3 = a_{31}x_1 + a_{32}x_2 + a_{33}x_3 \tag{5-4-9}$$

坐标系转动时距离保持不变

$$x_1'^2 + x_2'^2 + x_3'^2 = x_1^2 + x_2^2 + x_3^2 = \text{不变量} \tag{5-4-10}$$

满足此式的线性变换称为正交变换. 空间转动属于正交变换，系数 a_{ij} 依赖于转动轴和转动角.

利用作和符号，式(5-4-7)～(5-4-9)可以统一写成

$$x'_i = \sum_{j=1}^{3} a_{ij}x_j, \qquad i = 1,2,3 \tag{5-4-11}$$

其中作和下标 j 称为**哑指标**，不作和下标 i 称为**自由指标**. 显然，表达式的同一项中哑指标与自由指标不能相同. 指标 j 重复并从 1 到 3 求和的这种运算称为**指标**

收缩. 指标 j 收缩后,上式右边再不剩下指标 j.

在一般情形中,当公式中出现重复下标时(如上式右边的 j),往往都要对该指标求和. 以后为了书写简便起见,我们省去求和符号. 除特别声明外,凡有重复下标时都意味着要对它求和. 这称为**爱因斯坦求和约定**. 因此变换式(5-4-11)可简写为

$$x'_i = a_{ij}x_j \tag{5-4-12}$$

此式将 Σ 系中的坐标变换为 Σ' 系中的坐标,称为正变换. 正交条件式(5-4-10)则为

$$x'_i x'_i = x_i x_i = \text{不变量} \tag{5-4-13}$$

由正交条件可得对变换系数 a_{ij} 的限制条件. 把 $x'_i = a_{ij}x_j$ 代入式(5-4-13)的左边,得

$$a_{ij}x_j a_{ik}x_k = x_k x_k = \delta_{jk}x_j x_k$$

注意作和指标是可以任意更改的,例如上面的 $x_i x_i = x_k x_k$;还利用到了 δ 符号的挑选性:$\delta_{jk}x_j = x_k$. 比较此式两边的系数,可得**正交变换条件**

$$a_{ij}a_{ik} = \delta_{jk} \tag{5-4-14}$$

把式(5-4-12)两边同乘以 a_{il} 然后对 i 求和,用正交条件式(5-4-14),得

$$a_{il}x'_i = a_{il}a_{ij}x_j = \delta_{lj}x_j = x_l$$

由此得反变换式

$$x_l = a_{il}x'_i \tag{5-4-15}$$

此式将 Σ' 系中的坐标变换为 Σ 系中的坐标.

坐标变换式(5-4-12)中的变换系数可以写成矩阵形式

$$(a_{ij}) = \begin{pmatrix} a_{11} & a_{12} & a_{13} \\ a_{21} & a_{22} & a_{23} \\ a_{31} & a_{32} & a_{33} \end{pmatrix} \tag{5-4-16}$$

转置矩阵 $\tilde{a}$ 定义为

$$\tilde{a}_{ij} \equiv a_{ji} \tag{5-4-17}$$

于是正交变换条件式(5-4-14)为

$$a_{ij}a_{ik} = \tilde{a}_{ji}a_{ik} = \delta_{jk}$$

可用矩阵乘法写为

$$\tilde{a}a = I \tag{5-4-18}$$

式中 I 为单位矩阵.

3. 四维坐标系转动

取

$$x_1 = x,\quad x_2 = y,\quad x_3 = z,\quad x_4 = \mathrm{i}ct \tag{5-4-19}$$

作为四维直角坐标系，由此建立的四维复欧氏空间就是闵可夫斯基空间. 这样，坐标分别取$(x,y,z,\mathrm{i}ct)$和$(x',y',z',\mathrm{i}ct')$的四维空间就各自对应着惯性参考系 Σ 和Σ'.

与三维空间中的情形类似，我们引入**四维位置矢量**为

$$x_\mu = (x_1,x_2,x_3,x_4) = (\boldsymbol{x},\mathrm{i}ct) \tag{5-4-20}$$

通常称 $\boldsymbol{x}$ 为 x_μ 的**空间分量**，第四分量 $\mathrm{i}ct$ 为 x_μ 的**时间分量**.

利用简写符号 $\beta\equiv v/c,\gamma\equiv 1/\sqrt{1-\beta^2}$，洛伦兹变换式(5-2-25)～(5-2-28)可改写为

$$x_1' = \gamma x_1 + \mathrm{i}\gamma\beta x_4,\quad x_2' = x_2,\quad x_3' = x_3,\quad x_4' = -\mathrm{i}\gamma\beta x_1 + \gamma x_4 \tag{5-4-21}$$

式(5-4-21)可按矩阵乘法法则写成如下形式：

$$\begin{pmatrix} x_1' \\ x_2' \\ x_3' \\ x_4' \end{pmatrix} = \begin{pmatrix} a_{11} & a_{12} & a_{13} & a_{14} \\ a_{21} & a_{22} & a_{23} & a_{24} \\ a_{31} & a_{32} & a_{33} & a_{34} \\ a_{41} & a_{42} & a_{43} & a_{44} \end{pmatrix} \begin{pmatrix} x_1 \\ x_2 \\ x_3 \\ x_4 \end{pmatrix} = \begin{pmatrix} \gamma x_1 + \mathrm{i}\gamma\beta x_4 \\ x_2 \\ x_3 \\ -\mathrm{i}\gamma\beta x_1 + \gamma x_4 \end{pmatrix} \tag{5-4-22}$$

其中不为零的矩阵元为

$$a_{11} = \gamma,\quad a_{14} = \mathrm{i}\gamma\beta,\quad a_{22} = 1,\quad a_{33} = 1,\quad a_{41} = -\mathrm{i}\gamma\beta,\quad a_{44} = \gamma \tag{5-4-23}$$

这样，描述四维空间转动的变换矩阵可以写为

$$a = (a_{\mu\nu}) = \begin{pmatrix} \gamma & 0 & 0 & \mathrm{i}\beta\gamma \\ 0 & 1 & 0 & 0 \\ 0 & 0 & 1 & 0 \\ -\mathrm{i}\beta\gamma & 0 & 0 & \gamma \end{pmatrix} \tag{5-4-24}$$

间隔不变量则写成

$$x_\mu' x_\mu' = x_\nu x_\nu = \text{不变量} \tag{5-4-25}$$

式中希腊字母 μ、ν 取值 1～4. 由式(5-4-22)，洛伦兹变换是满足间隔不变的四维时空线性变换

$$x_\mu' = a_{\mu\nu} x_\nu \tag{5-4-26}$$

与得到三维空间的逆变换表达式类似，可得洛伦兹逆变换表达式为

$$x_\mu = a_{\nu\mu} x_\nu' = \tilde{a}_{\mu\nu} x_\nu' \tag{5-4-27}$$

逆变换的变换矩阵为

$$a^{-1}=\tilde{a}=\begin{pmatrix}\gamma & 0 & 0 & -\mathrm{i}\beta\gamma\\ 0 & 1 & 0 & 0\\ 0 & 0 & 1 & 0\\ \mathrm{i}\beta\gamma & 0 & 0 & \gamma\end{pmatrix} \tag{5-4-28}$$

由式(5-4-24)和式(5-4-28),容易验证式(5-4-24)变换矩阵满足正交条件

$$\tilde{a}a=I$$

4. 洛伦兹变换与三维坐标转动的比较

1) 区别

(1) 三维空间(x,y,z)	四维时空(x,y,z,ict)
(2) 坐标系转动	惯性系的相对运动

2) 相似处

(1) 不变量

三维:坐标系转动是距离不变的	四维:洛伦兹变换是间隔不变的
$x_1'^2+x_2'^2+x_3'^2=x_1^2+x_2^2+x_3^2=$不变量	$x_1'^2+x_2'^2+x_3'^2+x_4'^2$ $=x_1^2+x_2^2+x_3^2+x_4^2=$不变量
$x'_i x'_i=x_j x_j$, $i,j=1,2,3$	$x'_\mu x'_\mu=x_\mu x_\mu=$不变量 $\mu,\nu=1,2,3,4$

(2) 都是线性变换

$x'_i=a_{ij}x_j$	$x'_\mu=a_{\mu\nu}x_\nu$

由此,洛伦兹变换形式上可以看作四维空间的"转动",因而三维正交变换的关系可以形式上推广到洛伦兹变换中去.光速不变假设保证了闵可夫斯基四维时空中的距离(间隔)在时空转动下保持不变.

5.4.2 物理量的分类 *n* 阶张量

为了下面讨论问题的方便,这里来将物理量进行分类.这种分类是根据物理量在空间转动下的变换性质来分类成各阶张量的.

1. 标量(零阶张量,不变量)

有些物理量在空间中没有取向关系,当坐标系转动时,这些物理量保持不变.这类物理量称为标量或零阶张量、不变量.如质量、电荷等都是标量.在四维空间中则称为**洛伦兹标量**.

显然,由间隔的定义式(5-3-2),间隔

$$\mathrm{d}s^2=-\mathrm{d}x_\mu\mathrm{d}x_\mu=-(\mathrm{d}x_1^2+\mathrm{d}x_2^2+\mathrm{d}x_3^2+\mathrm{d}x_4^2) \tag{5-4-29}$$

为洛伦兹标量. 由固有时的定义,固有时

$$d\tau = \frac{1}{c}ds \tag{5-4-30}$$

也是洛伦兹标量.

设在 Σ 系中某标量用 b 表示,在转动后的 Σ' 系中用 b' 表示. 由标量不变性有

$$b' = b$$

2. 矢量(一阶张量)

有些物理量在空间中有一定的取向,这种物理量用三个分量表示,当空间坐标按 $x'_i = a_{ij}x_j$ 作转动变换时,该物理量的三个分量按同一方式变换. 这类物理量称为矢量.

以 $\boldsymbol{V}$ 代表矢量,它在 Σ 坐标系中的分量为 V_i,在转动后的 Σ' 系中的分量为 V'_i. 于是矢量变换关系为

$$V'_i = a_{ij}V_j \tag{5-4-31}$$

但是,按照这种分类,电场强度和磁场强度却不是矢量,而是张量,这在后面要详细讨论.

按照这种分类,微分算符 ∇ 也具有矢量性. ∇ 算符在 Σ 中的分量为 $\partial/\partial x_i$,在 Σ' 系中的分量为 $\partial/\partial x'_i$. 由复合函数求导法则和反变换式(5-4-15),可得

$$\frac{\partial}{\partial x'_i} = a_{ij}\frac{\partial}{\partial x_j} \tag{5-4-32}$$

与矢量的分量变换相同,因此 ∇ 算符是一个矢量算符.

类似地,四维矢量要用 $4^1=4$ 个分量表示,当空间坐标按 $x'_\mu = a_{\mu\nu}x_\nu$ 作转动变换时,该物理量的四个分量按同一方式变换. 这类物理量称为四维矢量.

以 A_μ 代表这一类四维矢量,它在 Σ 坐标系中的分量为 A_μ,在转动后的 Σ' 系中的分量为 A'_μ. 于是四维矢量变换关系为

$$A'_\mu = a_{\mu\nu}A_\nu \tag{5-4-33}$$

显然,四维位矢 x_μ 是四维矢量. 今后遇到的四维速度 U_μ,四维波矢量 k_μ,四维电流密度矢量 J_μ,四维势矢量 A_μ,四维动量 p_μ,四维力 K_μ 等等都是四维矢量.

在三维空间中有微商算符 $\nabla = \left(\frac{\partial}{\partial x}, \frac{\partial}{\partial y}, \frac{\partial}{\partial z}\right)$,相应地在四维空间中定义四维微商算符

$$\frac{\partial}{\partial x_\mu} = \left(\nabla, \frac{1}{ic}\frac{\partial}{\partial t}\right) \tag{5-4-34}$$

按照上述分类,$\frac{\partial}{\partial x_\mu}$ 也是四维矢量,证明如下:

$\frac{\partial}{\partial x_\mu}$的变换

$$\frac{\partial}{\partial x'_\mu} = \frac{\partial}{\partial x_\nu} \frac{\partial x_\nu}{\partial x'_\mu} \tag{5-4-35}$$

与得到式(5-4-32)类似，$\frac{\partial x_\nu}{\partial x'_\mu}=a_{\mu\nu}$，于是式(5-4-35)成为

$$\frac{\partial}{\partial x'_\mu} = a_{\mu\nu} \frac{\partial}{\partial x_\nu} \tag{5-4-36}$$

这与四维矢量的变换性质相同，故$\frac{\partial}{\partial x_\mu}$是四维矢量.

1）物体的位移 $\mathrm{d}x_\mu$ 为四维矢量

证明 因为 $x'_\mu=a_{\mu\nu}x_\nu$，所以 $\mathrm{d}x'_\mu=a_{\mu\nu}\mathrm{d}x_\nu$，与坐标有相同变换关系.

2）四维速度矢量 U_μ

定义

$$U_\mu = \frac{\mathrm{d}x_\mu}{\mathrm{d}\tau} \tag{5-4-37}$$

因 $\mathrm{d}x_\mu$ 为四维矢量，$\mathrm{d}\tau$ 为标量，所以 U_μ 是一个四维矢量. 但是，应当注意，通常意义下的速度 $u_i=\frac{\mathrm{d}x_i}{\mathrm{d}t}$不是四维速度矢量的分量. 因为当坐标系变换时，$\mathrm{d}x_i$ 按四维矢量的分量变换，但 $\mathrm{d}t$ 也要发生变化，因此 u_i 不按四维矢量的方式变换. 牛顿力学中的速度 u_i 是用 Σ 系中的时间量度的位移变化率，而 U_μ 是用固有时量度的位移变化率.

下面来求四维速度的分量. 设物体运动速度为 $\boldsymbol{u}$，由间隔不变，对于此运动物体，有

$$c^2\mathrm{d}\tau^2 = c^2\mathrm{d}t^2 - (\mathrm{d}\boldsymbol{x})^2 = c^2\mathrm{d}t^2(1 - u^2/c^2)$$

所以

$$\frac{\mathrm{d}t}{\mathrm{d}\tau} = \frac{1}{\sqrt{1-u^2/c^2}} \equiv \gamma_u \tag{5-4-38}$$

式中 γ_u 表示与速度 u 有关，用以区别于与 Σ'相对于 Σ 的速度 v 有关的 γ. 于是四维速度的分量是

$$U_\mu = \gamma_u(u_1, u_2, u_3, \mathrm{i}c) \tag{5-4-39}$$

U_μ 的前三个分量和普通速度联系着，当 $u\ll c$ 时，$\gamma_u\simeq1$，前三个分量就是普通速度的三个分量.

按四维矢量的变换性质，参考系变换时，四维速度有变换关系

$$U'_{\mu} = a_{\mu\nu} U_{\nu} \tag{5-4-40}$$

由此式，利用矩阵的乘法法则，即可得到如前所述的相对论的速度合成法则.

3）四维波矢量

现在讨论四维波矢量. 设有一角频率为 ω，波矢量为 $\boldsymbol{k}$ 的平面电磁波在真空中传播. 以 ω' 和 $\boldsymbol{k}'$ 表示 Σ' 上观察到的角频率和波矢量. 在 Σ 上观察时，ω 的变化就是**多普勒效应**；$\boldsymbol{k}$ 的方向的变化就是**光行差效应**.

（1）电磁波的相位变换

设参考系 Σ 和 Σ' 的原点在时刻 $t=t'=0$ 重合. 设在该时刻，两参考系的原点上都观察到电磁波处于波峰，如图 5.4.2（a）所示. 电磁波用余弦函数 $\cos\phi = \cos(\boldsymbol{k}\cdot\boldsymbol{x}-\omega t)$ 描述，这时电磁波在两参考系中的相位 $\phi=\phi'=0$.

在 Σ 系中经过 n 个周期 $nT=2\pi n/\omega$ 后，第 n 个波峰通过 Σ 系原点，相位为 $-2\pi n$. 在 Σ' 系上观察时，对于 Σ 是波峰对于 Σ' 也同样是波峰，并且同为第 n 个，其相位也为 $-2\pi n$. 因此，相位是一个不变量

$$\phi = \phi' = \text{不变量}$$

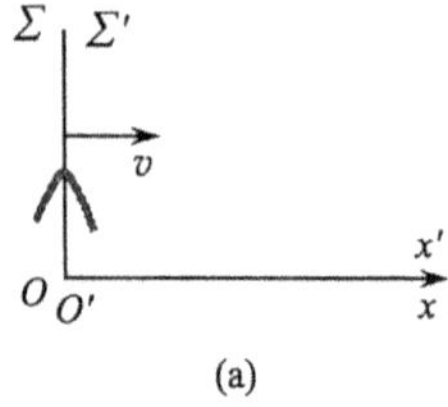

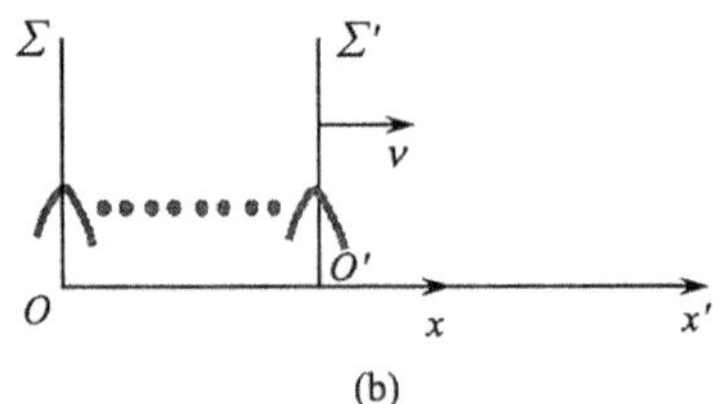

图 5.4.2

一般地，设在 Σ 上，空间某点 $\boldsymbol{x}$，于某时刻 t，电磁波有相位

$$\phi = \boldsymbol{k}\cdot\boldsymbol{x} - \omega t \tag{5-4-41}$$

这是一物理事件. 在另一参考系 Σ' 上，这事件的空时坐标为 $(\boldsymbol{x}', t')$，相位为

$$\phi' = \boldsymbol{k}'\cdot\boldsymbol{x}' - \omega' t' \tag{5-4-42}$$

由相位不变，有

$$\boldsymbol{k}\cdot\boldsymbol{x} - \omega t = \boldsymbol{k}'\cdot\boldsymbol{x}' - \omega' t' = \text{不变量} \tag{5-4-43}$$

（2）四维波矢量

下面分析如何定义四维波矢量？由

$$\boldsymbol{k}\cdot\boldsymbol{x} - \omega t = k_x x + k_y y + k_z z + \frac{\mathrm{i}\omega}{c}(\mathrm{i}ct) = \text{不变量} \tag{5-4-44}$$

此式中间部分相当于两个四维矢量的"点积"，而

$$x_{\mu} = (x, y, z, \mathrm{i}ct) \tag{5-4-45}$$

可见若定义

$$k_\mu = \left(k_x, k_y, k_z, \mathrm{i}\,\frac{\omega}{c}\right) \tag{5-4-46}$$

则式(5-4-43)可写成

$$k'_\mu x'_\mu = k_\mu x_\mu = \text{不变量} \tag{5-4-47}$$

这里 k_μ 即四维波矢量

$$k_\mu = \left(\boldsymbol{k}, \mathrm{i}\,\frac{\omega}{c}\right) \tag{5-4-48}$$

在洛伦兹变换下，k_μ 的变换式为

$$k'_\mu = a_{\mu\nu} k_\nu \tag{5-4-49}$$

对特殊洛伦兹变换，k'_μ 的各分量可如下矩阵乘法

$$\begin{pmatrix} k'_1 \\ k'_2 \\ k'_3 \\ k'_4 \end{pmatrix} = \begin{pmatrix} \gamma & 0 & 0 & \mathrm{i}\beta\gamma \\ 0 & 1 & 0 & 0 \\ 0 & 0 & 1 & 0 \\ -\mathrm{i}\beta\gamma & 0 & 0 & \gamma \end{pmatrix} \begin{pmatrix} k_1 \\ k_2 \\ k_3 \\ k_4 \end{pmatrix}$$

求得为

$$k'_1 = \gamma k_1 + \mathrm{i}\gamma\beta k_4 = \gamma\left(k_1 - \frac{v}{c^2}\omega\right) \tag{5-4-50}$$

$$k'_2 = k_2 \tag{5-4-51}$$

$$k'_3 = k_3 \tag{5-4-52}$$

$$\omega' = \gamma(\omega - v k_1) \tag{5-4-53}$$

(3) 多普勒效应

如图 5.4.3，设波矢量 $\boldsymbol{k}$ 与 x 轴正方向的夹角为 θ，$\boldsymbol{k}'$ 与 x' 轴夹角为 θ'，则

$$k_1 = \frac{\omega}{c}\cos\theta, \qquad k'_1 = \frac{\omega'}{c}\cos\theta' \tag{5-4-54}$$

代入式(5-4-53)，得

$$\omega' = \omega\gamma\left(1 - \frac{v}{c}\cos\theta\right) \tag{5-4-55}$$

这就是相对论的多普勒效应.

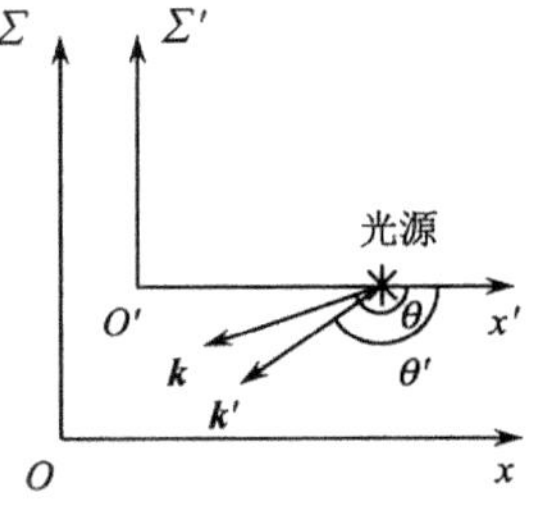

图 5.4.3

若 Σ' 为光源的静止参考系，则 $\omega' = \omega_0$，ω_0 为静止光源的辐射角频率. 由多普勒效应式(5-4-55)，可得运动光源的角频率

$$\omega = \frac{\omega_0}{\gamma\left(1 - \frac{v}{c}\cos\theta\right)} \tag{5-4-56}$$

此式用周期表示则为

$$T = T_0\gamma\left(1 - \frac{v}{c}\cos\theta\right) \tag{5-4-57}$$

当 $\theta=\pi$ 或 0，这相当于信号源与观察者彼此远离或相互接近，常称此时的结果为纵向多普勒效应. 如 $\theta=\pi$，则有

$$T = T_0\sqrt{\frac{c+v}{c-v}} \tag{5-4-58}$$

若用波长表示，则有

$$\frac{\lambda}{\lambda_0} = \sqrt{\frac{c+v}{c-v}} \tag{5-4-59}$$

定义

$$Z \equiv \frac{\lambda - \lambda_0}{\lambda_0} \tag{5-4-60}$$

若 $Z>0$，则表示谱线红移，波长变长，频率降低；否则表示谱线蓝移. 而

$$1 + Z = \sqrt{\frac{c+v}{c-v}} \tag{5-4-61}$$

就是相对论中的红移或蓝移公式，这种红移称为多普勒红移. 因此，把星体的谱线红移量当作是多普勒红移，则由式(5-4-61)可以计算出星体远离我们的速度.

当 $u \ll c$ 时，$\gamma \simeq 1$，则得运动光源的经典多普勒效应公式

$$\omega \simeq \frac{\omega_0}{1 - v\cos\theta/c}$$

在垂直于光源运动方向观察辐射时，$\theta=\pi/2$. 经典讨论给出 $\omega=\omega_0$，而在相对论情形下，由公式(5-4-56)得

$$\omega = \frac{\omega_0}{\gamma} = \omega_0\sqrt{1 - \frac{v^2}{c^2}} \ll \omega_0$$

即在垂直于光源运动方向上，观察到的辐射频率远小于静止光源的辐射频率. 这种多普勒效应为实验所证实，它是相对论时间延缓效应的证据之一.

(4) 光行差现象

在地球上观察某恒星在一年的周期内，其“表观位置”发生周期性变化的现象称为光行差现象，较早为天文观测发现(Bradley 于 1728 年).

由式(5-4-54)的后一式，得

$$\cos\theta' = \frac{k_1' c}{\omega'} = \frac{\cos\theta - \frac{v}{c}}{1 - \frac{v}{c}\cos\theta}$$

于是有

$$\tan\theta' = \frac{\sqrt{1-\cos^2\theta'}}{\cos\theta'} = \frac{\sin\theta}{\gamma(\cos\theta - v/c)} \tag{5-4-62}$$

这就是相对论的光行差公式.

如图 5.4.4 所示,设太阳参考系为 Σ,地球参考系 Σ' 相对于 Σ 的运动速度为 v,在 Σ 上看到某恒星发出的光线的倾角为 $\alpha=\pi-\theta$,在地球上用望远镜观察该恒星时,倾角变为 $\alpha'=\pi-\theta'$. 由于 $v\ll c$,由光行差公式(5-4-62),可得

$$\tan\alpha' \simeq \frac{\sin\alpha}{\cos\alpha + v/c} \tag{5-4-63}$$

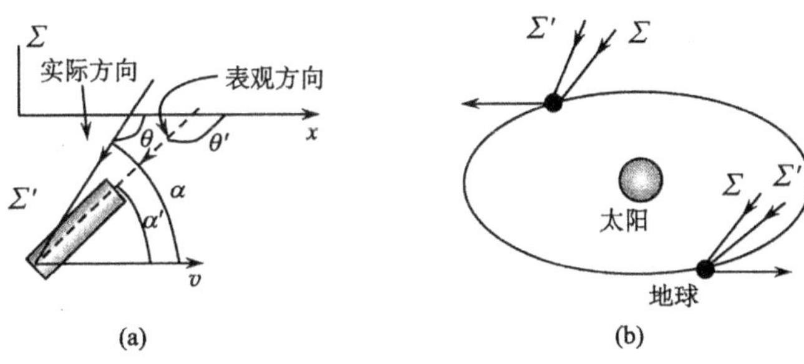

图 5.4.4

由于地球绕太阳公转,一年之内地球运动速度的方向变化一个周期,式(5-4-63)中的 v 发生正负变化,因此,同一颗恒星发出的光线的表观方向亦变化一个周期. 天文观测证实了这种周期变化,并且由光线表观方向的改变比较准确地导出光的传播速度.

3. 二阶张量

有些物理量显示出更复杂的空间取向性质,这类物理量要用两个矢量指标表示,在三维空间中有 9 个分量,例如前面所提到的动量流密度张量,电四极矩张量. 当空间转动时,其分量 T_{ij} 按下式变换

$$T'_{ij} = a_{ik}a_{jl}T_{kl} \tag{5-4-64}$$

例如并矢 $\boldsymbol{T}'=\boldsymbol{A}'\boldsymbol{B}'$ 的分量

$$T'_{ij} = A'_i B'_j = a_{ik}A_k a_{jl}B_l = a_{ik}a_{jl}A_k B_l = a_{ik}a_{jl}T_{kl}$$

具有这种变换关系的物理量称为二阶张量,并矢属于二阶张量. 从这里的计算可

见，T'_{ij}有两个指标 i，j，每个指标所对应的变换与四维矢量的变换法则相同.

二阶张量还可以进一步分类. 若 T_{ij} 对指标 i，j 对称：$T_{ij}=T_{ji}$，则变换后的张量

$$\begin{aligned}T'_{ij}&=a_{ik}a_{jl}T_{kl}=a_{ik}a_{jl}T_{lk}=a_{il}a_{jk}T_{kl}\\&=a_{jk}a_{il}T_{kl}=T'_{ji}\end{aligned}$$

仍是对称的. 同样，反对称张量 $T_{ij}=-T_{ji}$ 变换后保持反对称性.

同样可定义高阶张量. 但因较少用到，这里不再详述.

张量 T_{ij} 可以和一个矢量 v_j 作“点积”运算：$T_{ij}v_j$. 在新坐标系中，

$$T'_{ij}v'_j=a_{ik}a_{jl}T_{kl}a_{jn}v_n=a_{ik}\delta_{ln}T_{kl}v_n=a_{ik}T_{kl}v_l$$

此式具有矢量的变换关系. 因此 $T_{ij}v_j$ 是一个矢量. 这里指标 j 收缩后剩下自由指标 i，因此它是一个矢量.

现在讨论四维二阶张量，四维空间的二阶张量要用 $4^2=16$ 个分量表示，即要用两个四维矢量指标表示. 当空间转动时，其分量 $T_{\mu\nu}$ 按下式变换

$$T'_{\mu\nu}=a_{\mu\lambda}a_{\nu\tau}T_{\lambda\tau}\tag{5-4-65}$$

两个四维矢量 A_μ 和 B_μ 的标积 $A_\mu B_\mu$ 的变换关系为

$$A'_\mu B'_\mu=(a_{\mu\lambda}A_\lambda)(a_{\mu\tau}B_\tau)=a_{\mu\lambda}a_{\mu\tau}A_\lambda B_\tau=\delta_{\lambda\tau}A_\lambda B_\tau=A_\lambda B_\lambda$$

这表明两个四维矢量的标积是一个洛伦兹标量. 而两个四维矢量 A_μ 和 B_μ 的外积 $A_\mu B_\nu$ 的变换关系

$$A'_\mu B'_\nu=(a_{\mu\lambda}A_\lambda)(a_{\nu\tau}B_\tau)=a_{\mu\lambda}a_{\nu\tau}A_\lambda B_\tau$$

符合二阶张量的定义，故两个四维矢量的外积是二阶张量.

由以上讨论可知，只要看某表达式有多少个自由指标，就可以判定它属于哪一类物理量.

5.4.3　物理规律的协变性

前面已将物理量写成了四维形式，它们在四维空间转动下具有确定的变换性质. 如果一个方程的每一项属于同一类协变量，在参考系变换下，每一项都按相同方式变换，结果保持方程形式不变.

例如，设某方程具有形式

$$F_\mu=T_{\mu\nu}B_\nu+G_\mu$$

其中 F_μ、B_μ 和 G_μ 都是四维矢量，$T_{\mu\nu}$ 是四维二阶张量. 在参考系变换下，有

$$\begin{aligned}F'_\mu&=a_{\mu\nu}F_\nu=a_{\mu\nu}(T_{\nu l}B_l+G_\nu)=a_{\mu\nu}\delta_{\tau l}T_{\nu\tau}B_l+a_{\mu\nu}G_\nu\\&=a_{\mu\lambda}\delta_{\tau l}T_{\lambda\tau}B_l+G'_\mu=a_{\mu\lambda}a_{\nu\tau}a_{\nu l}T_{\lambda\tau}B_l+G'_\mu=(a_{\mu\lambda}a_{\nu\tau}T_{\lambda\tau})(a_{\nu l}B_l)+G'_\mu\\&=T'_{\mu\nu}B'_\nu+G'_\mu\end{aligned}$$

这里的计算用到了 $a_{\nu\tau}a_{\nu l}=\delta_{\tau l}$ 以及作和指标可以更换的法则. 上式表明,在新参考系 Σ' 中有 $F'_{\mu}=T'_{\mu\nu}B'_{\nu}+G'_{\mu}$,这方程形式上和原参考系 Σ 中的方程一致,满足相对性原理的要求.

由此可见,用四维形式可以很方便地把相对性原理的要求表达出来. 只要我们知道某方程中各物理量的变换性质,就可以看出他是否具有协变性.

因此,相对性原理要求物理量应具有四维形式.

5.5 电动力学基本定律的协变形式

我们说,当一个方程是洛伦兹协变的时候,此方程在任何惯性系中都具有相同的形式,这要求方程的每一项都是同一类协变量. 这时,当从一个惯性系变换到另一惯性系时,它们都按同一方式进行变换,从而保证了在另一惯性系中都是同一类协变量. 我们现在就来改造麦克斯韦方程组,使它是洛伦兹协变的.

麦克斯韦方程组中含有电荷密度 ρ,电流密度 $\boldsymbol{J}$,电场强度 $\boldsymbol{E}$ 和磁感应强度 $\boldsymbol{B}$. 下面我们先研究 ρ 和 $\boldsymbol{J}$ 的变换性质,然后由麦克斯韦方程组协变性的要求导出电磁场变换关系.

5.5.1 四维电流密度矢量

1. 物体的总电荷是洛伦兹标量

实验表明,带电体的电荷与它的运动速度无关,即电荷 Q 是一个洛伦兹标量

$$Q=\iiint\rho\mathrm{d}V=\text{不变量}$$

若带电体以速度 $\boldsymbol{u}$ 运动,沿着运动方向的长度收缩了,因而体积也收缩,故电荷密度增大;由于横向线度不变,纵向线度有**收缩因子** $\sqrt{1-u^2/c^2}$,因而体积收缩因子为 $\sqrt{1-u^2/c^2}$,电荷密度相应增大了 $1/\sqrt{1-u^2/c^2}$. 设静止粒子电荷密度为 ρ_0,以速度 $\boldsymbol{u}$ 运动时的电荷密度为 ρ,则有

$$\rho=\frac{\rho_0}{\sqrt{1-u^2/c^2}}=\gamma_u\rho_0 \tag{5-5-1}$$

2. 四维电流密度矢量

由式(5-5-1),可得三维电流密度矢量为

$$\boldsymbol{J}=\rho\boldsymbol{u}=\gamma_u\rho_0\boldsymbol{u}=\gamma_u\rho_0(u_1,u_2,u_3)$$

这里 $\boldsymbol{J}$ 与三维速度联系着,由此推测所要求的四维电流密度矢量应该与四维速度

联系起来，其前三个分量应该就是 $\boldsymbol{J}=\gamma_u\rho_0\boldsymbol{u}$ 的三个分量. 这样，应该期望有

$$J_\mu=(\gamma_u\rho_0u_1,\gamma_u\rho_0u_2,\gamma_u\rho_0u_3,J_4)=\rho_0U_\mu$$

形式的四维电流密度表达式. 由 $J_\mu=\rho_0U_\mu$ 的第四分量，得 $J_4=\rho_0U_4=\mathrm{i}c\rho$，因此四维电流密度矢量为

$$J_\mu=(\boldsymbol{J},\mathrm{i}c\rho) \tag{5-5-2}$$

在经典物理中本来电流密度 $\boldsymbol{J}$ 和电荷密度 ρ 是两个独立的物理量，现在它们合为四维矢量显示出了这两物理量的统一性. 当带电体静止时，只有电荷密度 ρ_0；当带电体运动时，表现出有电流 $\boldsymbol{J}$，同时电荷密度亦相应地改变. 因此，$\boldsymbol{J}$ 和 ρ 是一个统一的物理量的不同方面，当参考系变换时，他们有确定的变换关系

$$J'_\mu=a_{\mu\nu}J_\nu \tag{5-5-3}$$

由于 $J_\mu=(\boldsymbol{J},\mathrm{i}c\rho)$各分量的数学形式与 $x_\mu=(\boldsymbol{x},\mathrm{i}ct)$的相似，要得到 J_μ 各分量的变换表达式，只要将 x_μ 的洛伦兹变换式中的 $\boldsymbol{x}$ 换成$\boldsymbol{J}$、t 换成ρ 即可，于是有

$$\begin{cases}J'_x=\gamma(J_x-v\rho)\\J'_y=J_y\\J'_z=J_z\\\rho'=\gamma\left(\rho-\dfrac{v}{c^2}J_x\right)\end{cases} \tag{5-5-4}$$

$$\begin{cases}J_x=\gamma(J'_x+v\rho')\\J_y=J'_y\\J_z=J'_z\\\rho=\gamma\left(\rho'+\dfrac{v}{c^2}J'_x\right)\end{cases} \tag{5-5-5}$$

由于相对论中时空统一，使得非相对论中的不同物理量显示出它们的统一性. 电荷密度和电流密度统一为四维矢量就是其中的一个例子.

3. 电荷守恒定律的协变形式

将电荷守恒定律

$$\nabla\cdot\boldsymbol{J}+\frac{\partial\rho}{\partial t}=0$$

改写为四维形式，得

$$\frac{\partial J_1}{\partial x_1}+\frac{\partial J_2}{\partial x_2}+\frac{\partial J_3}{\partial x_3}+\frac{\partial(\mathrm{i}c\rho)}{\partial(\mathrm{i}ct)}=\frac{\partial J_\mu}{\partial x_\mu}=0$$

即

$$\frac{\partial J_\mu}{\partial x_\mu} = 0 \tag{5-5-6}$$

此式左边分子、分母都是四维矢量，上、下对指标 μ 收缩后为洛伦兹标量，在洛伦兹变换下其值不变，因此这个方程是协变的，对任意惯性参考系都成立.

5.5.2 四维势矢量

在第 1 章第 6 节中我们把麦克斯韦方程组通过势 $\boldsymbol{A}$ 和 φ 表示出来，为研究麦克斯韦方程组的协变性，先讨论势方程的协变性较为方便.

我们知道，$\boldsymbol{J}$ 激发矢势 $\boldsymbol{A}$，ρ 激发标势 φ；既然 $\boldsymbol{J}$，ρ 统一，那么 $\boldsymbol{A}$，φ 亦应统一，这就是四维势矢量.

1. 达朗贝尔方程的协变性　四维势矢量

由式(1-6-13)和式(1-6-14)，用势表示出来的电动力学基本方程组在洛伦兹规范下为

$$\nabla^2 \boldsymbol{A} - \frac{1}{c^2}\frac{\partial^2 \boldsymbol{A}}{\partial t^2} = -\mu_0 \boldsymbol{J} \tag{5-5-7}$$

$$\nabla^2 \varphi - \frac{1}{c^2}\frac{\partial^2 \varphi}{\partial t^2} = -\frac{\rho}{\varepsilon_0} \tag{5-5-8}$$

及洛伦兹规范条件

$$\nabla \cdot \boldsymbol{A} + \frac{1}{c^2}\frac{\partial \varphi}{\partial t} = 0 \tag{5-5-9}$$

定义微分算符

$$\Box \equiv \nabla^2 - \frac{1}{c^2}\frac{\partial^2}{\partial t^2} = \frac{\partial^2}{\partial x_1^2} + \frac{\partial^2}{\partial x_2^2} + \frac{\partial^2}{\partial x_3^2} + \frac{\partial^2}{\partial (\mathrm{i}ct)^2} = \frac{\partial}{\partial x_\mu}\frac{\partial}{\partial x_\mu} \tag{5-5-10}$$

$\Box$称为**达朗贝尔算符**，显然这是洛伦兹标量算符. 于是用这算符可以把势方程(5-5-7)和(5-5-8)分别写为

$$\Box \boldsymbol{A} = -\mu_0 \boldsymbol{J} \tag{5-5-11}$$

$$\Box \varphi = -\mu_0 c^2 \rho \tag{5-5-12}$$

由此两式可知，既然 $\boldsymbol{J}$ 和 ρ 构成一个四维矢量，在参考系变换下它们按一定方式变换，则 $\boldsymbol{A}$ 和 φ 自然也应该统一为一个四维矢量 A_μ. 上述两个方程应合并为一个四维方程，这个方程的前三个分量方程即为式(5-5-11)，第四个分量方程即为式(5-5-12). 因 $J_\mu = (\boldsymbol{J}, \mathrm{i}c\rho)$，所以这个合并四维方程右边应该为 $-\mu_0 J_\mu$，其第四分量为 $-\mu_0 J_4 = -\mu_0 \mathrm{i}c\rho$. 这样，必须让式(5-5-12)的右边为 $-\mu_0 \mathrm{i}c\rho$，因此式(5-5-12)应改写为

$$\Box \frac{\mathrm{i}}{c}\varphi = -\mu_0 \mathrm{i}c\rho \tag{5-5-13}$$

既然式(5-5-13)中右边的$-\mu_0 \mathrm{i}c\rho$为新方程右边$-\mu_0 J_\mu$的第四分量，那么其左边的$\frac{\mathrm{i}}{c}\varphi$就应该为四维势矢量的第四分量

$$A_\mu = \left(\boldsymbol{A}, \frac{\mathrm{i}}{c}\varphi\right) \tag{5-5-14}$$

于是，式(5-5-11)和式(5-5-12)合并而成四维势矢量方程

$$\Box A_\mu = -\mu_0 J_\mu \tag{5-5-15}$$

因□算符是洛伦兹标量，所以方程两边都是四维矢量，因而是协变的.

2. 洛伦兹条件的四维形式

由于

$$\begin{aligned}\nabla \cdot \boldsymbol{A} + \frac{1}{c^2}\frac{\partial \varphi}{\partial t} &= \frac{\partial A_1}{\partial x_1} + \frac{\partial A_2}{\partial x_2} + \frac{\partial A_3}{\partial x_3} + \frac{\partial}{\partial(\mathrm{i}ct)}\left(\frac{\mathrm{i}}{c}\varphi\right) \\ &= \frac{\partial A_1}{\partial x_1} + \frac{\partial A_2}{\partial x_2} + \frac{\partial A_3}{\partial x_3} + \frac{\partial A_4}{\partial x_4}\end{aligned}$$

所以洛伦兹规范条件式(5-5-9)可以用四维形式表为

$$\frac{\partial A_\mu}{\partial x_\mu} = 0 \tag{5-5-16}$$

这方程也具有协变性.

3. 四维势的变换关系

在参考系变换下，四维势按矢量变换

$$A'_\mu = a_{\mu\nu} A_\nu$$

若Σ'相对于Σ沿x方向以速度v运动，则由矩阵乘法

$$\begin{pmatrix} A'_1 \\ A'_2 \\ A'_3 \\ A'_4 \end{pmatrix} = \begin{pmatrix} \gamma & 0 & 0 & \mathrm{i}\beta\gamma \\ 0 & 1 & 0 & 0 \\ 0 & 0 & 1 & 0 \\ -\mathrm{i}\beta\gamma & 0 & 0 & \gamma \end{pmatrix} \begin{pmatrix} A_1 \\ A_2 \\ A_3 \\ A_4 \end{pmatrix}$$

可得

$$A'_x = \gamma\left(A_x - \frac{v}{c^2}\varphi\right) \tag{5-5-17}$$

$$A'_y = A_y \tag{5-5-18}$$

$$A'_z = A_z \tag{5-5-19}$$

$$\varphi' = \gamma(\varphi - vA_x) \tag{5-5-20}$$

5.5.3 电磁场张量 麦克斯韦方程组的协变形式

1. 电磁场张量

电磁场 $\boldsymbol{E}$ 和 $\boldsymbol{B}$ 用势表示为

$$\boldsymbol{B} = \nabla \times \boldsymbol{A} \tag{5-5-21}$$

$$\boldsymbol{E} = -\nabla\varphi - \frac{\partial \boldsymbol{A}}{\partial t} \tag{5-5-22}$$

其分量为

$$B_1 = \frac{\partial A_3}{\partial x_2} - \frac{\partial A_2}{\partial x_3}, \quad B_2 = \frac{\partial A_1}{\partial x_3} - \frac{\partial A_3}{\partial x_1}, \quad B_3 = \frac{\partial A_2}{\partial x_1} - \frac{\partial A_1}{\partial x_2} \tag{5-5-23}$$

$$E_1 = -\frac{\partial \varphi}{\partial x_1} - \frac{\partial A_1}{\partial t} = \mathrm{i}c\left(\frac{\partial A_4}{\partial x_1} - \frac{\partial A_1}{\partial x_4}\right) \tag{5-5-24}$$

同样有

$$E_2 = \mathrm{i}c\left(\frac{\partial A_4}{\partial x_2} - \frac{\partial A_2}{\partial x_4}\right), \quad E_3 = \mathrm{i}c\left(\frac{\partial A_4}{\partial x_3} - \frac{\partial A_3}{\partial x_4}\right) \tag{5-5-25}$$

式(5-5-24)和式(5-5-25)又可以改写成

$$\left(\frac{\partial A_4}{\partial x_1} - \frac{\partial A_1}{\partial x_4}\right) = -\frac{\mathrm{i}}{c}E_1, \quad \left(\frac{\partial A_4}{\partial x_2} - \frac{\partial A_2}{\partial x_4}\right) = -\frac{\mathrm{i}}{c}E_2, \quad \left(\frac{\partial A_4}{\partial x_3} - \frac{\partial A_3}{\partial x_4}\right) = -\frac{\mathrm{i}}{c}E_3 \tag{5-5-26}$$

引入一个反对称四维张量

$$F_{\mu\nu} \equiv \frac{\partial A_\nu}{\partial x_\mu} - \frac{\partial A_\mu}{\partial x_\nu} \tag{5-5-27}$$

将式(5-5-23)和式(5-5-26)代入式(5-5-27),得

$$F_{\mu\nu} = \begin{bmatrix} 0 & B_3 & -B_2 & -\frac{\mathrm{i}}{c}E_1 \\ -B_3 & 0 & B_1 & -\frac{\mathrm{i}}{c}E_2 \\ B_2 & -B_1 & 0 & -\frac{\mathrm{i}}{c}E_3 \\ \frac{\mathrm{i}}{c}E_1 & \frac{\mathrm{i}}{c}E_2 & \frac{\mathrm{i}}{c}E_3 & 0 \end{bmatrix} \tag{5-5-28}$$

可见电磁场构成一个四维张量,式(5-5-28)所示的 $F_{\mu\nu}$ 称为**电磁场张量**.

2. 麦克斯韦方程组的协变形式

现在我们用电磁场张量把麦克斯韦方程组写为明显的协变形式.首先改写这方程组中的一对方程

$$\nabla \cdot \boldsymbol{E} = \frac{\rho}{\varepsilon_0} \tag{5-5-29}$$

和

$$\nabla \times \boldsymbol{B} = \mu_0 \varepsilon_0 \frac{\partial \boldsymbol{E}}{\partial t} + \mu_0 \boldsymbol{J} \tag{5-5-30}$$

将方程(5-5-29)两边同乘以 i/c,并用直角坐标的分量表示,得

$$\frac{\partial(E_1 \mathrm{i}/c)}{\partial x_1} + \frac{\partial(E_2 \mathrm{i}/c)}{\partial x_2} + \frac{\partial(E_3 \mathrm{i}/c)}{\partial x_3} = \mu_0 \mathrm{i} c \rho$$

此式左边加上实际上为零的一项$\partial F_{44}/\partial x_4$,可得

$$\frac{\partial F_{4\nu}}{\partial x_\nu} = \mu_0 J_4 \tag{5-5-31}$$

方程(5-5-30)的第一个分量方程为

$$\frac{\partial B_3}{\partial x_2} - \frac{\partial B_2}{\partial x_3} = \frac{1}{c^2} \frac{\partial E_1}{\partial t} + \mu_0 J_1$$

此即

$$\frac{\partial F_{11}}{\partial x_1} + \frac{\partial F_{12}}{\partial x_2} + \frac{\partial F_{13}}{\partial x_3} + \frac{\partial(-\mathrm{i}/c E_1)}{\partial(\mathrm{i}ct)} = \mu_0 J_1$$

由此得

$$\frac{\partial F_{1\nu}}{\partial x_\nu} = \mu_0 J_1 \tag{5-5-32}$$

同样另两个分量方程分别为

$$\frac{\partial F_{2\nu}}{\partial x_\nu} = \mu_0 J_2 \tag{5-5-33}$$

$$\frac{\partial F_{3\nu}}{\partial x_\nu} = \mu_0 J_3 \tag{5-5-34}$$

综合式(5-5-31)~(5-5-34),可得

$$\frac{\partial F_{\mu\nu}}{\partial x_\nu} = \mu_0 J_\mu \tag{5-5-35}$$

这就是将方程(5-5-29)和(5-5-30)合写成的协变形式.左边张量 $F_{\mu\nu}$对指标ν 收缩后成为四维矢量,右边也是四维矢量,故此方程是洛伦兹协变的,在任何参考系中都具有同种形式.

类似地，另一对方程

$$\nabla \cdot \boldsymbol{B} = 0$$

$$\nabla \times \boldsymbol{E} = -\frac{\partial \boldsymbol{B}}{\partial t}$$

可以合写为

$$\frac{\partial F_{\mu\nu}}{\partial x_\lambda} + \frac{\partial F_{\nu\lambda}}{\partial x_\mu} + \frac{\partial F_{\lambda\mu}}{\partial x_\nu} = 0 \tag{5-5-36}$$

此式左边每一项中后一项分子分母中的三个指标是前一项的指标按逆时针旋转而得.

3. 电磁场的变换关系

由于电磁场构成张量，故 $\boldsymbol{E},\boldsymbol{B}$ 不能按矢量的变换规律变换，而必须按张量的变换规律变换.

由张量变换关系 $F'_{\mu\nu} = a_{\mu\lambda} a_{\nu\tau} F_{\lambda\tau}$，此式应按矩阵乘法法则改写成 $F'_{\mu\nu} = a_{\mu\lambda} F_{\lambda\tau} \tilde{a}_{\tau\nu}$，由此导出电磁场的变换关系

$$E'_1 = E_1, \quad B'_1 = B_1 \tag{5-5-37}$$

$$E'_2 = \gamma(E_2 - vB_3), \quad B'_2 = \gamma\left(B_2 + \frac{v}{c^2}E_3\right) \tag{5-5-38}$$

$$E'_3 = \gamma(E_3 + vB_2), \quad B'_3 = \gamma\left(B_3 - \frac{v}{c^2}E_2\right) \tag{5-5-39}$$

由于指标 1 表示与相对速度平行的分量，指标 2、3 表示与相对速度垂直的分量，所以上面几式可写为更紧致的形式

$$\boldsymbol{E}'_{/\!/} = \boldsymbol{E}_{/\!/}, \quad \boldsymbol{B}'_{/\!/} = \boldsymbol{B}_{/\!/} \tag{5-5-40}$$

$$\boldsymbol{E}'_{\perp} = \gamma(\boldsymbol{E} + \boldsymbol{v} \times \boldsymbol{B})_{\perp} \quad \boldsymbol{B}'_{\perp} = \gamma\left(\boldsymbol{B} - \frac{\boldsymbol{v}}{c^2} \times \boldsymbol{E}\right)_{\perp} \tag{5-5-41}$$

式中 $/\!/$ 和 $\perp$ 分别表示与相对速度 $\boldsymbol{v}$ 平行和垂直的分量. 将 $\boldsymbol{v}$ 换成 $-\boldsymbol{v}$，即可得式(5-5-41)的逆变换式

$$\boldsymbol{E}_{\perp} = \gamma(\boldsymbol{E}' - \boldsymbol{v} \times \boldsymbol{B}')_{\perp} \quad \boldsymbol{B}_{\perp} = \gamma\left(\boldsymbol{B}' + \frac{\boldsymbol{v}}{c^2} \times \boldsymbol{E}'\right)_{\perp} \tag{5-5-42}$$

当 $v \ll c$ 时，$\gamma \simeq 1$，可得非相对论的电磁场变换式

$$\boldsymbol{E}' = \boldsymbol{E} + \boldsymbol{v} \times \boldsymbol{B}, \quad \boldsymbol{B}' = \boldsymbol{B} - \frac{\boldsymbol{v}}{c^2} \times \boldsymbol{E} \tag{5-5-43}$$

由以上讨论可知，矢势和标势统一为四维矢量以及电场和磁场统一为四维张量，反映出电磁场的统一性和相对性. 电磁场在不同惯性系之间进行变换时，电场和磁场不是各自独立地进行变换，而是作为一个整体进行变换. 当参考系变换时，

它们可以相互转化. 例如在参考系 Σ' 上观察一个静止电荷时,它只激发静电场,但是变换到另一参考系 Σ 时,电荷是运动的,除了电场之外还有磁场.

【例】 一电量为 e 的带电粒子,以匀速 $\boldsymbol{v}=v\boldsymbol{e}_x$ 运动,求它所产生的电磁场.

【解】 先在粒子静止的参考系中求出电磁场,然后通过坐标变换求出运动的带电粒子的电磁场.

选参考系 Σ' 固定在粒子上. 在 Σ' 上观察时,粒子静止. 因而只有静电场,让粒子在坐标原点 O',则其电磁场为

$$\boldsymbol{E}' = \frac{e\boldsymbol{x}'}{4\pi\varepsilon_0 r'^3}, \quad \boldsymbol{B}' = 0 \tag{5-5-44}$$

设在参考系 Σ 上观察,由式(5-5-40)和(5-5-42)

$$E_x = \frac{ex'}{4\pi\varepsilon_0 r'^3}, \quad B_x = 0 \tag{5-5-45}$$

$$E_y = \gamma E'_y = \gamma \frac{ey'}{4\pi\varepsilon_0 r'^3} \tag{5-5-46}$$

$$E_z = \gamma E'_z = \gamma \frac{ez'}{4\pi\varepsilon_0 r'^3} \tag{5-5-47}$$

$$B_y = -\frac{\gamma}{c^2} v E'_z = -\gamma \frac{v}{c^2} \frac{ez'}{4\pi\varepsilon_0 r'^3} \tag{5-5-48}$$

$$B_z = \gamma \frac{v}{c^2} \frac{ey'}{4\pi\varepsilon_0 r'^3} \tag{5-5-49}$$

上述各式中带"撇"的量必须用 Σ 系的坐标表示出来. 设粒子经过 Σ 系原点的时刻开始计时,这时 $t=0$. 我们在同一时刻观察各点上的场值. 由洛伦兹变换,得

$$x' = \gamma x, \quad y' = y, \quad z' = z$$

代入上式,经繁杂的计算,得

$$\boldsymbol{E} = \left(1 - \frac{v^2}{c^2}\right) \frac{e\boldsymbol{x}}{4\pi\varepsilon_0 \left[\left(1 - \frac{v^2}{c^2}\right) r^2 + \left(\frac{\boldsymbol{v} \cdot \boldsymbol{x}}{c}\right)^2\right]^{3/2}} \tag{5-5-50}$$

$$\boldsymbol{B} = \frac{\boldsymbol{v}}{c^2} \times \boldsymbol{E} \tag{5-5-51}$$

在**非相对论极限**情况下,$v \ll c$,$(v/c)^2 \sim 0$,$(\boldsymbol{v} \cdot \boldsymbol{x}/c)^2 \sim 0$,得

$$\boldsymbol{E} = \frac{e\boldsymbol{x}}{4\pi\varepsilon_0 r^3} = \boldsymbol{E}_0 \tag{5-5-52}$$

$$\boldsymbol{B} = \frac{\boldsymbol{v}}{c^2} \times \boldsymbol{E}_0 = \frac{\mu_0 e\boldsymbol{v} \times \boldsymbol{x}}{4\pi r^3} \tag{5-5-53}$$

式(5-5-52)中的 $\boldsymbol{E}_0$ 是静止粒子的静电场.

在**极端相对论**情况下,$v \sim c$,在 $\perp \boldsymbol{v}$ 的方向上,$\boldsymbol{v} \cdot \boldsymbol{x} = 0$,得

$$\boldsymbol{E}=\gamma\frac{e\boldsymbol{x}}{4\pi\varepsilon_0 r^3}\gg\boldsymbol{E}_0 \tag{5-5-54}$$

在$/\!/ \boldsymbol{v}$的方向上，$\boldsymbol{v}\cdot\boldsymbol{x}=vr$，得

$$\begin{aligned}\boldsymbol{E}&=\left(1-\frac{v^2}{c^2}\right)\frac{e\boldsymbol{x}}{4\pi\varepsilon_0\left[\left(1-\frac{v^2}{c^2}\right)r^2+\left(\frac{\boldsymbol{v}\cdot\boldsymbol{x}}{c}\right)^2\right]^{3/2}}\\&=\left(1-\frac{v^2}{c^2}\right)\frac{e\boldsymbol{x}}{4\pi\varepsilon_0 r^3}\ll\boldsymbol{E}_0\end{aligned} \tag{5-5-55}$$

电场分布如图 5.5.1 所示. 此处的计算表明，当 $v\to c$ 时电场趋向于集中在与 $\boldsymbol{v}$ 垂直的平面上，且当 v 愈大，电场的"集中"度就愈高. 由式(5-5-53)，有 $\boldsymbol{B}\sim\frac{1}{c}\boldsymbol{e}_x\times\boldsymbol{E}$，这类似于平面电磁波中 $\boldsymbol{B}$ 与 $\boldsymbol{E}$ 的关系. 因此，高速运动带电粒子的电场类似于在一个横向平面上的电磁脉冲波.

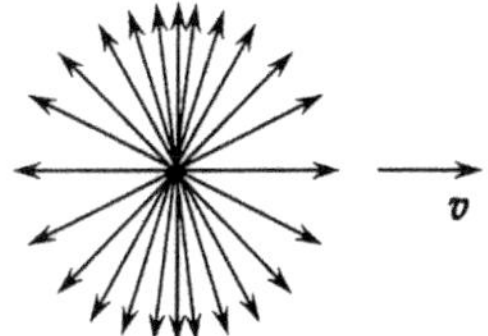

图 5.5.1

4. 电磁场的不变量

由电磁场可组成两个独立的不变量

$$E^2-c^2B^2=\text{不变量},\boldsymbol{E}\cdot\boldsymbol{B}=\text{不变量} \tag{5-5-56}$$

首先证明由电磁场张量 $F_{\mu\nu}$ 可得到一个行列式不变量：$|\overleftrightarrow{F}-\lambda\overleftrightarrow{I}|$，其中 λ 为任意常数，$\overleftrightarrow{I}$ 为单位张量. 由电磁场张量的变换关系 $\overleftrightarrow{F}'=a\overleftrightarrow{F}\tilde{a}$，以及 $a\tilde{a}=\overleftrightarrow{I}$，有

$$|\overleftrightarrow{F}'-\lambda\overleftrightarrow{I}|=|a\overleftrightarrow{F}\tilde{a}-\lambda\overleftrightarrow{I}|=|a(\overleftrightarrow{F}-\lambda\overleftrightarrow{I})\tilde{a}|=|a||\overleftrightarrow{F}-\lambda\overleftrightarrow{I}||\tilde{a}|$$

这里利用了矩阵乘积的行列式等于相应矩阵行列式之积. 由于洛伦兹变换矩阵的行列式 $|a|=|\tilde{a}|=1$，所以上式为

$$|\overleftrightarrow{F}'-\lambda\overleftrightarrow{I}|=|\overleftrightarrow{F}-\lambda\overleftrightarrow{I}| \tag{5-5-57}$$

这就证明了 $|\overleftrightarrow{F}-\lambda\overleftrightarrow{I}|=$不变量. 下面将式(5-5-57)具体写出

$$\begin{vmatrix}-\lambda & B_3' & -B_2' & -\frac{\mathrm{i}}{c}E_1'\\ -B_3' & -\lambda & B_1' & -\frac{\mathrm{i}}{c}E_2'\\ B_2' & -B_1' & -\lambda & -\frac{\mathrm{i}}{c}E_3'\\ \frac{\mathrm{i}}{c}E_1' & \frac{\mathrm{i}}{c}E_2' & \frac{\mathrm{i}}{c}E_3' & -\lambda\end{vmatrix}=\begin{vmatrix}-\lambda & B_3 & -B_2 & -\frac{\mathrm{i}}{c}E_1\\ -B_3 & -\lambda & B_1 & -\frac{\mathrm{i}}{c}E_2\\ B_2 & -B_1 & -\lambda & -\frac{\mathrm{i}}{c}E_3\\ \frac{\mathrm{i}}{c}E_1 & \frac{\mathrm{i}}{c}E_2 & \frac{\mathrm{i}}{c}E_3 & -\lambda\end{vmatrix}$$

将此行列式展开，并整理得

$$\left(B'^2-\frac{E'^2}{c^2}\right)\lambda^2-\left(\frac{1}{c}\boldsymbol{E}'\cdot\boldsymbol{B}'\right)^2=\left(B^2-\frac{E^2}{c^2}\right)\lambda^2-\left(\frac{1}{c}\boldsymbol{E}\cdot\boldsymbol{B}\right)^2 \tag{5-5-58}$$

由于 λ 是任意常数，式(5-5-58)是一恒等式，两边相等的条件是 λ 的同次幂的系数相等

$$E^2 - c^2B^2 = 不变量, \quad \boldsymbol{E}\cdot\boldsymbol{B} = 不变量$$

这就是由电磁场张量 $F_{\mu\nu}$ 所组成的两个独立的不变量.

5.6 相对论动力学基本方程

在经典力学中，牛顿(Newton)第二定律是基本方程，对伽利略变换是协变的，因而对任意惯性系成立. 由于时空观的发展，洛伦兹变换代替了伽利略变换，经典力学的原有形式对洛伦兹变换不是协变的，因此，我们要对力学规律加以修改，使它符合相对论的协变性，从而能够正确地描述高速运动规律. 不仅如此，当速度 $v\ll c$ 时，相对论力学应该合理地过渡到经典力学.

这样一来，我们就要分析力学中的四维力矢量、四维动量矢量、能量与动量和质量的关系等几个最基本的问题，然后提出相对论协变的力学方程.

5.6.1 能量-动量四维矢量

经典力学的基本方程是牛顿定律

$$\boldsymbol{F} = \frac{\mathrm{d}\boldsymbol{p}}{\mathrm{d}t} \tag{5-6-1}$$

式中 $\boldsymbol{F}$ 是作用于物体上的力，$\boldsymbol{p}$ 是物体的动量.

在相对论中，基本力学方程仍然应是牛顿定律. 但上式只对伽利略变换是协变的，为了保持洛伦兹协变性，必须把上式修改为四维形式. 为此，我们必须引入四维动量和四维力.

四维动量 p_μ

先分析动量问题. 在经典力学中，动量为 $\boldsymbol{p}=m\boldsymbol{v}$. 在相对论中，速度 $\boldsymbol{v}$ 不是一个四维协变量，但我们可以利用四维速度矢量 U_μ 定义四维动量矢量

$$p_\mu = m_0U_\mu = \gamma m_0(\boldsymbol{v}, \mathrm{i}c) \tag{5-6-2}$$

式中 m_0 是粒子的静止质量，是洛伦兹标量. 由此可知，p_μ 的空间分量为

$$\boldsymbol{p} = \gamma m_0\boldsymbol{v} = \frac{m_0\boldsymbol{v}}{\sqrt{1-v^2/c^2}} \tag{5-6-3}$$

现在，$\boldsymbol{p}$ 是相对论理论中物体的动量，当 $v\ll c$ 时，$\boldsymbol{p}$ 趋于经典动量 $m_0\boldsymbol{v}$. p_μ 的时间分量为

$$p_4 = \mathrm{i}c\gamma m_0 = \frac{\mathrm{i}}{c}\frac{m_0 c^2}{\sqrt{1-v^2/c^2}} \tag{5-6-4}$$

为了看清 p_4 的物理意义，我们首先在 $v \ll c$ 时的经典情形下将 p_4 展开成级数

$$p_4 = \frac{\mathrm{i}}{c}\left(m_0 c^2 + \frac{1}{2}m_0 v^2 + \cdots\right) \tag{5-6-5}$$

上式括号内第二项是物体的动能，因此 p_4 与物体的能量有关. 由于 $\boldsymbol{p}$ 是相对论理论中物体的动量，所以在相对论中功率表达式为

$$\begin{aligned}\boldsymbol{F}\cdot\boldsymbol{v} &= \frac{\mathrm{d}\boldsymbol{p}}{\mathrm{d}t}\cdot\boldsymbol{v} = \frac{\mathrm{d}}{\mathrm{d}t}\left(\frac{m_0\boldsymbol{v}}{\sqrt{1-v^2/c^2}}\right)\cdot\boldsymbol{v}\\ &= \frac{\mathrm{d}}{\mathrm{d}t}\frac{m_0 c^2}{\sqrt{1-v^2/c^2}}\end{aligned}$$

功率即物体能量的时间变化率，所以由上式得物体的能量为

$$W = \frac{m_0 c^2}{\sqrt{1-v^2/c^2}} \tag{5-6-6}$$

由式(5-6-4)，p_4 与 W 的关系为

$$p_4 = \frac{\mathrm{i}}{c}W \tag{5-6-7}$$

式(5-6-3)和式(5-6-4)合成为

$$p_\mu = \left(\boldsymbol{p}, \frac{\mathrm{i}}{c}W\right) \tag{5-6-8}$$

p_μ 称为**能量-动量四维矢量**，或简称四维动量. 这样，在经典力学中原本各自独立的能量与动量在相对论中却是同一物理量的不同分量.

由四维动量的变换

$$p'_\mu = a_{\mu\nu}p_\nu \tag{5-6-9}$$

可得能量和动量的变换关系. 将式(5-6-9)写成矩阵形式

$$\begin{pmatrix} p'_1 \\ p'_2 \\ p'_3 \\ \frac{\mathrm{i}}{c}W' \end{pmatrix} = \begin{pmatrix} \gamma & 0 & 0 & \mathrm{i}\beta\gamma \\ 0 & 1 & 0 & 0 \\ 0 & 0 & 1 & 0 \\ -\mathrm{i}\beta\gamma & 0 & 0 & \gamma \end{pmatrix}\begin{pmatrix} p_1 \\ p_2 \\ p_3 \\ \frac{\mathrm{i}}{c}W \end{pmatrix}$$

由此得

$$p'_x = \gamma\left(p_x - \frac{v}{c^2}W\right),\quad p'_y = p_y,\quad p'_z = p_z,\quad W' = \gamma(W - vp_x) \tag{5-6-10}$$

5.6.2　质能关系

1. 质能关系

能量表达式(5-6-6)包含着物体的动能. 当 $v=0$ 时动能为零,因此相对论中物体的**静能**为

$$W_0 = m_0 c^2 \tag{5-6-11}$$

静能是物体静止时其内部的能量. 任何物体都有内部结构,物体内部各部分之间存在相互作用能,而且各部分自身还存在自能. 在原子内部存在核与电子之间以及电子与电子之间的相互作用能,在原子核内部还存在基本粒子质子与中子之间的相互作用能,以及组成原子的所有基本粒子自身的自能.

记相对论中物体的动能为 T,因而总能量是

$$W = T + m_0 c^2 \tag{5-6-12}$$

我们已知,经典力学中能量可任意附加一常数(例如势能的零点可任意规定),只有能量的变化才有物理意义. 在相对论中则不然,从式(5-6-10)的最后一式所表示的相对论的能量变换可知,若在总能量 W' 和 W 中任意附加一常数 C,则能量的变换式得不到满足,违背四维动量 p_μ 的变换规律. 事实上,常数项 m_0c^2 不像经典力学中那样可有可无,m_0c^2 是否有物理意义关键在于 m_0 能否变化. 在爱因斯坦建立相对论时,尚无静质量能变化的任何实验数据,但是他意识到这问题的重要性,并在他的一篇题目为"物体的惯性与它的能量有关吗"的论文中讨论了这一问题,从而提出了著名的质能关系.

质能关系最初的实验证据来自核物理实验,后来在粒子物理实验中,**静质量**的显著变化成为司空见惯的现象.

以最简单的氘核为例,氘的组分粒子的静质量为

$$m_p = 1.6726 \times 10^{-27}\,\text{kg} \tag{5-6-13}$$

$$m_n = 1.6750 \times 10^{-27}\,\text{kg} \tag{5-6-14}$$

氘核本身静质量的实测值为

$$m_D = 3.3437 \times 10^{-27}\,\text{kg} \tag{5-6-15}$$

这里省略了代表静质量的下标"0". 从上述三式可看出 $m_D < m_p + m_n$,这表明质子和中子结合成氘核时有静质量的亏损 Δm_D

$$\Delta m_D = m_p + m_n - m_D = 0.0039 \times 10^{-27}\,\text{kg} \tag{5-6-16}$$

这称为质量亏损. 核质量的实测表明,任何原子核在成核过程中都会产生质量亏损,也就是说任何核的质量都小于其组元粒子的质量和.

若 m_0c^2 代表静能,则氘核合成时的**静能亏损**为

$$\Delta m_{\mathrm{D}}c^2 = 3.6\times10^{-13}\mathrm{J} = 2.2\mathrm{MeV} \tag{5-6-17}$$

而氘核解离时则静能增加同一数值. 实验表明,质子和中子结合成氘核时会放出能量 b,而把氘核解离成质子和中子时须至少供给它能量 b. 这能量 b 被称为氘的结合能或解离能,其实测值是 2.2MeV,与氘核的静能理论亏损值相一致. 这表明静能不但能够变化,而且与其他形式的能量在转化过程中是守恒的.

一般地,质能关系式对一个粒子适用,对一组粒子组成的复合物体(如原子核或宏观物体)也适用. 在后一情形下,W_0 是物体整体静止(即其质心静止)时的总内部能量,它和物体的总质量 M_0 仍有关系 $W_0=M_0c^2$. 这是因为由相对论协变性导出的关系式具有普遍意义,与物体具体结构无关.

当一组粒子构成复合物体时,由于各粒子之间有相互作用能以及有相对运动的动能,因而当物体整体静止时,它的总能量一般不等于所有粒子的静止能量之和,即 $W_0 \neq \sum\limits_i m_{i0}c^2$,其中 m_{i0} 为第 i 个粒子的质量. 两者之差称为物体的结合能

$$\Delta W = \sum_i m_{i0}c^2 - W_0 \tag{5-6-18}$$

与此对应,物体的质量 $M_0=W_0/c^2$ 亦不等于组成它的各粒子的质量之和,两者之差称为**质量亏损**

$$\Delta M = \sum m_{i0} - M_0 \tag{5-6-19}$$

质量亏损与结合能之间有关系

$$\Delta W = (\Delta M)c^2 \tag{5-6-20}$$

质能关系式在原子核和粒子物理中被大量实验很好地证实,它是原子能利用的主要理论根据.

引入

$$m = \frac{m_0}{\sqrt{1-v^2/c^2}} \tag{5-6-21}$$

由此得

$$\boldsymbol{p} = \frac{m_0\boldsymbol{v}}{\sqrt{1-v^2/c^2}} = m\boldsymbol{v} \tag{5-6-22}$$

$$W = \frac{m_0c^2}{\sqrt{1-v^2/c^2}} = mc^2 \tag{5-6-23}$$

这时,由式(5-6-22),动量在形式上与非相对论的公式一样,但现在 m 是一个随运动速度增大的量,是一种等效质量,称为**"动质量"**;式(5-6-23)也称为质能关系.

动质量 m 是惯性质量,它不完全是粒子的固有性质,而与粒子的运动速度有关. 静止质量 m_0 是粒子的内禀性质,它并不代表惯性的大小,仅在低速运动时才

是惯性的量度.有趣而重要的是,若不断加速一个亚光速粒子,它的惯性质量将不断增大.当接近光速时,惯性质量将变得无穷大,这表明外力很难增加它的速度.这样,把亚光速粒子加速成超光速粒子是不可能的.前面我们说过,超光速运动的存在会导致因果律的破坏,而这里相对论力学预言:用力学的方法把粒子的运动速度提高到超过光速是做不到的.

2. 物体的能量、动量和质量之间的关系

让四维动量 p_μ 自乘可得洛伦兹标量

$$p_\mu p_\mu = p^2 + \left(\frac{\mathrm{i}W}{c}\right)^2 = p^2 - \frac{W^2}{c^2} = \text{不变量}$$

在物体静止系内,$\boldsymbol{p}=0, W=m_0c^2$,因而此不变量为$-m_0^2c^2$.即 $p^2-\frac{W^2}{c^2}=-m_0^2c^2$,经整理可得

$$W^2 - p^2c^2 = m_0^2c^4$$

$$W = \sqrt{p^2c^2 + m_0^2c^4} \tag{5-6-24}$$

这是关于物体的能量、动量和质量的一条重要关系式.由此可得静质量为零的粒子(光子)的动量表达式

$$p = \frac{W}{c} \tag{5-6-25}$$

3. 质量、动量、能量的新单位

由质能关系式 $W=mc^2$,质量的新单位为 MeV/c^2,动量的新单位为 MeV/c,能量的新单位为 MeV.

$$1\mathrm{MeV} = 1.602189 \times 10^{-13}\mathrm{J}$$

$$1\mathrm{MeV}/c^2 = 1.782676 \times 10^{-30}\mathrm{kg}$$

【例 1】 带电 π 介子衰变为 μ 子和中微子

$$\pi^+ \rightarrow \mu^+ + \nu_\mu$$

各粒子质量为:$m_\pi=139.57\mathrm{MeV}/c^2$,$m_\mu=105.66\mathrm{MeV}/c^2$,$m_\nu=0$.求 π 介子质心系中 μ 子的动量、能量和速度.

【解】 在 π 介子质心系中,π 介子的动量和能量为

$$\boldsymbol{p} = 0, \quad W = m_\pi c^2$$

设 $\boldsymbol{p}_{(\mu)}$ 和 $\boldsymbol{p}_{(\nu)}$ 分别是 μ 子和中微子的动量,它们的能量分别是

$$W_{(\mu)} = \sqrt{p_{(\mu)}^2c^2 + m_\mu^2c^4}, \quad W_{(\nu)} = p_{(\nu)}c$$

动量守恒定律为

$$\boldsymbol{p}_{(\mu)} + \boldsymbol{p}_{(\nu)} = 0$$

能量守恒定律为

$$\sqrt{p_{(\mu)}^2 c^2 + m_\mu^2 c^4} + p_{(\nu)} c = m_\pi c^2$$

由动量守恒定律表达式得

$$|\boldsymbol{p}_{(\mu)}| = |\boldsymbol{p}_{(\nu)}| \equiv p$$

代入能量守恒定律表达式解出 p 得

$$p = \frac{m_\pi^2 - m_\mu^2}{2m_\pi} c$$

$$W_{(\mu)} = \sqrt{p_{(\mu)}^2 c^2 + m_\mu^2 c^4} = m_\pi c^2 - p_{(\nu)} c = \frac{m_\pi^2 + m_\mu^2}{2m_\pi}$$

把粒子质量代入得

$$p = 29.79\text{MeV}/c, \quad W_{(\mu)} = 109.78\text{MeV}$$

μ 子的 γ 因子为

$$\gamma = \frac{1}{\sqrt{1 - v^2/c^2}} = \frac{W_{(\mu)}}{m_\mu c^2} = \frac{109.78}{105.66} = 1.0390$$

由此得出 μ 子的速度

$$v = 0.2714c$$

5.6.3 相对论力学方程

现在将牛顿定律修改为满足相对论协变性的方程. 我们知道，经典力学中物体所受合外力是用参考系时间 $\mathrm{d}t$ 量度的动量变化率：$\boldsymbol{F} = \mathrm{d}\boldsymbol{p}/\mathrm{d}t$. 根据这个思想，若用固有时 $\mathrm{d}\tau$ 量度四维动量变化率，则力学基本方程的四维协变形式为

$$K_\mu = \frac{\mathrm{d}p_\mu}{\mathrm{d}\tau} \tag{5-6-26}$$

令 $K_\mu = (\boldsymbol{K}, K_4)$，它是外界对物体作用的**四维力矢量**. 由于固有时 $\mathrm{d}\tau$ 是不变量，这就保证了上式两边同为四维矢量，从而在四维空间转动下是协变的；不仅如此，我们还期望，当 $v \ll c$ 时，K_μ 的空间分量 $\boldsymbol{K}$ 应该过渡到经典力 $\boldsymbol{F}$，上式能过渡到牛顿力学定律.

K_μ 的第四分量与其空间分量的关系

$$\begin{aligned} K_4 &= \frac{\mathrm{d}p_4}{\mathrm{d}\tau} = \frac{\mathrm{d}(\mathrm{i}/cW)}{\mathrm{d}\tau} \\ &= \frac{\mathrm{i}}{c}\frac{\mathrm{d}}{\mathrm{d}\tau}\sqrt{p^2c^2 + m^2c^4} = \frac{\mathrm{i}}{c}\frac{c^2}{W}\boldsymbol{p} \cdot \frac{\mathrm{d}\boldsymbol{p}}{\mathrm{d}\tau} = \frac{\mathrm{i}}{c}\boldsymbol{v} \cdot \frac{\mathrm{d}\boldsymbol{p}}{\mathrm{d}\tau} \end{aligned}$$

由式(5-6-26)，$\mathrm{d}\boldsymbol{p}/\mathrm{d}\tau=\boldsymbol{K}$，所以上式为 $K_4=\frac{\mathrm{i}}{c}\boldsymbol{K}\cdot\boldsymbol{v}$，因此作用于速度为 $\boldsymbol{v}$ 的物体上的四维力矢量为

$$K_\mu=\left(\boldsymbol{K},\frac{\mathrm{i}}{c}\boldsymbol{K}\cdot\boldsymbol{v}\right) \tag{5-6-27}$$

由式(5-6-26)，相对论协变的力学方程包括以下两个方程

$$\boldsymbol{K}=\frac{\mathrm{d}\boldsymbol{p}}{\mathrm{d}\tau},\quad \boldsymbol{K}\cdot\boldsymbol{v}=\frac{\mathrm{d}W}{\mathrm{d}\tau} \tag{5-6-28}$$

在式(5-6-28)中，动量和能量变化率是用固有时量度的. 为方便起见，我们把此式用参考系时间 $\mathrm{d}t$ 量度的变化率表出. 由 $\mathrm{d}t=\gamma\mathrm{d}\tau$，上两式改写为

$$\sqrt{1-\frac{v^2}{c^2}}\boldsymbol{K}=\frac{\mathrm{d}\boldsymbol{p}}{\mathrm{d}t} \tag{5-6-29}$$

$$\sqrt{1-\frac{v^2}{c^2}}\boldsymbol{K}\cdot\boldsymbol{v}=\frac{\mathrm{d}W}{\mathrm{d}t} \tag{5-6-30}$$

由这两式显然可见，在相对论中，相互作用力应用下式表示：

$$\boldsymbol{F}=\sqrt{1-\frac{v^2}{c^2}}\boldsymbol{K} \tag{5-6-31}$$

此时由式(5-6-29)和(5-6-30)，可得相对论力学方程为

$$\boldsymbol{F}=\frac{\mathrm{d}\boldsymbol{p}}{\mathrm{d}t} \tag{5-6-32}$$

$$\boldsymbol{F}\cdot\boldsymbol{v}=\frac{\mathrm{d}W}{\mathrm{d}t} \tag{5-6-33}$$

几点说明：

(1) 第一式表示力 $\boldsymbol{F}$ 等于动量变化率，第二式表示力 $\boldsymbol{F}$ 所作的功率等于能量变化率，两式形式上和非相对论力学方程一致；

(2) $\boldsymbol{p}$ 和 W 是相对论的动量和能量；

(3) $v\ll c$ 时，力 $\boldsymbol{F}$ 才等于经典力；

(4) $\boldsymbol{F}$ 不是一个四维矢量的分量，它的变换关系应由四维力矢量 K_μ 的变换关系导出.

5.6.4 相对论的洛伦兹力公式

我们知道，电磁场对带电粒子作用力的经典洛伦兹力公式为

$$\boldsymbol{F}=e(\boldsymbol{E}+\boldsymbol{v}\times\boldsymbol{B}) \tag{5-6-34}$$

现在我们证明,洛伦兹力式(5-6-34)与式(5-6-32)中的 $\boldsymbol{F}$ 具有相同变换性质.为此只要证明 $\boldsymbol{F}$ 可以写为式(5-6-31)的形式.

由 $eF_{\mu\nu}U_\nu$ 可构成一个四维力矢量(为简单起见,让 $\boldsymbol{v}/\!/x$ 轴)

$$eF_{\mu\nu}U_\nu = e\gamma\begin{pmatrix} E_1 \\ -vB_3+E_2 \\ vB_2+E_3 \\ \frac{\mathrm{i}}{c}vE_1 \end{pmatrix} = \begin{pmatrix} e\gamma(\boldsymbol{E}+\boldsymbol{v}\times\boldsymbol{B}) \\ \frac{\mathrm{i}}{c}e\gamma(\boldsymbol{E}+\boldsymbol{v}\times\boldsymbol{B})\cdot\boldsymbol{v} \end{pmatrix}$$

定义

$$\boldsymbol{K} = e\gamma(\boldsymbol{E}+\boldsymbol{v}\times\boldsymbol{B}) \tag{5-6-35}$$

于是

$$eF_{\mu\nu}U_\nu = \begin{pmatrix} \boldsymbol{K} \\ \frac{\mathrm{i}}{c}\boldsymbol{K}\cdot\boldsymbol{v} \end{pmatrix} = K_\mu \tag{5-6-36}$$

这里 K_μ 按四维矢量的方式进行变换,也即是说与洛伦兹力 $\boldsymbol{F}$ 联系着的 $\boldsymbol{K}=\boldsymbol{F}/\gamma$ 具有确定的变换关系,因此,洛伦兹力公式满足相对论协变性的要求.既然如此,由 $\boldsymbol{F}=\mathrm{d}\boldsymbol{p}/\mathrm{d}t$ 所得到的运动带电粒子在电磁场中的运动方程

$$\frac{\mathrm{d}\boldsymbol{p}}{\mathrm{d}t} = e(\boldsymbol{E}+\boldsymbol{v}\times\boldsymbol{B}) \tag{5-6-37}$$

可适用于任意惯性系,因而能够描述高速粒子的运动.

如何定义**四维力密度公式**呢?首先看洛伦兹力密度公式 $\boldsymbol{f}=\rho\boldsymbol{E}+\boldsymbol{J}\times\boldsymbol{B}$,我们记得 ρ、$\boldsymbol{J}$ 组成 J_μ,$\boldsymbol{E}$、$\boldsymbol{B}$ 用 $F_{\mu\nu}$ 描述.三维力密度为源量 ρ、$\boldsymbol{J}$ 与场量 $\boldsymbol{E}$、$\boldsymbol{B}$ 之积,自然设想,相对论协变的四维力密度 f_μ 应为源量 J_μ 与场量 $F_{\mu\nu}$ 之内积

$$f_\mu = F_{\mu\nu}J_\nu \tag{5-6-38}$$

容易验证,f_μ 的空间分量正好为三维力密度公式

$$\boldsymbol{f} = \rho\boldsymbol{E}+\boldsymbol{J}\times\boldsymbol{B} \tag{5-6-39}$$

此即洛伦兹力密度公式.f_μ 的第四分量为

$$f_4 = \frac{\mathrm{i}}{c}\boldsymbol{J}\cdot\boldsymbol{E} \tag{5-6-40}$$

式中右边 $\boldsymbol{J}\cdot\boldsymbol{E}$ 就是电磁场对电荷系统做功的功率密度公式.既然式(5-6-39)和式(5-6-40)是式(5-6-38)中 f_μ 的各个分量,那么,洛伦兹力密度公式和功率密度公式自然都是满足相对论协变性的要求的.

【例 2】 在 Σ' 系中有两个电量相等,距离为 y_0 的正电荷以 $\boldsymbol{v}=v\boldsymbol{e}_x$ 的速度相对于实验室系 Σ 运动,求位于$(x,0,0)$的 q_1 对位于$(x,y_0,0)$的 q_2 的作用力.

【解】 q_1 在 Σ' 系激发的是静电场，故 q_2 所受的力为

$$\boldsymbol{F}'_{21}=\frac{q^2}{4\pi\varepsilon_0 y_0^2}\boldsymbol{e}_y=F'_y\boldsymbol{e}_y \tag{5-6-41}$$

将四维力(5-6-27)进行变换：$K'_\mu=a_{\mu\nu}K_\nu$，即

$$\begin{pmatrix} K'_1 \\ K'_2 \\ K'_3 \\ \frac{\mathrm{i}}{c}\boldsymbol{K}'\cdot\boldsymbol{v}' \end{pmatrix}=\begin{pmatrix} \gamma & 0 & 0 & \mathrm{i}\beta\gamma \\ 0 & 1 & 0 & 0 \\ 0 & 0 & 1 & 0 \\ -\mathrm{i}\beta\gamma & 0 & 0 & \gamma \end{pmatrix}\begin{pmatrix} K_1 \\ K_2 \\ K_3 \\ \frac{\mathrm{i}}{c}\boldsymbol{K}\cdot\boldsymbol{v} \end{pmatrix}$$

可得

$$K'_1=\gamma\left(K_1-\frac{\beta}{c}\boldsymbol{K}\cdot\boldsymbol{v}\right),\quad K'_2=K_2,\quad K'_3=K_3,$$

$$\frac{1}{c}\boldsymbol{K}'\cdot\boldsymbol{v}'=\gamma\left(\frac{1}{c}\boldsymbol{K}\cdot\boldsymbol{v}-\beta K_1\right) \tag{5-6-42}$$

在 Σ' 系中，

$$K'_\mu=\left(\boldsymbol{K}',\frac{\mathrm{i}}{c}\boldsymbol{K}'\cdot\boldsymbol{v}'\right)=\gamma_{v'}\left(\boldsymbol{F}',\frac{\mathrm{i}}{c}\boldsymbol{F}'\cdot\boldsymbol{v}'\right)$$

式中 $\boldsymbol{v}'$ 为 q_1 在 Σ' 系中的速度：$\boldsymbol{v}'=0$，$\gamma_{v'}=(1-v'^2/c^2)^{-1/2}=1$，于是

$$K'_\mu=(F'_1,F'_2,F'_3,0) \tag{5-6-43}$$

注意到由式(5-6-31)，有 $\boldsymbol{K}=\gamma\boldsymbol{F}$，于是由式(5-6-42)和式(5-6-43)，得

$$F'_y=\frac{F_y}{\sqrt{1-\frac{v^2}{c^2}}} \tag{5-6-44}$$

由此可得

$$F_y=F'_y\sqrt{1-\frac{v^2}{c^2}}=\frac{q^2}{4\pi\varepsilon_0 y_0^2}\sqrt{1-\frac{v^2}{c^2}} \tag{5-6-45}$$

此即 q_1 对 q_2 的作用力

$$\boldsymbol{F}_{21}=\frac{q^2}{4\pi\varepsilon_0 y_0^2}\sqrt{1-\frac{v^2}{c^2}}\boldsymbol{e}_y \tag{5-6-46}$$

*5.7　电磁场中带电粒子的拉格朗日函数和哈密顿函数

上节研究了带电粒子在电磁场中的运动方程. 为了将经典理论过渡到量子理论，现在我们把这方程用分析力学的拉格朗日形式和哈密顿形式表示出来. 在微观

领域内,例如电子在原子核的场内运动这一类带电粒子的运动问题占有重要地位,需要用量子力学来解决粒子运动问题,而量子力学是用哈密顿函数或拉格朗日函数来描述粒子系统的力学性质的.这里我们从经典电动力学范围引入带电粒子在电磁场中运动的拉格朗日函数和哈密顿函数,从而为解决微观粒子运动问题提供必要的基础.

5.7.1 电磁场中的拉格朗日函数和拉格朗日方程

电磁场中带电粒子的运动方程是式(5-6-37)

$$\frac{\mathrm{d}\boldsymbol{p}}{\mathrm{d}t}=e(\boldsymbol{E}+\boldsymbol{v}\times\boldsymbol{B}) \tag{5-7-1}$$

其中粒子的动量 $\boldsymbol{p}$ 是式(5-6-22)

$$\boldsymbol{p}=m\boldsymbol{v} \tag{5-7-2}$$

式中 m 为动质量.为了找到一个**拉格朗日函数**$\mathscr{L}$使运动方程(5-7-1)化为**拉格朗日方程**

$$\frac{\mathrm{d}}{\mathrm{d}t}\frac{\partial\mathscr{L}}{\partial\dot{q}_i}-\frac{\partial\mathscr{L}}{\partial q_i}=0 \tag{5-7-3}$$

的形式,我们先把(5-7-1)的右边用势 φ 和 $\boldsymbol{A}$ 表示出来

$$\boldsymbol{E}+\boldsymbol{v}\times\boldsymbol{B}=-\nabla\varphi-\frac{\partial\boldsymbol{A}}{\partial t}+\boldsymbol{v}\times(\nabla\times\boldsymbol{A}) \tag{5-7-4}$$

。在拉氏形式中,坐标 $\boldsymbol{x}$ 和速度$\boldsymbol{v}=\dot{\boldsymbol{x}}$ 是独立变量,∇ 算符不作用在 $\boldsymbol{v}$ 的函数上,因此

$$\boldsymbol{v}\times(\nabla\times A)=\nabla(\boldsymbol{v}\cdot\boldsymbol{A})-\boldsymbol{v}\cdot\nabla\boldsymbol{A} \tag{5-7-5}$$

把式(5-7-4),式(5-7-5)代入式(5-7-1),得

$$\frac{\mathrm{d}\boldsymbol{p}}{\mathrm{d}t}=e\left[-\nabla(\varphi-\boldsymbol{v}\cdot\boldsymbol{A})-\frac{\partial\boldsymbol{A}}{\partial t}-\boldsymbol{v}\cdot\nabla\boldsymbol{A}\right] \tag{5-7-6}$$

由于粒子运动,在时间 $\mathrm{d}t$ 内有位移 $\mathrm{d}\boldsymbol{x}$,由此引起矢势 $\boldsymbol{A}$ 在 $\mathrm{d}\boldsymbol{x}$ 上的增量为 $\mathrm{d}\boldsymbol{x}\cdot\nabla\boldsymbol{A}$.因此,作用于粒子上的矢势总变化率为

$$\frac{\mathrm{d}\boldsymbol{A}}{\mathrm{d}t}=\frac{\partial\boldsymbol{A}}{\partial t}+\boldsymbol{v}\cdot\nabla\boldsymbol{A} \tag{5-7-7}$$

由此可以把式(5-7-6)写为

$$\frac{\mathrm{d}}{\mathrm{d}t}(\boldsymbol{p}+e\boldsymbol{A})=-e\nabla(\varphi-\boldsymbol{v}\cdot\boldsymbol{A}) \tag{5-7-8}$$

注意到动量 $\boldsymbol{p}$ 和矢势 $\boldsymbol{A}$ 可以分别写为

$$p_i=\frac{\partial}{\partial v_i}\left(-m_0c^2\sqrt{1-\frac{v^2}{c^2}}\right)$$

$$A_i = \frac{\partial}{\partial v_i}(\boldsymbol{v} \cdot \mathbf{A})$$

因而运动方程(5-7-8)可以写为拉氏形式

$$\frac{\mathrm{d}}{\mathrm{d}t}\frac{\partial \mathscr{L}}{\partial v_i} - \frac{\partial \mathscr{L}}{\partial x_i} = 0 \tag{5-7-9}$$

其中拉格朗日函数 $\mathscr{L}$ 为

$$\mathscr{L} = -m_0 c^2 \sqrt{1 - \frac{v^2}{c^2}} - e(\varphi - \boldsymbol{v} \cdot \mathbf{A}) \tag{5-7-10}$$

对于不受电磁场作用的自由粒子,其拉格朗日函数为

$$\mathscr{L}_0 = -m_0 c^2 \sqrt{1 - \frac{v^2}{c^2}}$$

现在我们考察 $\mathscr{L}$ 的变换性质. 把式(5-7-10)乘以 $\gamma = (1 - v^2/c^2)^{-1/2}$ 得

$$\mathscr{L}\gamma = -m_0 c^2 + eA_\mu U_\mu \tag{5-7-11}$$

式中 U_μ 为四维速度矢量. 上式右边是洛伦兹不变量,因此 $\mathscr{L}\gamma$ 也是洛伦兹不变量.

在分析力学中,拉氏量对时间的积分是**作用量**

$$S = \int \mathscr{L}\mathrm{d}t = \int \mathscr{L}\gamma \mathrm{d}\tau \tag{5-7-12}$$

其中 $\mathrm{d}\tau$ 是粒子的固有时. 由于 $\mathscr{L}\gamma$ 和 $\mathrm{d}\tau$ 都是不变量,因而作用量 S 是洛伦兹不变量. 作用量的洛伦兹不变性在现代物理学中有重要意义,这种不变性常常是找出一个物理系统的拉格朗日函数的重要依据.

5.7.2 电磁场中的哈密顿函数和哈密顿方程

对于用拉氏函数 $\mathscr{L}$ 描述的动力学系统,广义动量 P_i 定义为

$$P_i = \frac{\partial \mathscr{L}}{\partial \dot{q}_i} \tag{5-7-13}$$

P_i 也称为与广义坐标 q_i 共轭的**正则动量**. 系统的**哈密顿函数**为

$$\mathscr{H} = \sum_i P_i \dot{q}_i - \mathscr{L} \tag{5-7-14}$$

$\mathscr{H}$ 是**广义坐标 q_i** 和**广义动量 P_i** 的函数

$$\mathscr{H} = \mathscr{H}(q_i, P_i) \tag{5-7-15}$$

用哈密顿函数可以把运动方程表为正则形式

$$\dot{q}_i = \frac{\partial \mathscr{H}}{\partial P_i} \tag{5-7-16}$$

$$\dot{P}_i = -\frac{\partial \mathscr{H}}{\partial q_i} \tag{5-7-17}$$

当带电粒子在电磁场中运动时，由(5-7-10)式，正则动量 P 是

$$P_i = \frac{\partial \mathscr{L}}{\partial v_i} = \frac{m_0 v_i}{\sqrt{1 - v^2/c^2}} + eA_i$$

即

$$\boldsymbol{P} = \boldsymbol{p} + e\boldsymbol{A} \tag{5-7-18}$$

式中 $\boldsymbol{p}$ 是粒子的机械动量式(5-7-2). 上式表明，在电磁场中粒子的正则动量不等于它的机械动量，而是附加上一项 $e\boldsymbol{A}$.

由式(5-7-14)和式(5-7-10)，带电粒子的哈密顿函数为

$$\mathscr{H} = \boldsymbol{P} \cdot \boldsymbol{v} - \mathscr{L} = \frac{m_0 c^2}{\sqrt{1 - v^2/c^2}} + e\varphi \tag{5-7-19}$$

按 $\mathscr{H}$ 的定义式(5-7-15)，它应该用正则动量 $\boldsymbol{p}$ 而不是用速度 $\boldsymbol{v}$ 表示. 由式(5-6-6)、(5-6-24)和式(5-7-18)，得

$$\mathscr{H} = \sqrt{(\boldsymbol{P} - e\boldsymbol{A})^2 c^2 + m_0^2 c^4} + e\varphi \tag{5-7-20}$$

上式右边第一项是粒子的运动能量 W(包括静止能量)，而 $p_\mu = \left(\boldsymbol{p}, \frac{\mathrm{i}}{c} W\right)$，$A_\mu = \left(\boldsymbol{A}, \frac{\mathrm{i}}{c}\varphi\right)$，因而 $\mathscr{H}$ 应对应于 $p_\mu + eA_\mu$ 的第四分量. 与式(5-7-18)对应，引入四维正则动量

$$P_\mu = p_\mu + eA_\mu \tag{5-7-21}$$

则哈密顿量 $\mathscr{H}$ 是 P_μ 的第四分量

$$P_\mu = \left(\boldsymbol{P}, \frac{\mathrm{i}}{c}\mathscr{H}\right) \tag{5-7-22}$$

不难验证哈密顿方程式(5-7-16)和式(5-7-17)相当于原运动方程式(5-7-1).

5.7.3 非相对论情形

在非相对论量子力学中，经常要处理带电粒子在电磁场中的运动问题，这就要讨论 $v \ll c$ 时的拉格朗日函数和哈密顿函数.

当 $v \ll c$ 时，拉格朗日函数式(5-7-10)变为(除去一个不重要的附加常数)

$$\mathscr{L} = \frac{1}{2} m_0 v^2 - e(\varphi - \boldsymbol{v} \cdot \boldsymbol{A}) \tag{5-7-23}$$

哈密顿函数式(5-7-20)变为

$$\mathscr{H} = \frac{1}{2m_0}(\boldsymbol{P} - e\boldsymbol{A})^2 + e\varphi \tag{5-7-24}$$

$\mathscr{H}$和 $\mathscr{L}$仍满足关系式(5-7-14)

$$\mathscr{H} = \boldsymbol{P} \cdot \boldsymbol{v} - \mathscr{L} \tag{5-7-25}$$

事实上，在讨论**塞曼效应**、**量子霍尔效应**等问题时，均要用到式(5-7-24).

习　　题

5.1　设有两根互相平行的尺，在各自静止的参考系中的长度均为 l_0，它们以相同速率 v 相对于某一参考系运动，但运动方向相反，且平行于尺子. 求站在一根尺上测量另一根尺的长度.

答案：$x_2 - x_1 = \dfrac{l_0(1 - v^2/c^2)}{1 + v^2/c^2}$.

5.2　在电场 $\boldsymbol{E}$ 沿 y 方向、磁场 $\boldsymbol{B}$ 沿 z 方向的空间区域内释放一个初速为零、电量为 q、静止质量为 m 的粒子. (1)求出一个洛伦兹参照系存在所需的条件，在该参照系中：①电场为 0；②磁场为 0. (2)若(1)中条件①满足，描述粒子在原坐标系中的运动. (3)若(1)中的条件②满足，在新的坐标系中求动量与时间的函数关系.

答案：(1) ① $\boldsymbol{E}' = 0$ 时，$\boldsymbol{v} = \dfrac{E}{B}\boldsymbol{e}_x$，$E \leqslant cB$，$\boldsymbol{B}' = \sqrt{c^2B^2 - E^2}\,\boldsymbol{e}_z$.

② $\boldsymbol{B}' = 0$ 时，$\boldsymbol{v} = \dfrac{c^2B}{E}\boldsymbol{e}_x$，$cB \leqslant E$，$\boldsymbol{E}' = \sqrt{E^2 - c^2B^2}\,\boldsymbol{e}_y$.

(2) Σ 系看到粒子做椭圆运动，x 方向的半轴为短半轴.

(3) $p'_x = \dfrac{mu'_{x0}}{\sqrt{1 - u'^2/c^2}} = \dfrac{c^2 mB}{\sqrt{E^2 - c^2B^2}}$，$p'_z = 0$，$p_y(t') = q\sqrt{E^2 - c^2B^2}\,t'$.

5.3　静止长度为 l_0 的车厢，以速度 v 相对于地面 Σ 运行，车厢的后壁以速度 u_0 向前推出一个小球. 求地面观察者看到小球从后壁到前壁的运动时间.

答案：$t_2 - t_1 = \dfrac{l_0(1 + vu_0/c^2)}{u_0\sqrt{1 - v^2/c^2}}$.

5.4　一辆以速度 v 运动的列车上的观察者，在经过某一高大建筑物时，看见其避雷针上跳起一脉冲电火花. 电光先后照亮了铁路沿线上的两铁塔. 求列车上观察者测量到的两铁塔被电光照亮的时刻差. 设建筑物和两铁塔都在一直线上，与列车前进方向一致，铁塔到建筑物的地面距离已知都是 l_0.

答案：$\Delta t' = \dfrac{2vl_0}{c^2\sqrt{1 - v^2/c^2}}$.

5.5　有一光源 S 与接收器 R 相对静止，距离为 l_0，S-R 装置浸在均匀无限的静止折射率为 n 的液体介质中. 试对下列三种情况计算光源发出讯号到接收器收到讯号所经历的时间.

(1) 液体介质相对于 S-R 装置静止；

(2) 液体沿着 S-R 连线方向以速度 v 流动；

(3) 液体垂直于 S-R 连线方向以速度 v 流动.

答案：(1) $\Delta t = \dfrac{nl_0}{c}$；(2) $\Delta t = \dfrac{l_0(1 + v/nc)}{c/n + v}$；(3) $\Delta t = \dfrac{l_0\sqrt{1 - v^2/c^2}}{\sqrt{c^2/n^2 - v^2}}$.

5.6　在坐标系 Σ 中，有两个物体都以速度 u 沿 x 轴运动. 在 Σ 系看来，它们一直保持距离 l 不变. 今有一观察者 Σ' 以速度 v 沿 x 轴运动，他测量到这两个物体的距离是多少？

答案：$l'=\dfrac{l\sqrt{1-v^2/c^2}}{1-uv/c^2}$.

5.7　设在参考系 Σ 内电场和磁场相互垂直，Σ' 系沿 $\boldsymbol{E}\times\boldsymbol{B}$ 方向运动，问 Σ' 系以什么样的速度相对于 Σ 运动时，才能使 Σ' 系中只有电场或只有磁场？

答案：当 $c^2B^2>E^2$，且取 $\boldsymbol{v}=\dfrac{\boldsymbol{E}\times\boldsymbol{B}}{B^2}$，则有 $\boldsymbol{E}'=0,\boldsymbol{B}'\neq 0$.

当 $E^2>c^2B^2$ 时，且取 $\boldsymbol{v}=\dfrac{c^2}{E^2}(\boldsymbol{E}\times\boldsymbol{B})$，将有 $\boldsymbol{B}'=0,\boldsymbol{E}'\neq 0$.

5.8　火箭由静止状态加速到 $v=\sqrt{0.9999}c$. 设瞬时惯性系上加速度为 $|\dot{\boldsymbol{v}}|=20\mathrm{m\cdot s^{-2}}$，问按照静止系的时钟和按火箭内的时钟加速火箭各需要多少时间？

答案：$t=47.5$ 年，$t'=2.52$ 年.

5.9　一个具有固定长度的电偶极子，在其两端各有一质量为 m 的质点，并且一端带正电荷 $+Q_2$，另一端带负电荷 $-Q_2$. 它围绕一固定的点电荷 $+Q_1$ 作轨道运动（电偶极子的两极被约束在轨道平面内）. 图(a)示意了对坐标 (r,θ,α) 的定义，图(b)则给出偶极子两极至 $+Q_1$ 的距离. (1) 用拉格朗日方程求出 (r,θ,α) 坐标系中的运动方程，当计算势能时可近似取 $r\gg R$，(2) 偶极子作绕 $+Q_1$ 的圆轨运动，且 $\dot{r}\simeq\ddot{r}\simeq\ddot{\theta}\simeq 0$，$\alpha\ll 1$. 求出 α 坐标中的微振动周期.

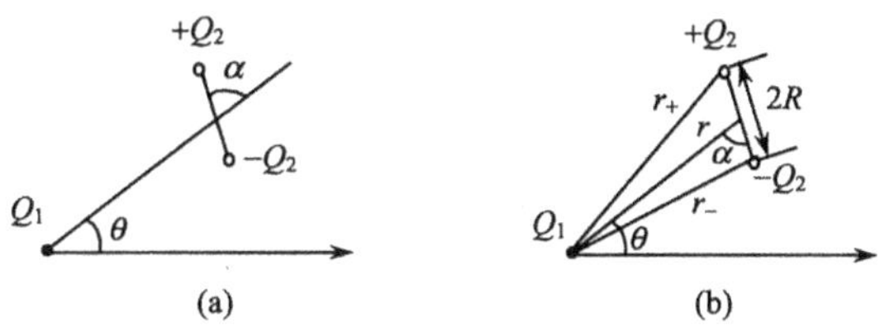

题 5.9 图

答案：(1) $m\ddot{r}+\dfrac{Q_1Q_2}{4\pi\varepsilon_0}\cdot\dfrac{2R\cos\alpha}{r^3}=0,\ddot{\theta}+\dfrac{R^2}{r^2+R^2}\ddot{\alpha}=0,$

$$2mR^2\ddot{\alpha}+2mR^2\ddot{\theta}+\frac{Q_1Q_2}{4\pi\varepsilon_0}\cdot\frac{2R\sin\alpha}{r^2}=0$$

(2) $T=\dfrac{2\pi}{\omega}=2\pi\sqrt{\dfrac{4\pi\varepsilon_0}{Q_1Q_2}\cdot mRr^2}$.

5.10　一平面镜以速度 v 自左向右运动. 一束频率为 ω_0，与水平线成 θ_0 夹角的平面光波自左向右入射到镜面上，求反射光波的频率 ω 及反射角 θ. 垂直入射的情况如何？

答案：$\omega=\gamma^2\omega_0[(1+\beta\cos\theta_0)+\beta(\beta+\cos\theta_0)]$，$\mathrm{tg}\theta=\sin\theta_0/\gamma^2[(\beta+\cos\theta_0)+\beta(1+\beta\cos\theta_0)]$

5.11　有一沿 z 轴方向螺旋进动的静磁场 $\boldsymbol{B}=B_0(\cos k_m z\boldsymbol{e}_x+\sin k_m z\boldsymbol{e}_y)$，其中 $k_m=2\pi/\lambda_m$，λ_m 为磁场周期长度. 现有一沿 z 轴以速度 $v=\beta c$ 运动的惯性系，求在该惯性系中观察到的电磁场. 证明当 $\beta\simeq 1$ 时该电磁场类似于一列频率为 $\gamma\cdot\beta c k_m$ 的圆偏振电磁波.

答案：$E'_{/\!/}=E_{/\!/}=0$，　$B'_{/\!/}=B_{/\!/}=0$；

$\boldsymbol{E}'_{\perp}=\gamma(\boldsymbol{v}\times\boldsymbol{B})_{\perp}=\gamma\beta cB_0(\cos k_{\mathrm{m}}z\boldsymbol{e}_y-\sin k_{\mathrm{m}}z\boldsymbol{e}_x)$；

$\boldsymbol{B}'_{\perp}=\gamma\boldsymbol{B}_{\perp}=\gamma B_0(\cos k_{\mathrm{m}}z\boldsymbol{e}_x+\sin k_{\mathrm{m}}z\boldsymbol{e}_y)$.

5.12　质量为 M 的静止粒子衰变为两个粒子 m_1 和 m_2，求粒子 m_1 的动量和能量.

答案：$p_1=\frac{c}{2M}\sqrt{[M^2-(m_1+m_2)^2][M^2-(m_1-m_2)^2]}$，$E_1=\frac{c^2}{2M}(M^2+m_1^2-m_2^2)$

5.13　考虑一个电子在时间相关的轴对称磁场(其中 $B_\theta=0$)中运动，已知拉格朗日函数为

$$\mathscr{L}=-mc^2\left(1-\frac{v^2}{c^2}\right)^{1/2}+e\boldsymbol{V}\cdot\boldsymbol{A}$$

问必须满足什么条件才能得到一个圆轨道，其位置和半径为与时间无关的常数. 电子在该轨道上的角频率和能量是多少？并研究圆形轨道的稳定性. 假设轨道附近场的形式可表示为 $B_z=B_0(r_0/r)^n$，其中 B_z 是平衡轨道 $r=r_0$ 上的场的瞬时值；z 轴是对称轴，n 是正数，并且 $B(r,z,t)=B(r,z)T(t)$，假设在一次转动所需的时间内，外场随时间的变化很小. 证明：(1) 如果 $n>1$，轨道对径向振动是不稳定的. (2) 径向和垂直振动的频率的平方和等于平衡轨道的粒子回转频率的平方.

5.14　已知某一粒子 m 衰变成质量为 m_1 和 m_2，动量为 $\boldsymbol{p}_1$ 和 $\boldsymbol{p}_2$(两者方向夹角为 θ)的两个粒子. 求该粒子的质量 m.

答案：$m^2=m_1^2+m_2^2+\frac{2}{c^2}\left[\sqrt{(m_1^2c^2+p_1^2)(m_2^2c^2+p_2^2)}-p_1p_2\cos\theta\right]$.

5.15　(1) 设 E 和 $\boldsymbol{p}$ 是粒子体系在实验室参考系 Σ 中的总能量和总动量($\boldsymbol{p}$ 与 x 轴方向夹角为 θ). 证明在另一参考系 Σ'(相对于 Σ 以速度 v 沿 x 轴方向运动)中的粒子体系总能量和总动量满足

$$p'_x=\gamma(p_x-\beta E/c),\quad E'=\gamma(E-c\beta p_x)$$

$$\mathrm{tg}\theta'=\frac{\sin\theta}{\gamma(\cos\theta-\beta pE/c)}$$

(2) 某光源发出的光束在两个惯性系中与 x 轴的夹角分别为 θ 和 θ'，证明

$$\cos\theta'=\frac{\cos\theta-\beta}{1-\beta\cos\theta},\quad \sin\theta'=\frac{\sin\theta}{\gamma(1-\beta\cos\theta)}$$

5.16　考虑一个质量为 m_1 能量为 E_1 的粒子射向另一质量为 m_2 的静止粒子的体系. 通常在高能物理中，选择质心参考系有许多方便之处.

(1) 求质心系相对于实验室系的速度 βc；

(2) 求质心系中每个粒子的动量、能量和总能量；

(3) 已知电子静止质量 $m_ec^2=0.511\mathrm{MeV}$. 北京正负电子对撞机(BEPC)的设计能量为 $2\times2.2\mathrm{GeV}(1\mathrm{GeV}=10^3\mathrm{MeV})$. 估计一下若用单束电子入射于静止靶，要用多大的能量才能达到与对撞机相同的相对运动能量？

答案：(1) $\beta c=\frac{\sqrt{E_1^2-m_1^2c^4}}{E_1+m_2c^2}$；

(2) $\boldsymbol{p}'_1=-\boldsymbol{p}'_2$，$|\boldsymbol{p}'_1|=\frac{m_2\sqrt{E_1^2-m_1^2c^4}}{Mc}$，$E'_1=\frac{m_1^2c^2+m_2E_1}{M}$，$E'_2=\frac{m_2^2c^2+m_2E_1}{M}$，其中 $M^2c^4=m_1^2c^4+m_2^2c^4+2E_1m_2c^2$；

(3) $E_1 \simeq \frac{2E_1'^2}{mc^2} = 1.9\times10^5\,\text{GeV}$.

5.17　利用洛伦兹变换，试确定粒子在互相垂直的均匀电场 $E\boldsymbol{e}_x$ 和磁场 $B\boldsymbol{e}_y(E>cB)$ 内的运动规律，设粒子初速度为 $u=c^2B/E$ 且沿着垂直于电场和磁场的 z 轴正向.

答案：$x=\frac{mc^2\gamma_u}{eE}\left[\sqrt{1+\left(\frac{eE}{mc}t\right)^2}-1\right]$，$y=0$，$z=ut$. 其中 $u=\frac{c^2B}{E}$，$\gamma_u=1\Big/\sqrt{1-\frac{u^2}{c^2}}$.

5.18　已知 $t=0$ 时点电荷 q_1 位于原点，q_2 静止于 y 轴 $(0,y_0,0)$ 上，q_1 以速度 v 沿 x 轴匀速运动，试分别求出 q_1、q_2 各自所受的力. 如何解释两力不是等值反向的？

答案：$\boldsymbol{F}_{21}=-\frac{q_1q_2\boldsymbol{e}_y}{4\pi\varepsilon_0 y_0^2}$，$\boldsymbol{F}_{12}=\frac{q_1q_2\boldsymbol{e}_y}{4\pi\varepsilon_0 y_0^2\sqrt{1-\beta^2}}$.

5.19　一直山洞长 1km 整，一列火车静止时，长也是 1km. 这列火车以 0.600c 的速度行驶穿过该山洞. A 是站在地面上的观测者，B 是坐在火车上的观测者. (1) 从车前端进洞到车尾端出洞，A 观测到的时间是多长？B 观测到的时间是多长？(2) 整个列车全在洞内的时间是多长？

答案：(1) $\Delta t=\Delta t'=\frac{l_0+l}{0.600c}=1.00\times10^{-5}\,\text{s}$；(2) $\Delta t=\frac{l_0-l}{0.600c}=1.11\times10^{-6}\,\text{s}$.

5.20　(1) 爱因斯坦在他创立狭义相对论的论文《论运动物体的电动力学》中说，地球赤道上的钟比地球两极的钟走得慢些. 假定地球的年龄已有五十亿年，在地球诞生时便在赤道和两极放相同的钟，问赤道上的钟现在比两极的钟慢多少？(2) 我国古代神话说："洞中方七日，世上已千年."假定"洞中"是某一宇宙飞船中，"世上"就是地球上. 问该宇宙飞船相对于地球的速度是多少？

答案：(1) $\Delta t=2.2$ 天；(2) $v=(1-1.839\times10^{-10})c$.

5.21　设 $\Sigma'(x',y',z')$ 系以匀速 $\boldsymbol{v}=(v,0,0)$ 相对于惯性系 $\Sigma(x,y,z)$ 运动，在 Σ 系中某一点发出一束光，构成的立体角元为 $\mathrm{d}\Omega=\sin\theta\mathrm{d}\theta\mathrm{d}\phi$. 试求在 Σ' 系这束光构成的立体角 $\mathrm{d}\Omega'$.

答案：$\mathrm{d}\Omega'=\frac{1-\frac{v^2}{c^2}}{\left(1-\frac{v}{c}\cos\theta\right)^2}\mathrm{d}\Omega$.

5.22　一原子静止时发光的波长为 λ_0，当它以速度 $\boldsymbol{v}$ 相对于 Σ 系运动时，试求在 $\boldsymbol{v}$ 方向上，Σ 系中的静止观察者所观测到的波长 λ.

答案：在 $\boldsymbol{v}$ 的方向上，$\lambda=\lambda_0\sqrt{\frac{1-v/c}{1+v/c}}<\lambda_0$；在 $\boldsymbol{v}$ 的逆方向上，$\lambda=\lambda_0\sqrt{\frac{1+v/c}{1-v/c}}>\lambda_0$.

5.23　参考系 $\Sigma'(x',y',z')$ 系以匀速 $\boldsymbol{v}=(v,0,0)$ 相对于惯性系 $\Sigma(x,y,z)$ 运动. 在 Σ 系观测，空间某区域有静磁场 $\boldsymbol{B}=(B_x,B_y,B_z)$. (1) 求在 Σ' 系观测，该区域内的电磁场；(2) 若该区域内有一电荷为 q 的粒子相对于 Σ 系静止，求在 Σ' 系观测，这个粒子所受的力.

答案：(1) $\boldsymbol{E}'=(0,-\gamma vB_z,\gamma vB_y)$，$\boldsymbol{B}'=(B_x,\gamma B_y,\gamma B_z)$；(2) $\boldsymbol{F}'=0$.

5.24　有两个完全相同的物体 A 和 B，每个的静质量都是 m_0，在它们发生对心碰撞后，黏合成一个物体 C；在质心系观测，碰前 A 和 B 的速度都是 u. 试求 C 的静质量：(1) 用质心系求解；(2) 用相对于 B 为静止的参考系求解.

答案：(1) $M_0=\frac{2m_0}{\sqrt{1-u^2/c^2}}$；(2) $M_0=\frac{2m_0}{\sqrt{1-u^2/c^2}}$.

5.25　一列静止长度为 l_0 的列车，以恒定速度 v 驶过静止长度也是 l_0 并与之平行的站台. 在列车上看来，车头 B' 和车尾 A' 处两个时钟已经校准. 在站台看来，站台起点 A 和终点 B 处的两个时钟已经校准. 当车头进入站台时，设 B' 钟和 A 钟指示的时间均为 t_0，问其余各钟指示的时间是多少？

答案：(1) 站台观点：A' 钟指示的时间　$t_{A'}=t_0+\frac{v}{c^2}l_0$；

(2) 列车观点：B 钟的读数为　$t_B=t_0+\frac{v}{c^2}l_0$.

结果表明，用站台观点算出 A' 钟的指示时间等于用列车观点算出的 B 钟指示时间，正好说明时间是相对的.

5.26　从四维速度定义导出三维速度合成公式.

5.27　匀速运动的宇宙飞船以 0.8c 的速度飞经地球. 飞船和地球上的观察者一致认为这一事件发生在中午 12 点.

(1) 按飞船上的时钟读数，该飞船于 12 点 30 分飞经一个相对地球静止的星际宇航站，宇航站的时钟指示地球时间，飞船飞经宇航站时，宇航站的时钟读数是多少？

(2) 当飞船飞经宇航站时，该飞船向地球发出无线电信号，地面接收到信号后立即用无线电信号回答，飞船上的观察者何时收到回答信号.

答案：(1) 时间为 12 点 50 分；(2) 下午四时半飞船上收到回答信号.

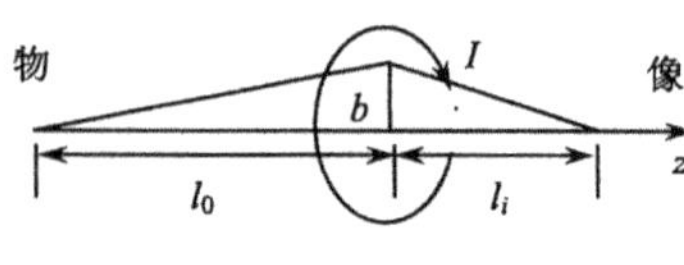

题 5.28 图

5.28　题图为一简化的电子透镜，是一个通有电流 I、半径为 a 的导线圆环. 当 $\rho\ll a$ 时，此电流环产生的矢势为 $A_0=\frac{\pi I a^2\rho}{(a^2+z^2)^{3/2}}$：(1) 在柱坐标$(\rho,\theta,z)$中写出该场中电荷为 q 的运动粒子的拉格朗日函数与哈密顿函数. (2) 证明正则动量 p_θ 为零，并导出 $\dot{\theta}$ 的表达式. 在下面(3)与(4)小题中，可作如下近似：当粒子处于透镜附近时，磁场力主导. 由于 ρ 很小，我们可以假定 $\rho\simeq b, z\simeq u$，在相互作用区域近似为常量. (3) 计算粒子通过透镜时动量的脉冲变化，并证明电流环的作用与一个薄透镜相似，即$\frac{1}{l_0}+\frac{1}{l_i}=\frac{1}{f}$. 其中 $f=\frac{8a}{3\pi}\left(\frac{muc}{\pi q l}\right)^2$. (4) 证明通过透镜后，像转过一个角度 $\theta=-4\sqrt{\frac{2a}{3\pi f}}$.

答案：(1) $\mathscr{L}=\frac{m}{2}(\dot{\rho}^2+\rho^2\dot{\theta}^2+\dot{z})+\frac{I\pi a^2 q\rho^2}{(a^2+z^2)^{3/2}}\dot{\theta}$,

$$\mathscr{H}=\frac{1}{2m}\left[P_\rho^2+\frac{1}{\rho^2}\left(P_\theta-\frac{I\pi a^2 q\rho^2}{(a^2+z^2)^{3/2}}\right)^2+P_z^2\right];$$

(2) $\dot{\theta}=-\frac{I\pi a^2 q}{m(a^2+z^2)^{3/2}}$.

(3) $\Delta P_\rho=-\frac{3\pi b}{8mau}(Iq\pi)^2$.

第 6 章　电磁波的辐射

前面第 4 章研究了电磁波在空间中的传播规律. 在实践上,电磁波常常是由运动电荷产生的. 电磁波携带着电磁能量脱离波源向外传播不再返回的现象称为电磁辐射,本章研究在各种情况下电磁波辐射的规律.

当考虑由电荷、电流分布激发电磁场的问题时,通过势来解辐射问题比较方便. 我们首先研究标势和矢势的解——推迟势,引出相互作用有限传播速度这一重要物理概念. 然后将推迟势公式作多极展开,研究小区域(线度≪波长)内电荷、电流分布的辐射问题及其辐射功率的公式和辐射的方向性,其中电偶极辐射是最基本的一种辐射,它在宏观无线电辐射和微观带电粒子辐射中都占重要地位. 其次,我们要讨论在高能物理和天体物理中有重要应用的轫致辐射、同步辐射和切伦柯夫辐射,还要讨论无线电常用的半波天线和天线阵的辐射. 天线的研究是无线电通信、导航、雷达、遥测、射电天文等学科的重要组成部分.

在本章我们还要研究一个高速运动的带电粒子激发的辐射电磁场.

6.1　电磁势的推迟解

现在我们来求在 1.6 节所得到的达朗贝尔方程的解. 标势 φ 的达朗贝尔方程为

$$\nabla^2\varphi-\frac{1}{c^2}\frac{\partial^2\varphi}{\partial t^2}=-\frac{\rho}{\varepsilon_0} \tag{6-1-1}$$

6.1.1　求解的思想和步骤

式(6-1-1)中 $\rho=\rho(\boldsymbol{x},t)$ 是 $\boldsymbol{x},t$ 的函数. 方程是线性的,由于电磁场具有叠加性,可按如下四步来求解.

(1) 先求位于坐标原点的点电荷 $Q(t)$ 的势

$$\varphi=\frac{Q(t-r/c)}{4\pi\varepsilon_0 r}$$

(2) 如图 6.1.1,将原点平移,让此点电荷处于任意位置 $\boldsymbol{x}'$ 上,推广(1)而求出此点电荷的势

$$\varphi(\boldsymbol{x},t)=\frac{Q(\boldsymbol{x}',\ t-r/c)}{4\pi\varepsilon_0 r}$$

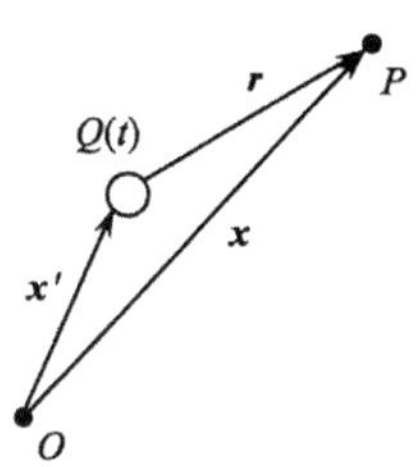

图 6.1.1

(3) 在 $\boldsymbol{x}'$处取电荷元$\rho(\boldsymbol{x}')\mathrm{d}V'$而代替 Q,然后对电荷分布区域积分,即得整个电荷系统的标势

$$\varphi(\boldsymbol{x},\ t)=\iiint_V\frac{\rho(\boldsymbol{x}',t-r/c)}{4\pi\varepsilon_0 r}\mathrm{d}V'$$

(4) 变化的电流 $\boldsymbol{J}(\boldsymbol{x}',t')$所激发的矢势

矢势的达朗贝尔方程和标势的达朗贝尔方程数学形式完全一样,因此电流所激发的矢势为

$$\mathbf{A}(\boldsymbol{x},t)=\frac{\mu_0}{4\pi}\iiint_V\frac{\boldsymbol{J}(\boldsymbol{x}',t-r/c)}{r}\mathrm{d}V'$$

6.1.2　求解过程

现在来具体求解达朗贝尔方程.

设原点处有一随时间变化的电荷 $Q(t)$,其电荷密度为 $\rho(\boldsymbol{x},t)=Q(t)\delta^3(\boldsymbol{x})$. 代入式(6-1-1),得这电荷的势所满足的达朗贝尔方程为

$$\nabla^2\varphi-\frac{1}{c^2}\frac{\partial^2\varphi}{\partial t^2}=-\frac{1}{\varepsilon_0}Q(t)\delta^3(\boldsymbol{x})\tag{6-1-2}$$

由于 $Q(t)$位于坐标原点,问题具有球对称性,φ 只依赖于 r,t,而与 θ,ϕ 无关. 式(6-1-2)可用球坐标表示为

$$\frac{1}{r^2}\frac{\partial}{\partial r}\left(r^2\frac{\partial\varphi}{\partial r}\right)-\frac{1}{c^2}\frac{\partial^2\varphi}{\partial t^2}=-\frac{1}{\varepsilon_0}Q(t)\delta(r)\tag{6-1-3}$$

除原点之外,φ 满足波动方程

$$\frac{1}{r^2}\frac{\partial}{\partial r}\left(r^2\frac{\partial\varphi}{\partial r}\right)-\frac{1}{c^2}\frac{\partial^2\varphi}{\partial t^2}=0\quad(r\neq 0)\tag{6-1-4}$$

显然,当 r 增大时势必定减弱,所以可作如下代换用以简化微分方程:

$$\varphi(r,t)=\frac{u(r,t)}{r}\tag{6-1-5}$$

把式(6-1-5)代入式(6-1-4),得 u 的方程为

$$\frac{\partial^2 u}{\partial r^2}-\frac{1}{c^2}\frac{\partial^2 u}{\partial t^2}=0\tag{6-1-6}$$

这方程形式上是一维空间的波动方程,由行波法可得通解为

$$u(r,t)=f_1(t-r/c)+f_2(t+r/c)\tag{6-1-7}$$

式中 f_1 和 f_2 是两个任意函数,由式(6-1-5)可得除原点以外 φ 的解

$$\varphi(r,t)=\frac{f_1(t-r/c)}{r}+\frac{f_2(t+r/c)}{r}\tag{6-1-8}$$

函数 f_1 和 f_2 的具体形式应由物理条件定出. 由行波法求解时的讨论,此解答的第一项代表向外发射的球面波,第二项代表向内收敛的球面波. 当我们研究辐射问题时,电磁场是由原点处的电荷发出的,它必然是向外发射的波. 因此在辐射问题中应取函数 $f_2=0$,而函数 f_1 的形式应由电荷分布形式决定.

在静电情形,我们知道点电荷 Q 激发的电势为

$$\varphi=\frac{Q}{4\pi\varepsilon_0 r}$$

推广到变化场情形,由式(6-1-8)的形式可以推想式(6-1-2)的解为

$$\varphi(r,t)=\frac{Q(t-r/c)}{4\pi\varepsilon_0 r}=\frac{Q(0,t-r/c)}{4\pi\varepsilon_0 r} \tag{6-1-9}$$

式中 $Q(0,t-r/c)$ 括号内的 0 表示 Q 在 $r=0$ 的原点,这是为下面的推广而引入的.

下面我们证明式(6-1-9)是式(6-1-2)的解. 当 $r\neq 0$ 时,式(6-1-9)满足波动方程(6-1-4). $r=0$ 点是式(6-1-9)的奇点,因此函数

$$\left(\nabla^2-\frac{1}{c^2}\frac{\partial^2}{\partial t^2}\right)\frac{Q(t-r/c)}{4\pi\varepsilon_0 r} \tag{6-1-10}$$

之值只可能在 $r=0$ 点不等于零,在该点式(6-1-10)可能有 δ 函数形式的奇异性. 为了研究在 $r=0$ 点式(6-1-10)的奇异性质,我们作一半径为 η 的小球包围原点,把式(6-1-10)在小球内作体积分

$$\int_0^\eta 4\pi r^2\mathrm{d}r\left(\nabla^2-\frac{1}{c^2}\frac{\partial^2}{\partial t^2}\right)\frac{Q(0,t-r/c)}{4\pi\varepsilon_0 r}$$

当 $\eta\to 0$ 时,积分的第二项是对时间微分,不会改变 r 的数量级,因而其值 $\sim\eta^2$ 而趋于零;而在第一项中,只有对分母因子求二阶导数时才得到不为零的积分,因此可令 $Q(t-r/c)\to Q(t)$,由第一章得到式(1-2-15)的有关讨论,这项变为

$$\frac{Q(t)}{4\pi\varepsilon_0}\iiint\mathrm{d}V\nabla^2\frac{1}{r}=\frac{Q(t)}{4\pi\varepsilon_0}(-4\pi)=-\frac{Q(t)}{\varepsilon_0}$$

因此,由 δ 函数的定义,此式右边应该由 $-(1/\varepsilon_0)Q(t)\delta^3(\boldsymbol{x})$ 在半径为 η 的小球内作体积分而得到

$$\int_0^\eta 4\pi r^2\mathrm{d}r\left[-\frac{1}{\varepsilon_0}Q(t)\delta^3(\boldsymbol{x})\right]=-\frac{1}{\varepsilon_0}Q(t)$$

因此,由这两方面的考虑,得

$$\left(\nabla^2-\frac{1}{c^2}\frac{\partial^2}{\partial t^2}\right)\frac{Q(t-r/c)}{4\pi\varepsilon_0 r}=-\frac{1}{\varepsilon_0}Q(t)\delta^3(\boldsymbol{x}) \tag{6-1-11}$$

这就证明了式(6-1-9)为方程(6-1-2)的解.

如果电荷不在原点上,而是在 $\boldsymbol{x}'$ 点上,令 r 为 $\boldsymbol{x}'$ 点到场点 $\boldsymbol{x}$ 的距离,由式

(6-1-9)有

$$\varphi(\boldsymbol{x},t)=\frac{Q(\boldsymbol{x}',t-r/c)}{4\pi\varepsilon_0 r}$$

由场的叠加性，对于一般变化的电荷分布 $\rho(\boldsymbol{x}',t')$，用 $\rho\mathrm{d}V'$ 代替 Q，对电荷分布区域作体积分，得电荷系统所激发的标势为

$$\varphi(\boldsymbol{x},t)=\iiint_V \frac{\rho(\boldsymbol{x}',t-r/c)}{4\pi\varepsilon_0 r}\mathrm{d}V' \tag{6-1-12}$$

由于矢势 $\boldsymbol{A}$ 所满足的方程形式上与标势的达朗贝尔方程一致，所以一般变化的电流分布 $\boldsymbol{J}(\boldsymbol{x}',t')$ 所激发的矢势为

$$\boldsymbol{A}(\boldsymbol{x},t)=\frac{\mu_0}{4\pi}\iiint_V \frac{\boldsymbol{J}(\boldsymbol{x}',t-r/c)}{r}\mathrm{d}V' \tag{6-1-13}$$

6.1.3 推迟势的物理意义

首先，$\varphi(\boldsymbol{x},t)$ 和 $\boldsymbol{A}(\boldsymbol{x},t)$ 的解(6-1-12)和(6-1-13)表明，t 时刻 $\boldsymbol{x}$ 处 P 点的场是由较早时刻 $t'=t-r/c$，电荷或电流系统中 M_1 或 M_2 处的电荷和电流分布决定的，即 M_1 或 M_2 处的电荷和电流所激发的场要经过

$$t-t'=\frac{r}{c} \tag{6-1-14}$$

的时间后才传播到 P 点的 $\boldsymbol{x}$ 处，如图 6.1.2所示. 在这种意义上，解式(6-1-12)和(6-1-13)称为**推迟势**. 其次，推迟的时间 $t-t'$ 等于从源点 M 到场点 P 的距离 r 除以光速 c，可见电磁作用是以光速传递的. 第三，由于各源点到场点 P 的距离 r 不同，因而各个 $t-t'$ 亦不同，可见 t 时刻 $\boldsymbol{x}$ 处 P 点的场是源上各点在不同的时刻 t' 激发的.

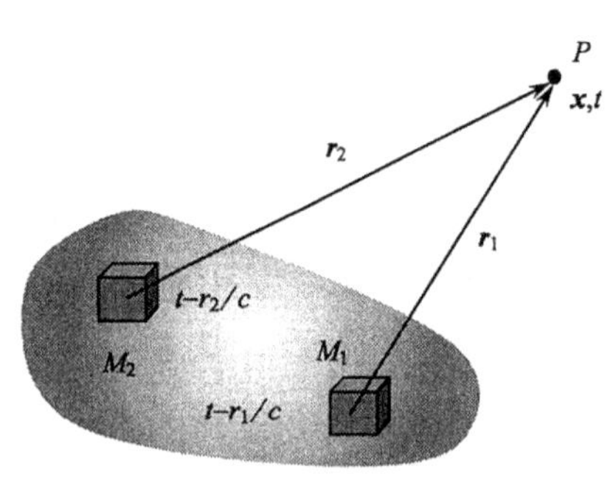

图 6.1.2

除了电磁作用之外，其他一切作用都通过物质以有限速度传播. 事物总是通过物质自身的运动发展而互相联系着的；不存在瞬时的超距作用. 这在上一章相对论时空观中已经讨论过.

由式(6-1-12)和(6-1-13)，当 ρ 和 $\boldsymbol{J}$ 给定后，就可以算出势，再由

$$\boldsymbol{B}=\nabla\times\boldsymbol{A},\boldsymbol{E}=-\nabla\varphi-\frac{\partial\boldsymbol{A}}{\partial t}$$

就可求得空间任意点的电磁场强度. 当然，电磁场本身反过来亦对电荷电流发生一定的反作用，因而激发区内的电荷、电流分布是不能任意规定的. 以后我们研究天

线辐射问题时再具体讨论这一点.

6.2 电偶极辐射 短天线的辐射

电磁波是从交变运动的电荷系统辐射出来的,本节先研究宏观电荷系统分布在一个小区域情形下的辐射问题,这时电荷系统的线度远小于波长:$l \ll \lambda$. 在宏观情形下电磁波由载有交变电流的天线辐射出来.

6.2.1 计算辐射场的一般公式

事实上,只要从给定的交变电流分布出发,就可求得全部电磁场. 这时计算辐射场的基础是推迟势公式

$$\boldsymbol{A}(\boldsymbol{x},t)=\frac{\mu_0}{4\pi}\iiint\frac{\boldsymbol{J}(\boldsymbol{x}',t-r/c)}{r}\mathrm{d}V' \tag{6-2-1}$$

当电流 $\boldsymbol{J}$ 是频率为 ω 的交变电流时,有

$$\boldsymbol{J}(\boldsymbol{x}',t')=\boldsymbol{J}(\boldsymbol{x}')\mathrm{e}^{-\mathrm{i}\omega t'} \tag{6-2-2}$$

代入上式,由 $\omega/c=k, t'=t-r/c$,得

$$\boldsymbol{A}(\boldsymbol{x},t)=\frac{\mu_0}{4\pi}\iiint\frac{\boldsymbol{J}(\boldsymbol{x}')\mathrm{e}^{\mathrm{i}(kr-\omega t)}}{r}\mathrm{d}V' \tag{6-2-3}$$

显然,矢势 $\boldsymbol{A}(\boldsymbol{x},t)$ 振荡的频率与交变电流的相同,因此可令

$$\boldsymbol{A}(\boldsymbol{x},t)=\boldsymbol{A}(\boldsymbol{x})\mathrm{e}^{-\mathrm{i}\omega t}$$

代入式(6-2-3),消去时间因子,得

$$\boldsymbol{A}(\boldsymbol{x})=\frac{\mu_0}{4\pi}\iiint\frac{\boldsymbol{J}(\boldsymbol{x}')\mathrm{e}^{\mathrm{i}kr}}{r}\mathrm{d}V' \tag{6-2-4}$$

在上面的计算中,指数中推迟的时间 r/c 乘以 ω 得 kr,因此因子 $\mathrm{e}^{\mathrm{i}kr}$ 是推迟作用因子,它表示电磁波传至场点时有相位滞后 kr.

磁场 $\boldsymbol{B}=\nabla\times\boldsymbol{A}$,求出 $\boldsymbol{B}$ 后,电场 $\boldsymbol{E}$ 可由麦克斯韦方程求出. 在电荷分布区外面,$\boldsymbol{J}=0$,由真空中的麦克斯韦方程

$$\nabla\times\boldsymbol{B}=\mu_0\varepsilon_0\frac{\partial\boldsymbol{E}}{\partial t}=-\frac{\mathrm{i}\omega}{c^2}\boldsymbol{E}=\frac{k}{\mathrm{i}c}\boldsymbol{E}$$

得

$$\boldsymbol{E}=\frac{\mathrm{i}c}{k}\nabla\times\boldsymbol{B} \tag{6-2-5}$$

这说明,只要知道电流的分布,则只从 $\boldsymbol{J}(\boldsymbol{x}',t')$ 就可同时求得电场和磁场.

6.2.2　磁矢势的多极展开

实际上,通常是在离发射系统很远处接收电磁波的.这时,可认为电荷电流分布于一个小区域内,其线度 l 决定于积分区内 $|\boldsymbol{x}'|$ 的大小,并且线度 l 远小于波长 λ 以及观察距离 r,即

$$l \ll \lambda, \quad l \ll r \tag{6-2-6}$$

式(6-2-6)称为小区域条件.

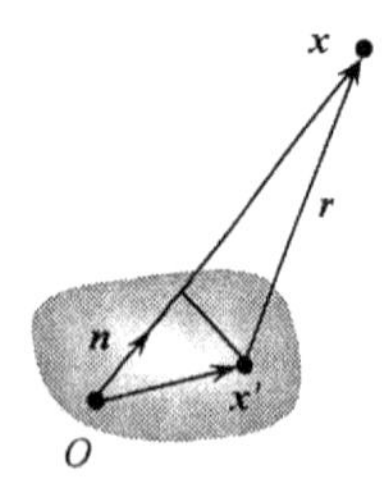

图 6.2.1

选坐标原点在电荷分布区域内,则 $|\boldsymbol{x}'|$ 的数量级为 l. 以 R 表示由原点到场点 $\boldsymbol{x}$ 的距离($R=|\boldsymbol{x}|$),r 为由源点 $\boldsymbol{x}'$ 到 $\boldsymbol{x}$ 的距离,由图 6.2.1,有

$$r \simeq R - \boldsymbol{n}\cdot\boldsymbol{x}' = R(1-\boldsymbol{n}\cdot\boldsymbol{x}'/R) \tag{6-2-7}$$

$\boldsymbol{n}$ 为沿 $\boldsymbol{x}$ 方向的单位矢量.

利用小区域条件(6-2-6),可以把式(6-2-4)所示的 $\boldsymbol{A}(\boldsymbol{x})$ 对小参数 x'/R 和 x'/λ 展开.

由式(6-2-7),式(6-2-4)中积分号下的

$$\frac{1}{r} \simeq \frac{1}{R(1-\boldsymbol{n}\cdot\boldsymbol{x}/R)} \simeq \frac{1}{R}\left(1+\frac{\boldsymbol{n}\cdot\boldsymbol{x}'}{R}\right) = \frac{1}{R}+\frac{\boldsymbol{n}\cdot\boldsymbol{x}'}{R^2} \tag{6-2-8}$$

式(6-2-8)中的第二项为高阶小量,在计算远场时,这一项可略掉,只需保留 $1/R$ 的最低次项.

把式(6-2-7)和式(6-2-8)代入式(6-2-4),得

$$\boldsymbol{A}(\boldsymbol{x}) \simeq \frac{\mu_0}{4\pi}\iiint \frac{\boldsymbol{J}(\boldsymbol{x}')\mathrm{e}^{\mathrm{i}kR(1-\boldsymbol{n}\cdot\boldsymbol{x}'/R)}}{R}\mathrm{d}V' \tag{6-2-9}$$

由于我们只保留 $1/R$ 的最低次项,这里在分母中可略去 $-\boldsymbol{n}\cdot\boldsymbol{x}'/R$ 项.但是相因子中 $-\boldsymbol{n}\cdot\boldsymbol{x}'/R$ 不应略去,这是因为这项贡献一个相因子

$$\mathrm{e}^{-\mathrm{i}k\boldsymbol{n}\cdot\boldsymbol{x}'} = \mathrm{e}^{-\mathrm{i}2\pi\boldsymbol{n}\cdot\boldsymbol{x}'/\lambda}$$

尽管这里涉及的都是小参数 x'/λ、x'/R,由于 $\lambda \ll r \sim R$,但却有 $x'/\lambda \gg x'/R$,故相位差 $2\pi\boldsymbol{n}\cdot\boldsymbol{x}'/\lambda$ 一般是不能忽略的,所以在相因子展开式中我们保留 x'/λ 的前两项.

把式(6-2-9)中的相因子对 $k\boldsymbol{n}\cdot\boldsymbol{x}'$ 展开得

$$\boldsymbol{A}(\boldsymbol{x}) = \frac{\mu_0\mathrm{e}^{\mathrm{i}kR}}{4\pi R}\iiint \boldsymbol{J}(\boldsymbol{x}')(1-\mathrm{i}k\boldsymbol{n}\cdot\boldsymbol{x}'+\cdots)\mathrm{d}V' \tag{6-2-10}$$

下面我们会看到,展开式中各项对应于各级电磁多极辐射.

6.2.3　偶极辐射

展开式(6-2-10)的第一项为

$$\boldsymbol{A}^{(0)}(\boldsymbol{x})=\frac{\mu_0 \mathrm{e}^{\mathrm{i}kR}}{4\pi R}\iiint \boldsymbol{J}(\boldsymbol{x}')\mathrm{d}V' \tag{6-2-11}$$

我们首先讨论电流密度体积分的内涵. 电流是由运动带电粒子组成的,设单位体积内有 n_i 个带电量为 e_i,速度为 $\boldsymbol{v}_i$ 粒子,则它们各自对电流密度的贡献为 $n_i e_i \boldsymbol{v}_i$,因此

$$\boldsymbol{J}=\sum_i n_i e_i \boldsymbol{v}_i$$

其中求和号表示对各类带电粒子求和.

上式也等于对单位体积内所有带电粒子的 $e\boldsymbol{v}$ 求和

$$\boldsymbol{J}=\sum_{j(\text{单位体积内})} e_j \boldsymbol{v}_j$$

因此

$$\iiint \boldsymbol{J}(\boldsymbol{x}')\mathrm{d}V'=\sum_{j(\text{整个体积})} e_j \boldsymbol{v}_j$$

但

$$\sum e_j \boldsymbol{v}_j=\frac{\mathrm{d}}{\mathrm{d}t}\sum e_j \boldsymbol{x}_j=\frac{\mathrm{d}}{\mathrm{d}t}\boldsymbol{p}=\dot{\boldsymbol{p}}$$

式中 $\boldsymbol{p}$ 是电荷系统的电偶极矩. 因此

$$\iiint \boldsymbol{J}(\boldsymbol{x}')\mathrm{d}V'=\dot{\boldsymbol{p}} \tag{6-2-12}$$

这样一来,式(6-2-11)实际上代表着振荡电偶极矩产生的辐射

$$\boldsymbol{A}^{(0)}(\boldsymbol{x})=\frac{\mu_0 \mathrm{e}^{\mathrm{i}kR}}{4\pi R}\dot{\boldsymbol{p}} \tag{6-2-13}$$

现在球坐标系中讨论问题. 取坐标原点在球心,并以 $\boldsymbol{p}$ 方向为极轴. 由图 6.2.2可见

$$\boldsymbol{e}_z=\boldsymbol{e}_R\cos\theta-\boldsymbol{e}_\theta\sin\theta,\qquad \boldsymbol{p}=p_0\mathrm{e}^{-\mathrm{i}\omega t}\boldsymbol{e}_z$$

$$\dot{\boldsymbol{p}}=-\mathrm{i}\omega p_0\mathrm{e}^{-\mathrm{i}\omega t}\boldsymbol{e}_z=-\mathrm{i}\omega p_0\mathrm{e}^{-\mathrm{i}\omega t}(\boldsymbol{e}_R\cos\theta-\boldsymbol{e}_\theta\sin\theta)$$

式中 p_0 是电偶极矩 $\boldsymbol{p}$ 的振幅. 由式(6-2-13),有

$$\begin{aligned}\boldsymbol{A}^{(0)}&=\frac{\mu_0 \mathrm{e}^{\mathrm{i}kR}}{4\pi R}\left[-\mathrm{i}\omega p_0\mathrm{e}^{-\mathrm{i}\omega t}(\boldsymbol{e}_R\cos\theta-\boldsymbol{e}_\theta\sin\theta)\right]\\&=\frac{-\mathrm{i}\omega\mu_0 p_0\mathrm{e}^{\mathrm{i}(kR-\omega t)}}{4\pi R}\cos\theta\boldsymbol{e}_R+\frac{\mathrm{i}\omega\mu_0 p_0\mathrm{e}^{\mathrm{i}(kR-\omega t)}}{4\pi R}\sin\theta\boldsymbol{e}_\theta\end{aligned}$$

由于 $\boldsymbol{A}^{(0)}$ 只有 $\boldsymbol{e}_R$ 和 $\boldsymbol{e}_\theta$ 方向的分量,且这些分量与方位角 ϕ 无关,故由附录(I.20)有,$\nabla\times\boldsymbol{A}=\frac{1}{R}\left[\frac{\partial}{\partial R}(RA_\theta)-\frac{\partial A_R}{\partial\theta}\right]\boldsymbol{e}_\phi$,于是

$$\boldsymbol{B}=\nabla\times\boldsymbol{A}^{(0)}=\left\{\frac{1}{R}\frac{\partial}{\partial R}\left[R\frac{\mathrm{i}\omega\mu_0 p_0\mathrm{e}^{\mathrm{i}(kR-\omega t)}}{4\pi R}\sin\theta\right]-\frac{1}{R}\frac{\partial}{\partial\theta}\left[\frac{-\mathrm{i}\omega\mu_0 p_0\mathrm{e}^{\mathrm{i}(kR-\omega t)}}{4\pi R}\cos\theta\right]\right\}\boldsymbol{e}_\phi$$

$$=\frac{\omega\mu_0 p_0\mathrm{e}^{\mathrm{i}(kR-\omega t)}}{4\pi}\left(\frac{-k}{R}-\frac{\mathrm{i}}{R^2}\right)\sin\theta\boldsymbol{e}_\phi$$

将 $\omega=kc,\mu_0=\frac{1}{\varepsilon_0 c^2}$代入,这样磁场 $\boldsymbol{B}$ 可以写成为

$$\boldsymbol{B}=\frac{kcp_0}{4\pi\varepsilon_0 c^2}\mathrm{e}^{\mathrm{i}(kR-\omega t)}\left(\frac{-k}{R}-\frac{\mathrm{i}}{R^2}\right)\sin\theta\boldsymbol{e}_\phi$$

$$=-\frac{p_0k^3}{4\pi\varepsilon_0 c}\left[\frac{1}{kR}+\frac{\mathrm{i}}{(kR)^2}\right]\mathrm{e}^{\mathrm{i}(kR-\omega t)}\sin\theta\boldsymbol{e}_\phi \tag{6-2-14}$$

依 $\boldsymbol{E}=\frac{\mathrm{i}c}{k}\nabla\times\boldsymbol{B},\boldsymbol{B}=B_\phi\boldsymbol{e}_\phi$,因而

$$\nabla\times\boldsymbol{B}=\frac{1}{R\sin\theta}\frac{\partial}{\partial\theta}(\sin\theta B_\phi)\boldsymbol{e}_R-\frac{1}{R}\frac{\partial}{\partial R}(RB_\phi)\boldsymbol{e}_\theta$$

故有

$$E_R=\frac{\mathrm{i}c}{k}\frac{1}{R\sin\theta}\frac{\partial}{\partial\theta}(\sin\theta B_\phi)$$

$$=\frac{-2p_0k^3}{4\pi\varepsilon_0}\left[\frac{\mathrm{i}}{(kR)^2}-\frac{1}{(kR)^3}\right]\mathrm{e}^{\mathrm{i}(kR-\omega t)}\cos\theta \tag{6-2-15}$$

$$E_\theta=\frac{\mathrm{i}c}{k}\left(-\frac{1}{R}\right)\frac{-p_0k^3}{4\pi\varepsilon_0 c}\frac{\partial}{\partial R}\left\{R\left[\frac{1}{kR}+\frac{\mathrm{i}}{(kR)^2}\right]\mathrm{e}^{\mathrm{i}(kR-\omega t)}\right\}\sin\theta$$

$$=\frac{p_0k^3}{4\pi\varepsilon_0}\left[-\frac{1}{kR}-\frac{\mathrm{i}}{(kR)^2}+\frac{1}{(kR)^3}\right]\mathrm{e}^{\mathrm{i}(kR-\omega t)}\sin\theta \tag{6-2-16}$$

$$E_\phi=0 \tag{6-2-17}$$

由式(6-2-14)～(6-2-17)可见,磁感线是围绕极轴的圆周,$\boldsymbol{B}$ 总是横向的. 由于在空间中$\nabla\cdot\boldsymbol{E}=0$,$\boldsymbol{E}$ 线必须闭合,电场线是经面上的闭合曲线,$\boldsymbol{E}$ 不可能完全横向,图 6.2.2(b)、(c)是用式(6-2-15)～(6-2-17)所画出的二维平面图和三维立体图. 因此电偶极辐射是空间中的 TM 波.

在只保留 $1/R$ 的最低次项时,由式(6-2-14)～(6-2-16),略去 $1/R$ 的高次项后,有

$$\boldsymbol{B}=-\frac{p_0k^2}{4\pi\varepsilon_0 cR}\mathrm{e}^{\mathrm{i}(kR-\omega t)}\sin\theta\boldsymbol{e}_\phi \tag{6-2-18}$$

$$\boldsymbol{E}=-\frac{p_0k^2}{4\pi\varepsilon_0 R}\mathrm{e}^{\mathrm{i}(kR-\omega t)}\sin\theta\boldsymbol{e}_\theta \tag{6-2-19}$$

这时 $\boldsymbol{E}$ 近似为横向.

考虑到 $p=p_0\mathrm{e}^{-\mathrm{i}\omega t}$，$\ddot{p}=-\omega^2 p_0\mathrm{e}^{-\mathrm{i}\omega t}$，$\omega=kc$，式(6-2-18)和(6-2-19)则成为通常所见的形式

$$\boldsymbol{B}=\frac{1}{4\pi\varepsilon_0 c^3 R}\mid\ddot{\boldsymbol{p}}\mid \mathrm{e}^{\mathrm{i}kR}\sin\theta\boldsymbol{e}_\phi \tag{6-2-20}$$

$$\boldsymbol{E}=\frac{1}{4\pi\varepsilon_0 c^2 R}\mid\ddot{\boldsymbol{p}}\mid \mathrm{e}^{\mathrm{i}kR}\sin\theta\boldsymbol{e}_\theta \tag{6-2-21}$$

$\boldsymbol{B}$ 沿纬线上振荡，$\boldsymbol{E}$ 沿经线上振荡，如图 6.2.2(a)所示.

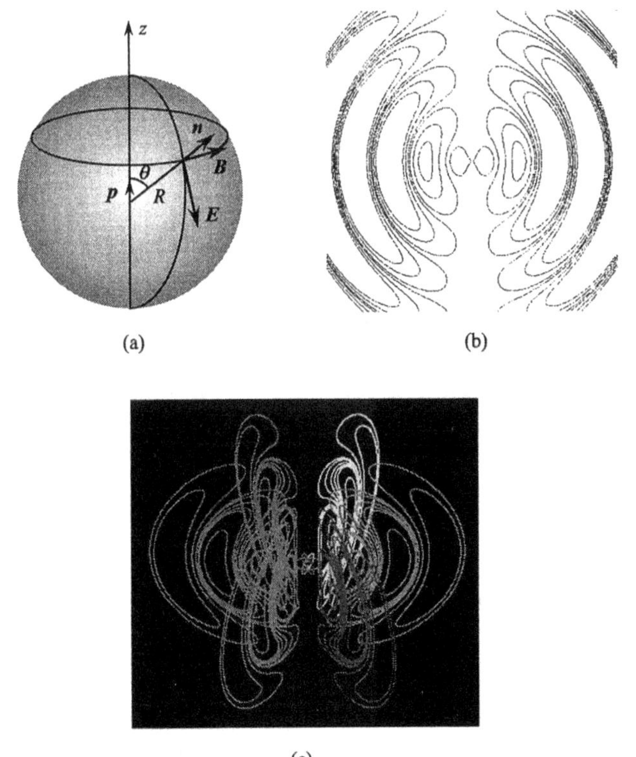

图 6.2.2

在辐射区，电磁场应取近似表达式(6-2-20)和式(6-2-21)，电磁场～$1/R$，能流～$1/R^2$，对球面积分后总功率与球半径无关，这就保证电磁能量可以传播到任意远处.

如图 6.2.3 表示一个简单的电偶极子系统，它由两个相距为 Δl 的导体球组成，两导体之间由细导线相连. 当导线上有交变电流 I 时，两导体上的电荷 $\pm Q$ 就交替地变化，形成一个振荡电偶极子. 这系统的电偶极矩为 $\boldsymbol{p}=Q\Delta\boldsymbol{l}$，当导线上有

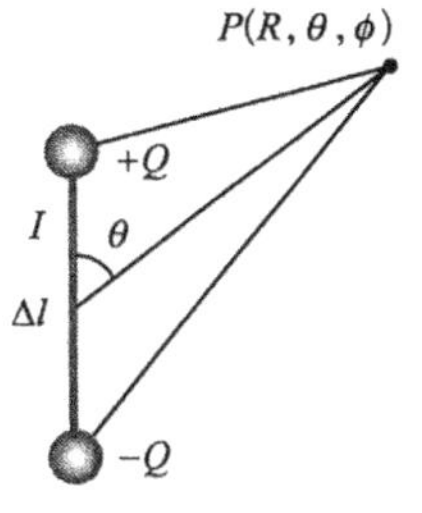

图 6.2.3

电流 I 时，Q 的变化率为 $\frac{\mathrm{d}Q}{\mathrm{d}t}=I$，体系的电偶极矩变化率

$$\dot{\boldsymbol{p}}=\frac{\mathrm{d}\boldsymbol{p}}{\mathrm{d}t}=\frac{\mathrm{d}}{\mathrm{d}t}(Q\Delta\boldsymbol{l})=I\Delta\boldsymbol{l}=\iiint\boldsymbol{J}(\boldsymbol{x}')\mathrm{d}V' \tag{6-2-22}$$

与一般表达式(6-2-12)一致.

设 $Q=Q_0\mathrm{e}^{-\mathrm{i}\omega t'}$，则体系的电偶极矩为

$$\boldsymbol{p}=\Delta l\,Q_0\mathrm{e}^{-\mathrm{i}\omega t'}\boldsymbol{e}_z$$

于是

$$\dot{\boldsymbol{p}}=-\mathrm{i}\omega\Delta l\,Q_0\mathrm{e}^{-\mathrm{i}\omega t'}\boldsymbol{e}_z,\quad \ddot{\boldsymbol{p}}=-\omega^2\Delta l\,Q_0\mathrm{e}^{-\mathrm{i}\omega(t-R/c)}\boldsymbol{e}_z$$

代入电偶极辐射的远区公式(6-2-20)和式(6-2-21)，得

$$\boldsymbol{B}=-\frac{\omega^2\Delta l\,Q_0}{4\pi\varepsilon_0c^3R}\mathrm{e}^{\mathrm{i}(kR-\omega t)}\sin\theta\boldsymbol{e}_\phi \tag{6-2-23}$$

$$\boldsymbol{E}=-\frac{\omega^2\Delta l\,Q_0}{4\pi\varepsilon_0c^2R}\mathrm{e}^{\mathrm{i}(kR-\omega t)}\sin\theta\boldsymbol{e}_\theta \tag{6-2-24}$$

6.2.4 辐射能流　角分布　辐射功率

在辐射问题的实际应用中，最主要的问题是计算辐射功率和辐射的方向性.

由式(6-2-20)和(6-2-21)，以及 $\boldsymbol{e}_\theta\times\boldsymbol{e}_\phi=\boldsymbol{e}_R$，可得平均辐射能流

$$\bar{\boldsymbol{S}}=\frac{1}{2}\mathrm{Re}(\boldsymbol{E}^*\times\boldsymbol{H})=\frac{|\ddot{\boldsymbol{p}}|^2\sin^2\theta}{32\pi^2\varepsilon_0^2c^5R^2\mu_0}\boldsymbol{e}_R=\frac{|\ddot{\boldsymbol{p}}|^2}{32\pi^2\varepsilon_0c^3R^2}\sin^2\theta\boldsymbol{e}_R \tag{6-2-25}$$

式中因子 $\sin^2\theta$ 表示电偶极辐射的角分布，**即辐射的方向性**. 显然，在 $\theta=\pi/2$ 的方向上辐射最强；在 $\theta=0,\pi$ 时辐射最弱. 图 6.2.4(a)是角分布的平面剖面图，将其绕 z 轴旋转一周，即得沿各个方向的辐射图景；图 6.2.4(b)是角分布的立体剖面图 .

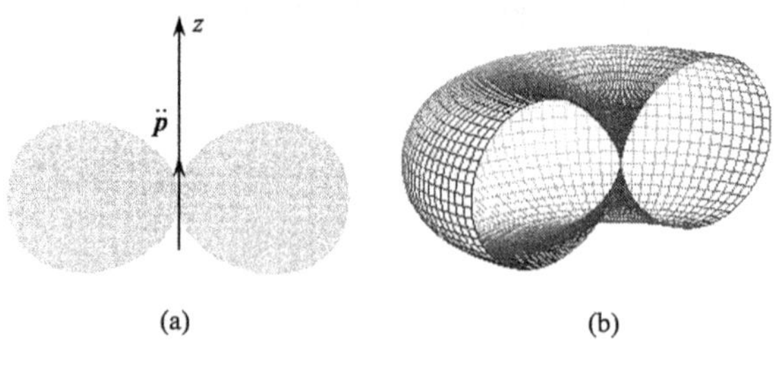

图 6.2.4

把式(6-2-25)中的 $\bar{\boldsymbol{S}}$ 对任意半径 R 的球面积分即得总辐射功率

$$P=\oint\!\!\!\oint|\bar{\boldsymbol{S}}|R^2\mathrm{d}\Omega=\frac{|\ddot{\boldsymbol{p}}|^2}{32\pi^2\varepsilon_0c^3}\oint\!\!\!\oint\sin^2\theta\mathrm{d}\Omega$$

$$= \frac{|\ddot{\boldsymbol{p}}|^2}{32\pi^2\varepsilon_0 c^3}\iint \sin^3\theta \mathrm{d}\theta \mathrm{d}\varphi = \frac{1}{4\pi\varepsilon_0}\frac{|\ddot{\boldsymbol{p}}|^2}{3c^3} \tag{6-2-26}$$

因 $\ddot{\boldsymbol{p}}=-\omega^2\boldsymbol{p}$,所以若保持电偶极矩振幅不变,则辐射正比于频率的四次方,这一点也可依 $\boldsymbol{S}=\boldsymbol{E}\times\boldsymbol{H}$,由式(6-2-23)和式(6-2-24)得到.频率变高时,辐射功率迅速增大.

6.2.5 短天线的辐射 辐射电阻

短天线是该直线天线的长度 l 远小于波长 λ 的天线,如图 6.2.5 表示中心馈电的长度为 l 的天线,由长度为 $l/2$ 的两半组成.在天线两半段上,电流方向相同.馈电点处电流有最大值 I_0,在天线两端电流为零.这时沿天线上的电流分布近似为线性形式

$$I(z,t) = I_0\left(1-\frac{2}{l}|z|\right)\mathrm{e}^{-\mathrm{i}\omega t}, \qquad |z|\leqslant l/2 \tag{6-2-27}$$

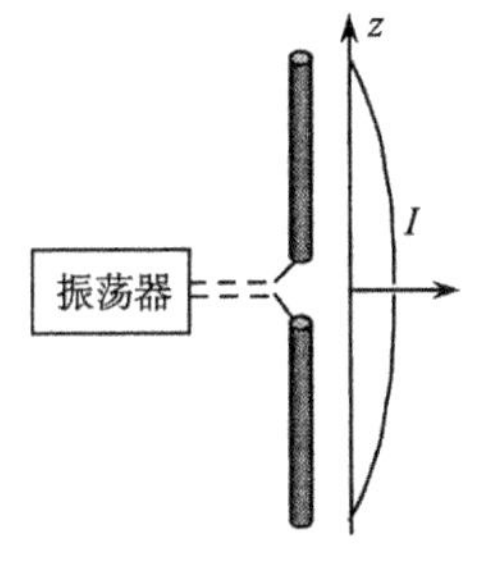

图 6.2.5

对于短天线,由于 $l\ll\lambda$,在 $l\ll R$ 的远区中的辐射满足小区域电流体系的辐射条件式(6-2-6),其辐射是电偶极辐射.

由式 $\iiint \boldsymbol{J}(\boldsymbol{x}')\mathrm{d}V'=\dot{\boldsymbol{p}}$,现在电偶极矩变化率为

$$\dot{p} = \int_{-l/2}^{l/2} I(z,t)\mathrm{d}z = \frac{1}{2}I_0 l\mathrm{e}^{-\mathrm{i}\omega t}$$

因而 $|\ddot{\boldsymbol{p}}|=\frac{1}{2}I_0\omega l$,由辐射功率式(6-2-26),得短天线的辐射功率

$$P = \frac{\mu_0 I_0^2\omega^2 l^2}{48\pi c} = \frac{\pi}{12}\sqrt{\frac{\mu_0}{\varepsilon_0}}I_0^2\left(\frac{l}{\lambda}\right)^2 \tag{6-2-28}$$

由此式看出,若保持天线电流 I_0 不变,则短天线的辐射功率正比于 $(l/\lambda)^2$.

天线辐射能量,就需要外接电源供给一定的功率来维持辐射.由上式,辐射功率正比于 I_0^2,因此辐射功率相当于一个等效电阻上的损耗功率($P=I^2R$).这个等效电阻称为**辐射电阻** R_r.

令

$$P = \frac{1}{2}R_r I_0^2 = I^2 R_r \tag{6-2-29}$$

代入式(6-2-28)有

$$R_r = \frac{\pi}{6}\sqrt{\frac{\mu_0}{\varepsilon_0}}\left(\frac{l}{\lambda}\right)^2 \simeq 197\left(\frac{l}{\lambda}\right)^2(\Omega) \tag{6-2-30}$$

由式(6-2-29)可见，天线的辐射电阻愈大，则在一定输入电流下，辐射功率愈大. 因此，辐射电阻通常是用来表征天线辐射能力的一个量. 由于短天线的辐射电阻正比于$(l/\lambda)^2$，但必须保证 $l\ll\lambda$，因此，短天线的辐射能力是不强的. 要提高辐射能力，必须使天线长度增大到最小与波长同级. 这情况下天线的辐射已不能用电偶极辐射来表示.

下面我们将要进一步讨论常用的半波天线和天线阵的辐射.

*6.3 半波天线和天线阵的辐射

上一节研究了小区域内高频电流所产生的辐射，结果是当区域线度 $l\ll\lambda$ 时，辐射功率为$(l/\lambda)^2$ 数量级，其值非常小. 因此，要得到较大的辐射功率，必须使天线长度至少达到与波长同数量级. 最常用的天线是半波天线：$l=\lambda/2$. 本节首先计算半波天线的辐射. 然而，有时我们却要求电磁波朝某个特定方向辐射，这可将多个半波天线排列成天线阵来实现.

这一类问题的理论分析是利用天线表面的边值关系求解电磁势方程的边值问题，往往比较复杂. 实际上大多采用近似方法，根据天线的形状给出天线上电流的近似分布，再来求电磁场.

6.3.1 半波天线

如图 6.3.1，中心馈电的直线状半波天线的形状与前面的短天线类似(见图 6.2.5). 天线上的电流近似为驻波形式，两端为波节. 设天线总长度为 l，$l=\lambda/2$，电流分布为

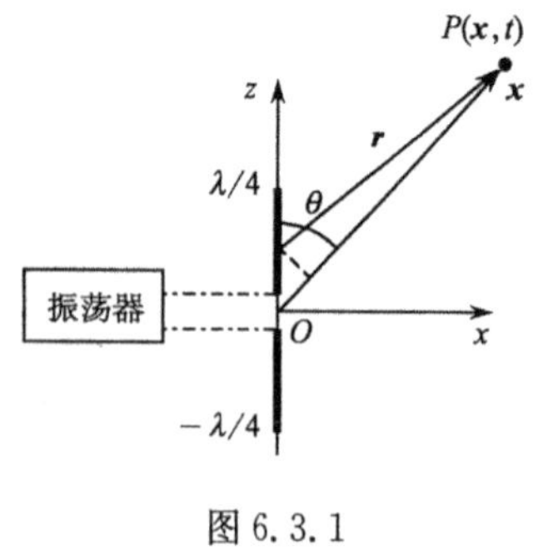

图 6.3.1

$$I(z,t)=I_0\cos kz\,\mathrm{e}^{-\mathrm{i}\omega t},\quad |z|\leqslant\frac{\lambda}{4}\tag{6-3-1}$$

由于天线总长度并不远小于波长，矢势多极展开的结果不能用，因此，应采用原始矢势计算式(6-1-13)，且作 $\boldsymbol{J}\mathrm{d}V\rightarrow I\mathrm{d}\boldsymbol{l}$ 过渡

$$\begin{aligned}\boldsymbol{A}(\boldsymbol{x},t)&=\frac{\mu_0}{4\pi}\iiint\frac{\boldsymbol{J}(\boldsymbol{x}',\,t-r/c)}{r}\mathrm{d}V'\\&=\frac{\mu_0}{4\pi}\int_{-\lambda/4}^{\lambda/4}\frac{I(z,t-r/c)}{r}\boldsymbol{e}_z\mathrm{d}z\\&=\frac{\mu_0 I_0}{4\pi}\boldsymbol{e}_z\int_{-\lambda/4}^{\lambda/4}\frac{\cos kz\,\mathrm{e}^{-\mathrm{i}\omega(t-r/c)}}{r}\mathrm{d}z\end{aligned}\tag{6-3-2}$$

如图 6.3.1 所示，计算远场时，$r\simeq R-z\cos\theta$，其中 R 为由原点到场点的距离. 取 $1/R$最低次项时，

$$\frac{1}{r}\simeq\frac{1}{R-z\cos\theta}\simeq\frac{1}{R}\left(1+\frac{z}{R}\cos\theta\right)$$

式(6-3-2)分母中的 r 可代为 R,而分子中的指数函数中,$r\simeq R-z\cos\theta$,于是式(6-3-2)变为

$$\boldsymbol{A}(\boldsymbol{x},t)=\frac{\mu_0}{4\pi}\frac{I_0\mathrm{e}^{\mathrm{i}(kR-\omega t)}}{R}\boldsymbol{e}_z\int_{-\lambda/4}^{\lambda/4}\cos kz\,\mathrm{e}^{-\mathrm{i}kz\cos\theta}\mathrm{d}z \tag{6-3-3}$$

先计算下述积分

$$\int_{-\lambda/4}^{\lambda/4}\cos kz\,\mathrm{e}^{-\mathrm{i}kz\cos\theta}\mathrm{d}z=\int_{-\lambda/4}^{\lambda/4}\cos kz[\cos(kz\cos\theta)-\mathrm{i}\sin(kz\cos\theta)]\mathrm{d}z$$

此式虚数部分为 z 的奇函数,积分后等于零.因此上式变为

$$\int_{-\lambda/4}^{\lambda/4}\cos kz\cos(kz\cos\theta)\mathrm{d}z=\frac{2\cos\left(\frac{\pi}{2}\cos\theta\right)}{k\sin^2\theta} \tag{6-3-4}$$

代入式(6-3-3)得

$$\boldsymbol{A}(\boldsymbol{x},t)=\frac{\mu_0 I_0\mathrm{e}^{\mathrm{i}(kR-\omega t)}}{2\pi kR}\frac{\cos\left(\frac{\pi}{2}\cos\theta\right)}{\sin^2\theta}\boldsymbol{e}_z \tag{6-3-5}$$

利用 $\boldsymbol{e}_R\times\boldsymbol{e}_z=-\sin\theta\boldsymbol{e}_\phi,\boldsymbol{e}_\phi\times\boldsymbol{e}_R=\boldsymbol{e}_\theta$,由此算出辐射区的电磁场

$$\boldsymbol{B}(\boldsymbol{x},t)=-\mathrm{i}\frac{\mu_0 I_0\mathrm{e}^{\mathrm{i}(kR-\omega t)}}{2\pi R}\frac{\cos\left(\frac{\pi}{2}\cos\theta\right)}{\sin\theta}\boldsymbol{e}_\phi=\mathrm{i}k\boldsymbol{e}_R\times\boldsymbol{A} \tag{6-3-6}$$

$$\boldsymbol{E}(\boldsymbol{x},t)=-\mathrm{i}\frac{\mu_0 cI_0\mathrm{e}^{\mathrm{i}(kR-\omega t)}}{2\pi R}\frac{\cos\left(\frac{\pi}{2}\cos\theta\right)}{\sin\theta}\boldsymbol{e}_\theta=c\boldsymbol{B}\times\boldsymbol{e}_R \tag{6-3-7}$$

平均辐射能流密度为

$$\bar{\boldsymbol{S}}=\frac{1}{2}\mathrm{Re}(\boldsymbol{E}^*\times\boldsymbol{H})=\frac{\mu_0 cI_0^2}{8\pi^2R^2}\frac{\cos^2\left(\frac{\pi}{2}\cos\theta\right)}{\sin^2\theta}\boldsymbol{e}_R \tag{6-3-8}$$

总辐射功率

$$P=\oiint|\bar{\boldsymbol{S}}|R^2\mathrm{d}\Omega=\frac{\mu_0 cI_0^2}{8\pi^2}\oiint\frac{\cos^2\left(\frac{\pi}{2}\cos\theta\right)}{\sin^2\theta}\mathrm{d}\Omega$$

$$=\frac{\mu_0 cI_0^2}{4\pi}\int_0^\pi\frac{\cos^2\left(\frac{\pi}{2}\cos\theta\right)}{\sin\theta}\mathrm{d}\theta$$

令 $u=\cos\theta$,积分变换为

$$\frac{\mu_0 cI_0^2}{16\pi}\int_{-1}^{1}(1+\cos\pi u)\left(\frac{1}{1+u}+\frac{1}{1-u}\right)\mathrm{d}u$$

此处积分号下第二个括号内两项贡献相等(作代换 $u\to -u$ 即可看出),上式变为

$$\frac{\mu_0 c I_0^2}{8\pi}\int_{-1}^{1}\frac{1+\cos\pi u}{1+u}\mathrm{d}u$$

再令 $v=\pi(1+u)$,上式成为

$$\frac{\mu_0 c I_0^2}{8\pi}\int_{0}^{2\pi}\frac{1-\cos v}{v}\mathrm{d}v=\frac{\mu_0 c I_0^2}{8\pi}[\ln(2\pi\gamma)-\mathrm{Ci}(2\pi)]$$

式中 $\ln\gamma\simeq 0.577\cdots$ 为欧拉(Euler)常数;$\mathrm{Ci}(x)$ 为积分余弦函数,其定义为

$$\mathrm{Ci}(x)=-\int_{x}^{\infty}\frac{\cos v}{v}\mathrm{d}v$$

$\mathrm{Ci}(x)$ 的值可查表求出,最后得总辐射功率

$$P\simeq 2.44\frac{\mu_0 c I_0^2}{8\pi} \tag{6-3-9}$$

由前面辐射电阻 R_r 的定义,有

$$R_r\equiv\frac{2P}{I_0^2}=73.2\Omega \tag{6-3-10}$$

由此可见,半波天线的辐射电阻远大于短天线的辐射电阻,如果在短天线辐射的情况下,取 $l=\lambda/5$,其辐射电阻

$$R_r=197(l/\lambda)^2=7.88\Omega\ll 73.2\Omega$$

因此半波天线的辐射能力是相当强的.

由式(6-3-8),辐射角分布因子由

$$\frac{\cos^2\left(\frac{\pi}{2}\cos\theta\right)}{\sin^2\theta}$$

确定.此分布与方位角 ϕ 无关,只与极角 θ 有关.利用求极值的方法,可知辐射主要集中于 $\theta=90^\circ$ 平面上.为了获得方向性更好的辐射,常使用天线阵.

6.3.2　天线阵

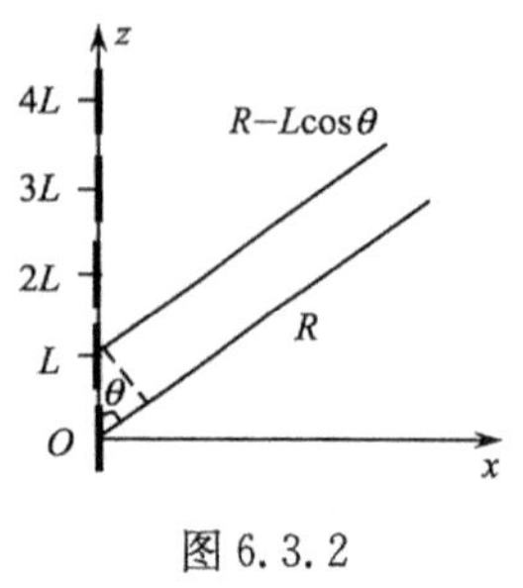

图 6.3.2

若要得到高度定向的辐射,可以用一系列天线排成天线阵,利用各条天线辐射的干涉效应来获得较强的方向性.

设 N 条相同半波天线沿 z 轴等距排列,两相邻天线中点的距离 L 略大于半波天线的长度 l,如图 6.3.2 所示(图中 z 轴上一条粗线代表一辐半波天线,其长度为 l),现在以如图所示的线性排列为例,计算天线阵的辐射场、辐射总功率和角分布.

1. 辐射场

对于远区($R\gg\lambda$ 和 $R\gg NL$),两相邻半波天线中点到远区某一场点 P 的路程差为 $\Delta=L\cos\theta$,相应的相位差 $\frac{2\pi}{\lambda}\Delta=kL\cos\theta$.

由式(6-3-7),中心位于坐标原点的半波天线在远区场点 P 激发的电场为

$$\boldsymbol{E}_0(\boldsymbol{x},t)=-\mathrm{i}\frac{\mu_0 cI_0\mathrm{e}^{\mathrm{i}(kR-\omega t)}}{2\pi R}\frac{\cos\left(\frac{\pi}{2}\cos\theta\right)}{\sin\theta}\boldsymbol{e}_\theta \tag{6-3-11}$$

相邻的一条半波天线于该点激发的电场与此处的 $\boldsymbol{E}_0(\boldsymbol{x},t)$ 有相位差 $kL\cos\theta$,其表达式应为 $\boldsymbol{E}_1(\boldsymbol{x},t)=\boldsymbol{E}_0(\boldsymbol{x},t)\mathrm{e}^{-\mathrm{i}kL\cos\theta}$,于是 N 条半波天线组成的天线阵于该点激发的总辐射电场为

$$\boldsymbol{E}(\boldsymbol{x},t)=\sum_{m=0}^{N-1}\boldsymbol{E}_0\mathrm{e}^{-\mathrm{i}mkL\cos\theta}$$

由于公比为 $q=\mathrm{e}^{-\mathrm{i}kL\cos\theta}$ 的等比级数之和为 $\sum\limits_{m=0}^{N-1}q^m=\frac{1-q^N}{1-q}$,因此天线阵激发的总辐射电场为

$$\boldsymbol{E}(\boldsymbol{x},t)=\boldsymbol{E}_0\frac{1-\mathrm{e}^{-\mathrm{i}NkL\cos\theta}}{1-\mathrm{e}^{-\mathrm{i}kL\cos\theta}}=\boldsymbol{E}_0\frac{\sin\left(\frac{1}{2}NkL\cos\theta\right)}{\sin\left(\frac{1}{2}kL\cos\theta\right)} \tag{6-3-12}$$

相应地磁场为

$$\boldsymbol{B}(\boldsymbol{x},t)=\frac{1}{c}\boldsymbol{e}_R\times\boldsymbol{E}(\boldsymbol{x},t) \tag{6-3-13}$$

2. 平均能流密度

由式(6-3-13)

$$\boldsymbol{H}=\frac{1}{\mu_0 c}\boldsymbol{e}_R\times\boldsymbol{E} \tag{6-3-14}$$

和 $\boldsymbol{E}^*\cdot\boldsymbol{e}_R=E^*\boldsymbol{e}_\theta\cdot\boldsymbol{e}_R=0$,可得平均能流密度

$$\begin{aligned}\bar{\boldsymbol{S}}&=\frac{1}{2}\mathrm{Re}[\boldsymbol{E}^*\times\boldsymbol{H}]=\frac{1}{2\mu_0 c}\mathrm{Re}[\boldsymbol{E}^*\times(\boldsymbol{e}_R\times\boldsymbol{E})]\\&=\frac{1}{2\mu_0 c}\mathrm{Re}[E^2\boldsymbol{e}_R-(\boldsymbol{E}^*\cdot\boldsymbol{e}_R)\boldsymbol{E}]=\frac{E^2}{2\mu_0 c}\boldsymbol{e}_R\end{aligned} \tag{6-3-15}$$

3. 辐射的角分布

将式(6-3-12)与式(6-3-11)比较可见，天线阵激发的总辐射电场比半波天线的电场多出一个因子 $\sin\left(\frac{1}{2}NkL\cos\theta\right)\Big/\sin\left(\frac{1}{2}kL\cos\theta\right)$，因此，由式(6-3-15)，$\bar{S}\propto E^2$，总辐射的角分布为每条天线的角分布乘以因子

$$\frac{\sin^2\left(\frac{N}{2}kL\cos\theta\right)}{\sin^2\left(\frac{1}{2}kL\cos\theta\right)} \tag{6-3-16}$$

此式当

$$NkL\cos\theta = 2m\pi,\ m = \pm 1, \pm 2\cdots \tag{6-3-17}$$

时有零点，沿这些方向的辐射为零. 式(6-3-17)中的 m 不能为零，否则 $\cos\theta=0$ 而引起式(6-3-16)的分母亦为零. 式(6-3-16)的角分布如图 6.3.3 所示. 由图可见角分布分为若干瓣，辐射能量主要集中于主瓣内. 由图可见，$\theta=\frac{\pi}{2}-\psi$，代入式(6-3-17)，并取 $m=1$，可知主瓣的张角 ψ 由下式确定

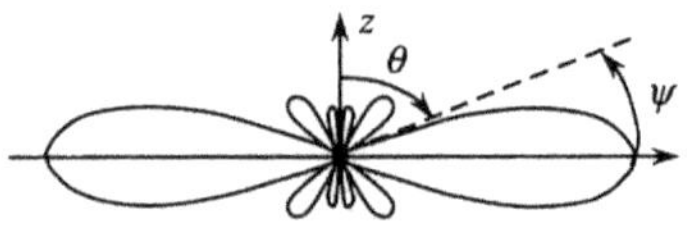

$$NkL\sin\psi = 2\pi$$

即

$$\sin\psi = \frac{\lambda}{NL} \tag{6-3-18}$$

图 6.3.3

因此，天线阵中半波天线的数目 N 愈大，主瓣的范围就愈窄，辐射的方向性就高.

6.4　李纳-维谢尔势及其辐射电磁场

本节首先从推迟势出发，利用四维势的变换来求运动带电粒子激发的电磁势——李纳-维谢尔势，然后由电磁势求运动带电粒子激发的电磁场.

6.4.1　任意运动带电粒子的势

如图 6.4.1 所示，在外力作用下，带电粒子沿某一特定轨道运动，其位矢 $\boldsymbol{x}'=\boldsymbol{x}_e(t')$ 是时间 t' 的已知函数. 我们要计算这个运动带电粒子所激发的电磁势. 在场点 $\boldsymbol{x}$ 处，时刻 t 的势是粒子在较早的时刻 $t'=t-r/c$ 激发的，该时刻粒子处于源点 $\boldsymbol{x}_e(t')$ 上，其运动速度为 $\boldsymbol{v}(t')$. 通常称 t' 为"辐射时刻"，$\boldsymbol{x}_e(t')$ 为"辐射位置". 粒子与场点的距离为

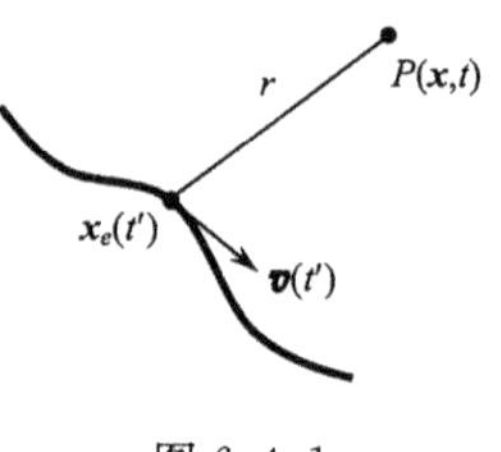

图 6.4.1

$$r = |\boldsymbol{x} - \boldsymbol{x}_e(t')| = c(t - t') \tag{6-4-1}$$

注意此式是在时刻 t' 所取的值对下面的讨论是很方便的.

既然带电粒子作任意运动,其速度的大小和方向时刻在变,因而粒子所在的参考系不是惯性系.但是,我们可采用在不同时刻分别引入与带电粒子瞬时静止的惯性系 $\tilde{\Sigma}$①来讨论问题.在 $\tilde{\Sigma}$ 中,粒子在相对静止的瞬间速度为零,而加速度却不为零.这样一来,势必存在这样一个疑问:作有加速度运动的带电粒子在 $\tilde{\Sigma}$ 中所激发的势与静电势是否相同呢?下面就来回答这一问题.

推迟势的一般公式为

$$\varphi(\boldsymbol{x},t) = \iiint_V \frac{\rho(\boldsymbol{x}',t-r/c)}{4\pi\varepsilon_0 r}\mathrm{d}V' \tag{6-4-2}$$

$$\boldsymbol{A}(\boldsymbol{x},t) = \iiint_V \frac{\mu_0 \boldsymbol{J}(\boldsymbol{x}',t-r/c)}{4\pi r}\mathrm{d}V' \tag{6-4-3}$$

带电粒子的 $\boldsymbol{J}=\rho\boldsymbol{v}$ 和 r 均与粒子的加速度无关.由式(6-4-2)、(6-4-3)看出,势依赖于粒子运动的速度,但不依赖于加速度.故在 $\tilde{\Sigma}$ 上观察(图 6.4.2),$(\tilde{\boldsymbol{x}},\tilde{t})$ 点上势的瞬时值与静止点电荷的势相同,即

$$\tilde{\varphi} = \frac{e}{4\pi\varepsilon_0 \tilde{r}},\quad \tilde{\boldsymbol{A}} = 0 \tag{6-4-4}$$

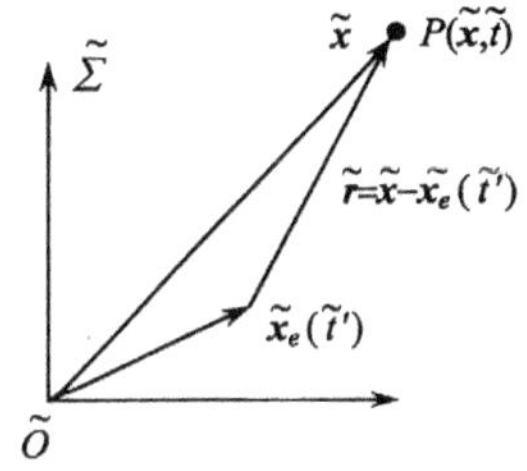

图 6.4.2

式中 e 为粒子的电荷,$\tilde{r}=|\tilde{\boldsymbol{r}}|$ 为在 $\tilde{\Sigma}$ 系中观察的粒子与场点的距离

$$\tilde{r} = c(\tilde{t} - \tilde{t}') \tag{6-4-5}$$

现在回到实验室参考系 Σ 中,也即图 6.4.1 所示的参考系中.在 Σ 中观察,粒子在时刻 t' 的运动速度为 $\boldsymbol{v}$,因此 $\boldsymbol{v}$ 也就是参考系 $\tilde{\Sigma}$ 相对于 Σ 的运动速度.对势(6-4-4)式应用式(5-5-17)～(5-5-20)的反变换式,得

$$\boldsymbol{A} = \frac{\gamma \boldsymbol{v}\tilde{\varphi}}{c^2} = \frac{\gamma e \boldsymbol{v}}{4\pi\varepsilon_0 c^2 \tilde{r}} \tag{6-4-6}$$

$$\varphi = \gamma\tilde{\varphi} = \frac{\gamma e}{4\pi\varepsilon_0 \tilde{r}} \tag{6-4-7}$$

但是式中 $\tilde{r}$ 仍然是在 $\tilde{\Sigma}$ 上测得的距离,现在用洛伦兹变换式把它改用 Σ 系上的距离表出.由式(6-4-5)和(6-4-1)

① 设想一架战斗机在没有空气、没有引力的空间中一面飞行,一面扔炸弹.炸弹脱离飞机的瞬间,飞机相对于炸弹瞬时静止,炸弹所在参考系为惯性系,而飞机则相当于上述带电粒子.

$$\tilde{r}=c(\tilde{t}-\tilde{t}')=\gamma\left[c(t-t')-\frac{\boldsymbol{v}}{c}\cdot(\boldsymbol{x}-\boldsymbol{x}')\right]=\gamma\left(r-\frac{\boldsymbol{v}}{c}\cdot\boldsymbol{r}\right) \tag{6-4-8}$$

把上式代入式(6-4-6)和式(6-4-7)中得

$$\boldsymbol{A}=\frac{e\boldsymbol{v}}{4\pi\varepsilon_0 c^2\left(r-\frac{\boldsymbol{v}}{c}\cdot\boldsymbol{r}\right)},\quad \varphi=\frac{e}{4\pi\varepsilon_0\left(r-\frac{\boldsymbol{v}}{c}\cdot\boldsymbol{r}\right)} \tag{6-4-9}$$

式(6-4-9)称为李纳-维谢尔(Lienard-WieChert)势.

把势对场点空时坐标 $\boldsymbol{x}$ 和 t 求导数可得电磁场强

$$\boldsymbol{E}(\boldsymbol{x},t)=-\nabla\varphi-\frac{\partial\boldsymbol{A}}{\partial t},\quad \boldsymbol{B}(\boldsymbol{x},t)=\nabla\times\boldsymbol{A} \tag{6-4-10}$$

上面曾经说过,式(6-4-9)右边的各量都是在时刻 $t'=t-\frac{r}{c}$ 取值,例如 $\boldsymbol{v}=\boldsymbol{v}(t')$, $\boldsymbol{r}=\boldsymbol{x}-\boldsymbol{x}_e(t')$ 等,而求电磁场时要对 $\boldsymbol{x}$ 和 t 求导数,$\boldsymbol{A}$ 和 φ 既直接依赖于 $\boldsymbol{x}$,又通过中间变量

$$t'=t-\frac{r}{c}=t-\frac{\sqrt{[\boldsymbol{x}-\boldsymbol{x}_e(t')]^2}}{c} \tag{6-4-11}$$

而依赖于 $\boldsymbol{x}$ 和 t. 式(6-4-11)给出 t' 为 $\boldsymbol{x}$ 和 t 的隐函数,因此电场和磁场应分别进行如下计算来求出

$$\boldsymbol{E}=-\frac{\partial\boldsymbol{A}}{\partial t}-\nabla\varphi=\frac{\partial\boldsymbol{A}}{\partial t'}\frac{\partial t'}{\partial t}-\nabla\varphi\Big|_{t'=\text{常数}}-\nabla t'\frac{\partial\varphi}{\partial t'}$$

$$\boldsymbol{B}=\nabla\times\boldsymbol{A}=\nabla\times\boldsymbol{A}\Big|_{t'=\text{常数}}+\nabla t'\times\frac{\partial\boldsymbol{A}}{\partial t'}$$

这样一来,我们必须先求 $\partial t'/\partial t$ 和 $\nabla t'$. 由式(6-4-11),有

$$\frac{\partial t'}{\partial t}=1-\frac{1}{c}\frac{\partial r(t')}{\partial t'}\frac{\partial t'}{\partial t}=1+\frac{1}{c}\frac{\boldsymbol{r}}{r}\cdot\frac{\partial\boldsymbol{x}_e(t')}{\partial t'}\frac{\partial t'}{\partial t}=1+\frac{\boldsymbol{v}\cdot\boldsymbol{r}}{cr}\frac{\partial t'}{\partial t}$$

式中 $\boldsymbol{v}=\partial\boldsymbol{x}_e(t')/\partial t'$ 是粒子在时刻 t' 的速度. 由上式解得

$$\frac{\partial t'}{\partial t}=\frac{r}{r-\frac{\boldsymbol{v}\cdot\boldsymbol{r}}{c}}=\frac{1}{1-\frac{\boldsymbol{v}\cdot\boldsymbol{n}}{c}} \tag{6-4-12}$$

式中 $\boldsymbol{n}$ 为 $\boldsymbol{r}$ 方向单位矢量.

我们再求式(6-4-11)对 $\boldsymbol{x}$ 的梯度. 由于 $r=|\boldsymbol{x}-\boldsymbol{x}_e(t')|$ 为 $\boldsymbol{x}$ 和 t' 的函数,而 t' 又隐含 $\boldsymbol{x}$,因此

$$\begin{aligned}\nabla t'&=-\frac{1}{c}\nabla r=-\frac{1}{c}\nabla r\Big|_{t'=\text{常数}}-\frac{1}{c}\frac{\partial r(t')}{\partial t'}\nabla t'\\&=-\frac{\boldsymbol{r}}{cr}+\frac{\boldsymbol{v}\cdot\boldsymbol{r}}{cr}\nabla t'\end{aligned}$$

由此解出

$$\nabla t' = -\frac{\boldsymbol{r}}{c\left(r - \frac{\boldsymbol{v}\cdot\boldsymbol{r}}{c}\right)} = -\frac{\boldsymbol{n}}{c\left(1 - \frac{\boldsymbol{v}\cdot\boldsymbol{n}}{c}\right)} \tag{6-4-13}$$

有了公式(6-4-12)和式(6-4-13),就可以由势的公式(6-4-9)求出电磁场.下面我们先计算 $v \ll c$ 情形,然后再讨论一般情况.

6.4.2 偶极辐射

当 $v \ll c$ 时,式(6-4-12)和式(6-4-13)简化为

$$\frac{\partial t'}{\partial t} = 1, \qquad \nabla t' = -\frac{\boldsymbol{r}}{cr} = -\frac{\boldsymbol{n}}{c} \tag{6-4-14}$$

我们采用先把势 $\boldsymbol{A}$ 和 φ 的公式(6-4-9)对时空坐标微分,而后再令 $v \to 0$ 来得到 $v \ll c$时的电磁场.首先计算磁场

$$\boldsymbol{B} = \nabla \times \boldsymbol{A} = \nabla \times \boldsymbol{A}\Big|_{t'=\text{常数}} + \nabla t' \times \frac{\partial \boldsymbol{A}}{\partial t'}$$

t'=常数意味着 $\boldsymbol{r}$、$\boldsymbol{v}$ 与 t'无关,因此由附录(I.27),右边第一项为

$$\nabla \times \boldsymbol{A}\Big|_{t'=\text{常数}} = \frac{e}{4\pi\varepsilon_0 c^2} \nabla \frac{1}{r - \frac{\boldsymbol{v}\cdot\boldsymbol{r}}{c}} \times \boldsymbol{v}$$

$$= \frac{e}{4\pi\varepsilon_0 c^2} \frac{-(\boldsymbol{r}/r - \boldsymbol{v}/c)}{(r - \boldsymbol{v}\cdot\boldsymbol{r}/c)^2} \times \boldsymbol{v} \simeq \frac{e\,\boldsymbol{v}\times\boldsymbol{r}}{4\pi\varepsilon_0 c^2 r^3}$$

它与 r^2 成反比.右边第二项用式(6-4-14)代入得与 r 成反比的辐射场

$$-\frac{\boldsymbol{r}}{cr} \times \frac{e\,\dot{\boldsymbol{v}}}{4\pi\varepsilon_0 c^2 r} = \frac{e\,\dot{\boldsymbol{v}}\times\boldsymbol{r}}{4\pi\varepsilon_0 c^3 r^2}$$

于是

$$\boldsymbol{B} = \frac{e\,\boldsymbol{v}\times\boldsymbol{r}}{4\pi\varepsilon_0 c^2 r^3} + \frac{e\,\dot{\boldsymbol{v}}\times\boldsymbol{r}}{4\pi\varepsilon_0 c^3 r^2} \tag{6-4-15}$$

类似地,电场为

$$\boldsymbol{E} = -\frac{\partial \boldsymbol{A}}{\partial t} - \nabla\varphi = -\frac{\partial \boldsymbol{A}}{\partial t'}\frac{\partial t'}{\partial t} - \nabla\varphi\Big|_{t'=\text{常数}} - \nabla t' \frac{\partial \varphi}{\partial t'}$$

$$= \frac{e\,\boldsymbol{r}}{4\pi\varepsilon_0 r^3} - \frac{e\,\dot{\boldsymbol{v}}}{4\pi\varepsilon_0 c^2 r} + \frac{\boldsymbol{r}}{cr}\frac{e\,\dot{\boldsymbol{v}}\cdot\boldsymbol{r}}{4\pi\varepsilon_0 c r^2}$$

$$= \frac{e\,\boldsymbol{r}}{4\pi\varepsilon_0 r^3} + \frac{e}{4\pi\varepsilon_0 c^2 r^3}\boldsymbol{r}\times(\boldsymbol{r}\times\dot{\boldsymbol{v}}) \tag{6-4-16}$$

电磁场分为两项,第一项是静电荷的库仑场和带电粒子作稳恒运动时所产生的静

磁场；第二项是横向的，与粒子的加速度有关，且与 r 的一次方成反比，这项是辐射场. 库仑场和静磁场与 r^2 成反比，它存在于粒子附近，故称为自有场，它不辐射能量，当 r 大时可以略去. 由此处的计算可知，无论是电场还是磁场，凡保持 $t'=$ 常数所得到的场都不是辐射场. 略去库仑场和静磁场后，得低速运动粒子当有加速度时激发的电磁场

$$\boldsymbol{E}=\frac{e}{4\pi\varepsilon_0 c^2 r}\boldsymbol{n}\times(\boldsymbol{n}\times\dot{\boldsymbol{v}}) \tag{6-4-17}$$

$$\boldsymbol{B}=\frac{e}{4\pi\varepsilon_0 c^3 r}\dot{\boldsymbol{v}}\times\boldsymbol{n}=\frac{1}{c}\boldsymbol{n}\times\boldsymbol{E} \tag{6-4-18}$$

令 $\boldsymbol{p}=e\boldsymbol{x}_e$ 为带电粒子的电偶极矩，则 $\ddot{\boldsymbol{p}}=e\dot{\boldsymbol{v}}$，式(6-4-17)和式(6-4-18)与式(6-2-20)和(6-2-21)所得的电偶极辐射公式一致. 因此，低速运动带电粒子当加速时激发电偶极辐射.

既然如此，辐射能流、方向性和辐射功率的计算和 6.2 节相同. 以 θ 代表 $\boldsymbol{r}$ 和 $\dot{\boldsymbol{v}}$ 的夹角，辐射能流为

$$\boldsymbol{S}=\frac{e^2\dot{v}^2}{16\pi^2\varepsilon_0 c^3 r^2}\sin^2\theta\boldsymbol{n} \tag{6-4-19}$$

因子 $\sin^2\theta$ 表示辐射的方向性. 在与 $\dot{\boldsymbol{v}}$ 垂直的方向上辐射最强. 总辐射功率为

$$P=\int\boldsymbol{S}\cdot\boldsymbol{n}r^2\mathrm{d}\Omega=\frac{e^2\dot{v}^2}{6\pi\varepsilon_0 c^3} \tag{6-4-20}$$

以上公式可以近似地应用于 X 射线辐射问题上，X 射线连续谱部分是由入射电子碰到靶上受到减速而产生的. 当电子突然变速时，产生一脉冲电磁波，形成 X 射线的连续谱部分.

6.4.3　任意运动带电粒子的电磁场

上面我们导出 $\boldsymbol{v}\to 0$ 情形下加速运动带电粒子的电磁场式(6-4-15)和式(6-4-16). 对式(6-4-15)和(6-4-16)作洛伦兹变换，可以得到任意运动速度带电粒子激发的电磁场. 下面我们用李纳-维谢尔势直接计算任意运动带电粒子的辐射电磁场.

由于 r 在势的分母之中，因此凡是对含 $\boldsymbol{r}$ 或 r 的因式求微商时，结果都使分母 r 的幂次增加，但由式(6-4-12)和(6-4-13)，通过 $\boldsymbol{v}(t')$ 对变量 t' 求微商时不会增加分母 r 的幂次. 由于求辐射场时，只保留 $1/r$ 最低次项，故这时只需通过 $\boldsymbol{v}$ 对 t' 求导数即可.

令

$$s\equiv r-\frac{\boldsymbol{v}\cdot\boldsymbol{r}}{c} \tag{6-4-21}$$

由式(6-4-9)、(6-4-12)和(6-4-13),以及略去保持 $t'=$常数时得到的 $1/r$ 的高次项,得

$$\nabla\varphi=\nabla t'\frac{\partial\varphi}{\partial t'}=-\frac{e}{4\pi\varepsilon_0 c^2 s^3}(\dot{\boldsymbol{v}}\cdot\boldsymbol{r})\boldsymbol{r}$$

$$\frac{\partial\boldsymbol{A}}{\partial t}=\frac{\partial\boldsymbol{A}}{\partial t'}\frac{\partial t'}{\partial t}=\left\{\frac{e\dot{\boldsymbol{v}}}{4\pi\varepsilon_0 c^2 s}+\frac{e\boldsymbol{v}}{4\pi\varepsilon_0 c^3 s^2}(\dot{\boldsymbol{v}}\cdot\boldsymbol{r})\right\}\frac{r}{s}$$

$$\begin{aligned}\boldsymbol{E}&=-\nabla\varphi-\frac{\partial\boldsymbol{A}}{\partial t}=\frac{e}{4\pi\varepsilon_0 c^2 s^3}\left[(\boldsymbol{r}\cdot\boldsymbol{v})\boldsymbol{r}-rs\dot{\boldsymbol{v}}-\frac{r\boldsymbol{v}}{c}(\boldsymbol{r}\cdot\dot{\boldsymbol{v}})\right]\\&=\frac{e}{4\pi\varepsilon_0 c^2 s^3}\boldsymbol{r}\times\left[\left(\boldsymbol{r}-\frac{\boldsymbol{v}}{c}r\right)\times\dot{\boldsymbol{v}}\right]\\&=\frac{e}{4\pi\varepsilon_0 c^2 r}\frac{\boldsymbol{n}\times\left[\left(\boldsymbol{n}-\frac{\boldsymbol{v}}{c}\right)\times\dot{\boldsymbol{v}}\right]}{\left(1-\frac{\boldsymbol{v}\cdot\boldsymbol{n}}{c}\right)^3}\end{aligned}\tag{6-4-22}$$

$$\boldsymbol{B}=\nabla\times\boldsymbol{A}=\nabla t'\times\frac{\partial\boldsymbol{A}}{\partial t'}=-\frac{\boldsymbol{r}}{cs}\times\frac{\partial\boldsymbol{A}}{\partial t'}=-\frac{\boldsymbol{r}}{cs}\times\frac{\partial\boldsymbol{A}}{\partial t}$$

由刚才的计算可知,$\nabla\varphi$ 沿 $\boldsymbol{r}$ 方向,$\boldsymbol{r}\times\nabla\varphi=0$,因此由上式得

$$\boldsymbol{B}=\frac{\boldsymbol{r}}{cr}\times\left(-\frac{\partial\boldsymbol{A}}{\partial t}-\nabla\varphi\right)=\frac{1}{c}\boldsymbol{n}\times\boldsymbol{E}\tag{6-4-23}$$

式(6-4-22)和式(6-4-23)是任意运动带电粒子的辐射场.辐射场与加速度 $\dot{\boldsymbol{v}}$ 成正比.当带电粒子受到加速时,就有电磁波辐射.辐射场是横向的,即 $\boldsymbol{E}$ 和 $\boldsymbol{B}$ 都与 $\boldsymbol{n}$ 垂直,并且 $\boldsymbol{B}$ 和 $\boldsymbol{E}$ 互相垂直.此外,辐射场与 r 成反比,能流与 r^2 成反比,因而总辐射能量可以传播到任意远处.这些特点都是和本章第二节所讨论过的辐射电磁场的特性一致的.

*6.5 相对论性带电粒子的辐射

相对论性带电粒子的辐射常出现在高能粒子加速器和天体现象中.因此,研究 $v\sim c$ 情形下高速运动带电粒子的辐射具有重要的实际意义.本节先一般导出 $v\sim c$ 情形下带电粒子辐射场的能流、辐射功率和角分布的公式,讨论角分布的特点,然后分别研究**轫致辐射**($v\sim c,\dot{\boldsymbol{v}}\,/\!/\,\boldsymbol{v}$)和同步辐射($v\sim c,\dot{\boldsymbol{v}}\perp\boldsymbol{v}$)的规律.

6.5.1 高速运动带电粒子的辐射功率和角分布

由式(6-4-23),辐射能流为

$$\boldsymbol{S}=\boldsymbol{E}\times\boldsymbol{H}=\frac{1}{\mu_0}\boldsymbol{E}\times\boldsymbol{B}=\frac{1}{\mu_0 c}\boldsymbol{E}\times(\boldsymbol{n}\times\boldsymbol{E})=\varepsilon_0 cE^2\boldsymbol{n}\tag{6-5-1}$$

将电场表达式(6-4-22)代入得

$$\boldsymbol{S}=\frac{e^{2}}{16\pi^{2}\varepsilon_{0}c^{3}r^{2}}\frac{\left|\boldsymbol{n}\times\left[\left(\boldsymbol{n}-\frac{\boldsymbol{v}}{c}\right)\times\dot{\boldsymbol{v}}\right]\right|^{2}}{\left(1-\frac{\boldsymbol{v}\cdot\boldsymbol{n}}{c}\right)^{6}}\boldsymbol{n}\tag{6-5-2}$$

下面计算总辐射功率,但要注意,在 6.2 节、6.3 节计算总辐射功率时,源的空间位置不变,因此可考虑一个固定的大球面,用单位时间从球面流出的能量来反映源的辐射功率. 而现在,源在运动,式(6-5-2)是带电粒子在 t'时刻激发的场在 t 时刻计算的单位时间内垂直通过单位横截面的电磁能量. 由式(6-4-12),观察时间 $\mathrm{d}t$ 和粒子辐射时间 $\mathrm{d}t'$是不同的,而且对不同方向 $\mathrm{d}t/\mathrm{d}t'$亦不同. 如果我们用 $\mathrm{d}t$ 来计算功率,则所得的功率不是粒子在同一时间 $\mathrm{d}t'$的发射功率. 前面导出的公式不再适用,我们得重新分析计算.

如图 6.5.1,设粒子在时间 $\mathrm{d}t'$内由 P_1 点运动到 P_2 点. 在时刻 $t=t'+\frac{R}{c}$观察,也即在图中大圆周所在的时刻观察,粒子在时刻 t'、P_1 点所激发的辐射场到达以 P_1 为球心,以 R 为半径的球面上,而在另一时刻 $t'+\mathrm{d}t'$、P_2 点所激发的辐射场在上述同一时刻 t 观察时却只到达以 P_2 为球心,以 $R-c\mathrm{d}t'$为半径的球面上. 这是因为在同一时刻 t 观察时,P_2 点辐射的场比 P_1 点辐射的场少传播 $c\mathrm{d}t'$的距离,故其辐射半径为 $R-c\mathrm{d}t'$. 因而粒子在 $\mathrm{d}t'$时间内的辐射能量位于这两球面之间的区域. 由图可见,在不同方向上,这能量需要不同的时间 $\mathrm{d}t'$才能通过外球面. 因为电磁辐射是由于带电粒子加速运动引起的,所以,在计算辐射功率时,用时间 $\mathrm{d}t'$来计算比较方便.

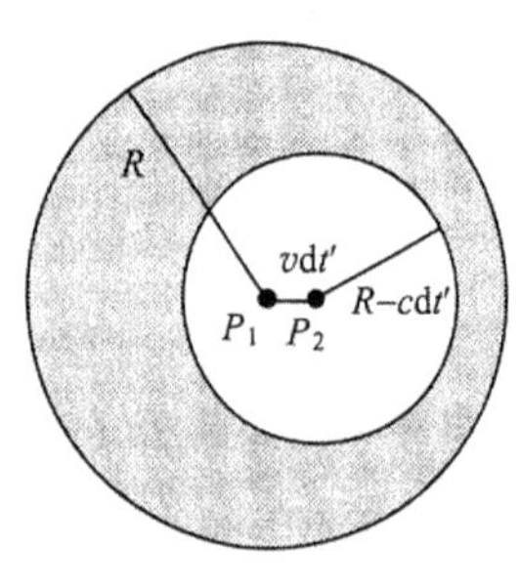

图 6.5.1

在 t 时刻粒子辐射到面元 $\mathrm{d}\boldsymbol{\sigma}$ 的功率为

$$\frac{\mathrm{d}W}{\mathrm{d}t}=\boldsymbol{S}\cdot\mathrm{d}\boldsymbol{\sigma}=S\mathrm{d}\sigma$$

在 t'时刻粒子辐射到面元 $\mathrm{d}\boldsymbol{\sigma}$ 的功率为

$$p(t')=\frac{\mathrm{d}W}{\mathrm{d}t'}=\frac{\mathrm{d}W}{\mathrm{d}t}\frac{\mathrm{d}t}{\mathrm{d}t'}=\boldsymbol{S}\cdot\mathrm{d}\boldsymbol{\sigma}\frac{\mathrm{d}t}{\mathrm{d}t'}$$

因面元 $\mathrm{d}\boldsymbol{\sigma}=\boldsymbol{n}\,r^{2}\mathrm{d}\Omega$,以 $P(t')$表示在 t'时刻的辐射功率,则有

$$P(t')=\oint\!\!\!\oint\boldsymbol{S}\cdot\boldsymbol{n}\frac{\mathrm{d}t}{\mathrm{d}t'}r^{2}\mathrm{d}\Omega\tag{6-5-3}$$

利用式(6-4-12)的倒数,以及式(6-5-2),得

$$P(t')=\frac{e^2}{16\pi^2\varepsilon_0 c^3}\oiint\frac{\left|\boldsymbol{n}\times\left[\left(\boldsymbol{n}-\frac{\boldsymbol{v}}{c}\right)\times\dot{\boldsymbol{v}}\right]\right|^2}{\left(1-\frac{\boldsymbol{v}\cdot\boldsymbol{n}}{c}\right)^5}\mathrm{d}\Omega \tag{6-5-4}$$

将式(6-5-4)对立体角微分，得辐射功率的角分布为

$$\frac{\mathrm{d}P(t')}{\mathrm{d}\Omega}=\frac{e^2}{16\pi^2\varepsilon_0 c^3}\frac{\left|\boldsymbol{n}\times\left[\left(\boldsymbol{n}-\frac{\boldsymbol{v}}{c}\right)\times\dot{\boldsymbol{v}}\right]\right|^2}{\left(1-\frac{\boldsymbol{v}\cdot\boldsymbol{n}}{c}\right)^5} \tag{6-5-5}$$

由上式可以看出高速运动带电粒子辐射角分布的特点. 令 θ 为 $\boldsymbol{n}$ 与 $\boldsymbol{v}$ 的夹角. 当 $v\sim c$ 时，式(6-5-5)分母中因子 $1-\frac{\boldsymbol{v}\cdot\boldsymbol{n}}{c}=1-\beta\cos\theta$ 在 $\theta\simeq 0$ 方向变得很小，式中 $\beta\equiv v/c$. 因此辐射能量强烈地集中于 $\theta\simeq 0$ 的朝前方向.

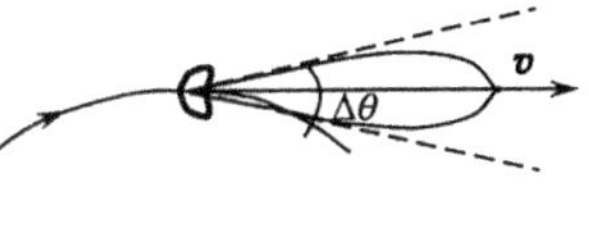

图 6.5.2

6.5.2 轫致辐射($v\sim c,\dot{\boldsymbol{v}}\,/\!/\,\boldsymbol{v}$)

例如，当带电粒子入射到物质靶上和靶内原子中的电子和原子核碰撞时，因在碰撞过程中减速而产生的辐射称为轫致辐射.

在这种情况下，$\boldsymbol{v}\times\dot{\boldsymbol{v}}=0$，由式(6-4-22)和式(6-4-23)得

$$\boldsymbol{E}=\frac{e}{4\pi\varepsilon_0 c^2 r}\frac{\boldsymbol{n}\times(\boldsymbol{n}\times\dot{\boldsymbol{v}})}{(1-\beta\cos\theta)^3} \tag{6-5-6}$$

$$\boldsymbol{B}=\frac{1}{c}\boldsymbol{n}\times\boldsymbol{E}=-\frac{e}{4\pi\varepsilon_0 c^3 r}\frac{\boldsymbol{n}\times\dot{\boldsymbol{v}}}{(1-\beta\cos\theta)^3} \tag{6-5-7}$$

由上两式，辐射能流为

$$\boldsymbol{S}=\boldsymbol{E}\times\boldsymbol{H}=\boldsymbol{E}\times\frac{\boldsymbol{B}}{\mu_0}=\frac{e^2\dot{\boldsymbol{v}}^2}{16\pi^2\varepsilon_0 c^3 r^2}\frac{\sin^2\theta}{(1-\beta\cos\theta)^6}\boldsymbol{n} \tag{6-5-8}$$

由式(6-5-3)，辐射角分布为

$$\frac{\mathrm{d}P(t')}{\mathrm{d}\Omega}=r^2\boldsymbol{S}\cdot\boldsymbol{n}\frac{\mathrm{d}t}{\mathrm{d}t'}=\frac{e^2\dot{\boldsymbol{v}}^2}{16\pi^2\varepsilon_0 c^3}\frac{\sin^2\theta}{(1-\beta\cos\theta)^5} \tag{6-5-9}$$

辐射角分布与低速情形相比如图 6.5.3 所示.

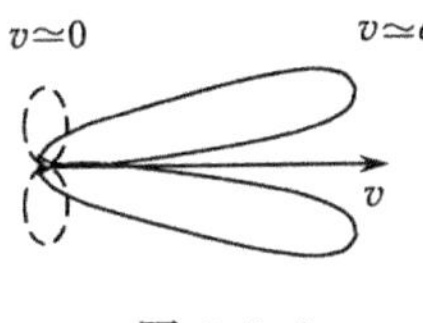

图 6.5.3

由式(6-5-9)，辐射功率为

$$P(t')=\frac{e^2\dot{\boldsymbol{v}}^2}{16\pi^2\varepsilon_0 c^3}\oiint\frac{\sin^2\theta}{(1-\beta\cos\theta)^5}\mathrm{d}\Omega=\frac{e^2\dot{\boldsymbol{v}}^2}{6\pi\varepsilon_0 c^3}\gamma^6 \tag{6-5-10}$$

此式把辐射功率用加速度 $\dot{\boldsymbol{v}}$ 表示出来. 事实上，由于粒子速度不能超过光速，所以当 $v\to c$ 时，在一定作用力下，加

速度 $\dot{\boldsymbol{v}}$ 的值变得很小. 因此,改用粒子所受的力 $\boldsymbol{F}$ 来表出辐射功率是比较方便的. 在 $\dot{\boldsymbol{v}}/\!/\boldsymbol{v}$ 情形,由相对论力学方程

$$\boldsymbol{F}=\frac{\mathrm{d}}{\mathrm{d}t}\frac{m_0\boldsymbol{v}}{\sqrt{1-\beta^2}}=\frac{m_0\dot{\boldsymbol{v}}}{(1-\beta^2)^{3/2}}=\gamma^3m_0\dot{\boldsymbol{v}} \tag{6-5-11}$$

从此式求出 $\dot{\boldsymbol{v}}$ 然后代入式(6-5-10)得辐射功率

$$P(t')=\frac{e^2}{6\pi\varepsilon_0m_0^2c^3}F^2 \tag{6-5-12}$$

由于粒子能量正比于 γ,此式与 γ 无关,因此在一定作用力下,线运动粒子的辐射功率与粒子能量无关.

6.5.3　同步辐射($v\sim c,\dot{\boldsymbol{v}}\perp\boldsymbol{v}$)

由于 $\dot{\boldsymbol{v}}\perp\boldsymbol{v}$,$\dot{\boldsymbol{v}}$ 作为向心加速度而使高速运动的带电粒子作圆周运动. 在宇宙空间中,受天体磁场导向的高速电子也会发生同步辐射,它是蟹状星云背景光的主要成因. 由于磁场在其中所起的作用,所以同步辐射又被称为**磁致辐射**.

选坐标系如图 6.5.4 所示. 设在时刻 t' 粒子的瞬时速度 $\boldsymbol{v}$ 沿 z 轴,加速度 $\dot{\boldsymbol{v}}$ 沿 x 轴. 设 $\boldsymbol{n}$ 与 $\boldsymbol{v}$ 的夹角为 θ,有 $\boldsymbol{n}\cdot\boldsymbol{v}=v\cos\theta$, $\boldsymbol{v}\cdot\dot{\boldsymbol{v}}=0$. 由图可见

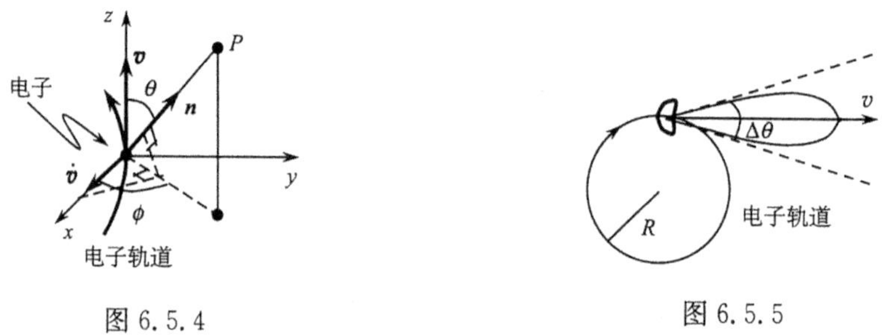

图 6.5.4　　图 6.5.5

$$\dot{\boldsymbol{v}}=\dot{v}\,\boldsymbol{e}_x,\ \boldsymbol{n}=\sin\theta(\cos\phi\,\boldsymbol{e}_x+\sin\phi\,\boldsymbol{e}_y)+\cos\theta\,\boldsymbol{e}_z$$

因而

$$\boldsymbol{n}\cdot\dot{\boldsymbol{v}}=\dot{v}\sin\theta\cos\phi$$

$$\begin{aligned}\boldsymbol{n}\times\left[\left(\boldsymbol{n}-\frac{\boldsymbol{v}}{c}\right)\times\dot{\boldsymbol{v}}\right]&=(\boldsymbol{n}\cdot\dot{\boldsymbol{v}})\left(\boldsymbol{n}-\frac{\boldsymbol{v}}{c}\right)-\left(1-\frac{\boldsymbol{n}\cdot\boldsymbol{v}}{c}\right)\dot{\boldsymbol{v}}\\&=\dot{v}\sin\theta\cos\phi\left(\boldsymbol{n}-\frac{\boldsymbol{v}}{c}\right)-(1-\beta\cos\theta)\dot{\boldsymbol{v}}\end{aligned}$$

$$\left|\boldsymbol{n}\times\left[\left(\boldsymbol{n}-\frac{\boldsymbol{v}}{c}\right)\times\dot{\boldsymbol{v}}\right]\right|^2=\dot{\boldsymbol{v}}^2[(1-\beta\cos\theta)^2-(1-\beta^2)\sin^2\theta\cos^2\phi]$$

代入式(6-5-5)得辐射角分布(图 6.5.5)

$$\frac{\mathrm{d}P(t')}{\mathrm{d}\Omega}=\frac{e^2\dot{\boldsymbol{v}}^2}{16\pi^2\varepsilon_0c^3}\frac{(1-\beta\cos\theta)^2-(1-\beta^2)\sin^2\theta\cos^2\phi}{(1-\beta\cos\theta)^5} \tag{6-5-13}$$

上式对 $d\Omega$ 积分得辐射功率

$$P(t')=\frac{e^2\dot{\boldsymbol{v}}^2}{6\pi\varepsilon_0 c^3}\gamma^4 \tag{6-5-14}$$

现在讨论在电子轨道平面(xOz 平面)内的辐射角分布. 此时式(6-5-13)中的 $\phi=0$ 或 π,于是式(6-5-13)成为

$$\frac{dP(t')}{d\Omega}=\frac{e^2\dot{\boldsymbol{v}}^2}{16\pi^2\varepsilon_0 c^3}\frac{(\cos\theta-\beta)^2}{(1-\beta\cos\theta)^5} \tag{6-5-15}$$

显然,在 $\theta=0$ 方向上辐射最强

$$\frac{dP(t')}{d\Omega}=\frac{e^2\dot{\boldsymbol{v}}^2}{16\pi^2\varepsilon_0 c^3}\frac{1}{(1-\beta)^3} \tag{6-5-16}$$

在 $\cos\theta=\beta$,即 $\theta=\pm\arccos\beta$ 时,辐射为零.

下面来计算辐射的张角 $\Delta\theta$. 当 $v\sim c$ 时,$1/\gamma=\sqrt{1-\beta^2}$ 是小量,用 ε 表示,利用 $\sqrt{1-\varepsilon}\simeq 1-\varepsilon/2$,有

$$\beta=\sqrt{1-\frac{1}{\gamma^2}}\simeq 1-\frac{1}{2\gamma^2} \tag{6-5-17}$$

从辐射张角的边缘开始,辐射为零,这时

$$\beta=\cos\theta\simeq 1-\frac{\theta^2}{2} \tag{6-5-18}$$

将式(6-5-17)与(6-5-18)比较可得

$$\Delta\theta=2\theta\simeq\frac{2}{\gamma}=\frac{2m_0}{m}=\frac{2m_0c^2}{W} \tag{6-5-19}$$

式中 $W=mc^2$ 为运动粒子的能量. 式(6-5-19)表明,在电子的轨道平面内,辐射集中在电子运动的方向上,辐射的张角与总能量成反比. 电子总能量越高,则 γ 值愈大,其辐射越强[$P(t')\propto\gamma^4$,见式(6-5-14)],其张角也越小,例如当电子能量达到 2.5GeV 时,$\Delta\theta\simeq 2\times10^{-4}$ rad,可见同步辐射是准直性极好的光源.

目前,由于同步辐射加速器的众多的优越性能,已经成为许多前沿科学技术研究中的脉冲光源,它在物理学、化学、生物学、医学(尤其是艾滋病研究)、材料科学,以及超大规模集成电路的光刻等方向发挥着重大作用.

在 $\dot{\boldsymbol{v}}\perp\boldsymbol{v}$ 情形由相对论力学方程得

$$\boldsymbol{F}=\frac{d}{dt}\frac{m_0\boldsymbol{v}}{\sqrt{1-\beta^2}}=\frac{m_0\dot{\boldsymbol{v}}}{\sqrt{1-\beta^2}}=\gamma m_0\dot{\boldsymbol{v}}$$

从此式求出 $\dot{\boldsymbol{v}}$,代入式(6-5-14)中,得用作用力 F 表出的粒子辐射功率为

$$P(t')=\frac{e^2F^2}{6\pi\varepsilon_0 m_0^2c^3}\gamma^2 \tag{6-5-20}$$

由此可见，在一定作用力下，当粒子的加速度 $\dot{\boldsymbol{v}} \perp \boldsymbol{v}$ 时，它的辐射功率与粒子能量平方成正比.

以上结果对电子加速器有重要意义. 在**圆周型电子加速器**中，用一定电磁作用力使电子加速时，电子由于受到加速而产生辐射，辐射功率与电子能量平方成正比. 电子能量愈高，辐射损耗就愈大. 当辐射损耗等于加速器所提供的功率时，电子就不再受到加速. 而**直线型加速器**由于辐射损耗与电子能量无关，因而加速能量不受这限制. 因此，目前能量较高的电子加速器一般采用直线型.

*6.6 辐射的频谱分析

带电粒子加速时产生辐射，这种辐射往往是脉冲形式的. 例如在 X 射线管内，一定能量的电子碰到金属靶上，在很短的时间内突然减速，在这段时间内它辐射出脉冲电磁波. 又例如在同步辐射中，高速运动电子作圆周运动，它在每一瞬时所产生的辐射是一个狭窄的射束，对于在轨道平面附近的一个观察者来说，该射束在很短的时间内扫过该观察者，因此观察者所看到的辐射也是脉冲型的. 而**中子星**之所以称为**脉冲星**，也是由于其射束在很短的时间内扫过观察者. 在实际应用上，常常需要知道在某一频率范围内辐射出去的能量；也即是说，需要把辐射能量作谱分解，这同样是一个重要的问题. 本节先用**傅里叶变换**给出频谱分析的一般公式，然后研究一些具体情形下的辐射频谱.

6.6.1 频谱分析的基本公式

由傅里叶变换的基础理论，我们把傅里叶变换应用到电磁场问题上. 首先把电流密度 $\boldsymbol{J}(\boldsymbol{x},t)$ 表为**傅里叶积分**

$$\boldsymbol{J}(\boldsymbol{x},t) = \int_{-\infty}^{\infty} \boldsymbol{J}_\omega(\boldsymbol{x}) \mathrm{e}^{-\mathrm{i}\omega t} \mathrm{d}\omega \tag{6-6-1}$$

傅里叶逆变换式为

$$\boldsymbol{J}_\omega(\boldsymbol{x}) = \frac{1}{2\pi}\int_{-\infty}^{\infty} \boldsymbol{J}(\boldsymbol{x},t) \mathrm{e}^{\mathrm{i}\omega t} \mathrm{d}t \tag{6-6-2}$$

把式(6-6-1)代入矢势公式得

$$\begin{aligned}\boldsymbol{A}(\boldsymbol{x},t) &= \frac{\mu_0}{4\pi}\iiint \frac{\boldsymbol{J}(\boldsymbol{x}',t-r/c)}{r}\mathrm{d}V' \\ &= \frac{\mu_0}{4\pi}\iiint \frac{1}{r}\mathrm{d}V' \int_{-\infty}^{\infty} \boldsymbol{J}_\omega(\boldsymbol{x}')\mathrm{e}^{-\mathrm{i}\omega(t-r/c)}\mathrm{d}\omega \\ &= \frac{\mu_0}{4\pi}\int_{-\infty}^{\infty} \mathrm{e}^{-\mathrm{i}\omega t}\mathrm{d}\omega \iiint \frac{\boldsymbol{J}_\omega(\boldsymbol{x}')\mathrm{e}^{\mathrm{i}\frac{\omega}{c}r}}{r}\mathrm{d}V'\end{aligned}$$

因此，矢势 $\boldsymbol{A}(\boldsymbol{x},t)$ 的 ω 分量为

$$\mathbf{A}_\omega(\boldsymbol{x}) = \frac{\mu_0}{4\pi}\iiint \frac{\boldsymbol{J}_\omega(\boldsymbol{x}')\mathrm{e}^{\mathrm{i}\frac{\omega}{c}r}}{r}\mathrm{d}V' \tag{6-6-3}$$

把式(6-6-2)的积分变量写为 t',代入上式得

$$\mathbf{A}_\omega(\boldsymbol{x}) = \frac{\mu_0}{8\pi^2}\int \mathrm{e}^{\mathrm{i}\omega\left(t'+\frac{r}{c}\right)}\mathrm{d}t'\iiint \frac{\boldsymbol{J}(\boldsymbol{x}',t')}{r}\mathrm{d}V' \tag{6-6-4}$$

对于一个电荷为 e 的带电粒子,设其位矢为 $\boldsymbol{x}_e(t')$,速度为 $\boldsymbol{v}(t')$,则它的电荷密度和电流密度分别为

$$\rho(\boldsymbol{x}',t') = e\delta^3[\boldsymbol{x}'-\boldsymbol{x}_e(t')] \tag{6-6-5}$$

$$\mathbf{J}(\boldsymbol{x}',\ t') = e\,\boldsymbol{v}(t')\delta^3[\boldsymbol{x}'-\boldsymbol{x}_e(t')] \tag{6-6-6}$$

代入式(6-6-4),对粒子体积积分,由 δ 函数的挑选作用,式(6-6-4)中的积分变量 $\boldsymbol{x}'$换作粒子的坐标 $\boldsymbol{x}_e(t')$. 因此

$$\mathbf{A}_\omega(\boldsymbol{x}) = \frac{\mu_0}{8\pi^2}\int \frac{e\boldsymbol{v}(t')}{r}\ \mathrm{e}^{\mathrm{i}\omega\left(t'+\frac{r}{c}\right)}\mathrm{d}t' \tag{6-6-7}$$

式中 r 为带电粒子位置 $\boldsymbol{x}_e(t')$到场点 $\boldsymbol{x}$ 的距离.

若粒子在有限区域内运动,而我们在远处观察辐射场,可选区域内某点为坐标系原点,设从原点到场点的距离为 R,由图 6.6.1,有

$$r \simeq R-\boldsymbol{n}\cdot\boldsymbol{x}_e(t') \tag{6-6-8}$$

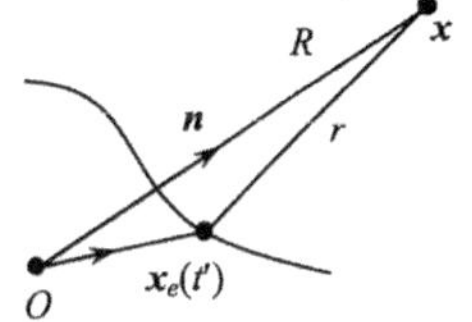

图 6.6.1

在式(6-6-7)中,基于 6.2 节同样的理由,相因子内的 r 用上式代入,而分母的 r 可以简单地代为 R,得

$$\begin{aligned}\mathbf{A}_\omega(\boldsymbol{x}) &= \frac{e}{8\pi^2\varepsilon_0 c^2}\int_{-\infty}^{\infty}\frac{\boldsymbol{v}(t')}{R}\mathrm{e}^{\mathrm{i}\omega\left(t'+\frac{R-\boldsymbol{n}\cdot\boldsymbol{x}_e}{c}\right)}\mathrm{d}t' \\ &= \frac{e}{8\pi^2\varepsilon_0 c^2}\frac{\mathrm{e}^{\mathrm{i}kR}}{R}\int_{-\infty}^{\infty}\boldsymbol{v}(t')\mathrm{e}^{\mathrm{i}\omega\left(t'-\frac{\boldsymbol{n}\cdot\boldsymbol{x}_e}{c}\right)}\mathrm{d}t'\end{aligned} \tag{6-6-9}$$

式中 $k=\omega/c$ 为该频率分量的波数. 由式(4-1-33)和 $\boldsymbol{B}=\nabla\times\mathbf{A}=\mathrm{i}\boldsymbol{k}\times\mathbf{A}$,得辐射电磁场的 ω 分量

$$\begin{aligned}\boldsymbol{B}_\omega &= \mathrm{i}\boldsymbol{k}\times\mathbf{A}_\omega \\ &= \frac{\mathrm{i}e\omega}{8\pi^2\varepsilon_0 c^3}\frac{\mathrm{e}^{\mathrm{i}kR}}{R}\int_{-\infty}^{\infty}\boldsymbol{n}\times\boldsymbol{v}(t')\mathrm{e}^{\mathrm{i}\omega\left(t'-\frac{\boldsymbol{n}\cdot\boldsymbol{x}_e}{c}\right)}\mathrm{d}t'\end{aligned} \tag{6-6-10}$$

$$\begin{aligned}\boldsymbol{E}_\omega &= -c\boldsymbol{n}\times\boldsymbol{B}_\omega \\ &= -\frac{\mathrm{i}e\omega}{8\pi^2\varepsilon_0 c^2}\frac{\mathrm{e}^{\mathrm{i}kR}}{R}\int_{-\infty}^{\infty}\boldsymbol{n}\times(\boldsymbol{n}\times\boldsymbol{v})\mathrm{e}^{\mathrm{i}\omega\left(t'-\frac{\boldsymbol{n}\cdot\boldsymbol{x}_e}{c}\right)}\mathrm{d}t'\end{aligned} \tag{6-6-11}$$

注意 $\mathrm{d}\boldsymbol{x}_e/\mathrm{d}t'=\boldsymbol{v}$,$\mathrm{d}\boldsymbol{v}/\mathrm{d}t'=\dot{\boldsymbol{v}}$,有

$$\frac{\mathrm{d}}{\mathrm{d}t'}\mathrm{e}^{\mathrm{i}\omega\left(t'-\frac{\boldsymbol{n}\cdot\boldsymbol{x}_e}{c}\right)} = \mathrm{i}\omega\left(1-\frac{\boldsymbol{n}\cdot\boldsymbol{v}}{c}\right)\mathrm{e}^{\mathrm{i}\omega\left(t'-\frac{\boldsymbol{n}\cdot\boldsymbol{x}_e}{c}\right)}$$

$$\frac{\mathrm{d}}{\mathrm{d}t'}\left[\frac{\boldsymbol{n}\times(\boldsymbol{n}\times\boldsymbol{v})}{1-\frac{\boldsymbol{n}\cdot\boldsymbol{v}}{c}}\right]=\frac{\boldsymbol{n}\times\left[\left(\boldsymbol{n}-\frac{\boldsymbol{v}}{c}\right)\times\dot{\boldsymbol{v}}\right]}{\left(1-\frac{\boldsymbol{n}\cdot\boldsymbol{v}}{c}\right)^2}$$

利用上述两式，将式(6-6-11)分部积分，可以把它变为另一形式

$$E_\omega(\boldsymbol{x})=\frac{e}{8\pi^2\varepsilon_0 c^2}\frac{\mathrm{e}^{\mathrm{i}kR}}{R}\int_{-\infty}^{\infty}\frac{\boldsymbol{n}\times[(\boldsymbol{n}-\boldsymbol{v}/c)\times\dot{\boldsymbol{v}}]}{(1-\boldsymbol{n}\cdot\boldsymbol{v}/c)^2}\mathrm{e}^{\mathrm{i}\omega\left(t'-\frac{\boldsymbol{n}\cdot\boldsymbol{x}_e}{c}\right)}\mathrm{d}t' \tag{6-6-12}$$

将 $t'=t-(R-\boldsymbol{n}\cdot\boldsymbol{x}_e)/c$，以及由式(6-4-12)得到的 $\mathrm{d}t'=(1-\boldsymbol{n}\cdot\boldsymbol{v}/c)^{-1}\mathrm{d}t$ 一并代入上式，则上式可化为

$$\boldsymbol{E}_\omega(\boldsymbol{x})=\frac{1}{2\pi}\int\boldsymbol{E}(\boldsymbol{x},t)\mathrm{e}^{\mathrm{i}\omega t}\mathrm{d}t$$

其中 $\boldsymbol{E}(\boldsymbol{x},t)$ 为式(6-4-22). 用式 (6-6-12)或(6-6-11)都可以计算 $\boldsymbol{E}_\omega$.

现在对辐射能量作**频谱分析**. 因辐射功率 $P=\oiint\boldsymbol{S}\cdot\boldsymbol{n}R^2\mathrm{d}\Omega$，辐射能量 $W=\int_{-\infty}^{\infty}P\mathrm{d}t$，故辐射能量的角分布为

$$\frac{\mathrm{d}W}{\mathrm{d}\Omega}=\int_{-\infty}^{\infty}\boldsymbol{S}\cdot\boldsymbol{n}R^2\mathrm{d}t \tag{6-6-13}$$

把式(6-5-1)代入得

$$\begin{aligned}\frac{\mathrm{d}W}{\mathrm{d}\Omega}&=\varepsilon_0 cR^2\int_{-\infty}^{\infty}\boldsymbol{E}^2(t)\mathrm{d}t\\&=\varepsilon_0 cR^2\int_{-\infty}^{\infty}\boldsymbol{E}(t)\mathrm{d}t\int_{-\infty}^{\infty}\boldsymbol{E}_\omega\,\mathrm{e}^{-\mathrm{i}\omega t}\mathrm{d}\omega\\&=\varepsilon_0 cR^2\int_{-\infty}^{\infty}\boldsymbol{E}_\omega\,\mathrm{d}\omega\int_{-\infty}^{\infty}\boldsymbol{E}(t)\mathrm{e}^{-\mathrm{i}\omega t}\mathrm{d}t=\varepsilon_0 cR^2\int_{-\infty}^{\infty}\boldsymbol{E}_\omega\cdot 2\pi\boldsymbol{E}_{-\omega}\mathrm{d}\omega\\&=2\pi\varepsilon_0 cR^2\int_{-\infty}^{\infty}|\boldsymbol{E}_\omega|^2\mathrm{d}\omega=4\pi\varepsilon_0 cR^2\int_0^{\infty}|\boldsymbol{E}_\omega|^2\mathrm{d}\omega\end{aligned}$$

另外，$\frac{\mathrm{d}W}{\mathrm{d}\Omega}$的傅里叶积分为

$$\frac{\mathrm{d}W}{\mathrm{d}\Omega}=\int_{-\infty}^{\infty}\frac{\mathrm{d}W_\omega}{\mathrm{d}\Omega}\mathrm{e}^{-\mathrm{i}\omega t}\mathrm{d}\omega$$

比较此处上、下两式，可得频率为 ω 的单位频率间隔辐射能量角分布为

$$\frac{\mathrm{d}W_\omega}{\mathrm{d}\Omega}=4\pi\varepsilon_0 cR^2\,|\boldsymbol{E}_\omega|^2 \tag{6-6-14}$$

此式对 $\mathrm{d}\Omega$ 积分即得单位频率间隔辐射

$$W_\omega=4\pi\varepsilon_0 c\oiint|\boldsymbol{E}_\omega|^2R^2\mathrm{d}\Omega \tag{6-6-15}$$

式(6-6-11)和式(6-6-12)、式(6-6-14)和式(6-6-15)是频谱分析的主要公式.下面我们讨论一些具体情形下的辐射频谱.

6.6.2 低速运动带电粒子在碰撞过程中的辐射频谱

当入射电子速度 $v \ll c$ 时,则在很短的减速时间内,由于 $\boldsymbol{n} \cdot \boldsymbol{x}_e \sim \boldsymbol{n} \cdot \boldsymbol{v} \Delta t$,因此在式(6-6-12)相因子中的 $\boldsymbol{n} \cdot \boldsymbol{x}_e / c$ 和分母中的 $\dfrac{\boldsymbol{n} \cdot \boldsymbol{v}}{c}$ 可以忽略,因而

$$\boldsymbol{E}_\omega(\boldsymbol{x}) = \frac{e}{8\pi^2 \varepsilon_0 c^2} \frac{\mathrm{e}^{\mathrm{i}kR}}{R} \int_{-\infty}^{\infty} \boldsymbol{n} \times (\boldsymbol{n} \times \dot{\boldsymbol{v}}) \mathrm{e}^{\mathrm{i}\omega t'} \mathrm{d}t' \tag{6-6-16}$$

设粒子在很短的时间 τ 内减速,因而上式的积分域 $\Delta t' \sim \tau$,若 $\omega \ll 1/\tau$,则相因子 $\mathrm{e}^{\mathrm{i}\omega t'} \simeq 1$,因而

$$\begin{aligned} \boldsymbol{E}_\omega(\boldsymbol{x}) &\simeq \frac{e}{8\pi^2 \varepsilon_0 c^2} \frac{\mathrm{e}^{\mathrm{i}kR}}{R} \int_{-\infty}^{\infty} \boldsymbol{n} \times (\boldsymbol{n} \times \dot{\boldsymbol{v}}) \mathrm{d}t' \\ &= \frac{e}{8\pi^2 \varepsilon_0 c^2} \frac{\mathrm{e}^{\mathrm{i}kR}}{R} \boldsymbol{n} \times (\boldsymbol{n} \times \Delta \boldsymbol{v}) \quad (\omega\tau \ll 1) \end{aligned} \tag{6-6-17}$$

式中 $\Delta \boldsymbol{v} = \boldsymbol{v}_2 - \boldsymbol{v}_1$ 为粒子在时间 τ 内速度的增量.设 $\boldsymbol{n}$ 与 $\Delta \boldsymbol{v}$ 的夹角为 θ,由式(6-6-14)得频率为 ω 的单位频率间隔辐射能量角分布

$$\frac{\mathrm{d}W_\omega}{\mathrm{d}\Omega} = \frac{e^2}{16\pi^3 \varepsilon_0 c^3} |\Delta \boldsymbol{v}|^2 \sin^2\theta, \quad \omega\tau \ll 1 \tag{6-6-18}$$

对 $\mathrm{d}\Omega$ 积分后得辐射能量

$$W_\omega = \frac{e^2}{6\pi^2 \varepsilon_0 c} \left(\frac{\Delta \boldsymbol{v}}{c}\right)^2, \qquad \omega\tau \ll 1 \tag{6-6-19}$$

注意当 $\omega \ll 1/\tau$ 时,W_ω 与 ω 无关.当 $\omega \gg 1/\tau$ 时,式(6-6-16)中相因子 $\mathrm{e}^{\mathrm{i}\omega t}$ 迅速振荡,积分值趋于零,因此,

$$W_\omega \approx 0, \quad \omega\tau \gg 1 \tag{6-6-20}$$

综合上述两式,得在频率 ω 处单位频率间隔内辐射的能量为

$$W_\omega = \begin{cases} \dfrac{e^2}{6\pi^2 \varepsilon_0 c} \left(\dfrac{\Delta \boldsymbol{v}}{c}\right)^2, & \omega\tau \ll 1 \\ 0, & \omega\tau \gg 1 \end{cases} \tag{6-6-21}$$

辐射频谱如图 6.6.2(a)所示.

由 $\omega = 2\pi c/\lambda$, $|\mathrm{d}\omega/\mathrm{d}\lambda| = 2\pi c/\lambda^2$,可得辐射能量按波长的分布

$$\begin{cases} W(\lambda) = W_\omega \left|\dfrac{\mathrm{d}\omega}{\mathrm{d}\lambda}\right| \simeq \dfrac{e^2}{3\pi\varepsilon_0} \left(\dfrac{\Delta v}{c}\right)^2 \dfrac{1}{\lambda^2}, & \lambda \gg c\tau \\ W(\lambda) \simeq 0, & \lambda \ll c\tau \end{cases} \tag{6-6-22}$$

$W(\lambda)$ 如图 6.6.2(b)所示.

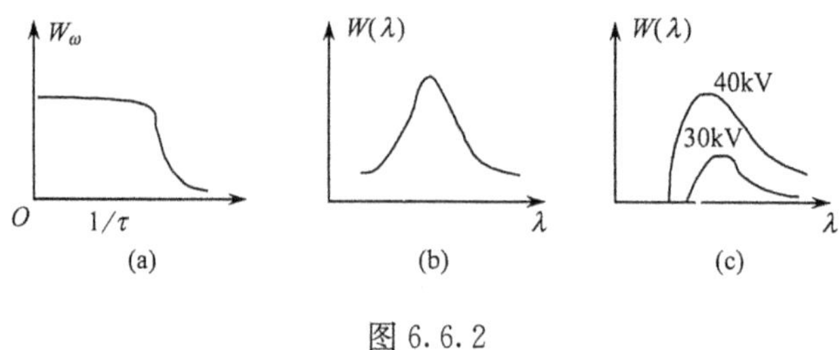

图 6.6.2

利用**光量子**的概念(即一个频率为 ω 的光子的能量为 $\hbar\omega$)可知

$$W_\omega \mathrm{d}\omega = \hbar\omega N(\omega)\mathrm{d}\omega$$

式中 $N(\omega)$是光子数分布函数. 因此,式(6-6-19)可改写为

$$N(\omega)\mathrm{d}\omega = \frac{e^2}{6\pi^2\varepsilon_0 c}\left(\frac{\Delta v}{c}\right)^2\frac{\mathrm{d}\omega}{\hbar\omega} = \frac{2\alpha}{3\pi}\left(\frac{\Delta v}{c}\right)^2\frac{\mathrm{d}\omega}{\omega},\quad \omega\tau \ll 1 \tag{6-6-23}$$

式中

$$\alpha \equiv \frac{e^2}{4\pi\varepsilon_0\hbar c} = \frac{1}{137.0359845(61)} \tag{6-6-24}$$

α 称为**精细结构常数**,是**光谱学**和**量子电动力学**的基本常数之一. 由此可见,低能光子数目与光子能量成反比;当光子能量 $\hbar\omega\to 0$ 时,$N(\omega)\to\infty$,但总辐射能量却有限. 当频率较低时,过程涉及大量**光子**,电磁场的**量子性**不显著,辐射能量按波长的分布与经典公式(6-6-22)相符;但当频率较高时,过程仅涉及少数光子,电磁场的量子性很显著,经典理论不适用. 例如,在 X 射线的连续谱分析上. 实验测量出的连续谱分布如图 6.6.2(c)所示. 当 λ 较大时,辐射能量按波长的分布和经典公式(6-6-21)相符. 在短波波长范围,X 射线的连续谱有一个截止频率 ω_c,它与电子入射动能 E_e 成正比,有关系式

$$\hbar\omega_c = E_e \tag{6-6-25}$$

式中 $\hbar = 1.05457266(63)\times 10^{-34}\,\mathrm{J\cdot s}$,$h \equiv 2\pi\hbar$ 称为普朗克(Planck)常量. 这关系只有用量子理论才能解释,它表示电磁能量是量子化的,频率为 ω 的光子具有能量 $\hbar\omega$. 当 ω 小时,光子数很多,经典电磁理论近似成立. 当 ω 大时,在过程中只涉及少量光子,电磁场的量子化性质显著地表现出来,因而经典理论在这情形下不能适用.

6.6.3　同步辐射频谱

设有一高速运动($v\sim c$)的带电粒子作圆周运动. 当 $v/c\sim 1$, $\theta\sim 0$ 时,式(6-5-5)分母中的因子 $1-\frac{v}{c}\cos\theta$ 很小,并可写为

$$1-\frac{v}{c}\cos\theta\simeq 1-\frac{v}{c}\left(1-\frac{\theta^2}{2}\right)\simeq\frac{2}{2}\left(1-\frac{v}{c}\right)+\frac{\theta^2}{2}$$

$$=\frac{1}{2}\left(1+\frac{v}{c}\right)\left(1-\frac{v}{c}\right)+\frac{\theta^2}{2}=\frac{1}{2}\left(\frac{1}{\gamma^2}+\theta^2\right) \qquad (6\text{-}6\text{-}26)$$

式中 $\gamma=\left(1-\frac{v^2}{c^2}\right)^{-1/2}$. 由此可知，在每一瞬间粒子产生的辐射都集中于沿 $\boldsymbol{v}$ 方向的狭窄射束内，射束的张角为

$$\Delta\theta\sim\frac{1}{\gamma} \qquad (6\text{-}6\text{-}27)$$

由运动粒子能量 $W=\gamma m_0c^2=\gamma W_0$，$\gamma$ 等于粒子总能量与静止能量之比. 因此，当粒子作圆周运动时，它产生的辐射就好像一个作圆周运动的探射灯一样. 当在远处的 P 点上观察，粒子每转一周时射束只在很短的时间 Δt 内扫过，因而在 P 点上观察到的辐射是周期性的脉冲波形(图 6-5-4). 设轨道半径为 R，粒子走过路程 $R\Delta\theta$ 的时间为

$$\Delta t'=\frac{R\Delta\theta}{v}\sim\frac{R}{c\gamma} \qquad (6\text{-}6\text{-}28)$$

在 P 点上观察到脉冲的持续时间为

$$\Delta t=\langle\frac{\mathrm{d}t}{\mathrm{d}t'}\rangle\Delta t'$$

式中〈〉表示平均值. 由式(6-4-12)和式(6-6-26)，有

$$\frac{\mathrm{d}t}{\mathrm{d}t'}=1-\frac{v}{c}\cos\theta\simeq\frac{1}{2}\left(\frac{1}{\gamma^2}+\theta^2\right)$$

由于 $\langle\theta^2\rangle\sim 1/\gamma^2$，因此

$$\langle\frac{\mathrm{d}t}{\mathrm{d}t'}\rangle\sim\frac{1}{\gamma^2}$$

因此由式(6-6-28)得

$$\Delta t\sim\frac{R}{c\gamma^3} \qquad (6\text{-}6\text{-}29)$$

当脉冲时间为 Δt 时，频谱主要分布于 $\omega\leqslant\omega_c$ 范围内，其中

$$\omega_c\sim\frac{1}{\Delta t}\sim\frac{c}{R}\gamma^3=\omega_0\gamma^3 \qquad (6\text{-}6\text{-}30)$$

式中 ω_0 为粒子圆周运动的角频率.

圆周运动是周期性的，因此它的辐射可展为傅里叶级数，频谱是基频 ω_0 的整数倍，包括从 ω_0 到 ω_c 的各分量. 利用式(6-6-11)和式(6-6-15)精确计算出的辐射频谱如图 6.6.3 所示. 例如当电子能量为 100MeV，$R=0.4\text{m}$ 时，$\omega_0\sim 8\times10^8\,\text{s}^{-1}$，

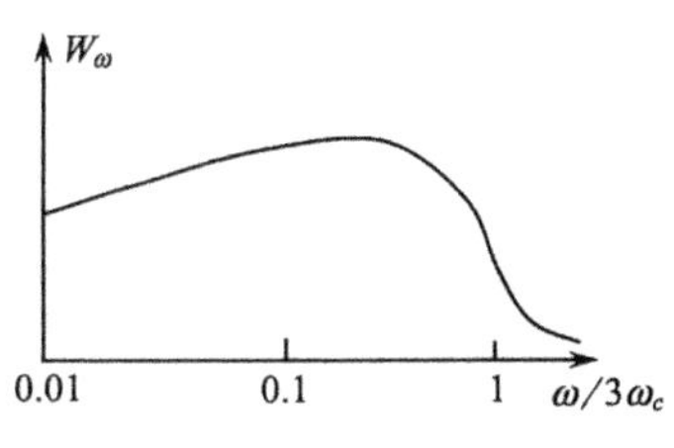

图 6.6.3

$\gamma \sim 200$，$\omega_c \sim 6\times10^5$，$\lambda_c \sim 3000\text{Å}$. 辐射频谱盖过可见光部分. 这种辐射在电子同步加速器中观察到，实验结果与理论计算相符.

*6.7　切伦柯夫辐射

由式(6-4-17)和式(6-4-18)可见，在真空中，匀速运动带电粒子不产生辐射电磁场. 那么，匀速运动带电粒子在介质内是否会产生辐射电磁场呢？1934 年，苏联物理学家**切伦柯夫**(Cerenkov)发现，当带电粒子在介质内以超过光在该介质内的速度作匀速直线运动时，也能产生辐射电磁场，这种辐射称为**切伦柯夫辐射**. 1937 年，苏联物理学家**夫兰克和塔姆**对此给出理论解释. 为此，这三位科学家获得 1958 年**诺贝尔物理学奖**.

1934 年，切伦柯夫发现，让放射性元素镭发出的 γ 射线穿透高折射率介质时将产生高速运动的电子，当这些作匀速直线运动的电子通过液体时能产生辐射电磁场. 令人遗憾的是，这种现象早在切伦柯夫之前已为 X 射线专家所观察到，但只是想当然地认为是荧光和磷光，而没有注意到现象的本质.

切伦柯夫对此表示怀疑，因为辐射与液体的成分基本无关，这与荧光的特性不符. 随后他彻底地排除了杂质产生荧光的可能性，并且将镭辐射的 γ 射线挡住，只让 γ 射线在液体中产生的高速运动的电子穿过液体，结果辐射依然存在，这就证明了辐射是由这些高速运动的电子所产生.

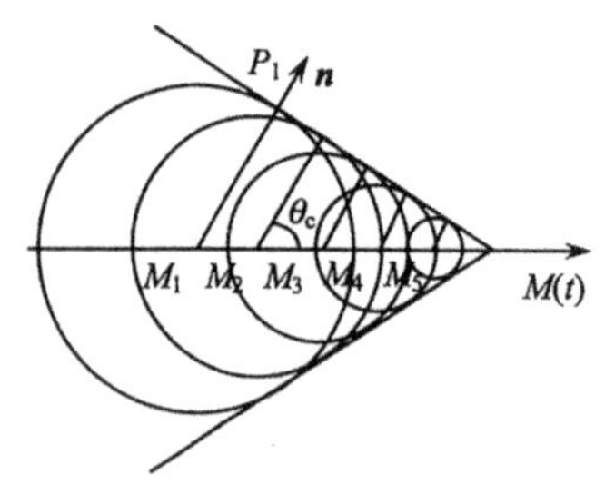

图 6.7.1

切伦柯夫辐射的物理机制如图 6.7.1 所示. 设带电粒子在介质内作匀速运动，这时介质内将出现极化电荷和诱导电流，在粒子经过的每一点依次激发相速度为 $v_p = c/n$(n 为折射率)的球面次波向外辐射. 若粒子的速度 $v > c/n$ 时，则带电粒子沿途各点发出的次波由于干涉而加强，形成一个以粒子为顶点，以粒子运动路径为轴的锥形波阵面，锥形波阵面的法线方向即为辐射的方向.

设粒子在时刻 $t_1, t_2, t_3, \cdots$ 依次经过 $M_1, M_2, \cdots$ 点，在时刻 t 到达 M 点. 在同一时刻 t，M_1 处产生的次波已经到达半径为 $\overline{M_1P_1}$ 的球面上

$$\overline{M_1P_1} = \frac{c}{n}(t - t_1),\quad \overline{M_1M} = v(t - t_1)$$

不难看出，若 $v > c/n$，则粒子路径上各点所产生的次波在时刻 t 都在一个锥体之内. 在锥面上，各次波互相叠加，形成一个波面，因而产生向锥面法线方向传播的辐射电磁波. 辐射方向与粒子运动方向的夹角 θ_c 由下式确定

$$\cos\theta_c = \frac{\overline{M_1P_1}}{\overline{M_1M}} = \frac{c}{nv} \tag{6-7-1}$$

由于切伦柯夫辐射是运动带电粒子与介质内的束缚电荷和诱导电流所产生的集体效应，而在宏观现象中，介质内束缚电荷和诱导电流分布产生的宏观效应可以归结为电容率 ε 和磁导率 μ，因此在研究切伦柯夫辐射时，我们可以对介质作宏观描述，即用 ε 和 μ 两参量来描述介质. 由于非铁磁介质的磁导率 $\mu\approx\mu_0$，而介质的折射率 $n=\sqrt{\varepsilon_r\mu_r}\simeq\sqrt{\varepsilon_r}$ 与频率有关. 因此，由傅里叶变换的思想，我们可先就某一确定频率来进行讨论.

设粒子以匀速 $\boldsymbol{v}$ 作直线运动，其位矢为 $\boldsymbol{x}_e(t')=\boldsymbol{v}t'$，它的自由电荷密度和传导电流密度分别为

$$\rho(\boldsymbol{x}',t') = e\delta^3[\boldsymbol{x}'-\boldsymbol{x}_e(t')] \tag{6-7-2}$$

$$\boldsymbol{J}(\boldsymbol{x}',t') = e\boldsymbol{v}\delta^3[\boldsymbol{x}'-\boldsymbol{x}_e(t')] \tag{6-7-3}$$

用频谱分析方法求解. 真空中推迟势的傅里叶变换由式(6-6-9)给出，只要把该式相因子中的光速 c 换作介质中的光速 c/n 即得介质中推迟势的傅里叶变换

$$\boldsymbol{A}_\omega(\boldsymbol{x}) = \frac{e}{8\pi^2\varepsilon_0c^2}\frac{\mathrm{e}^{\mathrm{i}kR}}{R}\int_{-\infty}^{\infty}\mathrm{e}^{\mathrm{i}\omega\left(t'-\frac{n}{c}\boldsymbol{n}\cdot\boldsymbol{x}_e\right)}\boldsymbol{v}(t')\mathrm{d}t' \tag{6-7-4}$$

式中 $\boldsymbol{n}$ 为辐射方向单位矢量. 设 $\boldsymbol{v}$ 沿 x 轴方向，$\boldsymbol{n}$ 与 $\boldsymbol{x}_e$ 夹角为 θ，则 $\boldsymbol{n}\cdot\boldsymbol{x}_e=x_e\cos\theta$，$\boldsymbol{v}(t')\mathrm{d}t'=\mathrm{d}\boldsymbol{x}_e$，$t'=x_e/v$，于是由式(6-7-4)得

$$\boldsymbol{A}_\omega = \frac{e}{8\pi^2\varepsilon_0c^2}\frac{\mathrm{e}^{\mathrm{i}kR}}{R}\int_{-\infty}^{\infty}\mathrm{e}^{\mathrm{i}\omega\left(\frac{1}{v}-\frac{n}{c}\cos\theta\right)x_e}\mathrm{d}\boldsymbol{x}_e \tag{6-7-5}$$

磁场的傅里叶变换为

$$\boldsymbol{B}_\omega = \mathrm{i}\boldsymbol{k}\times\boldsymbol{A}_\omega = \frac{\mathrm{i}\omega n}{c}\boldsymbol{n}\times\boldsymbol{A}_\omega$$

由式(6-7-5)，$\boldsymbol{A}_\omega$ 的方向与 $\boldsymbol{x}_e$ 的相同，因而 $\boldsymbol{n}$ 与 $\boldsymbol{A}_\omega$ 的夹角为 θ，所以 $\boldsymbol{B}_\omega$ 的量值为

$$B_\omega = \frac{\mathrm{i}\omega ne}{8\pi^2\varepsilon_0c^3}\frac{\mathrm{e}^{\mathrm{i}kR}}{R}\sin\theta\int_{-\infty}^{\infty}\mathrm{e}^{\mathrm{i}\omega\left(\frac{1}{v}-\frac{n}{c}\cos\theta\right)x_e}\mathrm{d}x_e \tag{6-7-6}$$

根据 δ 函数的积分表达式

$$\int_{-\infty}^{\infty}\mathrm{e}^{\mathrm{i}zx_e}\mathrm{d}x_e = 2\pi\delta(z)$$

有

$$\int_{-\infty}^{\infty}\mathrm{e}^{\mathrm{i}\omega\left(\frac{1}{v}-\frac{n}{c}\cos\theta\right)x_e}\mathrm{d}x_e = 2\pi\delta\left(\frac{\omega}{v}-\frac{\omega n}{c}\cos\theta\right) \tag{6-7-7}$$

因此

$$B_\omega = \frac{\mathrm{i}\omega ne}{4\pi\varepsilon_0c^3}\frac{\mathrm{e}^{\mathrm{i}kR}}{R}\sin\theta\delta\left(\frac{\omega}{v}-\frac{\omega n}{c}\cos\theta\right) \tag{6-7-8}$$

同时,由 $\boldsymbol{E}_\omega=\frac{c}{n}\boldsymbol{B}_\omega\times\boldsymbol{n}$,$\boldsymbol{B}_\omega$ 垂直于 $\boldsymbol{n}$,可得 $\boldsymbol{E}_\omega$ 的量值为

$$E_\omega=\frac{\mathrm{i}\omega e\mu_0}{4\pi}\frac{\mathrm{e}^{\mathrm{i}kR}}{R}\sin\theta\delta\left(\frac{\omega}{v}-\frac{\omega n}{c}\cos\theta\right)$$

由 δ 函数的定义,当其宗量为零时函数值无穷大,把满足此条件的 θ 记作 θ_c,可见

$$\left.\begin{matrix}B_\omega\\E_\omega\end{matrix}\right\}\to\infty,\quad 当\ \cos\theta_c=\frac{c}{nv},\quad v>\frac{c}{n}$$

即 θ 满足 $\cos\theta_c=\frac{c}{nv}$ 时为辐射场出现的方向. 如果粒子的运动速度 $v<\frac{c}{n}$,则对所有 θ 值,$\cos\theta<\frac{c}{nv}$,因此在这情形下没有辐射.

上述无穷大的出现是我们作了简化假设的结果. 上面我们假设折射率 n 是与 ω 无关的常数,结果得到有一个确定的辐射角 θ_c,满足 $\theta_c=\frac{c}{nv}$,在这单一辐射角下电磁场变为无穷大. 事实上,介质的折射率 n 是与 ω 有关的函数,当 ω 很大时,折射率 $n\to1$,因此辐射频谱在高频下截断,辐射场不会在一个尖锐的辐射角下变为无穷大,而是分布于有一定宽度的辐射角内.

由式(6-6-14)和 $E_\omega=\frac{c}{n}B_\omega$,可导出

$$\frac{\mathrm{d}W_\omega}{\mathrm{d}\Omega}=\frac{4\pi\varepsilon_0c^3R^2}{n}\mid\boldsymbol{B}_\omega\mid^2 \tag{6-7-9}$$

把式(6-7-8)代入上式,出现 δ 函数的平方. 我们可以把它作如下处理. 由式(6-7-6),$|\boldsymbol{B}_\omega|^2$ 含有因子

$$\left|\int_{-\infty}^{\infty}\mathrm{e}^{\mathrm{i}\omega\left(\frac{1}{v}-\frac{n}{c}\cos\theta\right)x_e}\mathrm{d}x_e\right|^2$$

我们把其中一个因子变为 δ 函数(6-7-7),于是此式成为

$$2\pi\delta\left(\frac{\omega}{v}-\frac{\omega n}{c}\cos\theta\right)\int_{-\infty}^{\infty}\mathrm{e}^{\mathrm{i}\omega\left(\frac{1}{v}-\frac{n}{c}\cos\theta\right)x_e}\mathrm{d}x_e$$

由于积分之前有一个 δ 函数因子,$\frac{1}{v}-\frac{n}{c}\cos\theta$ 只能取值零,因此,另一个因子可写为

$$\int_{-\infty}^{\infty}\mathrm{e}^{\mathrm{i}0}\mathrm{d}x_e=\int_{-\infty}^{\infty}\mathrm{d}x_e$$

因此,

$$\left|\int_{-\infty}^{\infty}\mathrm{e}^{\mathrm{i}\omega\left(\frac{1}{v}-\frac{n}{c}\cos\theta\right)x_e}\mathrm{d}x_e\right|^2=2\pi\delta\left(\frac{\omega}{v}-\frac{\omega n}{c}\cos\theta\right)\int_{-\infty}^{\infty}\mathrm{d}x_e \tag{6-7-10}$$

最后一个因子是粒子所走的无穷大路程. 这无穷大的出现也是我们作了简化假设的结果. 事实上,粒子在介质中只走过有限的路程. 当路程 $L\gg$ 辐射波长时,以上的计算仍然近似适用,但 $\int_{-\infty}^{\infty}\mathrm{d}x_e$ 应代为 L. 由式(6-7-8)~式(6-7-10),注意到只有在 $\cos\theta_c=\dfrac{c}{nv}$ 方向上才有辐射,$\sin^2\theta=\sin^2\theta_c=1-\cos^2\theta_c=1-\dfrac{c^2}{n^2v^2}$,我们得出粒子走过单位路程时的单位频率间隔辐射能量角分布

$$\begin{aligned}\frac{\mathrm{d}^2W_\omega}{\mathrm{d}\Omega\mathrm{d}L}&=\frac{e^2\omega^2n}{8\pi^2\varepsilon_0c^3}\sin^2\theta\delta\left(\frac{\omega}{v}-\frac{\omega n}{c}\cos\theta\right)\\&=\frac{e^2\omega^2n}{8\pi^2\varepsilon_0c^3}\left(1-\frac{c^2}{n^2v^2}\right)\delta\left(\frac{\omega}{v}-\frac{\omega n}{c}\cos\theta\right)\end{aligned}\tag{6-7-11}$$

单位路程单位频率间隔的辐射能量为

$$\frac{\mathrm{d}W_\omega}{\mathrm{d}L}=\frac{e^2\omega^2n}{8\pi^2\varepsilon_0c^3}\left(1-\frac{c^2}{n^2v^2}\right)\oiint\delta\left(\frac{\omega}{v}-\frac{\omega n}{c}\cos\theta\right)\mathrm{d}\Omega\tag{6-7-12}$$

为求此积分,作变换 $\xi\equiv\dfrac{\omega n}{c}\cos\theta$,因 $0\leqslant\theta\leqslant\pi$,所以 $-\dfrac{\omega n}{c}\leqslant\xi\leqslant\dfrac{\omega n}{c}$,故上式中的积分为

$$\begin{aligned}\oiint\delta\left(\frac{\omega}{v}-\frac{\omega n}{c}\cos\theta\right)\mathrm{d}\Omega&=\int_0^{2\pi}\mathrm{d}\phi\int_0^{\pi}\delta\left(\frac{\omega}{v}-\frac{\omega n}{c}\cos\theta\right)\sin\theta\mathrm{d}\theta\\&=\frac{2\pi c}{\omega n}\int_{-\omega n/c}^{\omega n/c}\delta\left(\frac{\omega}{v}-\xi\right)\mathrm{d}\xi=\frac{2\pi c}{\omega n}\end{aligned}$$

于是式(6-7-12)为

$$\frac{\mathrm{d}W_\omega}{\mathrm{d}L}=\frac{e^2}{4\pi\varepsilon_0c^2}\left(1-\frac{c^2}{n^2v^2}\right)\omega\tag{6-7-13}$$

若计及折射率对 ω 的依赖关系 $n^2=\varepsilon(\omega)$,可得

$$\frac{\mathrm{d}W_\omega}{\mathrm{d}L}=\frac{e^2}{4\pi\varepsilon_0c^2}\left(1-\frac{c^2}{v^2\varepsilon(\omega)}\right)\omega,\quad \varepsilon(\omega)>c^2/v^2\tag{6-7-14}$$

图 6.7.2 表示典型的 $\varepsilon(\omega)$ 曲线. 由图可见,仅在一定的频率范围内满足 $\varepsilon(\omega)>c^2/v^2$,因此,切伦柯夫辐射的频谱只包含这一频段. 由于 $\cos\theta_c=c/(v\sqrt{\varepsilon})$,不同频率的电磁波的辐射角亦略有不同. 用滤波器选择一定的频带,可以得到确定的 θ_c 值,因而测定辐射角 θ_c 就可以定出粒子的速度 $\boldsymbol{v}$. 现在切伦柯夫辐射广泛应用于**粒子计数器**中,它的优点是只记录大于一定速度的粒子,因而避免了低速粒子的干扰,而且可以准确测量出粒子的运动速度. 1955 年西格雷等人运用切伦柯夫粒子计数器

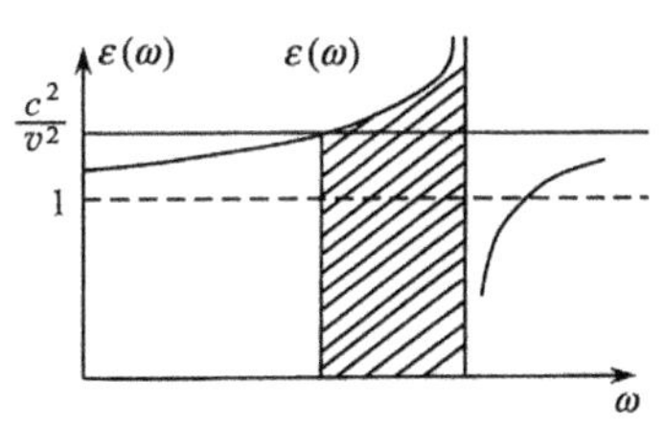

图 6.7.2

发现了反质子.

习 题

6.1 设有一球对称的电荷体系，以频率 ω 沿径向作简谐振动，求辐射场，并对结果给以物理解释.

答案：辐射场为 0.

6.2 一飞轮半径为 R，有电荷均匀分布在其边缘上，总电量为 Q. 设此飞轮以恒定角速度 ω 旋转，求辐射场.

答案：辐射场为 0.

6.3 一个半径为 a 的小圆环载有电流 $i=i_0\cos\omega t$，此环位于 xy 平面上.（1）计算系统的第一级非零多极矩.（2）试求当 $r\to\infty$ 时系统的矢势，并计算辐射场及辐射角的分布.（3）描述辐射图形的主要特征.（4）计算平均辐射的总功率.

答案：（1）磁偶极矩 $\boldsymbol{m}=\pi a^2 i_0\cos\omega t\boldsymbol{e}_z$；（2）$\boldsymbol{A}(\boldsymbol{r},t)=-\mathrm{i}\dfrac{\mu_0\omega i_0 a^2\sin\theta}{4cr}\mathrm{e}^{\mathrm{i}(kr-\omega t)}\boldsymbol{e}_\phi$，

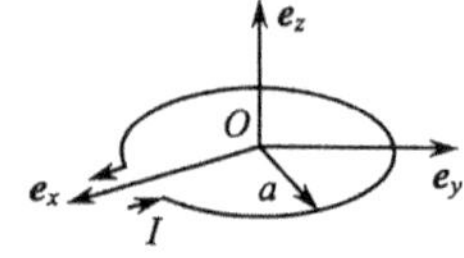

题 6.3 图

$$\boldsymbol{B}=\frac{\mu_0\omega^2 i_0 a^2\sin\theta}{4c^2 r}\mathrm{e}^{\mathrm{i}(kr-\omega t)}\boldsymbol{e}_\theta,\ \boldsymbol{E}=\frac{\mu_0\omega^2 i_0 a^2\sin\theta}{4cr}\mathrm{e}^{\mathrm{i}(kr-\omega t)}\boldsymbol{e}_\phi,$$

辐射角分布为 $\dfrac{\mathrm{d}P}{\mathrm{d}\Omega}=\dfrac{\mu_0\omega^4 a^4 i_0^2}{32c^3}\sin^2\theta$；

（3）辐射角按 $\sin^2\theta$ 规律分布，在 $\theta=90°$ 的平面上辐射最强，沿磁偶极矩的轴线方向（$\theta=0°$ 或 $180°$）处，没有辐射；

（4）平均辐射功率为 $P=\dfrac{\pi\mu_0\omega^4 a^4 i_0^2}{12c^3}$.

6.4 利用电荷守恒定律，验证 $\boldsymbol{A}$ 和 φ 的推迟势满足洛伦兹条件

$$\nabla\cdot\boldsymbol{A}+\frac{1}{c^2}\frac{\partial\varphi}{\partial t}=0$$

6.5 半径为 R_0 的均匀永磁体，磁化强度为 $\boldsymbol{M}_0$，球以恒定角速度 ω 绕通过球心而垂直于 $\boldsymbol{M}_0$ 的轴旋转，设 $R_0\omega\ll c$，求辐射场和能流.

提示：$\boldsymbol{M}_0$ 以角速度 ω 转动，可分解为相位差为 $\pi/2$ 的互相垂直的线振动；直角坐标基矢与球坐标基矢变换关系为

$$\begin{pmatrix}\boldsymbol{e}_x\\ \boldsymbol{e}_y\\ \boldsymbol{e}_z\end{pmatrix}=\begin{pmatrix}\sin\theta\cos\phi & \cos\theta\cos\phi & -\sin\phi\\ \sin\theta\cos\phi & \cos\theta\sin\phi & \cos\phi\\ \cos\theta & -\sin\theta & 0\end{pmatrix}\begin{pmatrix}\boldsymbol{e}_R\\ \boldsymbol{e}_\theta\\ \boldsymbol{e}_\phi\end{pmatrix}$$

答案：$\boldsymbol{B}=\dfrac{\mu_0\omega^2 R_0^3 M_0}{3c^2 R}(\boldsymbol{e}_\theta\cos\theta+\mathrm{i}\boldsymbol{e}_\phi)\mathrm{e}^{\mathrm{i}(kR-\omega t+\phi)}$；$\boldsymbol{E}=\dfrac{\mu_0\omega^2 R_0^3 M_0}{3cR}(\mathrm{i}\boldsymbol{e}_\theta-\boldsymbol{e}_\phi\cos\theta)\mathrm{e}^{\mathrm{i}(kR-\omega t+\phi)}$；

$\boldsymbol{S}=\dfrac{\mu_0\omega^4 R_0^6 M_0^2}{18c^3 R^2}(1+\cos\theta)\boldsymbol{e}_R$.

6.6 有一个点电荷 e 以常速 v 沿 z 轴运动，在 t 时刻它位于点 A，坐标为 $x=0,y=0,z=vt$. 求 t 时刻，点 $P(x=b,y=0,z=0)$ 的：（1）标势 φ；（2）矢势 $\boldsymbol{A}$；（3）电场的 x 分量 E_x.

答案：(1) $\varphi_P(t)=\dfrac{e}{4\pi\varepsilon_0\sqrt{(1-\beta^2)b^2+v^2t^2}}$；

(2) $\boldsymbol{A}_P(t)=\dfrac{ev}{4\pi\varepsilon_0 c^2\sqrt{(1-\beta^2)b^2+v^2t^2}}\boldsymbol{e}_z$；

(3) $E_x=\dfrac{(1-\beta^2)eb}{4\pi\varepsilon_0[(1-\beta^2)b^2+v^2t^2]^{3/2}}$.

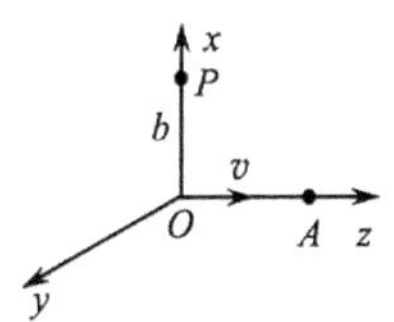

题 6.6 图

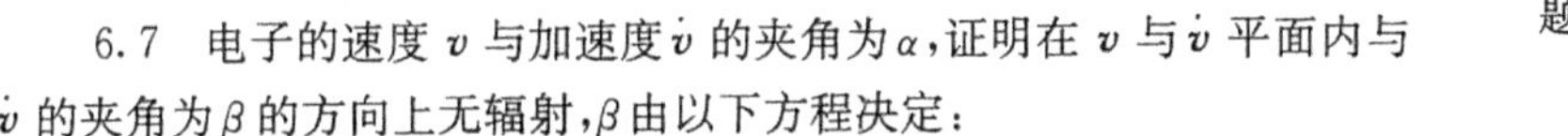

6.7　电子的速度 $\boldsymbol{v}$ 与加速度 $\dot{\boldsymbol{v}}$ 的夹角为 α，证明在 $\boldsymbol{v}$ 与 $\dot{\boldsymbol{v}}$ 平面内与 $\dot{\boldsymbol{v}}$ 的夹角为 β 的方向上无辐射，β 由以下方程决定：

$$\sin\beta=\frac{v}{c}\sin\alpha$$

6.8　一个在 10^{-4}Gs 的磁场中作圆周运动，能量达 10^{12} eV 的高速回转电子，试求它在单位时间内辐射损失的能量.

答案：$P=38\text{eV}\cdot\text{s}^{-1}$.

6.9　两个相同的点电荷 $+q$ 沿 z 轴振荡，其位置为 $z_1=z_0\sin\omega t$，$z_2=-z_0\sin\omega t$，$x_i=y_i=0$，$i=1,2$. 在矢径 $\boldsymbol{r}$ 处观察辐射场，辐射波长为 λ，且 $|\boldsymbol{r}|\gg\lambda\gg z_0$.（1）求电场 $\boldsymbol{E}$ 与磁场 $\boldsymbol{B}$.（2）计算 $\boldsymbol{r}$ 方向上单位立体角中的辐射功率.（3）辐射总功率为多大？与频率 ω 的关系和电偶极辐射比较，结果如何？

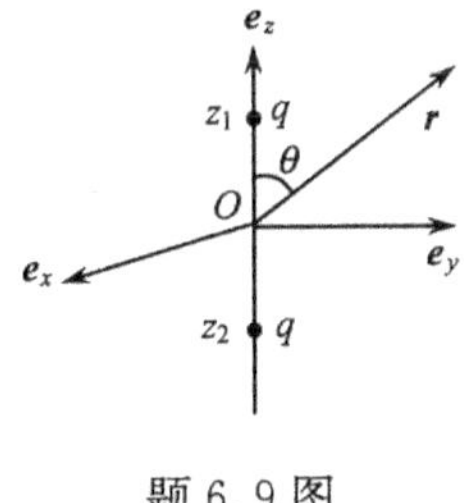

题 6.9 图

答案：(1) $\boldsymbol{B}(\boldsymbol{r},t)=-\dfrac{\mu_0\omega^3qz_0^2\sin\theta\cos\theta}{4\pi c^2r}\mathrm{e}^{\mathrm{i}kr}\sin2\omega t\,\boldsymbol{e}_\phi$，

$\boldsymbol{E}=(\boldsymbol{r},t)=-\dfrac{\mu_0\omega^3qz_0^2\sin\theta\cos\theta}{4\pi cr}\mathrm{e}^{\mathrm{i}kr}\sin2\omega\,t\boldsymbol{e}_\theta$；

(2) $\dfrac{\mathrm{d}P}{\mathrm{d}\Omega}=\dfrac{\mu_0\omega^6q^2z_0^4\sin^2\theta\cos^2\theta}{32\pi^2c^3}$；

(3)总辐射功率为 $P=\dfrac{\mu_0\omega^6q^2z_0^4}{60\pi c^3}$.

电四极辐射功率与频率的六次方成比例，而电偶极辐射功率与频率的四次方成正比例.

6.10　有一带电粒子沿 z 轴作简谐振动，$z=z_0\mathrm{e}^{-\mathrm{i}\omega t}$. 设 $z_0\omega\ll c$，求

(1)它的辐射场和能流；

(2)它的自场. 比较两者的不同.

答案：(1) $\boldsymbol{E}=-\dfrac{\mu_0\omega^2ez_0\sin\theta}{4\pi R}\mathrm{e}^{\mathrm{i}\left(\frac{\omega}{c}R-\omega t\right)}\boldsymbol{e}_\theta$，$\boldsymbol{B}=\dfrac{\mu_0\omega^2ez_0\sin\theta}{4\pi cR}\mathrm{e}^{\mathrm{i}\left(\frac{\omega}{c}R-\omega t\right)}\boldsymbol{e}_p$，$\boldsymbol{S}=\dfrac{\mu_0\omega^4e^2z_0^2}{32\pi^2cR^2}\sin^2\theta\,\boldsymbol{e}_R$；

(2) $\boldsymbol{E}_{自}=\dfrac{e\boldsymbol{R}}{4\pi\varepsilon_0R^3}$，$\boldsymbol{B}_{自}=\dfrac{\mu_0e\,\boldsymbol{v}\times\boldsymbol{R}}{4\pi R^3}$.

6.11　带电荷 e 的粒子在 xy 平面上绕 z 轴作匀速率圆周运动，角频率为 ω，半径 R_0，设 $\omega R_0\ll c$，试求辐射场和能流密度，讨论 $\theta=0,\pi/4,\pi/2$ 及 π 处电磁场的偏振.

答案：$\boldsymbol{E}=\dfrac{eR_0\omega^2}{4\pi\varepsilon_0c^2R}(\cos\theta\,\boldsymbol{e}_\theta+\mathrm{i}\,\boldsymbol{e}_\phi)\mathrm{e}^{\mathrm{i}\left(\frac{\omega}{c}R-\omega t+\phi\right)}$，

$$\boldsymbol{B}=\frac{eR_0\omega^2}{4\pi\varepsilon_0c^3R}(-\mathrm{i}\boldsymbol{e}_\theta+\cos\theta\boldsymbol{e}_\theta)\mathrm{e}^{\mathrm{i}\left(\frac{\omega}{c}R-\omega t+\phi\right)}，$$

$$\boldsymbol{S}=\frac{e^2R_0^2\omega^4}{32\pi^2\varepsilon_0c^3R^2}(1+\cos^2\phi)\boldsymbol{e}_R，$$

$\theta=0,\ \pi$,圆偏振,$\theta=\pi/4$,椭圆偏振,$\theta=\pi/2$,线偏振.

6.12 (1)根据相对论协变的力学方程,证明相对论性加速带电粒子的辐射场公式(6-4-22)用作用力表示为

$$\boldsymbol{E}=\frac{e}{4\pi\varepsilon_0 mc^2 R}\left\{\frac{\delta^3}{\gamma}\boldsymbol{n}\times[(\boldsymbol{n}-\boldsymbol{\beta})\times\boldsymbol{F}-(\boldsymbol{\beta}\cdot\boldsymbol{F})(\boldsymbol{n}\times\boldsymbol{\beta})]\right\}_{\text{ret}}$$

其中 $\delta=(1-\boldsymbol{\beta}\cdot\boldsymbol{n})^{-1}$, ret 表示时刻 $t'=t-\dfrac{R}{c}$时的值.

(2)用公式$(\boldsymbol{A}\times\boldsymbol{B})^2=A^2B^2-(\boldsymbol{A}\cdot\boldsymbol{B})^2$,计算$[(\boldsymbol{n}-\boldsymbol{\beta})\times\boldsymbol{F}]^2$ 和$[\boldsymbol{F}\cdot(\boldsymbol{n}\times\boldsymbol{\beta})]^2$;

(3)利用上述公式,证明带电粒子的辐射功率的角分布公式(6-5-5)用作用力表示为

$$\frac{\mathrm{d}P}{\mathrm{d}\Omega}=\frac{e^2\delta^3}{16\pi^2\varepsilon_0 m^2c^3\gamma^2}\left(\boldsymbol{F}^2-(\boldsymbol{\beta}\cdot\boldsymbol{F})^2-\frac{\delta^2}{\gamma^2}(\boldsymbol{F}\cdot\boldsymbol{n}-\boldsymbol{F}\cdot\boldsymbol{\beta})^2\right)$$

6.13 一个质量为 m,电荷为 e 的粒子在一个平面上运动,该平面垂直于均匀静磁场 $\boldsymbol{B}$.

(1)计算辐射功率,用 m_0、e、$\boldsymbol{B}$、γ 表示($E=\gamma m_0c^2$);

(2)若在 $t=0$ 时 $E_0=\gamma_0 m_0c^2$,求 $E(t)$;

(3)若初始时刻粒子为非相对论的,其动能为 T_0,求时刻 t 时粒子的动能 T.

答案:(1) $P=\dfrac{B^2e^4}{6\pi\varepsilon_0 m_0^2c}(\gamma^2-1)$;

(2) $E(t)=m_0c^2\dfrac{1+\dfrac{\gamma_0-1}{\gamma_0+1}e^{-\eta}}{1-\dfrac{\gamma_0-1}{\gamma_0+1}e^{-\eta}}$, $\eta=\dfrac{2(t-t_0)}{m_0^3c^2}\dfrac{B^2e^4}{6\pi\varepsilon_0}$;

(3) $T=T_0\exp\left(-\dfrac{B^2e^4}{3\pi\varepsilon_0 m_0^3c^3}t\right)$.

6.14 带电粒子 e 作半径为 a 的非相对论性圆周运动,回旋频率为 ω. 求远处的辐射电磁场和辐射能流.

答案:$\boldsymbol{B}=\dfrac{\mu_0\omega^2 ea}{4\pi cR}(\boldsymbol{e}_\theta\cos\theta+\mathrm{i}\boldsymbol{e}_\phi)\mathrm{e}^{\mathrm{i}(kR-\omega t+\phi)}$,

$\boldsymbol{E}=\dfrac{\mu_0\omega^2 ea}{4\pi cR}(\boldsymbol{e}_\theta\cos\theta+i\boldsymbol{e}_\phi)\mathrm{e}^{\mathrm{i}(kR-\omega t+\phi)}$,

$\boldsymbol{S}=\dfrac{\mu_0\omega^4e^2a^2}{32\pi^2cR^2}(1+\cos^2\theta)\boldsymbol{e}_R$.

6.15 设有线偏振平面波 $\boldsymbol{E}=\boldsymbol{E}_0\mathrm{e}^{\mathrm{i}(kx-\omega t)}$ 照射到一个绝缘介质球上($\boldsymbol{E}_0$ 在 z 方向),引起介质球极化,极化强度矢量 $\boldsymbol{P}$ 是随时间变化的,因而产生辐射,设平面波的波长 $2\pi/k$ 远大于半径 R_0,求介质球所产生的辐射场和能流.

答案:辐射场就是总电偶极矩为

$$\boldsymbol{p}=\frac{4\pi\varepsilon_0(\varepsilon-\varepsilon_0)}{\varepsilon+2\varepsilon_0}R_0^3\boldsymbol{E}_0\mathrm{e}^{\mathrm{i}\omega t}$$

的电偶极辐射场.

平均辐射能流:$\boldsymbol{S}=\dfrac{\omega^4p_0^2}{32\pi^2\varepsilon_0c^3R^2}\sin^2\theta\boldsymbol{e}_R$.

6.16 一电偶极矩为 $\boldsymbol{p}=\boldsymbol{p}_0\mathrm{e}^{-\mathrm{i}\omega t}$ 的振荡电偶极子,到一无穷大理想导体平面的距离为 $a/2$,

$\boldsymbol{p}_0$ 平行于导体平面. 设 $a\ll\lambda=\dfrac{2\pi c}{\omega}$，试求在 $R\gg\lambda$ 处的辐射场及辐射能流.

答案：$\boldsymbol{E}=\dfrac{\mu_0\omega^3 p_0 a}{4\pi cR}(-\cos^2\theta\cos\phi\boldsymbol{e}_\theta+\cos\theta\sin\phi\boldsymbol{e}_\phi)\mathrm{e}^{\mathrm{i}(kR-\omega t)}$；

$\boldsymbol{B}=\dfrac{\mu_0\omega^3 p_0 a}{4\pi cR}(-\cos^2\theta\sin\phi\boldsymbol{e}_\theta+\cos^2\theta\cos\phi\boldsymbol{e}_\phi)\mathrm{e}^{\mathrm{i}(kR-\omega t)}$；

$\boldsymbol{S}=\dfrac{\mu_0\omega^6 p_0 a}{32\pi^2 c^3 R^2}(\cos^4\theta\cos^2\phi+\cos^2\theta\sin^2\phi)\boldsymbol{e}_R$.

6.17　电量为 q 的粒子沿直线运动，在时间间隔 τ 内，速度从 v_0（接近 c）逐渐地减小为零. 假定在这段时间里加速度是常量，试求：(1)在这段时间内粒子发出的辐射的角分布；(2)用静止的仪器测出这粒子发出辐射的时间.

答案：(1)所求的角分布为

$$\int_0^\tau \frac{q^2 v_0^2\sin^2\theta\mathrm{d}t'}{16\pi^2\varepsilon_0 c^3\tau^2(1-v\cos\theta/c)^5}=\frac{q^2 v_0\sin^2\theta}{64\pi^2\varepsilon_0 c^2\tau\cos\theta}\left[\frac{1}{(1-v_0\cos\theta/c)^4}-1\right]$$

(2)所求的时间为

$$\Delta t=\tau\left(1-\frac{v_0}{2c}\cos\theta\right)$$

这就是用静止仪器测出的粒子发出辐射脉冲的时间. 当 $\theta\simeq0$ 时，

$$\Delta t\simeq\tau\left(1-\frac{v_0}{2c}\right)$$

6.18　一个质量为 m、电荷为 q 的粒子被一质量无限大、电荷为 $-q$ 的粒子以库仑相互作用所束缚. $t=0$ 时，该粒子的轨道近似为一个半径为 R 的圆，经过多少时间，它的轨道半径将减少为 $R/2$（假设 R 足够大，因而可以用经典辐射理论而不需用量子理论来计算）.

答案：$\tau=\dfrac{7\pi^2\varepsilon_0^2 c^3 m^2 R^3}{2q^4}$.

第7章　带电粒子和电磁场的相互作用

由6.4节的讨论可知，任意运动带电粒子的电磁场包括两个部分，一部分是存在于粒子附近的场，当粒子静止时它就是库仑场，当粒子运动时它和速度有关，可由库仑场作洛伦兹变换而得，这部分的特点是场量与 r^2 成反比，其能量主要分布于粒子附近，因此称为粒子的自有场；另一部分是当粒子加速时激发的辐射场，这部分的特点之一是场量与 r 成反比，其能量可以辐射到任意远处.

本章将分别讨论自有场和辐射场对带电粒子自身的反作用：前者表现为带电粒子具有电磁质量，后者表现为对带电粒子的辐射阻尼力. 不仅如此，带电粒子还要与外来电磁波相互作用，这就是电磁波的散射和吸收问题.

7.1　带电粒子的电磁场对粒子自身的反作用　谱线的自然宽度

7.1.1　电磁质量

现在先讨论自有场对粒子的反作用. 自有场总是和粒子不可分割地联系在一起的，它为粒子所固有，不能从粒子运动能量中分离出去. 因此，当我们测量一个粒子的能量时，总是把这部分能量包括在内. 根据相对论质能关系 $W=mc^2$，一定的能量必然与一定的惯性质量相联系. 质能关系中的能量是客体附近为客体所携带的能量，因而自有场中的能量与电磁质量联系着. 因此，测量出的粒子质量也必然包括自有场的质量在内. 这部分质量称为粒子的电磁质量，它不能从粒子的总质量中分离出来.

这样一来，带电粒子自有场的能量 W_{em} 与它的电磁质量 $m_{em}=W_{em}/c^2$ 相对应. 我们以电子为例进行讨论，尽管目前对电子的结构还不清楚，从数量级上考虑，假设电子的电荷分布于半径为 r_e 的球面上. 库仑场能量为

$$W_{em}=\iiint \frac{\varepsilon_0}{2}E^2\,\mathrm{d}V=\frac{\varepsilon_0}{2}\int_{r_e}^{\infty}\left(\frac{e}{4\pi\varepsilon_0 r^2}\right)^2 4\pi r^2\,\mathrm{d}r$$

$$=\frac{e^2}{8\pi\varepsilon_0 r_e} \tag{7-1-1}$$

由相对论质能关系，电磁质量为

$$m_{em}=\frac{W_{em}}{c^2}=\frac{e^2}{8\pi\varepsilon_0 r_e c^2} \tag{7-1-2}$$

电磁质量 m_{em}包括在测量出的电子质量 m 之内. 电子质量除了电磁质量之外还可能有其他来源. 以 m_0 表示非电磁起源的质量,则电子质量 m 为

$$m = m_0 + m_{\mathrm{em}} \tag{7-1-3}$$

电子质量的两部分用通常的测量方法是不能分离的. 而且由于不知道电子内部电荷分布形状和电子的"半径"r_e,用经典理论实际上也不能准确算出电磁质量的值. 作为数量级估计,如果电子质量有显著的部分是来自电磁质量的话,由式(7-1-2)和式(7-1-3)有

$$m \simeq \frac{e^2}{4\pi\varepsilon_0 r_e c^2}$$

通常定义经典电子半径为

$$r_e = \frac{e^2}{4\pi\varepsilon_0 mc^2} = 2.18794092(38) \times 10^{-15}\,\mathrm{m} \tag{7-1-4}$$

经典电子半径 r_e 是由基本常数 e,m 和 c 构成的具有长度量纲的一个量,但它并不是电子的真实半径,因为在这线度内经典电动力学已不适用,上面用经典模型描绘的电子结构图像不可能是正确的. 我们主要是把它作为一个长度单位在原子物理学中引用.

虽然经典电动力学不能正确地描述电子的内部结构,但是电磁质量的概念在量子理论中仍然是重要的. 在电子质量中,很可能有不小的一部分属于电磁质量. 但是在目前量子理论仍然未能算出电子的电磁质量.

7.1.2 辐射阻尼力

当粒子辐射电磁场时,一部分能量和动量被电磁场带走,从动力学的角度讲,这相当于粒子受到了一个附加的阻尼力,这就是**辐射阻尼**的概念. 因此,粒子的运动不是单纯被外场作用力所决定,还要受到自身所激发的场对粒子本身反作用,这是一种自作用力. 问题的困难在于,辐射阻尼如何表达? 这是一个一直没有很好解决的问题! 因此,本节的理论是不完备的,它只能应用到某些特殊问题上.

现在我们研究带电粒子在加速时激发的电场对粒子本身的反作用力. 通常我们用给定的外力来控制带电粒子的运动. 我们通过一个特殊例子讨论辐射阻尼力 $\boldsymbol{F}_{\mathrm{s}}$ 的表达式. 例如在电子加速器中,用给定的电磁场作用到电子上,使电子作圆周运动.

为简单起见,只讨论低速情形. 当粒子有加速度 $\dot{\boldsymbol{v}}$ 时,由式(6-4-20),它的辐射功率为

$$P = \frac{e^2 \dot{\boldsymbol{v}}^2}{6\pi\varepsilon_0 c^3} \tag{7-1-5}$$

由于有能量辐射,使粒子受到阻尼力 $\boldsymbol{F}_{\mathrm{s}}$,依能量守恒的要求,阻尼力对粒子所作的

负功率应等于辐射功率，因此

$$\boldsymbol{F}_{\mathrm{s}} \cdot \boldsymbol{v} = -\frac{e^2 \dot{\boldsymbol{v}}^2}{6\pi\varepsilon_0 c^3} \tag{7-1-6}$$

假设粒子作准周期运动，当粒子运动一周后，粒子的速度和其附近的自有场回到原状态(准周期运动意味着这些量并非绝对不变)，因此这时阻尼力所作的负功等于辐射出去的能量. 设周期为 T，将式(7-1-6)对一周期积分是可行的，有

$$\begin{aligned}\int_{t_0}^{t_0+T} \boldsymbol{F}_{\mathrm{s}} \cdot \boldsymbol{v}\mathrm{d}t &= -\int_{t_0}^{t_0+T} \frac{e^2 \dot{\boldsymbol{v}}^2}{6\pi\varepsilon_0 c^3}\mathrm{d}t \\ &= -\frac{e^2}{6\pi\varepsilon_0 c^3}\dot{\boldsymbol{v}} \cdot \boldsymbol{v}\Big|_{t_0}^{t_0+T} + \int_{t_0}^{t_0+T} \frac{e^2}{6\pi\varepsilon_0 c^3}\ddot{\boldsymbol{v}} \cdot \boldsymbol{v}\mathrm{d}t\end{aligned}$$

当粒子运动一周后，$\boldsymbol{v}$ 和 $\dot{\boldsymbol{v}}$ 回到原值，因而上式右边第一项为零. 因此，对一周期平均效应而言，可取

$$\boldsymbol{F}_{\mathrm{s}} = \frac{e^2}{6\pi\varepsilon_0 c^3}\ddot{\boldsymbol{v}} \tag{7-1-7}$$

$\boldsymbol{F}_s$ 称为粒子的自作用力. 我们知道，当两个积分相等时，只有积分域任意时，两被积函数才相等，否则不一定相等. 因此，上式不是对每一瞬时成立的公式，它只代表一种平均效应.

7.1.3　谱线的自然宽度

当原子自发地从高能态过渡到低能态时，电子在两能级之间跃迁产生一定频率的辐射，在光谱中表现为一条谱线. 但是，谱线不是精确地单色的，而是具有一定的频率分布宽度. 现在我们研究产生谱线宽度的内在原因.

经典电动力学不能建立原子辐射的正确理论. 但是，在建立了一定的模型后，可用辐射阻尼力解释原子的**自发辐射**，并说明所形成的谱线为什么有一定的宽度?

我们用经典振子作为研究谱线宽度的模型，分析产生谱线宽度的原因. 设振子在 x 轴上运动，弹性恢复力为 $-kx$，将辐射阻尼力加入振子运动方程，有

$$m\ddot{x} = -kx + F_{\mathrm{s}} \tag{7-1-8}$$

式中 F_{s} 为自作用力. 令 $k/m=\omega_0^2$，并把自作用力式(7-1-7)代入上式得

$$\ddot{x} + \omega_0^2 x = \frac{F_{\mathrm{s}}}{m} \tag{7-1-9}$$

在原子辐射情形，自作用力比弹性力小很多，F_{s} 可作为微扰. 因此，往往采用迭代法求解运动方程，先忽略自作用力，得谐振子运动方程

$$\ddot{x} + \omega_0^2 x = 0$$

其解为谐振动

$$x = x_0 \mathrm{e}^{-\mathrm{i}\omega_0 t} \tag{7-1-10}$$

ω_0 为振子的**固有频率**，x_0 为振幅.

现在，用上述零级近似解表示阻尼力，由式(7-1-7)有

$$\frac{F_s}{m} = \frac{e^2}{6\pi\varepsilon_0 mc^3}\ddot{v} = \frac{e^2}{6\pi\varepsilon_0 mc^3}\frac{\mathrm{d}^3}{\mathrm{d}t^3}(x_0 \mathrm{e}^{-\mathrm{i}\omega_0 t}) = \frac{\mathrm{i}e^2\omega_0^3 x}{6\pi\varepsilon_0 mc^3} \equiv \mathrm{i}\Gamma\omega_0 x \tag{7-1-11}$$

式中 Γ 称为**辐射阻尼系数**

$$\Gamma \equiv \frac{e^2\omega_0^2}{6\pi\varepsilon_0 mc^3} \tag{7-1-12}$$

现在将代表阻尼力的式(7-1-11)代入式(7-1-9)，因而式(7-1-9)变为**阻尼振子**的运动方程

$$\ddot{x} + (\omega_0^2 - \mathrm{i}\Gamma\omega_0)x = 0 \tag{7-1-13}$$

令

$$\omega^2 \equiv \omega_0^2 - \mathrm{i}\Gamma\omega_0$$

则当 $\Gamma \ll \omega_0$ 时有

$$\omega = \omega_0\sqrt{1 - \mathrm{i}\frac{\Gamma}{\omega_0}} \simeq \omega_0 - \frac{\mathrm{i}}{2}\Gamma \tag{7-1-14}$$

因此阻尼振子的解为

$$x = x_0 \mathrm{e}^{-\mathrm{i}\omega t} = x_0 \mathrm{e}^{-\frac{1}{2}\Gamma t}\mathrm{e}^{-\mathrm{i}\omega_0 t} \tag{7-1-15}$$

在上面的解法中，我们把阻尼力作为**微扰**来处理，这只有在阻尼力远小于弹性恢复力的情形下才适用，即要求满足条件 $\Gamma \ll \omega_0$. 由式(7-1-12)和式(7-1-14)，此条件可写为 $r_e\omega_0/c \ll 1$，或

$$r_e \ll \lambda/2\pi \tag{7-1-16}$$

其中 λ 为辐射波长. 由于 $r_e \sim 10^{-15}\,\mathrm{m}$，而对原子辐射来说，$\lambda \sim 10^{-7}\,\mathrm{m}$，因此条件式(7-1-16)总是满足的.

解式(7-1-15)代表一个振幅不断衰减的振子. 振子能量衰减到原值 $1/e$ 的时间称为振子的寿命. 由于振子能量正比于振幅的平方，因此振子的**寿命**为

$$\tau = \frac{1}{\Gamma} \tag{7-1-17}$$

由于振子振幅衰减，它所辐射出的电磁波也不断减弱. 设 $t=0$，辐射到达空间某观察点，则该点的电场强度为

$$E(t) = \begin{cases} E_0 e^{-\frac{1}{2}\Gamma t}\mathrm{e}^{-\mathrm{i}\omega_0 t}, & t > 0 \\ 0, & t < 0 \end{cases} \tag{7-1-18}$$

显然，式(7-1-18)不是纯正弦波，用频谱分析可以把它分解为不同频率正弦波的

叠加. $E(t)$的傅里叶变换为

$$E_\omega = \frac{1}{2\pi}\int_{-\infty}^{\infty} E(t)\mathrm{e}^{\mathrm{i}\omega t}\mathrm{d}t = \frac{1}{2\pi}\int_0^{\infty} E_0\mathrm{e}^{-\frac{1}{2}\Gamma t}\mathrm{e}^{\mathrm{i}(\omega-\omega_0)t}\mathrm{d}t$$

$$= \frac{E_0}{2\pi\mathrm{i}}\frac{1}{\omega-\omega_0+\mathrm{i}\Gamma/2} \tag{7-1-19}$$

单位频率间隔的辐射能量正比于$|\boldsymbol{E}_\omega|^2$,即

$$W_\omega \propto \frac{1}{(\omega-\omega_0)^2+\Gamma^2/4}$$

此式称为辐射频谱,反映了谱线强度随频率的分布,如图 7.1.1 所示.

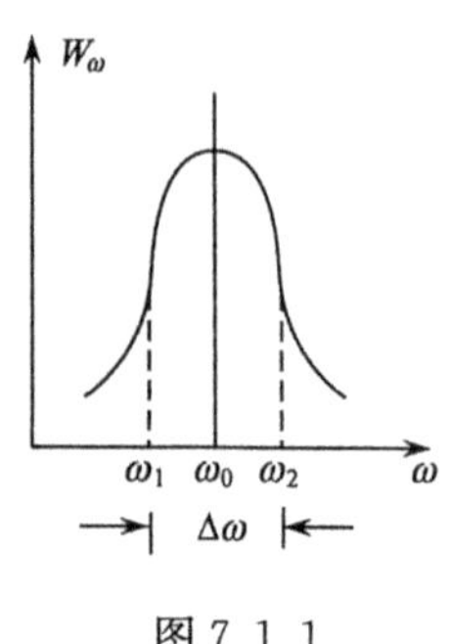

图 7.1.1

图 7.1.1 画出了W_ω对ω的曲线. 当$\omega=\omega_0$时W_ω有极大值$4/\Gamma^2$;当$|\omega-\omega_0|=\Gamma/2$时,$W_\omega$降为极大值的一半. 通常把

$$\Delta\omega = \omega_2-\omega_1 = \left(\omega_0+\frac{\Gamma}{2}\right)-\left(\omega_0-\frac{\Gamma}{2}\right)=\Gamma$$

称为谱线宽度,由式(7-1-17),它等于振子寿命的倒数. 由于这是原子自发辐射所形成的谱线宽度,故又称为**谱线的自然宽度**.

谱线宽度用波长λ表为

$$\Delta\lambda = \left|\Delta\left(\frac{2\pi c}{\omega}\right)\right| = \frac{2\pi c}{\omega_0^2}\Delta\omega = \frac{2\pi c}{\omega_0^2}\Gamma \tag{7-1-20}$$

把式(7-1-12)代入得

$$\Delta\lambda = \frac{e^2}{3\varepsilon_0 mc^2} \simeq 1.2\times10^{-4}\,\text{Å} \tag{7-1-21}$$

用经典振子作为原子辐射模型时,用波长$\Delta\lambda$表出的谱线宽度为一个普适常数.

但是,实验证明,不同原子谱线宽度的变化是很大的. 有些谱线的宽度接近于经典宽度,而另一些谱线的宽度则远小于经典宽度. 这说明原子辐射机制是不能完全用经典振子解释的. 然而,辐射反作用的概念以及寿命和宽度的关系是有普遍意义的.

7.2　电磁波的散射和吸收　介质的色散

上节研究了一个带电粒子激发的电磁场和这电磁场对粒子本身的反作用,本节研究外来电磁波与带电粒子的相互作用.

经典电子论认为,当频率为ω的外来电磁波投射到电子上时,电磁波的电场作用到电子上,使电子以相同频率作强迫振动,并向一切方向辐射出相同频率的次

波，把原来入射波的部分能量辐射出去，这种现象称为电子对电磁波的**散射**.

本节先讨论自由电子对电磁波的散射，然后讨论束缚电子的情形，最后我们把这种微观理论应用到宏观物质中去，研究介质的介电常量随频率变化的规律，即介质的色散现象.

如果电子在外来电磁波作用下的运动速度 $v \ll c$，则可作如下近似处理：

(1)电子运动的范围 $l \sim vT \ll cT = \lambda$，其中 T 为周期，λ 为入射波的波长. 由于电子运动范围线度远小于波长，因而不必考虑电子在不同位置所引起的电磁波相位的差异，即可认为作用于电子上的电磁场与电子的位置无关；

(2)由真空中磁场与电场振幅之比 $|\boldsymbol{B}/\boldsymbol{E}| \sim 1/c$ 可知，电磁波的磁场作用力与电场作用力之比为

$$\frac{F_m}{F_e} = \frac{|e\boldsymbol{v} \times \boldsymbol{B}|}{|e\boldsymbol{E}|} = v\frac{|\boldsymbol{B}|}{|\boldsymbol{E}|} \sim \frac{v}{c} \ll 1 \tag{7-2-1}$$

因此可忽略入射波的磁场对电子的作用力.

在上述两个近似条件下，可将电子的运动看作经典谐振子，采用经典力学和经典电动力学讨论自由电子对电磁波的散射(汤姆孙散射)和束缚电子对电磁波的散射(瑞利散射).

7.2.1 自由电子对电磁波的散射

设入射波的电场强度为 $\boldsymbol{E}_0 \mathrm{e}^{-\mathrm{i}\omega t}$，包括自作用力在内的电子运动方程为

$$m\ddot{\boldsymbol{x}} = F_{\mathrm{s}} + e\boldsymbol{E}_0 \mathrm{e}^{-\mathrm{i}\omega t}$$

这方程的稳态解是频率为 ω 的强迫振动：$\boldsymbol{x} = \boldsymbol{x}_0 \mathrm{e}^{-\mathrm{i}\omega t}$，且 $\dot{\boldsymbol{x}} = \dot{\boldsymbol{x}}_0 \mathrm{e}^{-\mathrm{i}\omega t}$. 考虑到式(7-1-12)之后，阻尼力 $\boldsymbol{F}_{\mathrm{s}}$ 可写成

$$\boldsymbol{F}_{\mathrm{s}} = \frac{e^2}{6\pi\varepsilon_0 c^3}\ddot{\boldsymbol{v}} = \frac{e^2}{6\pi\varepsilon_0 c^3}\frac{\mathrm{d}^2\dot{\boldsymbol{x}}}{\mathrm{d}t^2} = \frac{e^2}{6\pi\varepsilon_0 c^3}(-\omega^2\dot{\boldsymbol{x}}) = -m\Gamma\dot{\boldsymbol{x}}$$

于是电子运动方程为

$$\ddot{\boldsymbol{x}} = -\Gamma\dot{\boldsymbol{x}} + \frac{e}{m}\boldsymbol{E}_0 \mathrm{e}^{-\mathrm{i}\omega t} \tag{7-2-2}$$

以 $\boldsymbol{x} = \boldsymbol{x}_0 \mathrm{e}^{-\mathrm{i}\omega t}$ 代入上式得

$$\boldsymbol{x}_0 = -\frac{e\boldsymbol{E}_0}{m(\omega^2 + \mathrm{i}\omega\Gamma)} \tag{7-2-3}$$

由条件式(7-1-16)，只要入射波的波长 $\lambda \gg r_e$，则 $\Gamma \ll \omega$，因而阻尼力项可以忽略，在这情形下式(7-2-3)可写为

$$\boldsymbol{x}_0 = -\frac{e\boldsymbol{E}_0}{m\omega^2} \tag{7-2-4}$$

因而电子作强迫振动

$$\boldsymbol{x} = -\frac{e\boldsymbol{E}_0}{m\omega^2}\mathrm{e}^{-\mathrm{i}\omega t} \tag{7-2-5}$$

现在研究电子在受迫振动下所激发的**散射波**.

由式(6-4-17),电子振动时所辐射的电场强度为

$$\boldsymbol{E} = \frac{e}{4\pi\varepsilon_0 c^2 r}\boldsymbol{n}\times(\boldsymbol{n}\times\ddot{\boldsymbol{x}}) \tag{7-2-6}$$

式中 $\boldsymbol{n}$ 为辐射方向单位矢量. 以 α 表示 $\boldsymbol{n}$ 与入射场强 $\boldsymbol{E}_0$ 的夹角,得散射波的电场强度

$$E = \frac{e\ddot{x}}{4\pi\varepsilon_0 c^2 r}\sin\alpha = \frac{e^2 E_0}{4\pi\varepsilon_0 mc^2 r}\sin\alpha \tag{7-2-7}$$

将式(7-2-7)代入式(4-1-40),得平均散射能流为

$$\overline{S} = \frac{1}{2}\sqrt{\frac{\varepsilon_0}{\mu_0}}E^2 = \frac{e^4 E_0^2}{32\pi^2\varepsilon_0 c^3 m^2 r^2}\sin^2\alpha = \frac{\varepsilon_0 c E_0^2}{2}\frac{r_e^2}{r^2}\sin^2\alpha \tag{7-2-8}$$

式中 r_e 为经典电子半径.

入射波强度 I_0 定义为平均入射能流

$$I_0 = \overline{S}_0 = \frac{\varepsilon_0 c}{2}E_0^2 \tag{7-2-9}$$

散射波能流式(7-2-8)可写为

$$\overline{S} = \frac{r_e^2}{r^2}I_0\sin^2\alpha \tag{7-2-10}$$

$\overline{S}$ 对球面积分得散射波总平均功率

$$P = \oint\overline{S}r^2\mathrm{d}\Omega = \frac{8\pi}{3}r_e^2 I_0 \tag{7-2-11}$$

此公式即为**汤姆孙散射**公式.

物理学中通常用散射截面来描述粒子对入射波散射的能力. 将散射波的总功率 P 与每秒垂直入射于单位截面上的能量 I_0 之比定义为散射截面. 因此**汤姆孙散射截面** σ_{T} 为

$$\sigma_{\mathrm{T}} = \frac{P}{I_0} = \frac{8\pi}{3}r_e^2 \tag{7-2-12}$$

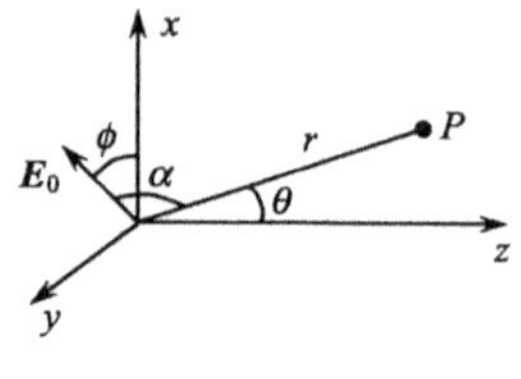

图 7.2.1

现在计算散射波的角分布. 取坐标系如图 7.2.1 所示. 设入射波沿 z 轴方向传播,其电场强度 $\boldsymbol{E}_0$ 在 xy 平面内,且与 x 轴的夹角为 ϕ . 设场点 P 在 xz 平面上,$\boldsymbol{r}$ 与 z 轴夹角为 θ,与 $\boldsymbol{E}_0$ 夹角为 α,由图可见,$\boldsymbol{E}_0 = E_0\cos\phi$

$\boldsymbol{e}_x + E_0\sin\phi\,\boldsymbol{e}_y$，$\boldsymbol{r} = r\sin\theta\,\boldsymbol{e}_x + r\cos\theta\,\boldsymbol{e}_z$，由此有 $\boldsymbol{E}_0 \cdot \boldsymbol{r} = E_0 r\cos\alpha = E_0 r\sin\theta\cos\phi$，于是 α 与 θ,ϕ 间有关系

$$\cos\alpha = \sin\theta\cos\phi \tag{7-2-13}$$

入射波一般是非偏振的，因此应该将式(7-2-10)对 ϕ 求平均. 由

$$\overline{\sin^2\alpha} = \frac{1}{2\pi}\int_0^{2\pi}(1-\sin^2\theta\cos^2\phi)\mathrm{d}\phi = \frac{1}{2}(1+\cos^2\theta) \tag{7-2-14}$$

得对非偏振入射波的平均散射能流

$$\overline{S} = \frac{r_e^2}{2r^2}(1+\cos^2\theta)I_0 \tag{7-2-15}$$

因立体角元 $\mathrm{d}\Omega$ 内的散射功率为 $\mathrm{d}P = \overline{S}r^2\mathrm{d}\Omega$，单位立体角内的散射功率为 $\mathrm{d}P/\mathrm{d}\Omega = \overline{S}r^2$. 定义单位立体角内的散射功率与入射波强度 I_0 之比为**微分散射截面**，记为 $\mathrm{d}\sigma_\mathrm{T}/\mathrm{d}\Omega$. 由式(7-2-15)得汤姆孙微分散射截面

$$\frac{\mathrm{d}\sigma_\mathrm{T}}{\mathrm{d}\Omega} = \frac{r_e^2}{2}(1+\cos^2\theta) \tag{7-2-16}$$

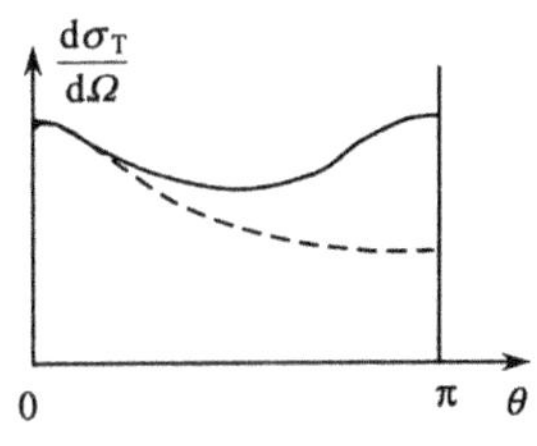

图 7.2.2

散射截面曲线如图 7.2.2 所示. 当入射光子能量远小于电子静止能量时，即 $\hbar\omega \ll mc^2$ 时，实验结果与式(7-2-16)相符. 但当 $\hbar\omega$ 增大时，散射波逐渐倾向前方，而向后($\theta=\pi$)的散射减弱，与汤姆孙散射公式有偏离，如图中虚线所示. 用量子电动力学可以得到与实验完全相符的结果. 这表明了经典电动力学的局限性.

7.2.2 束缚电子的散射

现在研究外来电磁波投射到原子内束缚电子上而被散射的情况. 我们用谐振子作为原子内束缚电子的模型. 设振子的固有频率为 ω_0，则振子就会受到球对称的恢复力 $-m\omega_0^2\boldsymbol{x}$，类似于式(7-2-2)，在入射波电场 $\boldsymbol{E}_0\mathrm{e}^{-\mathrm{i}\omega t}$ 和辐射阻尼力的作用下的振子运动方程为

$$m\ddot{\boldsymbol{x}} = -m\Gamma\dot{\boldsymbol{x}} - m\omega_0^2\boldsymbol{x} + e\boldsymbol{E}_0\mathrm{e}^{-\mathrm{i}\omega t} \tag{7-2-17}$$

其中 Γ 由式(7-1-12)给出. 以 $\boldsymbol{x} = \boldsymbol{x}_0\mathrm{e}^{-\mathrm{i}\omega t}$ 代入得这方程的稳态解

$$\begin{aligned}\boldsymbol{x} &= \frac{e}{m}\,\frac{1}{\omega_0^2-\omega^2-\mathrm{i}\omega\Gamma}\boldsymbol{E}_0\mathrm{e}^{-\mathrm{i}\omega t}\\ &= \frac{e}{m}\,\frac{1}{\sqrt{(\omega_0^2-\omega^2)^2+\omega^2\Gamma^2}}\boldsymbol{E}_0\mathrm{e}^{-\mathrm{i}(\omega t-\delta)}\end{aligned} \tag{7-2-18}$$

$$\tan\delta = \frac{\omega\Gamma}{\omega_0^2-\omega^2} \tag{7-2-19}$$

同样由式(6-4-17),以 α 表示辐射方向单位矢量 $\boldsymbol{n}$ 与入射场强 $\boldsymbol{E}_0$ 的夹角,得到与式(7-2-7)前半部分一样的结果,散射波电场强度为

$$E=\frac{e\ddot{x}}{4\pi\varepsilon_0 c^2 r}\sin\alpha$$

平均散射能流为

$$\bar{S}=\frac{1}{2}\sqrt{\frac{\varepsilon_0}{\mu_0}}E^2=\frac{e^4E_0^2}{32\pi^2\varepsilon_0 c^3 m^2 r^2}\frac{\omega^4}{(\omega_0^2-\omega^2)^2+\omega^2\Gamma^2}\sin^2\alpha \qquad (7\text{-}2\text{-}20)$$

对球面积分得散射功率

$$P=\frac{8\pi}{3}r_e^2\frac{\omega^4}{(\omega_0^2-\omega^2)^2+\omega^2\Gamma^2}I_0 \qquad (7\text{-}2\text{-}21)$$

由此得散射截面

$$\sigma=\frac{P}{I_0}=\frac{8\pi}{3}r_e^2\frac{\omega^4}{(\omega_0^2-\omega^2)^2+\omega^2\Gamma^2}=\sigma_{\mathrm{T}}\frac{\omega^4}{(\omega_0^2-\omega^2)^2+\omega^2\Gamma^2} \qquad (7\text{-}2\text{-}22)$$

下面讨论几个不同频率范围下的散射截面.

(1) $\omega\ll\omega_0$

由式(7-2-22)

$$\sigma=\sigma_{\mathrm{T}}\left(\frac{\omega}{\omega_0}\right)^4 \qquad (7\text{-}2\text{-}23)$$

即低频散射截面与 ω^4 成正比,这种散射称为**瑞利**(Rayleigh)散射.瑞利据此解释了天空的蓝色,以及早晨、傍晚的太阳为什么特别红.前者是由于太阳光中频率较高的蓝光散射比较强烈,蓝光在大气层中经多次散射而使天空呈蔚蓝色;后者是因为早晨和傍晚时,直射的太阳光穿透的大气层比较厚,使得蓝光更多地被散射,而透过的较多地是红光.设想如果地球没有大气层,由于没有散射,人们将会看到一轮更加明亮耀眼的白色太阳悬挂在漆黑的天空中,这正是宇航员在星际航行中所看到的景象.

(2) $\omega\gg\omega_0$

由式(7-2-22)

$$\sigma\approx\sigma_{\mathrm{T}}$$

即过渡到自由电子散射.

(3) $\omega=\omega_0$

由式(7-2-22)

$$\sigma=\sigma_{\mathrm{T}}\left(\frac{\omega_0}{\Gamma}\right)^2\gg\sigma_{\mathrm{T}} \qquad (7\text{-}2\text{-}24)$$

由于 $\omega_0\gg\Gamma$,因此当 $\omega=\omega_0$ 时散射截面远远超出汤姆孙散射截面.在这频率下散射截面有尖锐的极大值,这现象称为**共振**现象.

7.2.3 电磁波的吸收

在共振情形下,入射电磁波能量被振子强烈地吸收,振子振幅增大,直到由振子辐射出去的能量等于振子所吸收的入射波能量时,振幅才达到稳定值.当具有连续谱的电磁波投射到电子上时,只有 $\omega\approx\omega_0$ 部分才被强烈吸收,因而形成一条吸收谱线.现在我们计算电子所吸收的入射波能量.

设入射波单位频率间隔入射于单位面积的能量为 $I_0(\omega)$,把式(7-2-21)对 ω 积分,得振子辐射的总能量

$$W=\frac{8\pi}{3}r_e^2\int_0^\infty\frac{\omega^4}{(\omega_0^2-\omega^2)^2+\omega^2\Gamma^2}I_0(\omega)\mathrm{d}\omega \tag{7-2-25}$$

由图 7-1-1 可知,在上式积分中,主要贡献来自 $\omega\approx\omega_0$ 处,因而可以把 $I_0(\omega)$ 换作 $I_0(\omega_0)$ 而抽出积分号外.在被积函数中,除了因子 $\omega_0-\omega$ 之外,其余的 ω 都换作 ω_0,得

$$\int_0^\infty\frac{\omega^4}{(\omega_0^2-\omega^2)^2+\omega^2\Gamma^2}\mathrm{d}\omega\simeq\frac{\omega_0^2}{4}\int_0^\infty\frac{\mathrm{d}\omega}{(\omega-\omega_0)^2+(\Gamma/2)^2}$$

令 $u\equiv\omega-\omega_0$,同时由于 $\omega_0\gg\Gamma$,可以把积分下限近似地取为 $-\infty$,于是此积分为

$$\frac{\omega_0^2}{4}\int_{-\omega_0}^\infty\frac{\mathrm{d}u}{u^2+(\Gamma/2)^2}\simeq\frac{\omega_0^2}{4}\int_{-\infty}^\infty\frac{\mathrm{d}u}{u^2+(\Gamma/2)^2}=\frac{\pi\omega_0^2}{2\Gamma}$$

代入式(7-2-25)得

$$W=2\pi^2r_ecI_0(\omega_0) \tag{7-2-26}$$

由能量守恒定律,上式也等于振子从入射波中吸收的总能量.共振现象是能量的吸收和再发射过程.

在经典理论中,我们用振子来代表一个束缚电子的运动.经典振子的固有频率对应于量子力学中从一能级到另一能级的能量差除以 $\hbar$,即 $\omega_0=\Delta E/\hbar$.当入射波频率 $\omega\approx\Delta E/\hbar$ 时,入射波能量被原子吸收,电子从基态跃迁到一个激发态.当电子从激发态跃迁回基态时,再发射出所吸收的能量.

7.2.4 介质的色散

当电磁波入射到介质内时,由电子散射的次波互相叠加,形成在介质内传播的电磁波.介质的宏观电磁现象决定于极化强度 $\boldsymbol{P}$ 和磁化强度 $\boldsymbol{M}$ 两个物理量,因此只需要研究这两个量对入射波场强和频率的依赖关系.这里我们只研究稀薄气体情况.

设介质中单位体积电子数为 N,且每个电子的振动只有一个固有频率 ω_0.在稀薄气体近似下,忽略分子之间的相互作用,可以认为作用于电子上的电场等于外电场 $\boldsymbol{E}$.设入射电磁波的电场为 $\boldsymbol{E}=\boldsymbol{E}_0\mathrm{e}^{-\mathrm{i}\omega t}$,在这外电场作用下,由式(7-2-18)得

介质的电极化强度

$$\boldsymbol{P}=Ne\boldsymbol{x}=\frac{Ne^2}{m(\omega_0^2-\omega^2-\mathrm{i}\omega\Gamma)}\boldsymbol{E} \tag{7-2-27}$$

与 $\boldsymbol{P}=\chi_e\varepsilon_0\boldsymbol{E}$ 比较,可得介质的**复极化率**

$$\chi_e=\frac{Ne^2}{\varepsilon_0 m(\omega_0^2-\omega^2-\mathrm{i}\omega\Gamma)}$$

由此得介质的**复电容率**

$$\varepsilon(\omega)=\varepsilon_0(1+\chi_e)=\varepsilon_0+\frac{Ne^2}{m}\frac{1}{\omega_0^2-\omega^2-\mathrm{i}\omega\Gamma} \tag{7-2-28}$$

此式给出稀薄气体中复电容率与电磁波频率的关系,称为**色散关系**. 将式(7-2-28)的分母有理化,得相对电容率的实部 ε_r' 和虚部 ε_r'' 分别为

$$\varepsilon_r'=1+\frac{Ne^2}{\varepsilon_0 m}\frac{\omega_0^2-\omega^2}{(\omega_0^2-\omega^2)^2+\omega^2\Gamma^2} \tag{7-2-29}$$

$$\varepsilon_r''=\frac{Ne^2}{\varepsilon_0 m}\frac{\omega\Gamma}{(\omega_0^2-\omega^2)^2+\omega^2\Gamma^2} \tag{7-2-30}$$

实部 ε_r' 对 ω 的依赖关系称为色散,虚部 ε_r'' 引起电磁波的吸收.

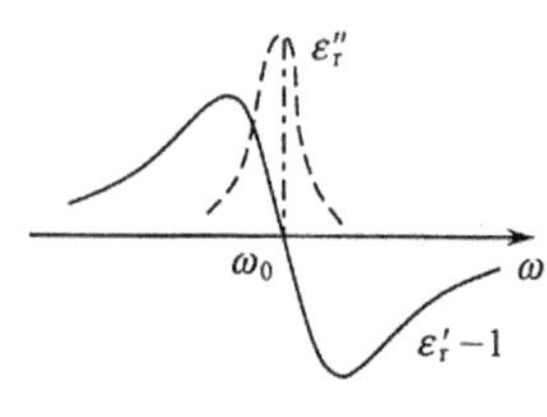

图 7.2.3

ε_r' 和 ε_r'' 对 ω 的依赖关系如图 7.2.3 所示. 图中 $\varepsilon_r'-1$随 ω增加而增加的区域称为**正常色散**区域;在 ω_0 附近随 ω增加而减少的区域称为**反常色散**区域. ε_r'' 在 $\omega=\omega_0$处有尖锐的极大值,表示有强吸收;离 ω_0 较远处 $\varepsilon_r''\approx0$,吸收很弱.

以上假设电子只有一个固有频率 ω_0,实际上在原子中电子有多个固有频率 ω_{0i},对应了从基态到不同激发态的能量差除以 $\hbar$. 设单位体积固有频率为 ω_{0i}的电子数目为 Nf_i,其中 f_i 为一分数,$\sum\limits_i f_i=1$. 式(7-2-28)应改为

$$\varepsilon=\varepsilon_0+\sum_i\frac{Ne^2}{m}\frac{f_i}{\omega_{0i}^2-\omega^2-\mathrm{i}\omega\Gamma_i} \tag{7-2-31}$$

Γ_i 为第 i 个振子的阻尼系数.

由于非铁磁性介质的 $\mu_r\approx1$,故稀薄气体介质的**复折射率** $n+\mathrm{i}\eta$ 为

$$n+\mathrm{i}\eta=\sqrt{\varepsilon_r}=\sqrt{\varepsilon_r'+\mathrm{i}\varepsilon_r''}$$

复折射率的实部 n 是通常测定的折射率. 由上式及式(7-2-31)得

$$n^2-\eta^2=1+\sum_i\frac{Ne^2}{\varepsilon_0 m}\frac{f_i(\omega_{0i}^2-\omega^2)}{(\omega_{0i}^2-\omega^2)^2+\omega^2\Gamma_i^2} \tag{7-2-32}$$

$$\eta n=\sum_i\frac{Ne^2}{2\varepsilon_0 m}\frac{f_i\omega\Gamma_i}{(\omega_{0i}^2-\omega^2)^2+\omega^2\Gamma_i^2} \tag{7-2-33}$$

经典理论不能计算电子的固有频率 ω_{0i}. 由此可见,虽然经典理论的振子模型能够导出一些有用的结果,但由于它没有从本质上正确反映原子内部的电子运动,这些结果都是有一定局限性的. 因此,宏观物质电磁性质的研究必须从量子力学出发.

习　题

7.1　有一束波长为 λ 的平面电磁波照射在一个绝缘介质球上,该介质球的半径为 a,介电常量为 ε,且 $a \ll \lambda$. 试导出散射截面与散射角的函数关系,并说明散射波的偏振性和散射方向的关系.

答案:散射截面与散射角的函数关系:$\frac{d\sigma}{d\Omega} \propto \sin^2\theta$. 散射电磁波沿介质球的法向传播,散射电场的偏振沿 $\boldsymbol{e}_\theta$,磁场沿 $\boldsymbol{e}_\phi$ 方向.

7.2　设电子在均匀外磁场中运动,取磁场的方向沿 z 轴方向,已知 $t=0$ 时,$x=R_0$,$y=z=0$,$\dot{x}=\dot{z}=0$,$\dot{y}=v_0$,设非相对论条件满足,求

(1)考虑辐射阻尼力的电子运动轨道;

(2)电子单位时间内的辐射能量.

答案:(1) $x \simeq \left(R_0 - \frac{v_0}{\omega_0}\right) + \frac{v_0}{\omega_0} e^{-\gamma t} \cos\omega_0 t$, $y \simeq \frac{v_0}{\omega_0} e^{-\gamma t} \sin\omega_0 t$, $z=0$($\omega_0 = \frac{eB}{m}$, $\gamma = \frac{e^2 \omega_0^2}{6\pi\varepsilon_0 mc^3}$);

(2) $\frac{dW}{dt} = \frac{e^2 \omega_0^2 v_0^2}{6\pi\varepsilon_0 c^3} e^{-2\gamma t}$.

7.3　设有一各向同性的带电谐振子(无外场时粒子受弹性恢复力 $-m\omega_0^2 \boldsymbol{r}$ 作用),处于均匀恒定外磁场 $\boldsymbol{B}$ 中,假设粒子速度 $v \ll c$ 及辐射阻力可以忽略,求

(1)振子运动的通解;

(2)利用第 6 章题 6.11 的结果,讨论沿磁场方向和垂直于磁场方向上辐射场的频率和偏振.

答案:(1)$\boldsymbol{r} = A(\boldsymbol{e}_x - i\boldsymbol{e}_y) e^{-i(\omega_0+\omega_L)t} + B(\boldsymbol{e}_x + i\boldsymbol{e}_y) e^{-i(\omega_0-\omega_L)t} + C e^{-i\omega_0 t} \boldsymbol{e}_z$;

(2)由 $\boldsymbol{r}$ 可见,振子的频率可分解为三个:ω_0 及 $\omega_0 \pm \omega_L$. 如果在平行于磁场的 z 方向观察,可观察两个频率分别为 $\omega_0+\omega_L$ 的右旋偏振波和频率为 $\omega_0-\omega_L$ 的左旋圆偏振波,在垂直于磁场的方向观察,可观察到频率分别为 ω_0 及 $\omega_0 \pm \omega_L$ 的三个线偏振波.

7.4　应用 7.2 节中导出介质色散的方法,推导等离子体折射率的公式

$$n(\omega) = \sqrt{1 - \frac{Ne^2}{\varepsilon_0 m \omega^2}}$$

7.5　晴朗的天空为什么是蓝色的? 试用下面的简单假设来解释这个问题.

地球上高空层大气的大多数分子在太阳光的照射下,离解成单个原子. 原子的简单经典模型:原子核是一个电荷量为 e 的点电荷,其周围是半径为 R 的电子云,电荷量 $-e$ 就均匀分布在这云里. 在没有外电场时,电子云的中心与原子核重合,在太阳光的电场 $\boldsymbol{E} = E_0 e^{-i\omega t} \boldsymbol{e}_z$ 的作用下,电子云与原子核形成振动的电偶极子,从而散射太阳光,结果使天空看起来是蓝色的.

参 考 书 目

郭硕鸿. 1997. 电动力学. 第二版. 北京:高等教育出版社

俞允强. 1999. 电动力学简明教程. 北京:北京大学出版社

汪德新. 2005. 电动力学. 理论物理学导论第二卷. 北京:科学出版社

刘觉平. 2004. 电动力学. 北京:高等教育出版社

蔡圣善,朱耘,徐建军. 电动力学. 2002. 第二版. 北京:高等教育出版社

Landau L D, Lifshitz E M. 1975. The Classical Theory of Field, 4th Rev Eng. Cd., Tr. from the Russian by M. Hamermesh. Oxford: Pergamon

陈义成. 2004. 电磁学及其计算机辅助教学(CAI). 北京:科学出版社

林璇英,张之翔. 1999. 电动力学题解. 北京:科学出版社

张永德. 2005. 电磁学与电动力学. 北京:科学出版社,合肥:中国科学技术大学出版社

黄廼本,方奕忠. 2004. 电动力学学习辅导书. 北京:高等教育出版社

何宝鹏,黄哲恒,熊钰庆. 1997. 电动力学提要与题析. 广州:华南理工大学出版社

附　　录

附录Ⅰ　矢量分析中的常用公式

一、矢量代数基本公式

直角坐标系的基矢用 $\boldsymbol{e}_x$、$\boldsymbol{e}_y$ 和 $\boldsymbol{e}_z$ 或 $\boldsymbol{e}_1$、$\boldsymbol{e}_2$ 和 $\boldsymbol{e}_3$ 表示，则位置矢量 $\boldsymbol{x}$ 可表示为

$$\boldsymbol{x} = x\,\boldsymbol{e}_x + y\,\boldsymbol{e}_y + z\,\boldsymbol{e}_z = x_1\boldsymbol{e}_1 + x_2\boldsymbol{e}_2 + x_3\boldsymbol{e}_3 = \sum_{i=1}^{3} x_i\boldsymbol{e}_i$$

1. 两个矢量 $\boldsymbol{A}$ 与 $\boldsymbol{B}$ 的标量积（亦称点积、内积）

$$\boldsymbol{A}\cdot\boldsymbol{B} = \boldsymbol{B}\cdot\boldsymbol{A} = |\boldsymbol{A}||\boldsymbol{B}|\cos\theta \tag{I.1}$$

θ 是矢量 $\boldsymbol{A}$ 与 $\boldsymbol{B}$ 之间的夹角. 又可写为

$$\boldsymbol{A}\cdot\boldsymbol{B} = A_xB_x + A_yB_y + A_zB_z \tag{I.2}$$

2. 两个矢量 $\boldsymbol{A}$ 与 $\boldsymbol{B}$ 的矢量积（亦称叉积、外积）

$$\boldsymbol{A}\times\boldsymbol{B} = -\boldsymbol{B}\times\boldsymbol{A} = \begin{vmatrix} \boldsymbol{e}_x & \boldsymbol{e}_y & \boldsymbol{e}_z \\ A_x & A_y & A_z \\ B_x & B_y & B_z \end{vmatrix}$$

$$= (A_yB_z - A_zB_y)\boldsymbol{e}_x + (A_zB_x - A_xB_z)\boldsymbol{e}_y + (A_xB_y - A_yB_x)\boldsymbol{e}_z \tag{I.3}$$

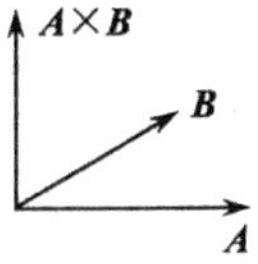

图 I.1

且

$$|\boldsymbol{A}\times\boldsymbol{B}| = |\boldsymbol{A}||\boldsymbol{B}|\sin\theta \quad (0\leqslant\theta\leqslant\pi)$$

$\boldsymbol{A}$、$\boldsymbol{B}$ 与 $\boldsymbol{A}\times\boldsymbol{B}$ 三个矢量构成右手系，如图 I.1 所示.

3. 三个矢量 $\boldsymbol{A}$、$\boldsymbol{B}$、$\boldsymbol{C}$ 的混合积

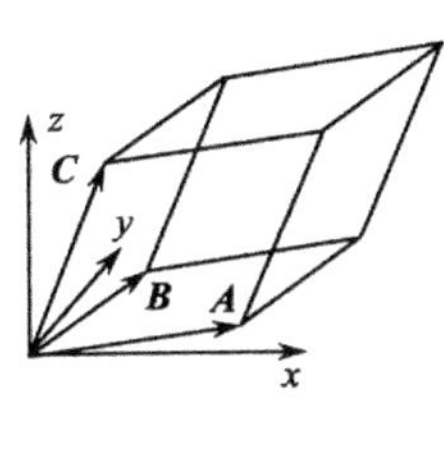

图 I.2

$$\boldsymbol{A}\cdot(\boldsymbol{B}\times\boldsymbol{C}) = \begin{vmatrix} A_x & A_y & A_z \\ B_x & B_y & B_z \\ C_x & C_y & C_z \end{vmatrix} = \boldsymbol{C}\cdot(\boldsymbol{A}\times\boldsymbol{B})$$

$$= \boldsymbol{B}\cdot(\boldsymbol{C}\times\boldsymbol{A}) \tag{I.4}$$

混合积是一个数，它的绝对值等于以 $\boldsymbol{A}$、$\boldsymbol{B}$、$\boldsymbol{C}$ 为边的平行六面体的体积，如图 I.2.

4. 二重矢积

$$\boldsymbol{A}\times(\boldsymbol{B}\times\boldsymbol{C})=(\boldsymbol{A}\cdot\boldsymbol{C})\boldsymbol{B}-(\boldsymbol{A}\cdot\boldsymbol{B})\boldsymbol{C} \tag{I.5}$$

二、δ 符号

克罗内克 δ 符号的定义为

$$\delta_{ij}=\begin{cases}1, & i=j\\ 0, & i\neq j\end{cases} \tag{I.6}$$

式中 i,j 为所有正整数.

1. δ 符号的挑选性

$$\sum_{j=0}^{\infty}A_j\delta_{ij}=A_0\delta_{i0}+A_1\delta_{i1}+\cdots+A_i\delta_{ii}+\cdots=A_i$$

即在有 δ 符号参与的作和式中，δ 符号挑选出和式中作和变量 $j=i$ 的那一项

$$\sum_{j=0}^{\infty}A_j\delta_{ij}=A_i \tag{I.7}$$

2. 基矢的标积

$$\boldsymbol{e}_i\cdot\boldsymbol{e}_j=\delta_{ij} \tag{I.8}$$

3. 偏导数

$$\frac{\partial x_i}{\partial x_j}=\delta_{ij} \tag{I.9}$$

三、在三种坐标系下的矢量分析常用公式

1. 直角坐标系

梯度

$$\nabla\Phi=\frac{\partial\Phi}{\partial x}\boldsymbol{e}_x+\frac{\partial\Phi}{\partial y}\boldsymbol{e}_y+\frac{\partial\Phi}{\partial z}\boldsymbol{e}_z \tag{I.10}$$

散度

$$\nabla\cdot\boldsymbol{A}\equiv\mathrm{div}\boldsymbol{A}=\frac{\partial A_x}{\partial x}+\frac{\partial A_y}{\partial y}+\frac{\partial A_z}{\partial z} \tag{I.11}$$

旋度

$$\nabla\times\boldsymbol{A}\equiv\mathrm{rot}\boldsymbol{A}=\begin{vmatrix}\boldsymbol{e}_x & \boldsymbol{e}_y & \boldsymbol{e}_z\\ \frac{\partial}{\partial x} & \frac{\partial}{\partial y} & \frac{\partial}{\partial z}\\ A_x & A_y & A_z\end{vmatrix}=\left(\frac{\partial A_z}{\partial y}-\frac{\partial A_y}{\partial z}\right)\boldsymbol{e}_x+\left(\frac{\partial A_x}{\partial z}-\frac{\partial A_z}{\partial x}\right)\boldsymbol{e}_y+\left(\frac{\partial A_y}{\partial x}-\frac{\partial A_x}{\partial y}\right)\boldsymbol{e}_z \tag{I.12}$$

拉普拉斯算符∇^2运算

$$\nabla^2\Phi=\frac{\partial^2\Phi}{\partial x^2}+\frac{\partial^2\Phi}{\partial y^2}+\frac{\partial^2\Phi}{\partial z^2} \tag{I.13}$$

2. 圆柱面坐标系

梯度

$$\nabla\Phi=\frac{\partial\Phi}{\partial\rho}\boldsymbol{e}_\rho+\frac{1}{\rho}\frac{\partial\Phi}{\partial\phi}\boldsymbol{e}_\phi+\frac{\partial\Phi}{\partial z}\boldsymbol{e}_z \tag{I.14}$$

散度

$$\nabla\cdot\boldsymbol{A}=\frac{1}{\rho}\frac{\partial}{\partial\rho}(\rho A_\rho)+\frac{1}{\rho}\frac{\partial A_\phi}{\partial\phi}+\frac{\partial A_z}{\partial z} \tag{I.15}$$

旋度

$$\nabla\times\boldsymbol{A}=\left(\frac{1}{\rho}\frac{\partial A_z}{\partial\phi}-\frac{\partial A_\phi}{\partial z}\right)\boldsymbol{e}_\rho+\left(\frac{\partial A_\rho}{\partial z}-\frac{\partial A_z}{\partial\rho}\right)\boldsymbol{e}_\phi+\frac{1}{\rho}\left[\frac{\partial}{\partial\rho}(\rho A_\phi)-\frac{\partial A_\rho}{\partial\phi}\right]\boldsymbol{e}_z \tag{I.16}$$

拉普拉斯算符∇^2运算

$$\nabla^2\Phi=\frac{1}{\rho}\frac{\partial}{\partial\rho}\left(\rho\frac{\partial\Phi}{\partial\rho}\right)+\frac{1}{\rho^2}\frac{\partial^2\Phi}{\partial\phi^2}+\frac{\partial^2\Phi}{\partial z^2} \tag{I.17}$$

3. 球面坐标系

梯度

$$\nabla\Phi=\frac{\partial\Phi}{\partial r}\boldsymbol{e}_r+\frac{1}{r}\frac{\partial\Phi}{\partial\theta}\boldsymbol{e}_\theta+\frac{1}{r\sin\theta}\frac{\partial\Phi}{\partial\phi}\boldsymbol{e}_\phi \tag{I.18}$$

散度

$$\nabla\cdot\boldsymbol{A}=\frac{1}{r^2}\frac{\partial}{\partial r}(r^2A_r)+\frac{1}{r\sin\theta}\frac{\partial}{\partial\theta}(\sin\theta A_\theta)+\frac{1}{r\sin\theta}\frac{\partial A_\phi}{\partial\phi} \tag{I.19}$$

旋度

$$\nabla\times\boldsymbol{A}=\frac{1}{r\sin\theta}\left[\frac{\partial}{\partial\theta}(\sin\theta A_\phi)-\frac{\partial A_\theta}{\partial\phi}\right]\boldsymbol{e}_r+\frac{1}{r}\left[\frac{1}{\sin\theta}\frac{\partial A_r}{\partial\phi}-\frac{\partial}{\partial r}(rA_\phi)\right]\boldsymbol{e}_\theta+\frac{1}{r}\left[\frac{\partial}{\partial r}(rA_\theta)-\frac{\partial A_r}{\partial\theta}\right]\boldsymbol{e}_\phi \tag{I.20}$$

拉普拉斯算符∇^2运算

$$\nabla^2\Phi=\frac{1}{r^2}\frac{\partial}{\partial r}\left(r^2\frac{\partial\Phi}{\partial r}\right)+\frac{1}{r^2\sin\theta}\frac{\partial}{\partial\theta}\left(\sin\theta\frac{\partial\Phi}{\partial\theta}\right)+\frac{1}{r^2\sin^2\theta}\frac{\partial^2\Phi}{\partial\phi^2} \tag{I.21}$$

4. 哈密顿算子∇的矢量运算公式

设f和g是空间位置的标量函数，$\boldsymbol{A}$、$\boldsymbol{B}$是空间位置的矢量函数，则有

$$\nabla(f+g)=\nabla f+\nabla g \tag{I.22}$$

$$\nabla\cdot(\boldsymbol{A}+\boldsymbol{B})=\nabla\cdot\boldsymbol{A}+\nabla\cdot\boldsymbol{B} \tag{I.23}$$

$$\nabla\times(\boldsymbol{A}+\boldsymbol{B})=\nabla\times\boldsymbol{A}+\nabla\times\boldsymbol{B} \tag{I.24}$$

$$\nabla(fg)=(\nabla f)g+f(\nabla g) \tag{I.25}$$

$$\nabla\cdot(f\boldsymbol{A})=(\nabla f)\cdot\boldsymbol{A}+f(\nabla\cdot\boldsymbol{A}) \tag{I.26}$$

$$\nabla\times(f\boldsymbol{A})=(\nabla f)\times\boldsymbol{A}+f(\nabla\times\boldsymbol{A}) \tag{I.27}$$

$$\nabla(\boldsymbol{A}\cdot\boldsymbol{B})=(\boldsymbol{B}\cdot\nabla)\boldsymbol{A}+\boldsymbol{B}\times(\nabla\times\boldsymbol{A})+(\boldsymbol{A}\cdot\nabla)\boldsymbol{B}+\boldsymbol{A}\times(\nabla\times\boldsymbol{B}) \tag{I.28}$$

$$\nabla\cdot(\boldsymbol{A}\times\boldsymbol{B})=\boldsymbol{B}\cdot(\nabla\times\boldsymbol{A})-\boldsymbol{A}\cdot(\nabla\times\boldsymbol{B}) \tag{I.29}$$

$$\nabla\times(\boldsymbol{A}\times\boldsymbol{B})=(\boldsymbol{B}\cdot\nabla)\boldsymbol{A}+\boldsymbol{A}(\nabla\cdot\boldsymbol{B})-(\boldsymbol{A}\cdot\nabla)\boldsymbol{B}-\boldsymbol{B}(\nabla\cdot\boldsymbol{A}) \tag{I.30}$$

$$\nabla\times(\nabla f)=0 \tag{I.31}$$

$$\nabla\cdot(\nabla\times\boldsymbol{A})=0 \tag{I.32}$$

$$\nabla\cdot(\nabla f)=\nabla^2 f \tag{I.33}$$

$$\nabla\times(\nabla\times\boldsymbol{A})=\nabla(\nabla\cdot\boldsymbol{A})-\nabla^2\boldsymbol{A} \tag{I.34}$$

四、矢量积分的两个公式

1. 高斯公式

$$\oiint_S\boldsymbol{A}\cdot\mathrm{d}\boldsymbol{S}=\iiint_V\nabla\cdot\boldsymbol{A}\mathrm{d}V \tag{I.35}$$

其中 V 是闭曲面 S 所围的体积.

2. 斯托克斯公式

$$\oint_L\boldsymbol{A}\cdot\mathrm{d}\boldsymbol{l}=\iint_S(\nabla\times\boldsymbol{A})\cdot\mathrm{d}\boldsymbol{S} \tag{I.36}$$

其中 S 是以 L 闭曲线为边界的任意曲面,且 L 的正向与 S 曲面的法线方向(即 $\mathrm{d}\boldsymbol{S}$ 的方向)构成右手系.

附录Ⅱ　矢量分析及张量计算初步

一、梯度、散度和旋度的定义

1. 梯度

给定标量场 $\varphi(\boldsymbol{x},t)$,$\varphi(\boldsymbol{x},t)=C$ 决定一曲面,称为等 φ 值面. 某一点 P 的 φ 值为 $\varphi(P)$,离开 P 点 φ 值会变,沿不同方向离开 P 点,φ 值变化的快慢不同.

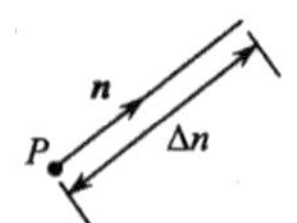

图 II.1

令 $\boldsymbol{n}$ 为 φ 值增加最快的方向上的单位矢量,Δn 为沿此方向离开 P 点的距离,则定义 P 点处 $\varphi(\boldsymbol{x},t)$ 的梯度为

$$\mathrm{grad}\varphi\equiv\frac{\partial\varphi}{\partial n}\boldsymbol{n} \tag{II.1}$$

$\mathrm{grad}\varphi$ 是矢量场,P 点的位置矢量为 $\boldsymbol{x}$,对于每一个 $\boldsymbol{x}$ 有一个 $\mathrm{grad}\varphi$. 由此可见,标量场的梯度表示此场变化最快的方向和大小.

下面讨论 $\mathrm{grad}\varphi$ 在任意方向上的分量.

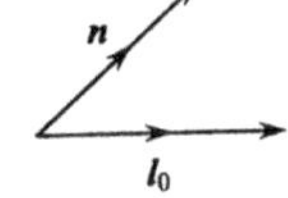

图 II.2

用 $\boldsymbol{l}_0$ 表示任意方向上的单位矢量,Δl 表示沿 $\boldsymbol{l}_0$ 方向量度的距离. $\mathrm{grad}\varphi$ 在 $\boldsymbol{l}_0$ 方向的投影

$$(\mathrm{grad}\varphi)_l = \mathrm{grad}\varphi \cdot \boldsymbol{l}_0 = \frac{\partial \varphi}{\partial n}\boldsymbol{n} \cdot \boldsymbol{l}_0 = \frac{\partial \varphi}{\partial n}\cos(n \cdot l_0)$$

但 $\cos(n \cdot l_0) = \lim\limits_{\Delta l \to 0}\frac{\Delta n}{\Delta l} = \frac{\mathrm{d}n}{\mathrm{d}l}$，$\frac{\partial \varphi}{\partial n}\frac{\mathrm{d}n}{\mathrm{d}l} = \frac{\partial \varphi}{\partial l}$，所以

$$(\mathrm{grad}\varphi)l = \frac{\partial \varphi}{\partial l} \tag{II. 2}$$

用 $\boldsymbol{l}_0$ 表示三个笛卡儿坐标方向的单位矢量：$\boldsymbol{l}_0 = \boldsymbol{e}_i$（$i=1,2,3$ 分别表示 x,y,z），由此可得 $\mathrm{grad}\varphi$ 在三个笛卡儿坐标轴方向上的分量：$(\mathrm{grad}\varphi)_i = \frac{\partial \varphi}{\partial x_i}$，所以

$$\mathrm{grad}\varphi = \sum_{i=1}^{3}\boldsymbol{e}_i(\mathrm{grad}\varphi)_i = \sum_{i=1}^{3}\boldsymbol{e}_i\frac{\partial \varphi}{\partial x_i} \tag{II. 3}$$

引入矢量微分算符

$$\nabla \equiv \sum_{i=1}^{3}\boldsymbol{e}_i\nabla_i = \sum_{i=1}^{3}\boldsymbol{e}_i\frac{\partial}{\partial x_i} = \boldsymbol{e}_x\frac{\partial}{\partial x} + \boldsymbol{e}_y\frac{\partial}{\partial y} + \boldsymbol{e}_z\frac{\partial}{\partial z} \tag{II. 4}$$

于是

$$\mathrm{grad}\varphi = \nabla\varphi \tag{II. 5}$$

【例 1】 已知 $\boldsymbol{a}$ 为常矢量，$\boldsymbol{r}$ 为源点 $\boldsymbol{x}'$ 到场点 $\boldsymbol{x}$ 的位置矢径，式求 $\nabla(\boldsymbol{a}\cdot\boldsymbol{r})$.

【解】
$$\begin{aligned}\nabla(\boldsymbol{a}\cdot\boldsymbol{r}) &= \left(\boldsymbol{e}_x\frac{\partial}{\partial x} + \boldsymbol{e}_y\frac{\partial}{\partial y} + \boldsymbol{e}_z\frac{\partial}{\partial z}\right)[a_x(x-x') + a_y(y-y') + a_z(z-z')] \\ &= \boldsymbol{e}_x a_x + \boldsymbol{e}_y a_y + \boldsymbol{e}_z a_z = \boldsymbol{a}\end{aligned}$$

【例 2】 已知 $\boldsymbol{k}$ 为常矢量，试求 $\nabla \mathrm{e}^{\mathrm{i}(\boldsymbol{k}\cdot\boldsymbol{r})}$.

【解】 设 $u \equiv \boldsymbol{k}\cdot\boldsymbol{r}$，则

$$\nabla \mathrm{e}^{\mathrm{i}(\boldsymbol{k}\cdot\boldsymbol{r})} = \nabla \mathrm{e}^{\mathrm{i}u} = \frac{\mathrm{d}\mathrm{e}^{\mathrm{i}u}}{\mathrm{d}u}\nabla u = \mathrm{i}\mathrm{e}^{\mathrm{i}u}\nabla(\boldsymbol{k}\cdot\boldsymbol{r}) = \mathrm{i}\mathrm{e}^{\mathrm{i}(\boldsymbol{k}\cdot\boldsymbol{r})}\boldsymbol{k} = \mathrm{i}\boldsymbol{k}\mathrm{e}^{\mathrm{i}(\boldsymbol{k}\cdot\boldsymbol{r})}$$

2. 散度　高斯定理

我们知道，可用电力线形象地描述静电场，正电荷 q 发出电力线，称为源头；负电荷汇聚电力线，称为尾闾. 显然，当 q 越大，则穿出包围 q 的封闭曲面的电通量越大. 为表示这种性质，可用散度来反映这种矢量场的源强度.

1）通量

给定矢量场 $\boldsymbol{J}(\boldsymbol{r})$，若 $\boldsymbol{J}(\boldsymbol{r})$ 是电流密度，则 $\iint_{S_0}\boldsymbol{J}\cdot\mathrm{d}\boldsymbol{\sigma}$ 是单位时间流过 S_0 面的电荷. 一般地，$I = \oiint_S \boldsymbol{J}\cdot\mathrm{d}\boldsymbol{\sigma}$ 是单位时间通过封闭曲面 S 从 ΔV 中流出的荷. ΔV 是封闭曲面 S 所包围的体积.

讨论：Ⅰ）$I>0$ 时，ΔV 内有产生这种荷的源，称为源头；

Ⅱ）$I<0$ 时，ΔV 内有吸收这种荷的源，称为尾闾；

Ⅲ）$I=0$ 时，ΔV 内既无源头，又无尾闾.

2）矢量场的散度

将 I 用 ΔV 除，并让 $\Delta V \to 0$，就得 ΔV 所在位置单位体积内的源头或尾闾的强度，称为矢量场 $\boldsymbol{J}(\boldsymbol{r})$ 在 $\boldsymbol{r}$ 点的散度

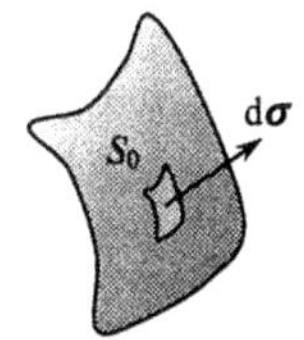

图 II. 3

$$\mathrm{div}\boldsymbol{J} \equiv \lim_{\Delta V \to 0} \frac{1}{\Delta V} \oiint_S \boldsymbol{J} \cdot \mathrm{d}\boldsymbol{\sigma}$$

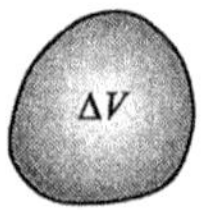

图 II. 4

div$\boldsymbol{J}$ 是标量场.

3) div$\boldsymbol{J}$ 在笛卡儿坐标系中的表达式

$$\mathrm{div}\boldsymbol{J} = \frac{\partial J_x}{\partial x} + \frac{\partial J_y}{\partial y} + \frac{\partial J_z}{\partial z} = \nabla \cdot \boldsymbol{J} \tag{II. 6}$$

4) 高斯定理

$$\iiint_V \mathrm{div}\boldsymbol{J} \mathrm{d}V = \iiint_V \nabla \cdot \boldsymbol{J} \mathrm{d}V = \oiint_S \boldsymbol{J} \cdot \mathrm{d}\boldsymbol{\sigma} \tag{II. 7}$$

其中封闭曲面 S 是体积 V 的表面.

【例 3】 已知位置矢径 $\boldsymbol{R}=x\,\boldsymbol{e}_x+y\,\boldsymbol{e}_y+z\,\boldsymbol{e}_z$,试求$\nabla \cdot \boldsymbol{R}$.

【解】 由散度在笛卡尔坐标系中的表达式,得

$$\nabla \cdot \boldsymbol{R} = \frac{\partial x}{\partial x} + \frac{\partial y}{\partial y} + \frac{\partial z}{\partial z} = 3$$

【例 4】 已知 $\boldsymbol{E}_0$ 和 $\boldsymbol{k}$ 为常矢量,试求$\nabla \cdot [\boldsymbol{E}_0 \sin(\boldsymbol{k} \cdot \boldsymbol{r})]$.

【解】 设 $u=\boldsymbol{k} \cdot \boldsymbol{r}$,则

$$\begin{aligned}\nabla \cdot [\boldsymbol{E}_0 \sin(\boldsymbol{k} \cdot \boldsymbol{r})] &= \nabla \cdot [\boldsymbol{E}_0 \sin u] = \nabla u \cdot \frac{\mathrm{d}(\boldsymbol{E}_0 \sin u)}{\mathrm{d}u} \\ &= \nabla(\boldsymbol{k} \cdot \boldsymbol{r}) \cdot \boldsymbol{E}_0 \cos u = \boldsymbol{k} \cdot \boldsymbol{E}_0 \cos(\boldsymbol{k} \cdot \boldsymbol{r})\end{aligned}$$

3. 旋度 斯托克斯定理

在电磁学中,静电场的环流

$$\oint_L \boldsymbol{E} \cdot \mathrm{d}\boldsymbol{l} = 0$$

表明静电场的电力线不构成闭合曲线,故静电场的环流为零. 静磁场的环流

$$\oint_L \boldsymbol{B} \cdot \mathrm{d}\boldsymbol{l} = \mu_0 I_{\mathrm{f}}$$

表明静磁场的磁力线构成闭合曲线,故静磁场的环流不为零. 由此可见,矢量场力线的涡旋性质与矢量场环流有关.

显然,当闭合积分回路不同时,环流值就会不同;这就是说在某一点附近闭合积分回路所围面元 $\Delta\boldsymbol{\sigma}=\Delta\sigma\boldsymbol{n}$ 的方向不同时,一般来说环流值就会不同. 该环流值与 $\Delta\sigma$ 之比在 $\Delta\sigma \to 0$ 时的极限便定义为矢量场旋度在 $\boldsymbol{n}$ 方向的分量

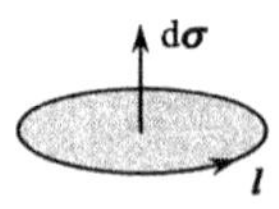

图 II. 5

$$(\mathrm{rot}\,\boldsymbol{A})_n = \lim_{\Delta\sigma \to 0} \frac{\oint_l \boldsymbol{A} \cdot \mathrm{d}\boldsymbol{l}}{\Delta\sigma}$$

这样,对于矢量场 $\boldsymbol{A}$ 的旋度 rot$\boldsymbol{A}$,其大小就是当 $\boldsymbol{n}$ 取一切可能方向时 $\lim\limits_{\Delta\sigma \to 0} \frac{\oint_l \boldsymbol{A} \cdot \mathrm{d}\boldsymbol{l}}{\Delta\sigma}$ 的极大值;rot$\boldsymbol{A}$ 的方向,就是该极值取最大值时 $\Delta\boldsymbol{\sigma}=\Delta\sigma\,\boldsymbol{n}$ 的方向. 如果将这个方向的单位矢量记为 $\boldsymbol{n}_0$,并将相应的面元矢量记为 $\Delta\boldsymbol{\sigma}_0=\Delta\sigma_0\boldsymbol{n}_0$,则上式可写成矢量形式

$$\text{rot}\boldsymbol{A}=\lim_{\Delta\sigma_0\to 0}\frac{\oint_l \boldsymbol{A}\cdot \mathrm{d}\boldsymbol{l}}{\Delta\sigma_0}\boldsymbol{n}_0$$

1）旋度的直角坐标分量

可以证明，rot$\boldsymbol{A}$ 的直角坐标分量表达式为

$$\nabla\times\boldsymbol{A}=\boldsymbol{e}_x\left(\frac{\partial A_z}{\partial y}-\frac{\partial A_y}{\partial z}\right)+\boldsymbol{e}_y\left(\frac{\partial A_x}{\partial z}-\frac{\partial A_z}{\partial x}\right)+\boldsymbol{e}_z\left(\frac{\partial A_y}{\partial x}-\frac{\partial A_x}{\partial y}\right)\tag{II. 8}$$

2）斯托克斯定理

$$\iint_S(\nabla\times\boldsymbol{A})\cdot \mathrm{d}\boldsymbol{\sigma}=\oint_L\boldsymbol{A}\cdot \mathrm{d}\boldsymbol{l}\tag{II. 9}$$

其中封闭曲线 L 是曲面 S 的边界.

【例 5】 已知位置矢径 $\boldsymbol{R}=x\boldsymbol{e}_x+y\boldsymbol{e}_y+z\boldsymbol{e}_z$，试求$\nabla\times\boldsymbol{R}$.

【解】 依旋度在直角坐标中的分量表达式，有

$$\begin{aligned}\nabla\times\boldsymbol{R}&=\boldsymbol{e}_x\left(\frac{\partial R_z}{\partial y}-\frac{\partial R_y}{\partial z}\right)+\boldsymbol{e}_y\left(\frac{\partial R_x}{\partial z}-\frac{\partial R_z}{\partial x}\right)+\boldsymbol{e}_z\left(\frac{\partial R_y}{\partial x}-\frac{\partial R_x}{\partial y}\right)\\&=\boldsymbol{e}_x\left(\frac{\partial z}{\partial y}-\frac{\partial y}{\partial z}\right)+\boldsymbol{e}_y\left(\frac{\partial x}{\partial z}-\frac{\partial z}{\partial x}\right)+\boldsymbol{e}_z\left(\frac{\partial y}{\partial x}-\frac{\partial x}{\partial y}\right)=0\end{aligned}$$

【例 6】 已知 $\boldsymbol{E}_0$ 和 $\boldsymbol{k}$ 为常矢量，试求$\nabla\times[\boldsymbol{E}_0\sin(\boldsymbol{k}\cdot\boldsymbol{r})]$.

【解】 设 $u=\boldsymbol{k}\cdot\boldsymbol{r}$，则由复合函数的旋度和例 1，有

$$\begin{aligned}\nabla\times[\boldsymbol{E}_0\sin(\boldsymbol{k}\cdot\boldsymbol{r})]&=\nabla\times[\boldsymbol{E}_0\sin u]=\nabla u\times\frac{\mathrm{d}(\boldsymbol{E}_0\sin u)}{\mathrm{d}u}\\&=\nabla(\boldsymbol{k}\cdot\boldsymbol{r})\times(\boldsymbol{E}_0\cos u)\\&=\boldsymbol{k}\times\boldsymbol{E}_0\cos(\boldsymbol{k}\cdot\boldsymbol{r})\end{aligned}$$

二、二阶微分运算

将算符作用到标量场和矢量场叫做一阶微分运算，对标量场和矢量场使用两次∇运算叫做二阶微分运算.

设 $\varphi(\boldsymbol{r})$为标量场，$\boldsymbol{a}(\boldsymbol{r})$为矢量场，并且假定 $\varphi(\boldsymbol{r})$和 $\boldsymbol{a}(\boldsymbol{r})$的分量具有所需要阶的连续偏微商. 下面给出几种二阶微分运算.

（1）标量场的梯度必为无旋场. 即

$$\nabla\times\nabla\varphi\equiv 0\tag{II. 10}$$

证：

$$\nabla\times\nabla\varphi=\begin{vmatrix}\boldsymbol{e}_x&\boldsymbol{e}_y&\boldsymbol{e}_z\\\frac{\partial}{\partial x}&\frac{\partial}{\partial y}&\frac{\partial}{\partial z}\\\frac{\partial\varphi}{\partial x}&\frac{\partial\varphi}{\partial y}&\frac{\partial\varphi}{\partial z}\end{vmatrix}=\boldsymbol{e}_x\begin{vmatrix}\frac{\partial}{\partial y}&\frac{\partial}{\partial z}\\\frac{\partial\varphi}{\partial y}&\frac{\partial\varphi}{\partial z}\end{vmatrix}-\boldsymbol{e}_y\begin{vmatrix}\frac{\partial}{\partial x}&\frac{\partial}{\partial z}\\\frac{\partial\varphi}{\partial x}&\frac{\partial\varphi}{\partial z}\end{vmatrix}+\boldsymbol{e}_z\begin{vmatrix}\frac{\partial}{\partial x}&\frac{\partial}{\partial y}\\\frac{\partial\varphi}{\partial x}&\frac{\partial\varphi}{\partial y}\end{vmatrix}\equiv 0$$

与 $\boldsymbol{a}\times\boldsymbol{a}\equiv 0$ 类似记忆.

（2）矢量场的旋度必为无散场. 即

$$\nabla\cdot(\nabla\times\boldsymbol{a})\equiv 0\tag{II. 11}$$

$$\nabla\cdot(\nabla\times\boldsymbol{a})=\frac{\partial}{\partial x}(\nabla\times\boldsymbol{a})_x+\frac{\partial}{\partial y}(\nabla\times\boldsymbol{a})_y+\frac{\partial}{\partial z}(\nabla\times\boldsymbol{a})_z$$
$$=\frac{\partial}{\partial x}\left(\frac{\partial a_z}{\partial y}-\frac{\partial a_y}{\partial z}\right)+\frac{\partial}{\partial y}\left(\frac{\partial a_x}{\partial z}-\frac{\partial a_z}{\partial x}\right)+\frac{\partial}{\partial z}\left(\frac{\partial a_y}{\partial x}-\frac{\partial a_x}{\partial y}\right)$$
$$\equiv 0$$

与 $\boldsymbol{b}\cdot(\boldsymbol{b}\times\boldsymbol{a})\equiv 0$ 类似记忆.

(3)无旋场可表示为一个标量场的梯度.

若$\nabla\times\boldsymbol{a}=0$,由 1,则 $\boldsymbol{a}=\nabla\varphi$.

(4)无散场可表示为一个矢量场的旋度.

若$\nabla\cdot\boldsymbol{a}=0$,由 2,则 $\boldsymbol{a}=\nabla\times\boldsymbol{b}$.

(5)标量场梯度的散度

$$\nabla\cdot\nabla\varphi=\frac{\partial}{\partial x}\left(\frac{\partial\varphi}{\partial x}\right)+\frac{\partial}{\partial y}\left(\frac{\partial\varphi}{\partial y}\right)+\frac{\partial}{\partial z}\left(\frac{\partial\varphi}{\partial z}\right)$$

定义一个算符∇^2,称其为拉普拉斯算符,它代表以下运算

$$\nabla^2=\nabla\cdot\nabla=\frac{\partial^2}{\partial x^2}+\frac{\partial^2}{\partial y^2}+\frac{\partial^2}{\partial z^2}$$

这样上式可表示为

$$\nabla\cdot\nabla\varphi=\nabla^2\varphi \tag{II. 12}$$

(6)矢量场旋度的旋度

$$\nabla\times(\nabla\times\boldsymbol{a})=\nabla(\nabla\cdot\boldsymbol{a})-\nabla^2\boldsymbol{a} \tag{II. 13}$$

证:由∇的矢量性,它服从矢量代数公式

$$\boldsymbol{a}\times(\boldsymbol{b}\times\boldsymbol{c})=\boldsymbol{b}(\boldsymbol{a}\cdot\boldsymbol{c})-\boldsymbol{c}(\boldsymbol{a}\cdot\boldsymbol{b})$$

它又有微分性,∇必须作用在 $\boldsymbol{a}$ 上.因此有

$$\nabla\times(\nabla\times\boldsymbol{a})=\nabla(\nabla\cdot\boldsymbol{a})-(\nabla\cdot\nabla)\boldsymbol{a}$$
$$=\nabla(\nabla\cdot\boldsymbol{a})-\nabla^2\boldsymbol{a}$$

三、积分降维公式 高斯定理和斯托克斯定理的推广

1. 高斯定理的推广

$$\iiint \mathrm{d}V\nabla\leftrightarrow\oiint \mathrm{d}\boldsymbol{\sigma}$$
$$\Downarrow$$

$$\iiint \mathrm{d}V\nabla\cdot\boldsymbol{A}=\oiint \mathrm{d}\boldsymbol{\sigma}\cdot\boldsymbol{A} \tag{II. 14}$$

$$\iiint \mathrm{d}V\nabla\times\boldsymbol{f}=\oiint \mathrm{d}\boldsymbol{\sigma}\times\boldsymbol{f} \tag{II. 15}$$

$$\iiint \mathrm{d}V\nabla\varphi=\oiint \mathrm{d}\boldsymbol{\sigma}\varphi \tag{II. 16}$$

2. 斯托克斯定理的推广

$$\iint \mathrm{d}\boldsymbol{\sigma} \times \nabla \leftrightarrow \oint \mathrm{d}\boldsymbol{l}$$

$$\Downarrow$$

$$\iint (\mathrm{d}\boldsymbol{\sigma} \times \nabla) \cdot \boldsymbol{A} = \oint \mathrm{d}\boldsymbol{l} \cdot \boldsymbol{A} \tag{II. 17}$$

$$\iint (\mathrm{d}\boldsymbol{\sigma} \times \nabla) \times \boldsymbol{f} = \oint \mathrm{d}\boldsymbol{l} \times \boldsymbol{f} \tag{II. 18}$$

$$\iint \mathrm{d}\boldsymbol{\sigma} \times \nabla \varphi = \oint \mathrm{d}\boldsymbol{l}\, \varphi \tag{II. 19}$$

说明:式(II. 14) $\iiint \mathrm{d}V \nabla \cdot \boldsymbol{A} = \oiint \mathrm{d}\boldsymbol{\sigma} \cdot \boldsymbol{A}$ 即高斯定理;式(II. 17)$\iint (\mathrm{d}\boldsymbol{\sigma} \times \nabla) \cdot \boldsymbol{A} = \oint \mathrm{d}\boldsymbol{l} \cdot \boldsymbol{A}$ 即斯托克斯定理.

对于式(II. 17),由$(\boldsymbol{b}\times\boldsymbol{c}) \cdot \boldsymbol{a}=\boldsymbol{a} \cdot (\boldsymbol{b}\times\boldsymbol{c})=(\boldsymbol{a}\times\boldsymbol{b}) \cdot \boldsymbol{c}=(\boldsymbol{c}\times\boldsymbol{a}) \cdot \boldsymbol{b}$,式(II. 17)左边为

$$\iint (\mathrm{d}\boldsymbol{\sigma} \times \nabla) \cdot \boldsymbol{A} = \iint (\nabla \times \boldsymbol{A}) \cdot \mathrm{d}\boldsymbol{\sigma}$$

它与右边相等就是通常的斯托克斯定理.

【例 7】 试证明式(II. 15):$\iiint \mathrm{d}V \nabla \times \boldsymbol{f} = \oiint \mathrm{d}\boldsymbol{\sigma} \times \boldsymbol{f}$.

【证】 令 $\boldsymbol{A}=\boldsymbol{f}\times\boldsymbol{c}$,其中 $\boldsymbol{f}$ 为题设,$\boldsymbol{c}$ 为任意常矢量,有

$$\nabla \cdot (\boldsymbol{f} \times \boldsymbol{c}) = \nabla_f \cdot (\boldsymbol{f} \times \boldsymbol{c}) + \nabla_c \cdot (\boldsymbol{f} \times \boldsymbol{c}) = \nabla_f \cdot (\boldsymbol{f} \times \boldsymbol{c}) = (\nabla \times \boldsymbol{f}) \cdot \boldsymbol{c}$$

$$\mathrm{d}\boldsymbol{\sigma} \cdot (\boldsymbol{f} \times \boldsymbol{c}) = (\mathrm{d}\boldsymbol{\sigma} \times \boldsymbol{f}) \cdot \boldsymbol{c}$$

以 $\boldsymbol{A}=\boldsymbol{f}\times\boldsymbol{c}$ 代入高斯定理两边

$$\iiint_V \nabla \cdot (\boldsymbol{f} \times \boldsymbol{c}) \mathrm{d}V = \oiint_S (\boldsymbol{f} \times \boldsymbol{c}) \cdot \mathrm{d}\boldsymbol{\sigma}$$

利用上述两式,有

$$\iiint_V \mathrm{d}V (\nabla \times \boldsymbol{f}) \cdot \boldsymbol{c} = \oiint_S (\mathrm{d}\boldsymbol{\sigma} \times \boldsymbol{f}) \cdot \boldsymbol{c}$$

因为 $\boldsymbol{c}$ 是常矢量,所以

$$\boldsymbol{c} \cdot \iiint_V \mathrm{d}V (\nabla \times \boldsymbol{f}) = \boldsymbol{c} \cdot \oiint_S (\mathrm{d}\boldsymbol{\sigma} \times \boldsymbol{f})$$

又因为 $\boldsymbol{c}$ 是任意常矢量,所以此式两边的积分矢量相等

$$\iiint_V \mathrm{d}V (\nabla \times \boldsymbol{f}) = \oiint_S (\mathrm{d}\boldsymbol{\sigma} \times \boldsymbol{f})$$

证毕.

注:对于 $\boldsymbol{a} \cdot \boldsymbol{c}=\boldsymbol{b} \cdot \boldsymbol{c}$,若 $\boldsymbol{c}$ 是任意常矢量,分别令 $\boldsymbol{c}=c\,\boldsymbol{i}$,$\boldsymbol{c}=c\,\boldsymbol{j}$,$\boldsymbol{c}=c\,\boldsymbol{k}$,则分别有 $a_x=b_x$,$a_y=b_y$,$a_z=b_z$,故有 $\boldsymbol{a}=\boldsymbol{b}$.

【例 8】 试证明式(II. 19):$\iint \mathrm{d}\boldsymbol{\sigma} \times \nabla \varphi = \oint \mathrm{d}\boldsymbol{l}\, \varphi$.

【证】 令 $\boldsymbol{A}=\varphi\boldsymbol{c}$,$\varphi$ 为题设,$\boldsymbol{c}$ 是任意常矢量,以 $\boldsymbol{A}=\varphi\boldsymbol{c}$ 代入斯托克斯定理,得

$$\oint_L \varphi \boldsymbol{c} \cdot \mathrm{d}\boldsymbol{l} = \iint_S [\nabla \times (\varphi \boldsymbol{c})] \cdot \mathrm{d}\boldsymbol{\sigma}$$

利用$[\nabla \times (\varphi \boldsymbol{c})] = \nabla\varphi \times \boldsymbol{c} + \varphi\nabla \times \boldsymbol{c} = \nabla\varphi \times \boldsymbol{c}$,所以

$$\oint_L \varphi \boldsymbol{c} \cdot \mathrm{d}\boldsymbol{l} = \iint_S (\nabla\varphi \times \boldsymbol{c}) \cdot \mathrm{d}\boldsymbol{\sigma} = \iint_S (\mathrm{d}\boldsymbol{\sigma} \times \nabla\varphi) \cdot \boldsymbol{c}$$

因为$\boldsymbol{c}$是常矢量,所以$\boldsymbol{c}$可移到积分号之外,

$$\boldsymbol{c} \cdot \oint_L \varphi \mathrm{d}\boldsymbol{l} = \boldsymbol{c} \cdot \iint_S \mathrm{d}\boldsymbol{\sigma} \times \nabla\varphi$$

又因为$\boldsymbol{c}$是任意常矢量,所以

$$\oint_L \varphi \mathrm{d}\boldsymbol{l} = \iint_S \mathrm{d}\boldsymbol{\sigma} \times \nabla\varphi$$

证毕.

【例 9】 根据∇算符的矢量性和微分性,推导公式:

$$\nabla(\boldsymbol{A} \cdot \boldsymbol{B}) = \boldsymbol{B} \times (\nabla \times \boldsymbol{A}) + (\boldsymbol{B} \cdot \nabla)\boldsymbol{A} + \boldsymbol{A} \times (\nabla \times \boldsymbol{B}) + (\boldsymbol{A} \cdot \nabla)\boldsymbol{B}$$

【证】 根据∇算符的微分性,有$\nabla(\boldsymbol{A} \cdot \boldsymbol{B}) = \nabla_A(\boldsymbol{A} \cdot \boldsymbol{B}) + \nabla_B(\boldsymbol{A} \cdot \boldsymbol{B})$

由公式$\boldsymbol{c} \times (\boldsymbol{b} \times \boldsymbol{c}) = \boldsymbol{b}(\boldsymbol{a} \cdot \boldsymbol{c}) - (\boldsymbol{a} \cdot \boldsymbol{b})\boldsymbol{c}$,有

$$\boldsymbol{B} \times (\nabla \times \boldsymbol{A}) = \nabla_A(\boldsymbol{B} \cdot \boldsymbol{A}) - (\boldsymbol{B} \cdot \nabla)\boldsymbol{A}$$

$$\boldsymbol{A} \times (\nabla \times \boldsymbol{B}) = \nabla_B(\boldsymbol{A} \cdot \boldsymbol{B}) - (\boldsymbol{A} \cdot \nabla)\boldsymbol{B}$$

两式相加,得

$$\begin{aligned}\nabla(\boldsymbol{A} \cdot \boldsymbol{B}) &= \nabla_A(\boldsymbol{A} \cdot \boldsymbol{B}) + \nabla_B(\boldsymbol{A} \cdot \boldsymbol{B}) \\ &= \boldsymbol{B} \times (\nabla \times \boldsymbol{A}) + (\boldsymbol{B} \cdot \nabla)\boldsymbol{A} + \boldsymbol{A} \times (\nabla \times \boldsymbol{B}) + (\boldsymbol{A} \cdot \nabla)\boldsymbol{B}\end{aligned}$$

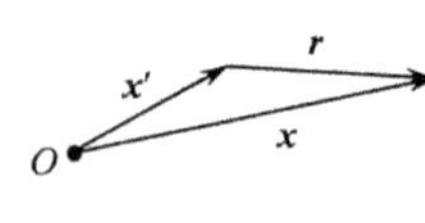

图 II.6

【例 10】 设$r = \sqrt{(x-x')^2 + (y-y')^2 + (z-z')^2}$为源点$\boldsymbol{x}'$到场点$\boldsymbol{x}$的距离,$\boldsymbol{r}$的方向规定为从源点指向场点.

(1)试证明:$\nabla \dfrac{1}{r} = -\nabla' \dfrac{1}{r} = -\dfrac{\boldsymbol{r}}{r^3}$;(2)计算$(\boldsymbol{a} \cdot \nabla)\boldsymbol{r}$,其中$\boldsymbol{a}$为常矢量.

(1) **【证】**

$$\frac{\partial r}{\partial x_i} = \frac{\partial}{\partial x_i}\Big[\sum_{i=1}^{3}(x_i - x'_i)^2\Big]^{1/2} = \frac{1}{2}\Big[\sum_{i=1}^{3}(x_i - x'_i)^2\Big]^{-1/2} \cdot 2(x_i - x'_i) = \frac{x_i - x'}{r}$$

所以

$$\nabla \frac{1}{r} = \sum_{i=1}^{3} \boldsymbol{e}_i \frac{\partial r^{-1}}{\partial x_i} = \frac{\mathrm{d}r^{-1}}{\mathrm{d}r} \sum_{i=1}^{3} \boldsymbol{e}_i \frac{\partial r}{\partial x_i} = -r^{-2} \sum_{i=1}^{3} \boldsymbol{e}_i \frac{x_i - x'}{r} = -r^{-2} \frac{\boldsymbol{r}}{r} = -\frac{\boldsymbol{r}}{r^3}$$

而

$$\begin{aligned}\nabla' \frac{1}{r} &= \sum_{i=1}^{3} \boldsymbol{e}_i \frac{\partial r^{-1}}{\partial x'_i} = \frac{\mathrm{d}r^{-1}}{\mathrm{d}r} \sum_{i=1}^{3} \boldsymbol{e}_i \frac{\partial r}{\partial x'_i} = -r^{-2} \sum_{i=1}^{3} \boldsymbol{e}_i \frac{-(x_i - x')}{r} \\ &= -r^{-2}\left(-\frac{\boldsymbol{r}}{r}\right) = \frac{\boldsymbol{r}}{r^3}\end{aligned}$$

所以有

$$\nabla \frac{1}{r} = -\nabla' \frac{1}{r} = -\frac{\boldsymbol{r}}{r^3}$$

（2）【解】

$$(\boldsymbol{a}\cdot\nabla)\boldsymbol{r}=\left(a_x\frac{\partial}{\partial x}+a_y\frac{\partial}{\partial y}+a_z\frac{\partial}{\partial z}\right)[\boldsymbol{e}_x(x-x')+\boldsymbol{e}_y(y-y')+\boldsymbol{e}_z(z-z')]$$
$$=\boldsymbol{e}_x a_x+\boldsymbol{e}_y a_y+\boldsymbol{e}_z a_z=\boldsymbol{a}$$

四、张量计算简介

此处只讨论三维二阶张量.

1. 二阶张量的提出

考虑正在使用中的橡皮擦，橡皮同时受到压力和扭力的作用，在其内部某一点 P 附近任意取一面元 $\mathrm{d}\boldsymbol{\sigma}$，实验表明这时面元前方介质对后方介质的作用力 $\mathrm{d}\boldsymbol{f}$ 并不一定与面元垂直，如图 II.7 所示. 将面元 $\mathrm{d}\boldsymbol{\sigma}$ 朝向另一方向，面元两边介质的作用力同样不一定与面元垂直.

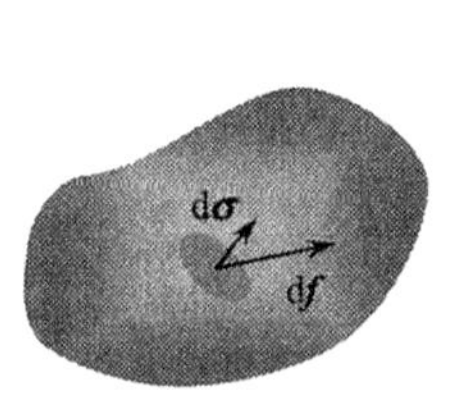

图 II.7

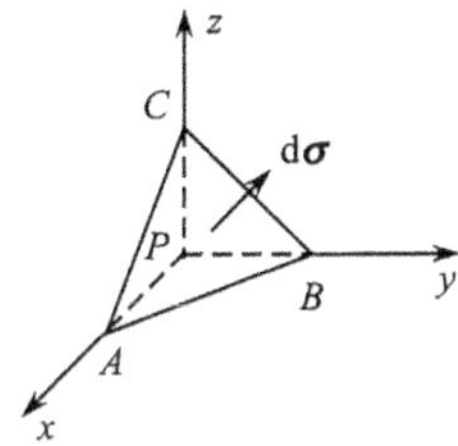

图 II.8

要清晰地讨论面元 $\mathrm{d}\boldsymbol{\sigma}$ 前方介质对后方介质的作用力，得引入应力张量.

如图 II.8，取 P 为坐标原点，当面元 $\mathrm{d}\boldsymbol{\sigma}=\boldsymbol{n}\mathrm{d}\sigma=\boldsymbol{n}\,\sigma_{ABC}\to 0$（$\sigma_{ABC}$ 为 ΔABC 的面积）时，此面元就无限接近 P 点. 面元 $\mathrm{d}\boldsymbol{\sigma}$ 在三个坐标轴上的分量分别为

$$\mathrm{d}\boldsymbol{\sigma}_x=\boldsymbol{e}_x\mathrm{d}\sigma_x=\boldsymbol{e}_x\sigma_{PBC}\quad(\sigma_{PBC}\text{ 为 }\Delta PBC\text{ 的面积})\tag{II.20}$$
$$\mathrm{d}\boldsymbol{\sigma}_y=\boldsymbol{e}_y\mathrm{d}\sigma_y=\boldsymbol{e}_y\sigma_{PCA}\quad(\sigma_{PCA}\text{ 为 }\Delta PCA\text{ 的面积})\tag{II.21}$$
$$\mathrm{d}\boldsymbol{\sigma}_z=\boldsymbol{e}_z\mathrm{d}\sigma_z=\boldsymbol{e}_z\sigma_{PAB}\quad(\sigma_{PAB}\text{ 为 }\Delta PAB\text{ 的面积})\tag{II.22}$$

由图可见，$\mathrm{d}\boldsymbol{\sigma}$ 沿四面体 $PABC$ 的外法线方向，而 $\mathrm{d}\boldsymbol{\sigma}_x$、$\mathrm{d}\boldsymbol{\sigma}_y$、$\mathrm{d}\boldsymbol{\sigma}_z$ 则分别沿四面体 $PABC$ 的内法线方向.

令 $\mathrm{d}\boldsymbol{\sigma}_x$、$\mathrm{d}\boldsymbol{\sigma}_y$、$\mathrm{d}\boldsymbol{\sigma}_z$ 的前方介质（四面体内）对后方介质（四面体外）的作用力分别为 $\mathrm{d}\boldsymbol{f}_x$、$\mathrm{d}\boldsymbol{f}_y$、$\mathrm{d}\boldsymbol{f}_z$. 当四面体处于平衡状态时，它所受的合外力为零

$$\mathrm{d}\boldsymbol{f}+(-\mathrm{d}\boldsymbol{f}_x)+(-\mathrm{d}\boldsymbol{f}_y)+(-\mathrm{d}\boldsymbol{f}_z)=0$$

即

$$\mathrm{d}\boldsymbol{f}=\mathrm{d}\boldsymbol{f}_x+\mathrm{d}\boldsymbol{f}_y+\mathrm{d}\boldsymbol{f}_z\tag{II.23}$$

如前所述，$\mathrm{d}\boldsymbol{f}_x$ 一般不沿 $\boldsymbol{e}_x$ 方向，因此可沿三个坐标轴方向分解

$$\mathrm{d}\boldsymbol{f}_x=\mathrm{d}f_{xx}\boldsymbol{e}_x+\mathrm{d}f_{xy}\boldsymbol{e}_y+\mathrm{d}f_{xz}\boldsymbol{e}_z\tag{II.24}$$

其中 $\mathrm{d}f_{xz}$ 是 $\mathrm{d}\boldsymbol{\sigma}_x$ 的前方介质对后方介质作用力的 z 分量.

我们用 1、2、3 表示 x、y、z，则上式成为

$$\mathrm{d}\boldsymbol{f}_1 = \sum_j \mathrm{d}f_{1j}\boldsymbol{e}_j \tag{II.25}$$

同理

$$\mathrm{d}\boldsymbol{f}_2 = \sum_j \mathrm{d}f_{2j}\boldsymbol{e}_j \tag{II.26}$$

$$\mathrm{d}\boldsymbol{f}_3 = \sum_j \mathrm{d}f_{3j}\boldsymbol{e}_j \tag{II.27}$$

将此处的三个式子代入上面

$$\mathrm{d}\boldsymbol{f} = \sum_i \mathrm{d}\boldsymbol{f}_i = \sum_{ij} \mathrm{d}f_{ij}\boldsymbol{e}_j \tag{II.28}$$

由此可见,必须用 9 个量 $\mathrm{d}f_{ij}$ $(i,j=1,2,3)$来表示通过 P 点的任意面元 $\mathrm{d}\boldsymbol{\sigma}$ 的前方介质对后方介质的作用力.为此,我们引入张量来表示 $\mathrm{d}\boldsymbol{f}$,令

$$T_{ij} \equiv \frac{\mathrm{d}f_{ij}}{\mathrm{d}\sigma_i} \tag{II.29}$$

此式表明,T_{ij} 是 $\mathrm{d}\sigma_i$ 的单位面积上前方介质对后方介质作用力的 j 分量.这样

$$\mathrm{d}\boldsymbol{f} = \sum_{ij} \mathrm{d}f_{ij}\boldsymbol{e}_j = \sum_{ij} T_{ij}\,\mathrm{d}\sigma_i\boldsymbol{e}_j = \sum_{ij} T_{ij}\,\mathrm{d}\boldsymbol{\sigma}\cdot\boldsymbol{e}_i\boldsymbol{e}_j = \mathrm{d}\boldsymbol{\sigma}\cdot\sum_{ij} T_{ij}\boldsymbol{e}_i\boldsymbol{e}_j = \mathrm{d}\boldsymbol{\sigma}\cdot\mathscr{T} \tag{II.30}$$

式中 $\mathscr{T}$ 称为应力张量,显然,它由 9 个分量组成.

这样,引入应力张量之后,任意给出面元 $\mathrm{d}\boldsymbol{\sigma}$,立即可由 $\mathrm{d}\boldsymbol{f}=\mathrm{d}\boldsymbol{\sigma}\cdot\mathscr{T}$ 求出 $\mathrm{d}\boldsymbol{\sigma}$ 的前方介质对后方介质的作用力.

2. 张量代数

这里具有两个脚标的量 T_{ij} 称为二阶张量的分量,有 $3^2=9$ 个分量.与矢量 $\boldsymbol{A}=\sum_i A_i\boldsymbol{e}_i$ 一样,有

$$\mathscr{T} = \sum_{ij=1}^{3} T_{ij}\boldsymbol{e}_i\boldsymbol{e}_j \tag{II.31}$$

$\boldsymbol{e}_i\boldsymbol{e}_j$:$\boldsymbol{e}_i$ 和 $\boldsymbol{e}_j$ 并列,不是它们的点乘或叉乘,称为并矢.

1)二阶张量与矢量的关系

例如上述应力 $\mathrm{d}\boldsymbol{f}$ 可写成 $\mathrm{d}\boldsymbol{f}=\mathrm{d}\vec{\boldsymbol{\sigma}}\cdot\mathscr{T}$,“·”:点乘符号.

2)$\mathscr{T}$ 的分量表达式

$$\begin{aligned}\boldsymbol{e}_i\cdot\mathscr{T}\cdot\boldsymbol{e}_j &= \boldsymbol{e}_i\cdot\sum_{i'j'} T_{i'j'}\boldsymbol{e}_{i'}\boldsymbol{e}_{j'}\cdot\boldsymbol{e}_j = \sum_{i'j'} T_{i'j'}(\boldsymbol{e}_i\cdot\boldsymbol{e}_{i'})(\boldsymbol{e}_{j'}\cdot\boldsymbol{e}_j)\\ &= \sum_{i'j'} T_{i'j'}\,\delta_{ii'}\,\delta_{j'j} = T_{ij}\end{aligned} \tag{II.32}$$

类似于 $\boldsymbol{A}\cdot\boldsymbol{e}_i=A_i$.

3)$\boldsymbol{A}$、$\boldsymbol{B}$ 的并矢

$$\boldsymbol{AB} = \sum_i A_i\boldsymbol{e}_i \sum_j B_j\boldsymbol{e}_j = \sum_{ij} A_iB_j\boldsymbol{e}_i\boldsymbol{e}_j \tag{II.33}$$

当 $\boldsymbol{A}\neq\boldsymbol{B}$ 时,$\boldsymbol{BA}=\sum_i B_i\boldsymbol{e}_i\sum_j A_j\boldsymbol{e}_j=\sum_{ij} B_iA_j\boldsymbol{e}_i\boldsymbol{e}_j$,在 $i\neq j$ 时,$B_iA_j\neq A_iB_j$,即 $\boldsymbol{AB}$ 与 $\boldsymbol{BA}$ 的非对角元素不等.所以一般地

$$\boldsymbol{AB} \neq \boldsymbol{BA} \tag{II.34}$$

4)单位二阶张量

$$\overleftrightarrow{\mathscr{T}} = \boldsymbol{e}_x\boldsymbol{e}_x + \boldsymbol{e}_y\boldsymbol{e}_y + \boldsymbol{e}_z\boldsymbol{e}_z = \sum_{ij}\delta_{ij}\boldsymbol{e}_i\boldsymbol{e}_j \tag{II.35}$$

其分量为 δ_{ij}.

5)$\overleftrightarrow{\mathscr{T}}$与任意矢量的点积

$$\begin{aligned}\overleftrightarrow{\mathscr{T}}\cdot\boldsymbol{A} &= \sum_{ij}\delta_{ij}\boldsymbol{e}_i\boldsymbol{e}_j\cdot\sum_i A_k\boldsymbol{e}_k = \sum_{ijk}\delta_{ij}\boldsymbol{e}_i A_k(\boldsymbol{e}_j\cdot\boldsymbol{e}_k)\\ &= \sum_{ijk}\delta_{ij}\boldsymbol{e}_i A_k\delta_{jk} = \sum_{ij}\delta_{ij}\boldsymbol{e}_i A_j = \sum_i\boldsymbol{e}_i A_i = \boldsymbol{A} = \boldsymbol{A}\cdot\overleftrightarrow{\mathscr{T}}\end{aligned} \tag{II.36}$$

6)对称张量及其性质

对称张量

$$T_{ij} = T_{ji} \tag{II.37}$$

性质:如果 $T_{ij}=T_{ji}$,则

$$\overleftrightarrow{\mathscr{T}}\cdot\boldsymbol{f} = \boldsymbol{f}\cdot\overleftrightarrow{\mathscr{T}} \tag{II.38}$$

证略.

7)两个张量的二次点乘

$$(\boldsymbol{AB}):(\boldsymbol{CD}) \equiv (\boldsymbol{B}\cdot\boldsymbol{C})(\boldsymbol{A}\cdot\boldsymbol{D}) \tag{II.39}$$

即先将相互靠近的两个矢量 **B**、**C** 点乘,然后余下的两个矢量再点乘.

任意两个二阶张量的二次点乘

$$\overleftrightarrow{\mathscr{T}}:\overleftrightarrow{\mathscr{H}} = \sum_{ij}T_{ij}\boldsymbol{e}_i\boldsymbol{e}_j:\sum_{mn}H_{mn}\boldsymbol{e}_m\boldsymbol{e}_n = \sum_{ijmn}H_{mn}T_{ij}\delta_{jm}\delta_{in} = \sum_{ij}T_{ij}H_{ji}$$

8)张量分析

(1) 矢量的梯度是张量.

$$\nabla\boldsymbol{A} = \sum_i\boldsymbol{e}_i\frac{\partial}{\partial x_i}\sum_j\boldsymbol{e}_jA_j = \sum_{ij}\frac{\partial A_j}{\partial x_i}\boldsymbol{e}_i\boldsymbol{e}_j \tag{II.40}$$

【例 11】 设 **R** 为空间某一点的位置矢量,试计算∇**R**.

【解】 将 $\boldsymbol{R}=\sum_i x_i\boldsymbol{e}_i$ 代入上式,有

$$\nabla\boldsymbol{R} = \sum_{ij}\frac{\partial x_j}{\partial x_i}\boldsymbol{e}_i\boldsymbol{e}_j = \sum_{ij}\delta_{ij}\boldsymbol{e}_i\boldsymbol{e}_j = \sum_i\boldsymbol{e}_i\boldsymbol{e}_i = \overleftrightarrow{\mathscr{I}}$$

即 **R** 的梯度是单位张量.

(2) 张量的散度是矢量.

$$\nabla\cdot\overleftrightarrow{\mathscr{T}} = \sum_i\boldsymbol{e}_i\frac{\partial}{\partial x_i}\cdot\sum_{kj}T_{jk}\boldsymbol{e}_j\boldsymbol{e}_k = \sum_{ijk}\frac{\partial T_{jk}}{\partial x_i}\delta_{ij}\boldsymbol{e}_k = \sum_{jk}\frac{\partial T_{jk}}{\partial x_j}\boldsymbol{e}_k \tag{II.41}$$

(3) 并矢的散度是一阶矢量.

$$\nabla\cdot(\boldsymbol{f}\,\boldsymbol{g}) = (\nabla\cdot\boldsymbol{f})\boldsymbol{g} + (\boldsymbol{f}\cdot\nabla)\boldsymbol{g} \tag{II.42}$$

(4) 并矢的旋度

$$\nabla\times(\boldsymbol{f}\,\boldsymbol{g}) = (\nabla\times\boldsymbol{f})\boldsymbol{g} - \boldsymbol{f}\times\nabla\boldsymbol{g} \tag{II.43}$$

(5) 张量的高斯定理

$$\iiint_V \mathrm{d}V\,\nabla\cdot\overleftrightarrow{\mathscr{T}} = \oiint_S \mathrm{d}\boldsymbol{\sigma}\cdot\overleftrightarrow{\mathscr{T}} \tag{II.44}$$

【证】 在矢量场的高斯定理

$$\iiint_V \mathrm{d}V\nabla\cdot\boldsymbol{A}=\oiint_S \mathrm{d}\boldsymbol{\sigma}\cdot\boldsymbol{A}$$

中,令 $\boldsymbol{A}\equiv\overset{\Rightarrow}{\mathscr{T}}\cdot\boldsymbol{c}$,式中 $\boldsymbol{c}$ 为任意常矢量,则上式成为

$$\iiint_V \mathrm{d}V\nabla\cdot(\overset{\Rightarrow}{\mathscr{T}}\cdot\boldsymbol{c})=\oiint_S \mathrm{d}\boldsymbol{\sigma}\cdot(\overset{\Rightarrow}{\mathscr{T}}\cdot\boldsymbol{c})$$

因 $\boldsymbol{c}$ 是常矢量,故 $\boldsymbol{c}$ 可移到积分号之外

$$\left(\iiint_V \mathrm{d}V\,\nabla\cdot\overset{\Rightarrow}{\mathscr{T}}\right)\cdot\boldsymbol{c}=\left(\oiint_S \mathrm{d}\boldsymbol{\sigma}\cdot\overset{\Rightarrow}{\mathscr{T}}\right)\cdot\boldsymbol{c}$$

又因为 $\boldsymbol{c}$ 为任意常矢量,所以此式两边的积分矢量相等

$$\iiint_V \mathrm{d}V\,\nabla\cdot\overset{\Rightarrow}{\mathscr{T}}=\oiint_S \mathrm{d}\boldsymbol{\sigma}\cdot\overset{\Rightarrow}{\mathscr{T}}$$

附录Ⅲ 物理常数表

真空中光速	$c=2.997\,924\,58\times10^{8}\,\mathrm{m\cdot s^{-1}}$
真空中介电常量	$\varepsilon_0=8.854\,187\,817\times10^{-12}\,\mathrm{F\cdot m^{-1}}$
真空磁导率	$\mu_0=1.256\,637\times10^{-6}\,\mathrm{H\cdot m^{-1}}$
电子电荷	$e=1.602\,176\,462\times10^{-19}\,\mathrm{C}$
普朗克常量	$h=6.626\,068\,76\times10^{-34}\,\mathrm{J\cdot S}$
	$\hbar=h/2\pi=1.054\,571\,596\times10^{-34}\,\mathrm{J\cdot S}$
精细结构常数	$\alpha=\mu_0 ce^2/h=7.297\,352\,533\times10^{-3}$
	$\alpha^{-1}=137.035\,999\,76$
玻尔兹曼常量	$k_{\mathrm{B}}=1.380\,650\,3\times10^{-23}\,\mathrm{J\cdot K^{-1}}$
电子静止质量	$m_{\mathrm{e}}=9.109\,381\,88\times10^{-31}\,\mathrm{kg}=0.510\,998\,902\,\mathrm{MeV}\cdot c^{-2}$
质子静止质量	$m_{\mathrm{p}}=1.672\,6921\,58\times10^{-27}\,\mathrm{kg}$
玻尔半径	$a_0=5.291\,772\,083\times10^{-11}\,\mathrm{m}$
经典电子半径	$r_{\mathrm{e}}=2.817\,940\,285\times10^{-13}\,\mathrm{m}$
电子伏	$1\mathrm{eV}=1.602\,176\,462\times10^{-19}\,\mathrm{J}$
原子质量单位	$1\mathrm{u}=1.660\,538\,73\times10^{-27}\,\mathrm{kg}=931.494\,013\,\mathrm{MeV}\cdot c^{-2}$